科学出版社“十四五”普通高等教育本科规划教材

新农科“智慧农业”专业系列教材

# 设施农业装备及智能化

主　编　李建明

科学出版社

北　京

## 内 容 简 介

本书主要介绍了设施农业育苗和作物生产的作业机械与设备，设施农业温度、光照、湿度、气体等环境调控及灌溉与水肥一体化设备系统，设施农业装备与机械智能化管理系统。系统阐述了设施农业装备的主要类型、基本组成、工作原理、主要功能、安装方法、使用方法、注意事项与维修，以及设施农业装备与智能化作业研究进展、存在问题及未来发展趋势。使读者掌握设施农业常用装备、机械，智能作业系统的主要设备类型、工作原理、使用方法与注意事项等基本知识。

本书依据农学类专业学生的知识背景和“新农科”人才培养目标需要，针对性和系统性地阐述设施农业装备与智能知识及技术，填补了国内设施农业智能农机装备教材的空白，具有广泛的适用性，充分反映了设施农业装备及智能化的研究成果，有较强的指导性和可操作性。

本书可作为高等院校设施农业科学与工程、园艺、智慧农业等专业的本科生的教材，也可作为农业工程类专业的研究生和相关专业人员的参考书。

**图书在版编目（CIP）数据**

设施农业装备及智能化/李建明主编．—北京：科学出版社，2024.3

科学出版社“十四五”普通高等教育本科规划教材

新农科“智慧农业”专业系列教材

ISBN 978-7-03-078301-1

Ⅰ．①设…　Ⅱ．①李…　Ⅲ．①设施农业-高等学校-教材　Ⅳ．①S62

中国国家版本馆 CIP 数据核字（2024）第 060102 号

责任编辑：丛　楠　马程迪 / 责任校对：郑金红

责任印制：赵　博 / 封面设计：图阅社

科学出版社 出版

北京东黄城根北街 16 号

邮政编码：100717

http://www.sciencep.com

中煤（北京）印务有限公司印刷

科学出版社发行　各地新华书店经销

*

2024 年 3 月第　一　版　开本：787×1092　1/16

2025 年 8 月第 三 次印刷　印张：18 1/4

字数：467 000

**定价：79.80 元**

（如有印装质量问题，我社负责调换）

# 编委会名单


**主　编**　李建明

**副主编**　宋卫堂　刘厚诚　张　智

**编写人员**

| | |
|---|---|
| 西北农林科技大学 | 李建明　张　智　孙国涛 |
| | 朱德兰　葛茂生　邹志荣 |
| 中国农业大学 | 宋卫堂　魏旭超 |
| 华南农业大学 | 辜　松　刘厚诚 |
| 沈阳农业大学 | 须　晖　丁娟娟 |
| 新疆农业大学 | 许红军　李　红 |
| 江苏大学 | 宋金修 |
| 中国农业科学院都市农业研究所 | 李清明 |

# 前　言

设施农业是通过设施工程与装备措施，应用机械化及智能化的工业化手段，调控植物生长环境条件，实现农业现代化生产的一种农业生产方式。经过近30年的快速发展，我国初步形成了以设施种苗繁育设备、设施栽培管理设备、营养和植保设备、温室设施设备及设施农机具为主的设施农业装备体系，实现了设施农业产业专业化、规模化、集约化。农业信息化技术在设施农业生产中也得到了广泛应用。目前，依据产业发展和社会人才需求，以及适应农业农村现代化的时代需要，全国各涉农院校在“新农科”背景下，均加大对学生综合运用生命科学、信息技术和智能装备技术等方面能力的培养。设施农业科学与工程专业自成立以来，已出版一系列设施农业工程与作物栽培的理论教学与实践教学较为完整的系统性教材。随着机械化与智慧化农业的发展，目前尚缺乏适应本专业需求的设施农业装备与智能化专业教材。尽管已有相关的设施农业装备书籍，但是系统性和专业性不能满足教学需求。

以西北农林科技大学为主体，中国农业大学、沈阳农业大学、华南农业大学、江苏大学、新疆农业大学和中国农业科学院都市农业研究所等高校及科研院所相关教师与科研人员编写了本书。具体编写任务分工为：第一章由李建明编写；第二章由辜松编写；第三章由宋卫堂、魏旭超编写；第四章由须晖、丁娟娟、邹志荣、李建明编写；第五章由刘厚诚、李清明编写；第六章由朱德兰、葛茂生、孙国涛编写；第七章由许红军、李红编写；第八章由张智编写；第九章由宋金修编写。

本书主要介绍设施育苗与设施作物生产的作业机械与设备，设施农业温度、光照、湿度、气体及灌溉与水肥一体化等环境调控的设备系统，设施农业装备与机械智能化管理系统，设施环境调控的主要材料等内容；阐述了主要设施农业装备的主要类型、基本组成、工作原理、主要功能、安装方法、使用方法、注意事项与维修、研究进展、存在问题及未来发展趋势；使读者掌握设施农业常用装备、机械、智能作业系统的主要设备类型、工作原理、使用方法与注意事项等基本知识；既有理论性，又有实践性，图文并茂。

本书可作为高等院校设施农业科学与工程、园艺、智慧农业等专业的本科生教材，也可作为农业工程类专业的研究生和相关专业人员的参考书。这些专业的学生在现代智能信息技术、智能化算法方面的基础相对薄弱，但又需要了解智能装备的基本原理、功能及选型应用，因此，本书从理论性、专业性及实操性几个方面入手，以满足教学及相关读者的学习需求，与同类书相比具有更强的针对性和先进性。同时，本书编写内容深浅适中，既有理论学习，又注重应用。

由于本书是一本综合性强的新农科建设下的新型教材，内容较庞大，知识面广，专业性也比较强，总体编写难度较大。在各位同仁的辛勤努力下虽然完成了本书的编写工作，但由于我们水平有限，不足之处在所难免，敬请老师学生批评斧正，希望在再版时吸纳更正。

李建明

2023年12月

# 目　　录

# 第一章　绪　论

设施农业装备及智能化是指设施农业环境调控、生产过程中所涉及的装备、机械和控制系统，是设施农业实现机械化、自动化、智能化生产的主要措施，是工业化的途径，是未来实现农业工业化的主要技术内容与研究方向。设施农业装备及智能化覆盖设施农业生产的全部过程，包括整地、基质处理、供暖、通风、降温、灌溉、施肥、喷药、采摘、运输、信息传输、智能控制等。设施农业生产的高度机械化、自动化和智能化可实现专用软件自动控制作物生产中所需的温度、湿度、光照、施肥、喷药等功能，从而极大地提高劳动生产效率和降低生产成本。

## 一、设施农业装备及智能化的内涵与意义

### 1. 设施农业装备及智能化的内涵

（1）*设施农业装备的内涵*　设施农业是利用现代农业设施设备、环境智能控制系统与管理系统，创造出动植物生长发育最适宜的环境条件进行农业生产的现代农业方式。设施农业是环境条件可控的农业（种植业和养殖业），以设施园艺生产为主，包括设施蔬菜、林果、花卉、药材和食用菌生产，其中设施蔬菜种植面积最大。设施农业装备及智能化就是依据作物对环境条件的要求来改善环境条件的相关设施设备、机械机具、电子信息及其设备运转的智能综合环境决策系统与控制系统。主要涉及设施环境温度、光照、水分、营养、气体等及综合环境调控的设施设备，以及工厂化育苗和设施农业生产种植中的土地整理、作物定植、植株管理、果实采摘、病害防控的设施设备与机械机具。温室设施装备技术系统包括温室控制系统、温室通风系统、温室灌溉系统、温室移栽系统。

（2）*数字农业（或智慧农业）的内涵*　数字农业是农业生产的高级阶段，是集新兴的互联网、移动互联网、云计算和物联网技术为一体，依托部署在农业生产现场的各种传感节点（环境温湿度、土壤水分、二氧化碳、图像等）和无线通信网络实现农业生产环境的智能感知、智能预警、智能决策、智能分析、专家在线指导，为农业生产提供精准化种植、可视化管理、智能化决策。智慧农业是云计算、传感网、“3S”［遥感技术（remote sensing，RS）、地理信息系统（geography information system，GIS）和全球定位系统（global positioning system，GPS）］等多种信息技术在农业中综合、全面的应用，实现更完备的信息化技术支撑、更透彻的农业信息感知、更集中的数据资源、更广泛的互联互通、更深入的智能控制、更贴心的公众服务。

数字农业是世界农业现代化发展的趋势，是农业信息化发展的高级阶段，对未来农业高质量发展具有里程碑意义。数字农业的核心要素是信息、装备和智能，最终目标是通过大数据信息平台、传感器等硬件系统、作物与环境决策模型系统、农业作业机械化系统、设施农业环境调控系统，实现集约化生产、智能化控制、精细化调节、省力化管理。

数字农业可以在种植、养殖、生态环保等多个农业领域实现，但首先是在设施农业中体现与实现。通过集约化、机械化生产，借助环境与作物长势监测设备、无线通信技术、自动控制系统和模型决策系统，最终实现全部生产环节的数字化、智能化管理控制，达到提质增

效、安全溯源、节能减排的现代化农业生产要求。

数字农业在产前的应用，主要体现在作物种植环境测评与种植规划等方面。例如，通过农业大数据分析预测，选择合适的种植作物及品种，通过决策系统得到最优种植区域、时间、栽培密度及管理措施等种植方案。

在产中环节，数字农业主要体现在生产的工厂化育苗、机械化种植、精准化管理及智能化控制等过程。通过作物种植过程中的环境与长势的传感，实现动态实时监测，使种植者在计算机或者手机端可以直观地看到作物生长环境与作物长势优劣，并根据决策系统的人工智能分析结果，实现环境智能化远程控制。这样的智能化控制，不仅可以实现基本的自动化控制，更能实现精准化、定制化管理，实现资源利用效率的最大化。同样，在水肥管理方面，过去主要靠经验，盲目性强，效率低下。数字农业可以根据不同环境、土壤状况、作物不同栽培时期，实行定制化灌溉、施肥，使作物水肥管理有据可依，有精细方案可执行。

在病虫害防治方面，数字农业可通过“3S”技术、图像采集设备及无线传输技术，对作物长势和病虫害状况进行实时监控和智能分析，通过人工智能不断提高机器识别病虫害的准确率和效率，以实现远程无损检测与诊断。

在产后包装、营销、物流、消费等环节的智能化与信息化，也是数字农业的重要环节。例如，产品分选包装、贮藏运输的装备智能化，以及产品溯源系统、物流及市场信息系统的建立，都将实现农业生产信息化决策、高效化生产、差异化服务。

除了生产管理的智能化与精准化，数字农业还致力于提高生产效率，减少劳动力成本，在一定程度上实现无人化生产。例如，针对园艺作物的采收机器人可以根据作物果实的颜色和形状智能识别果实，并实现机械臂的无损采收，使产品采收从半机械化逐步转为智能全自动。还有基于北斗导航卫星的无人采收农业机械，实现了大田作物的高效、省力种植与采收。

**2. 设施农业装备及智能化在设施农业中的作用与意义**　在农业发展中，我国人均耕地面积小、水资源亏缺，同时耕地面积还在进一步减少，生产成本不断增加，传统农业面临着巨大的挑战。优化产业结构，加速产业转型升级，提高农业生产机械化、自动化、信息化、智能化、规模化、集约化是促进我国农业持续高效发展的当务之急。

*(1) 设施农业装备及智能化是设施农业环境调控的工具*　设施农业是环境可控的现代农业，环境控制依托的工具就是设施设备及其控制软件。设施农业水平的高低很大程度上依赖于设施环境调控的能力与水平，是否能够为作物生长与发育提供最佳的环境条件是设施农业产业发展至关重要的技术评价条件。例如，目前调控作物生长发育的光照环境，主要依赖于补光灯的科学配置与补光灯的经济性能。一台补光效果好且经济投资低的灯具将对设施农业产业的发展起到革命性的贡献与作用。发光二极管（LED）补光灯的发展史就说明了这一点。

*(2) 设施农业装备及智能化是设施农业智能化控制的途径*　设施农业智能化控制一是依托智能控制软件发出命令，二是依托设施装备执行作业来实现。所以设施农业智能化水平的高低完全依托设施农业装备及智能化软件系统的水平与条件。设施农业的高智能化发展可全面实现设施温、光、水、气的全自动电脑控制。设施农业装备及智能化涉及温室结构开发、计算机控制、机械化、自动化及产品的分级、包装、内外运输等方面，这对设施农业朝自动化、智能化方向发展起到了重要作用。在环境控制方面，配套有自动化的计算机控制管理系统，实现温室机构控制、通风、降温、加热、遮阳、肥水灌溉等。在种子种苗工程方面，配套有种子清选机、种子包衣机、精密播种机、催芽设备、苗床、温室苗床移动喷水设备。

（3）*设施农业装备及智能化是提高设施农业生产效率的途径*　随着农业生产向规模化、多样化、精确化发展，以及逐步出现的农业劳动力不足问题，人们将越来越重视农业设施装备配套的研制、开发与应用，只有完善的农业设施装备及智能化应用，才能最大限度地发挥农业设施装备的优势，推动农业技术的发展及农业工程技术的成熟。设施农业装备及智能化可大幅提高设施内农业资源的利用率、农产品的产量和质量，获得更高的产出率，进而保证蔬菜、瓜果和肉、蛋、奶的全年均衡供应。

（4）*设施农业装备及智能化是未来农业工程研究的主要内容*　设施农业的核心是有效调控设施内环境，营造适于生物生长发育及农产品储藏保鲜的最佳环境条件。我国设施农业生产正处在由传统劳动密集型生产向新时代现代集约智能化生产转变的关键时期。设施农业装备及智能化已成为未来现代设施农业工程发展的具体体现，是高产、优质、高效农业的必然要求。研制先进的设施环境智能控制系统，可根据作物对环境的不同需求，由计算机对设施内的环境因子，如温、光、水、气、肥等进行全面有效的自动监测与调控，使设施土壤连作障碍不成为影响作物生长的限制因子。随着无线传感器网络技术、现代通信技术、智能控制技术、计算机视觉技术和空间技术等不断应用于设施农业领域，这些技术的有机整合使得设施环境监控系统朝着自动化、智能化和网络化方向发展，设施管理水平不断提高。

## 二、国内外设施农业装备发展历史与现状

设施农业装备具有机械化科技含量高、自动化程度高、高投入、高效率、高产出的特点，因而在国外得到了迅速发展。以色列、美国、法国、日本、荷兰、英国、意大利、西班牙、葡萄牙、比利时、墨西哥等在农业设施装备技术发展方面做出了杰出贡献，在设施环境调控、土壤特性演变、肥水管理、专用品种选育等方面进行了全面系统的研究，并形成了完整的设施农业栽培技术体系。高度集成化的工业技术广泛应用于设施农业，配套的设施装备种类齐全、技术较成熟。其中，温室通风系统普遍采用电机驱动的机械通风，从而实现温室内空气快速地自由流通，进而调节和控制温室内的温度和湿度（武丽鸿等，2014）。另外，他们向全球50多个国家提供了温室计算机控制系统技术服务。可根据温室植物生长的需求，自动控制卷膜、天窗、湿帘风机、喷雾、加温、补光、$CO_2$浓度等保证植物生长所需因素的设备，并通过计算机控制系统，将植物生长所需温度、湿度、$CO_2$浓度、肥料需求量等控制在最佳水平，对设施内各种作物进行多因素监测与调控，从而为作物提供最佳的生长环境。温室播种、育苗、收获等机械化作业普及率很高，作物产品采摘后的清洗、分级、包装、预冷等实现了自动化作业，温室内病虫害防治实现了自动检测与鉴定，设备、温室管理机器人及其他现代化设施装置日趋成熟并向市场化开发和应用。

**1. 荷兰**　荷兰是世界上温室栽培最发达的国家之一，我国从当地借鉴了许多成功的经验。

（1）*温室控制系统*　温室控制系统是专门为农业温室、农业环境控制、气象观测开发生产的环境自动控制系统。温室控制系统可测量风向、风速、温度、湿度、光照、气压、雨量、太阳辐射量、太阳紫外线、土壤温湿度等农业环境要素，根据温室植物生长要求，自动控制开窗、卷膜、风机湿帘、生物补光、灌溉施肥等环境控制设备，自动调控温室内环境，为植物生长提供最佳环境。计算机环境测量和控制系统是创造适宜温室小气候生态环境不可缺少的手段和设施。通过采用综合环境控制方法，使用先进的控制技术和控制策略，充分考虑各控制过程间的关系，真正起到自动化和节能的作用。计算机控制系统由一个或多个模块

化的“智能”控制单元或控制器组成，控制器内安装相应的应用控制程序，系统通过各种传感器实时采集程序所需的数据，如温室内部的温度等环境参数及温室外部的温度、光照、风、雨等气候条件，并反映到中心计算机上。通过综合程序对各种环境参数加以处理后，反馈到相关设备的控制器上，实现设备的开启或关闭，达到作物生长所需的最佳室内环境条件。例如，PRIVA 是温室环境计算机控制系统的最早开发者，有超过 7000 家用户在 52 个国家使用该系统，在全世界市场占有率达 52%，是目前世界上技术最先进、质量最可靠的温室控制系统。

（2）温室通风系统　温室是一个半封闭系统，依靠覆盖材料形成与外界相对隔离的室内空间。通过调节和控制通风系统可在温室中创造出适于植物生长并优于室外自然环境的条件，如通过降温、降湿、调节气流和 $CO_2$ 浓度等，对室内产生的高温、高湿和低 $CO_2$ 浓度等不利于植物生长的环境加以修正。齿轮齿条通风系统是现代温室中普遍采用的机械装置，一套机构可多处使用，该机构由齿轮、齿条、限位构件和摆杆组成，齿轮绕轴做逆时针转动时，带动齿条做平面运动，齿条通过铰接轴推动窗体开启；齿轮顺时针转动时，则带动窗体闭合。该机构可实现近似线性运动，定位准确，易于采用自动控制。例如，荷兰 Ridder Drive Systems 公司生产的温室通风系统，质量好、设备可靠、价格合理，在温室内使用较多，整套系统由减速齿轮箱、齿轮、齿条、限位构件、摆杆和标准配件组成，平均造价在 4 欧元/$m^2$。

（3）温室灌溉系统　温室灌溉系统用于温室内蔬菜或花卉的水分和肥料养分供应，可根据温室作物的水肥要求规律及其栽培基质的灌水特性，定时定量地供应水分和养分。系统包括灌溉水和回收液储水罐、首部枢纽（包括压力水源、过滤器、稳压设备、施肥设备、紫外消毒设备等）、田间管网［包括聚氯乙烯（PVC）管、聚乙烯（PE）管、电磁阀等］、滴灌毛管和滴箭及必要的测量与控制设备。此系统通过土壤、气象、作物等传感器及监测设备将土壤、作物、气象状况等监测数据传到计算机中央控制系统，中央控制系统中的各类软件将汇集的数值进行分析。例如，将含水量和灌溉饱和点与补偿点进行比较后确定是否应该灌溉或停止灌溉，然后将开启或关闭阀门的信号通过中央控制系统传输到阀门控制系统，再由阀门控制系统实施某轮灌区的阀门开启或关闭，以此来实现农业生产的自动化控制。在温室使用过程中，由于灌溉系统的用水量较大，可对雨水有效回收利用，既能节约运行成本，又能有效利用自然资源，因此通常会在温室的灌溉系统中设置雨水回收池对温室屋面的雨水进行收集。为减少雨水回收池的建造成本，整个雨水回收池的堤坝和底部均用泥土夯实，制作为雨水承载容器，同时为了防止雨水从夯实泥土中渗漏或地下水渗透到雨水回收池内，需在堤坝和底部垫上一层蓄水池防水内衬，同时该内衬还应具备防止蓄水池内生苔的功能。此外，在灌溉系统中，为防止外界水源地波动对内部灌溉设备产生影响，在灌溉系统首部需设置一个储水罐，作为承水及缓冲的设备。

（4）温室移栽系统　温室移栽系统用于封闭温室的蔬菜、花卉无土栽培，它的使用将大大提高农业现代化水平。此系统主要由栽培吊槽、作物支撑、营养液回收、移动栽培等几部分系统组成，由计算机来控制整个系统的工作。其原理是：植物被种植在吊挂于温室桁架之上的栽培槽内，吊挂用的钢丝绳采用特殊设计的挂钩与栽培槽相连，不仅强度高，而且遮阴少，安装方便；根据作物不同，栽培槽高于地面 0.6～1.3m；采用一套电动栽培槽水平移动系统，由减速电机驱动传动轴转动，驱动平移钢丝绳拉动一半的悬挂栽培槽，从而使高密度的悬挂栽培系统形成适合工人操作的通道，可提高温室栽培密度 40%左右；栽培槽的使用使自动灌溉施肥轻而易举，不仅灌溉均匀，而且可实现灌溉、施肥和废液回收的一体化，降低使用成本；电动轨道栽培车行走于温室地面的加热轨道上，操作便利。该系统优点：环境好，光照充足，通风良好；工人操作方便，大大提高了劳动生产率；提高了栽培密度，产品产量高，品质好；提高了自动灌溉施肥的灌溉均匀度；轻松实现了废液回收利用；减少了农药的使用。

**2. 美国** 美国设施园艺生产过程机械化程度非常高，无论农场规模大小，从种子处理、基质处理、育苗播种、定植、灌溉施肥、环境调控、采摘、病虫害防控、商品化处理等整个生产过程均普遍实现自动化控制，极大地提高了设施园艺生产效率。除此之外，在温室生产中使用一些最先进的技术，如遥感和全球定位系统等，有的农户运用计算机，其中近三成的农户还运用网络技术进行温室生产。美国在园艺作物无土栽培技术方面居世界一流，主要应用在沙漠、干旱等非耕地地区，其无土栽培知识及技术普及程度非常高，无土栽培系统通常采用基质培养，结合滴灌系统，加上温室良好的环境控制能力，蔬菜产量较高，番茄年产可达75kg/m$^2$，黄瓜年产达100kg/m$^2$。与此同时，美国设施农业出现了向精准方向发展的趋势，美国正在研究把高新技术推广到拖拉机等农机具上，实现拖拉机等农机的无人驾驶、自动操作、监控等，使各种农业机械能更准确、更迅速地完成各类工作。近年来，美国凭借领先的航天探索技术和先进的国际空间站，积极开展太空农业方面的研究，美国国家航空航天局（NASA）通过运用无土栽培和LED技术，已成功在太空种出小麦、玉米、番茄、生菜、绿豆、菜豆和马铃薯等多种作物，并于2015年首次实现航天员在太空食用种出来的生菜。

**3. 以色列** 以色列的温室大棚、滴灌系统和电脑控制的现代化栽培技术发展很快，以色列的滴灌技术与温室设备材料品质均属世界一流水平，尤其是滴灌技术的应用，利用高效、节水灌溉系统将土壤盐渍化控制到最低水平。节水灌溉设备主要有大型喷灌机、微喷灌和滴灌系统及设备，这些节水灌溉方法都是由计算机控制，在作物周围都安置了特定传感器，有利于对水肥情况进行测定，通过办公室的中心计算机可自动控制卷帘、降温系统、加温系统及灌溉区的流量控制系统，很方便地进行遥控灌溉和施肥。覆盖材料普遍采用编织复式聚乙烯薄膜和聚碳酸酯透光板，机械强度高，抗拉、抗冲击、抗老化等功能受到消费者青睐。特别是近年来一些具有光谱选择、降温、杀菌防虫等作用功能膜的开发与应用也逐渐受到人们的关注。

**4. 日本与韩国** 日本在设施农业发展上也投入了大量的人力、物力、财力，并密切关注国外先进温室结构和设施装备的发展，通过引进、消化、吸收国外先进技术，温室设施设备研究取得了巨大成效。日本建立了全球最发达的植物工厂，利用计算机掌控内部环境，实施完全封闭生产、人工补光系统，番茄、黄瓜、茄子和草莓等已进入批量生产。日本近年来还研发了一种遥感温室环境控制体系，让计算机控制中心和分散的温度群相联系进而完成更全面的温室自动化管理。日本高度重视农艺和农机的有机结合，在育秧、移栽方面很快实现机械化；高度发达的工业提供的高质量设备使田间作业全部实现了机械化与智能化。韩国设施农业装备及智能化发展通过多年的试验和总结提高很快，目前达到了生产专业化、经营规模化和栽培技术规范化的较高水平，研究开发了多种小型、轻便、多功能、高性能的设施园艺耕作机具、播种育苗装置、灌水施肥装置、通风窗自动开闭温湿度调节装置、二氧化碳施肥装置及自动嫁接装置。

**5. 中国**

（1）*发展历程* 2004年以来，国家实行了农机具购置补贴政策，逐年加大补贴力度。

大力推进农业机械化进程，从 2004 年 7000 万元起步，到 2008 年 40 亿元，再到 2009 年 130 亿元，对农业机械化和农机工业的发展起到了很大的推动作用，农机总动力持续增长，粮食作物机耕机收面积持续增长，全国耕种收综合机械化率从 2004 年的 35.7%，到 2009 年提高到 48.8%，其中机耕水平达到 63%，小麦生产机械化水平超过 81%。农业机械的应用，促进了生产规模化、集约化和产业化，提高了土地产出率、资源利用率和劳动生产率，减轻了农民的劳动强度，改善了农民生产生活条件，又提高了农产品产量、品质和效益。例如，推广小麦精量播种可以节约种子 45～60kg/hm$^2$；应用化肥深施可提高化肥使用率 10%～15%；高性能植保机械喷药，可节省 30%～40%的农药；使用联合收割机收获小麦与人工收获相比，可以减少损失 3%左右，仅此一项全国就减少小麦遗洒损失 25 亿 kg 以上。在增加粮食单产方面，采用大型机械进行深松整地，增产幅度可达 10%～15%。使用节水高效的灌溉机械，既节水、节地、节肥，又提高产量、品质和效益。农村沼气的进料、出料，使用机械既安全方便，又提高效率。据《人民日报》2009 年 9 月 1 日报道，黑龙江垦区引进具有世界先进水平的大功率拖拉机、大型联合收获机和配套的具有保护性耕作技术的农机具（称为“大宝贝”），集卫星定位、自动导航、精量播种和变量施肥于一体，一次完成深松、浅翻、整地、播种、保墒和镇压 6 项作业，使过去 20d 的工作，现在只用 3～5d 就可干完，而且作业质量高。

(2)发展现状　相对国外先进的农业设施装备技术，国内温室设施装备技术起步较晚，但发展迅速。在温室结构硬件上，连栋温室技术发展日趋成熟，西北型单、双跨日光温室及辽宁型日光温室结构的调整及优化产生良好的效应，配套设施研究取得较大进展，如湿帘降温设备、水肥机、供热升温设备、通风系统、育苗设备及温室内环境因子调控系统等在温室实际生产实践中成熟应用，并取得良好的经济、社会和生态效益，为我国温室设施工程、农业产业化的推进和发展做出了巨大贡献。

1）移栽机。近年来，我国农业生产朝着规模化发展，移栽作物面积不断扩大，移栽作物品种不断增加，随着人工成本不断升高，自动化移栽设备需求日渐迫切。在欧美等发达国家移栽设备已较广泛地应用于农业生产，而我国移栽机研究起步较晚，又因为移栽设备结构较复杂、开发成本较高，在国内的发展受到了一定限制，至今未见有成批推广使用的移栽机机型。

近年来，半自动移栽机发展较快，应用较广泛。但半自动移栽机作业时配备人员较多，作业效率不高，机械化效益不够突出。因此，全自动移栽设备逐渐引起学者的关注，并开展了一系列研究。为了提高温室插秧苗插秧的自动化程度和效率，综合一组优化的维数参数，并提出一种全局综合性能指标，胡建平等设计出一种采用双自由度并联转换结构和气动机械手的高速插秧机；高国华等设计了一款斜入式穴盘苗移栽机械手，有效降低了移栽伤苗率；杨振宇等为提高移栽钵苗的成活率，采用单目视觉技术调整移栽钵苗叶片问题并获取钵苗移栽适合度信息，试验获得理想的成效；王跃勇等采用双目立体视觉的定位方法，解决了自动化机械手移栽过程穴盘放置倾斜及穴盘底部变形引起移栽不理想的问题。

2）穴盘播种机。穴盘育苗是工厂化育苗最普遍采用的形式，而穴盘播种则是育苗的关键环节之一。20 世纪 70 年代，我国逐步开始研究精密穴盘播种技术，初期国内穴盘育苗设备存在机械化效率和播种精度不高等问题。为解决该问题，农业部（现为农业农村部）与科学技术部先后将穴盘播种列入国家重点项目，并要求各地农业机械化研究单位和生产企业及时跟进。经过多年努力，结合自身需求并借鉴国外先进技术，我国最终研制出多种多样的精密穴盘育苗播种机。胡建平等开发了一款磁吸式穴盘精密播种机，实现了300盘/h的播种效率。张石平等采用振动机构的激振作用，用吸种盘吸种以实现1粒/穴的精密播种质量。考虑到播种机空穴率、多粒率、破碎率等问题，胡志新等采用压电弹簧和气吸盘相结合的方法，设计出一套自动穴盘精量播种机。朱盘安等考虑到播种机的便携性问题及中小型大棚温室的客户需求，根据激光传感器检测定位，设计出一种穴盘基质打孔与播种的便携式蔬菜穴盘自动播种机。

3）灌溉施肥机。以往温室大棚内灌溉施肥大多采用沟灌、漫灌，导致水资源利用率低，工人作业强度大，土壤养分流失等。另外，温室内长期湿度较大给整个大棚环境带来了危害，并诱发一些病害。滴灌施肥技术在现代农业生产中逐步受到业界人士的青睐。目前市面上主流滴灌施肥装备大多是从荷兰、以色列等国家进口，而采购设备费用昂贵，实际应用中存在一定的局限性，也成为消费者需要考虑的问题。杨仁全等对国内外现有灌溉施肥技术的现状进行调研，并开发出一套实用可靠的高精密灌溉施肥机系统。孙宜田等采用营养液混合的模糊控制器，并利用LabVIEW开发出一套智能水肥药一体化设备，解决了混肥精度不高的问题。刘永华等从吸肥性能角度研究水肥一体化灌溉施肥机，对关键核心部件文丘里吸肥器渐缩角、渐扩角及喉部直径等参数进行优化，并取得了显著效果。袁洪波等为提高水、肥料利用率，在增加文丘里装置后，对混合罐两种不同模式进行组合，设计出一种水和肥料集成营养液的调节和控制装备，试验结果表明该设备调节速度快、响应精度高。房俊龙等针对当前国内大多水肥机设备内部简单混肥、监测管理不到位、自动化程度不够高、稳定性不强等问题，提出一种通用灌溉施肥结构和可配置智能控制器，并利用传感技术、自动控制技术、信息采集与处理技术，实现灌溉施肥从传统模式到智能模式的切换。李坚等针对一些规模较小、栽培管理有特殊要求的日光温室，以两路母液/一路酸液与EC（电导率）/pH建立关系模型，设计出一种基于施肥器的小型灌溉施肥机，该设计成本低廉、实用方便，为日光温室作物栽培标准化管理奠定了基础。

4）通风降温设备。大棚温室通风的主要目的是降温，通风分为自然通风与机械通风两种，而这两种通风效果最多只能接近或与室外温度相同。为了取得较好的降温效果，目前国内普遍采用内、外遮阳网进行降温，即室外采用黑色聚乙烯遮阳网将阳光挡在室外，减少热量累积；室内采用铝箔保温网膜，夏季起到隔热、冬季起到保温的效果。但在高温的夏季，仅依靠天窗、侧窗、通风排气扇、遮阳网等降温措施，降温效果并不理想。为保证植物能够在适宜环境下正常生长，目前温室普遍安装了喷雾降温和湿帘风机两种降温设备。另外，国内学者对两种降温设备做了许多细化研究，为温室降温方面的研究提供了许多坚实的科研基础。周伟等考虑到作物和环境的相互作用，对采用天窗、外遮阳、内喷雾降温措施进行组合试验，并利用计算流体力学（CFD）中稳态方法仿真模拟了Venlo型温室不同的降温效果，为温室作物系统环境控制策略的定制提供了科学依据。从节能、降低损耗的角度考虑，Lin等利用洗车泵作为高压水源，将能量贮存于贮能管中，在泵停止运行期间通过释放压缩空气的能量维持喷雾，并成功将该设备推广至温室大棚降温；吴霞等针对人工喷雾降温存在的问题，设计了一套枸杞育苗的自动喷雾降温设备，通过温湿度传感器实时采集信息并反馈至控制器，自动调节枸杞育苗温室内的温湿度，不仅准确地控制了温室内的温湿度，还大大降低了人工成本。胥芳等为了提高温室夏季降温环境性能，提出一种基于计算流体力学的温室湿帘风机系统的降温环境优化设计方法，建立了温室长度、湿帘面积、风机速度等参数的拟合结果，为Venlo型温室湿帘风机系统的设计提供了可靠的理论依据；张树阁等考虑到湿帘风机安装高度对夏季温室内气温的影响，将湿帘风机的不同安装高度的降温效果进行了对比试验，认为高度不同的作物对湿帘风机安装高度有不同的要求。

5）微型耕作机。高产、高效的自动化生产是当前人们追求的目标。结合我国温室、大棚等农业生产环境的特征，当前微型耕作机（简称微耕机）不仅可实现耕作，还可以实现施肥、灌溉、除草等功能，其体积小、质量轻、单价低、使用便捷等优点越来越受到业界人士的青睐。因此，国内不少学者对微型耕作机的操作便捷性、舒适性和拓展功能进行了细致的研究。郝允志等考虑到微型耕作机的自动化水平与操作舒适性，提出一种根据作业阻力自动换挡的2挡自动变速器结构，并通过样机试验证明了变数器自动换挡功能与换挡的稳定性。王元杰等针对温室内耕作机械存在操作不灵便、作业人员劳动强度大、设备污染严重等问题，对整机驱动系统进行了细致研究，设计了一种适用于温室大棚耕犁作业的微型电动耕作机，样机试验证明了整机设计满足要求。曾晨等为了提高微耕机变速箱的传统性能和放耕效率，针对变速箱主要参数进行设计，建立了多轴式微耕机变速箱的优化设计模型，并用多目标遗传算法Ⅱ（NSGAⅡ）求解优化模型。高辉松等根据设施农业的环境特点，设计电动微耕机结构形式及传动系统参数，开发温室大棚用供取电系统和单输入三输出变频调速系统，研制出一种温室大棚专用的电动微耕机系统，并通过试验论证其经济性能远高于同功率的汽油微耕机。

6）其他温室设施装备。随着设施农业发展，机械化装备日益健全。曹峥勇等针对传统简易施药机易造成人员中毒、药液喷洒过多造成环境污染等问题，设计了3自由度喷雾机器人控制系统，实现了对黄瓜植株的对靶作业，试验结果表明该设计具有较高的实用性。李东星在曹峥勇研究的基础上研发了一种无轨道自走式并自适应升降喷杆施药系统，实现了温室施药的无人化、机械化、自动化、精准化。传统依靠化学植保法维持农场日常生产，逐渐无法满足现代农业生产节能和环保的要求。另外，随着生活品质的提升，人们对无公害、绿色环保的农产品品质提出了更高的要求。因此，越来越多的物理植保设备逐渐被开发和应用。常泽辉等针对传统土壤灭虫除菌的化学消毒法带来的环境污染及药物残留问题，提出了新型聚光回热式太阳能灭虫除菌装置。隋俊杰提出一种土壤电消毒灭虫原理，并对灭虫机进行应用，为土壤连作障碍进行了有益的探索。另外，在农产品产后处理中，为减轻人工劳动力强度、提高黄瓜采收智能化水平，纪超等提出一种三层式系统控制方案，研发了一套黄瓜采摘机器人系统，并在温室内成功进行了各项性能测试。果蔬产后分级、清洗、包装等工作是产品商品化的必要基础。魏忠彩等针对机械化收割、清洗、分拣、分级等造成马铃薯损伤问题，进一步总结分析几种造成损伤的原因，采用抗损伤新材料和高频低振幅振动分离技术，对后期开发和研究马铃薯收获、清洗、分级等仓储设备具有重要的指导意义。随着消费者对易腐食品纯正口味、长保质期的追求，食品包装设备技术正演变为一种市场趋势。高德等综合考虑果蔬呼吸与薄膜透气两个相互交叉动态过程，采用臭氧果蔬保鲜技术，有效延长水蜜桃与油豆角等果蔬2周以上的保鲜期。

## 三、我国设施农业装备与智能化存在的问题

目前我国温室面积占全世界温室面积总量的80%以上，但我国温室建造的标准化和规模化水平较低，各地温室的结构和规格差异性较大，机械化、信息化和智能化水平不高。据中国农业机械化协会设施农业分会调查，目前我国设施农业领域存在的首要问题是设施农业装备供给不足、设施农业机械化生产水平不高。我国在设施农业生长环境条件包括温度、湿度、

光照度、二氧化碳浓度、透光通风、遮阳防虫、水肥运筹等方面的研究较多，相关装备和技术基本能够满足农业生产需要，但由于设施农业品种多、种植模式多样、设施结构尺寸不一、种植规模偏小、设施农业装备研发投入较大且产品生产批量小效益低等诸多因素影响，目前我国从事设施农业机械设备研发的科研机构和生产企业还不是很多，设施农业装备技术创新能力不足。据不完全统计，截至2018年底，我国设施农业的机械化水平不到30%。

近年来，我国在设施农业方面给予了高度重视与巨大投入，开发了许多满足客户需求的产品，也发明创造了许多新装备、新设施，国内温室设施装备自动化水平得到了大幅度提升，作物生产的产量与品质也得到了提高，设施农业生产的规模也日趋庞大。但与国外设施农业发达国家相比，我国设施农业装备的发展还存在许多问题。

**1．系统性不完善** 设施农业装备化作业生产系统由作业装备、物流输送装备及技术构成。目前在作业装备方面，缺乏整枝打杈、疏花疏果、秸秆及种植废弃物回收等设备机械。在采后处理方面，产后分级、清洗及包装等自动化装备的相关研究也相对较少，技术仍不够成熟，市场推广程度不强。国内温室内部自动化生产的物流装备的应用仍是空白。目前在构建设施农业装备化作业生产系统时，为达到生产作业的预期，人们大多选用国外作业稳定的设施农业装备化作业设备，使国外装备与国内技术不能完美融合，应在实际设施农业装备化作业的生产基础上进行积极的开发，使装备和技术保持平衡与系统完善。

**2．精准性不够** 装备的机械工艺较粗糙，体型较笨重，产品生产设计还不能实现从设备整体协调工作的节能、环保及耐用等方面进行综合考虑。材料配件抗老化、稳定性等性能远低于国外水平，从而在设备整体使用性能上达不到国外先进水平。另外，农业设施装备产品标准化程度不高，产品配件之间通用性与可替换性不强，某种程度上影响了设施农业装备的发展。自动化环境控制系统软件也不够完善，稳定性与科学性也须进一步提高。温室内各个设施装备运作与调控模式很大程度上仍依靠人工经验管理，半机械化操作，设备智能化协调性较差，未能充分发挥各个装备的协调性作用，也在一定程度上影响了设施装备的发展。

**3．融合性不够** 国内外设施农业装备及智能化发展实践证明，加强农机农艺融合对发挥设施农业装备在生产中的作用，以及加快设施农业装备的普及应用等具有重要作用。农机农艺融合是一项较为复杂的系统工程，涉及技术、管理和机制等方面内容。长期以来，农机与农艺两类研究人员各自进行研究，专业知识的局限性和考虑问题角度的差异性，以及缺少农机和农艺结合的多学科交融的研究平台，导致了二者在实践应用中的一些制度和人才上的缺失。农机农艺融合性不够现已成为制约设施农业装备及智能化发展的主要因素之一。

**4．智能控制系统性不够** 智能化发展需求为设施农业的发展带来了变革，也为设施农业装备化作业的发展带来影响。智慧农业建立在设施农业装备化的基础上，对设施农业的装备要求更高，能够使农业生产效率更高，可以完成农业种植各个环节的管理。我国设施农业在检测设施农业温室的环境因素，并运用网络化数据传输给农民，全程现代化管理农作物的生长过程，完成收获、清洗及包装的全产业链自动化生产等过程中，仍然系统性不完善。

## 四、未来设施农业装备与智能化发展的方向

**1．全面策划设施农业装备、机械与智能化** 设施农业园区的道路、过桥、沟渠等设施也要满足农业机械通行、掉头和作业要求，其中过桥的宽度应不小于棚门的宽度，承载能

力应大于轮式拖拉机及其配套农机具总质量的两倍。温室大棚设计要大型化，设施空间相对足够，能够满足安装温室环境调控的设备需求，适宜机械进入、作业、行走。因此，设施农业园区和温室的设计、建造必须统筹考虑将来机械化生产问题，只有这样才能确保巨额投资建造的农业设施持续发挥作用，生产经营取得好的社会经济效益，避免投巨资建造的农业设施被废弃。

**2．设施农业系统性数字化技术研究** 设施农业的数字化发展是以多学科交叉融合为基础的，随着设施农业工程、环境工程和蔬菜栽培基础理论的不断深入研究和大数据、云计算、人工智能技术发展，在设施农业革新的过程中，设施农业将朝着更加精细、高效和智能的方向发展，将极大地提高生产力水平和生产效益。未来设施农业数字化将会：①数据模型化。发展数字农业关键是模型，设施农业生产中涉及环境模拟分析、水肥预测、病虫害预警和作物产量和品质等模型，深度挖掘数据价值和构建模型是未来设施农业数字化发展的大势所趋。②全产业链融合。设施农业生产将与物联网、云计算、大数据等技术手段深度融合，打通产业链中的数字鸿沟，构建设施农业全方位、全过程的数字农业生态系统。③人工智能化。2022 年发布的 ChatGPT（人工智能技术驱动的自然语言处理工具），把人工智能的决策水平提高到新的高度，让人们认识到人工智能快速的发展和广阔的前景，未来设施农业也必将借助人工智能、机器学习等手段，为生产提供更加精细化、高效化的决策和管理。④设施农业机械智能化。智能化是未来我国设施农业机械发展的方向，利用数据为农业机械赋能适应数字设施农场场景的需求，将会极大地降低人力成本和时间成本，提高农业生产效率。

就目前设施农业发展来看，我国数字化农业存在大数据研究基础薄弱、信息基础设施不健全和专业人才缺乏的问题，今后的发展仍需要：①坚持技术创新，推进设施农业数字化。建议政府及科研单位加大技术研究力度，开展决策模型、智能化装备等方面的研究，利用人工智能、大数据和云计算等技术，探索适合我国设施农业生产实际的数字化发展模式。②培育数字设施农业人才，发挥科研机构、高校、企业等各方作用，构建人才支撑体系，培养造就一批数字农业农村领域科技领军人才、工程师和高水平运营团队，开展知识下乡活动，提高基层干部、新型农业经营主体、高素质农民的数字生产技术应用和管理水平。③共同参与，加强数字基础设施建设投资，鼓励电商、电信、数字技术服务商参与投资设施农业生产基地和基础设施的建设，尤其要加大对 5G、移动物联网、农业农村宽带等基础设施的投资力度。

在国家政策的大力支持下，我国数字农业发展迅速，全产业链都在进行着积极的转型升级，但由于我国农业整体的机械化、集约化生产水平较低，严重制约了数字农业的发展。数字农业发展需要的智能设备、农业专家决策系统的相对缺乏，复杂的作物生长模型系统还研究不深。这些问题的解决都不是一日之功，尚需加倍努力。首先，要对专业性设施农业装备进行重点突破，应该集中对大棚设施、特种种植设施、养殖设施进行重点研究，这样有利于提高设施农业的效益。其次，要坚持设施农业装备的智能化发展方向，要将网络技术、远程控制技术和可编程逻辑控制器（PLC）技术积极地应用到设施农业装备的发展之中，实现自动化和电子化，在降低农业生产强度的同时，提高生产效率。最后，要在贮存环节开展设施农业装备的应用，通过对农产品分级、整理、包装和贮存实现质量的提升、价值的提高，满足农业深加工发展趋势的需要。

**3．设施农业智慧化决策系统的创新完善** 设施农业决策系统作为实现农业产业技术升级的重要举措，应进一步在主要环节上优先研发、率先突破。首先，进一步深入基于农机农艺相结合的智能决策系统研究。围绕作物生命体征信息动态感知、作物生长趋势预测、光温水肥耦合与高效环境控制等主题，聚焦基于满足设施农业生产需求的算法模型、人工智能等关键技术突破，推进机器视觉、机器学习等技术在设施农业决策系统中的集成应用，使智能决策系统能支持不同种植作物和栽培形式的农艺要求，解决其与实际应用匹配度不高的问题。其次，智慧化设施农业决策系统将向绿色可持续方向发展。设施农业既受环境影响又影响环境，相对大田农业能耗更高，绿色生产的压力更大。因此，智慧化设施农业决策系统应适应绿色发展的趋势。一方面，在信息判断的科学性、操作的精准性、施用的精量化、流程的便捷化等方面不断提高，使资源利用率不断提升，同时建立植物、人类、机器人之间的信息交流平台，使设施农业的可持续生产与人类生活更加协调；另一方面，不断推进机械系统、动力系统、能源供应系统的优化和材料的改进，充分利用太阳能等可再生能源，减少材料和能源消耗。此外，针对安全生产，智慧化决策系统在避障、无人化、容错等技术方面也需不断提高，最大限度地减少对作物、设施和生产人员的不良影响，使智慧化设施农业决策系统向绿色可持续发展。

# 第二章 育苗生产装备

## 第一节 育苗基质处理装备

### 一、基质搅拌机

#### （一）基质搅拌机分类

基质搅拌的目的是使各种不同特性的基质材料均匀地混合在一起，最终使搅拌好的基质具有均匀良好的持水性、透气性、颗粒性、压实度、透水性等性能。

依据不同的分类方法，基质搅拌机具有不同的类别。如图 2-1 所示，根据动力可分为人力式和机械式（图 2-1A），人力式作业时，各类基质材料装入一可滚动的料桶中，滚桶内壁固定有一定高度的搅拌叶片，料桶置于定位滚轮上，通过人力滚动料桶可实现基质的均匀搅拌，此方法简洁、经济实惠，但是劳动强度较大。机械式搅拌机还可分为多种形式，根据搅动基质形式可分为搅动式和搅拌式（图 2-1B），前者利用两条输送带搅动基质达到混合基质的目的，后者利用搅动叶片在基质中进行搅拌，一般基质搅拌机采用后者；根据搅拌轴数目可分为单轴式、双轴式和多轴式（三轴以上），一般以单轴式和双轴式居多，单轴式用于小型基质搅拌机，大中型多采用双轴式（图 2-1C）；根据出料形式可分为重力出料式和提升出料式（图 2-1D），重力出料是利用基质的自身重力使基质自动卸出基质搅拌机，出料需人工辅助，劳动强度较大，也有下方采用输送带接驳输送到下一作业工序的作业形式，提升出料式作业较为灵活，可直接将搅拌好的基质提升到下一工序的作业设备中。

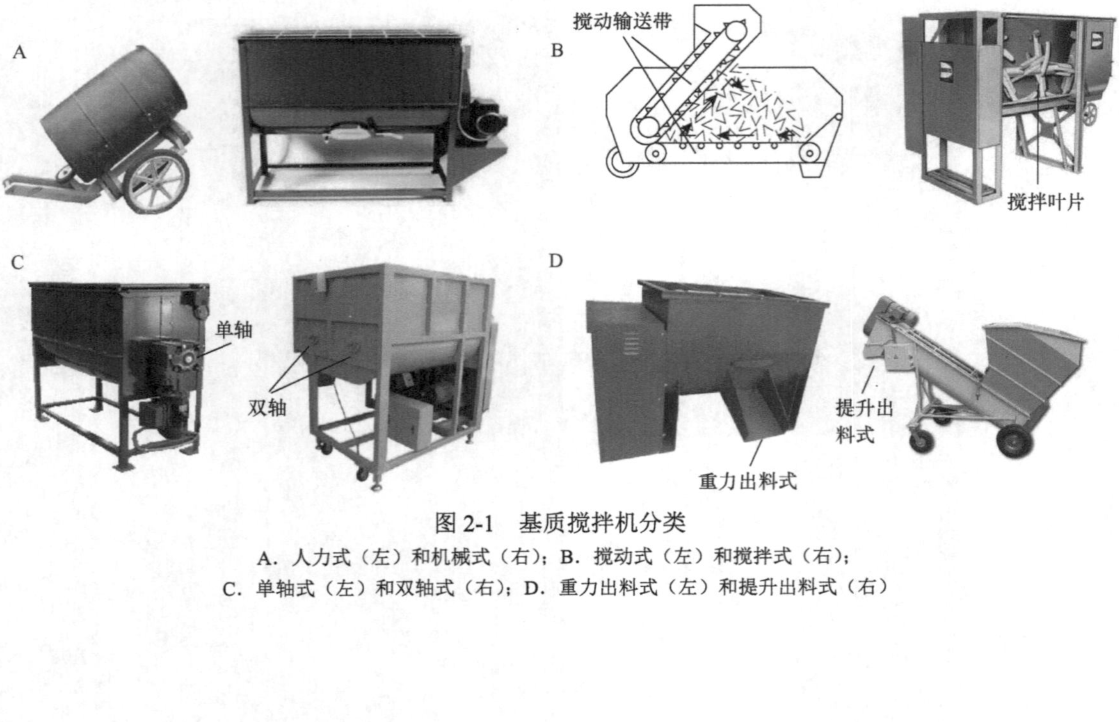


图 2-1 基质搅拌机分类

A. 人力式（左）和机械式（右）；B. 搅动式（左）和搅拌式（右）；
C. 单轴式（左）和双轴式（右）；D. 重力出料式（左）和提升出料式（右）

## （二）典型基质搅拌机

**1．荷兰 Visser 公司生产的基质搅拌机**　图 2-2 为荷兰 Visser 公司生产的基质搅拌机，分别为 Buz-Mix 500 型重力出料式（图 2-2A）和 Viko 2M2B 型提升出料式（图 2-2B）。Buz-Mix 500 型基质搅拌机具有保护开关，当上料盖打开时，搅拌机将自动停机，同时该机具有调湿装置，料斗容量为 500L，搅拌功率为 2.2kW，生产率最大可达 4.5$m^3$/h。Viko 2M2B 型基质搅拌机在其螺旋输送器上安置有水管，可自动调湿，出料提升高度为 1.15m，料斗容量为 1$m^3$，搅拌提升功率为 1.5kW。

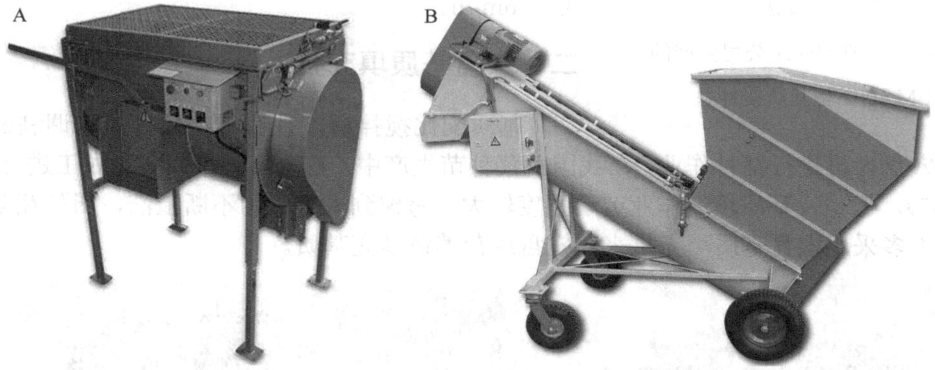


图 2-2　荷兰 Visser 公司生产的基质搅拌机

A．Buz-Mix 500 型；B．Viko 2M2B 型

**2．意大利 Mosa 公司生产的基质搅拌机**　图 2-3 为意大利 Mosa 公司生产的 MX1000 型基质搅拌机，该机可通过控制装置设定搅拌时间，自动进行搅拌和出料作业。该机通过传感器感知下一作业环节对基质需要的时机，自动出料，操作人员也可通过按钮手动排出完成搅拌的基质。MX1000 型基质搅拌机可以适应搅拌以下基质材料：草炭、珍珠岩/蛭石/聚苯乙烯、轻石、膨胀黏土、树皮，该机配置调湿加水管，料斗容积为 1$m^3$。该类型搅拌机较为普遍，国内也有多家设施生产装备企业生产（图 2-4）。

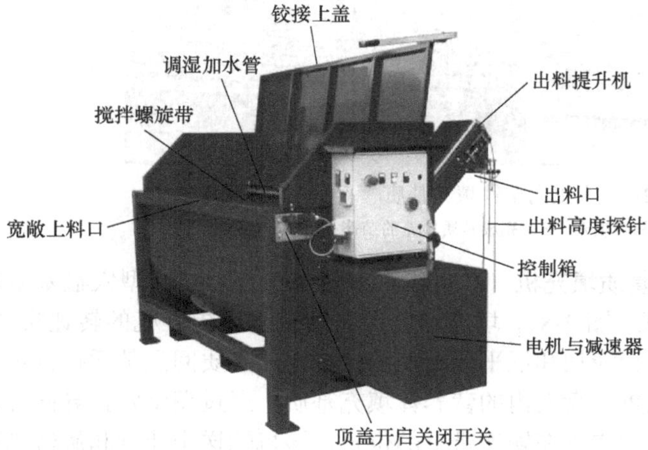


图 2-3　意大利 Mosa 公司生产的 MX1000 型基质搅拌机

图 2-4　国产 HP1000 型基质搅拌机

图 2-5　德国 Mayer 公司生产的 EM 6002 型基质搅拌机

**3．德国 Mayer 公司生产的基质搅拌机**　Mayer 公司生产的 EM 6002 型基质搅拌机（图 2-5），通过两个输送带的滚动对基质进行搅动混合，提升机链条和橡胶传送带不停地转动从而混合基质，混合时间可以根据需要进行设定。基质搅动混合结束以后，提升机向前倾斜到卸载位置，然后基质被自动排出。该机也可配置加湿装置，对基质进行加湿调质。该机料斗容积为 $1.5m^3$，由 2 台三相 220V 电机驱动，总功率为 2.5kW，作业生产率可达 $6m^3/h$。

## 二、穴盘基质填充机

基质配比搅拌后，须在穴盘播种前将调制好的基质填充到穴盘内再进行播种作业，在我国蔬菜种苗生产中，基质填充作业多为人工进行（图 2-6 和图 2-7）。但是，基质填充作业劳动强度较大，考虑到人工费用不断上涨，国外蔬菜种苗生产企业大多采用穴盘基质填充机来向穴盘或营养钵填充基质。

图 2-6　人工向穴盘填充基质

图 2-7　人工向苗钵填充基质

A．苗钵基质填充；B．完成基质填充的苗钵

**1．荷兰 Visser 公司生产的穴盘基质填充机**　Visser 公司生产的 EC-40 型穴盘基质填充机由基质提升机和穴盘输送带构成（图 2-8），填充速度通过调整基质提升机的转速实现，该机采用旋转刷对填充基质的穴盘进行清扫和抚平基质表面，多余的基质回到基质提升机料斗内重新提升。该机适用于向穴盘或置于盘架内的营养钵填充基质，通过调整穴盘导向杆的位置可适应不同宽度的穴盘和调整作业穴盘在输送带上的位置。该机输送带速度和旋转刷高度均可调整，料斗容积为 $0.6m^3$，工作电压为三相 380V，驱动功率为 1.38kW，基质填充生产率为 300～1000 盘/h，具体需根据穴盘或营养钵的尺寸确定。适用穴盘尺寸分别为：长度

230～700mm，宽度230～410mm，高度20～100mm。

**2. 德国Mayer公司生产的穴盘基质填充机**　Mayer公司生产的PF 2180型穴盘基质填充机（图2-9）与荷兰Visser公司生产的穴盘基质填充机结构类似，也由基质提升机和穴盘输送带构成，工作电压为单相220V，驱动功率为1.8kW，基质料斗容积为0.6m$^3$，填充作业生产率为1500盘/h以上。

图2-8　荷兰Visser公司生产的EC-40型穴盘基质填充机

图2-9　德国Mayer公司生产的PF 2180型穴盘基质填充机

## 三、纸钵机

近年来，纸钵基质在欧美应用逐渐广泛。纸钵基质是将基质装入由可降解不织布做成的筒中，再根据要求切割成需要的长短，如图2-10A所示，筒的直径也根据培育对象有所不同，然后，再将切成段的纸钵基质放置于相应规格的穴盘中进行播种，图2-10B为在穴盘中的纸钵基质。

图2-10　纸钵基质应用

A. 纸钵基质；B. 在穴盘中的纸钵基质

目前，种苗自动化生产中经常需要分级和移栽等作业，这对基质块强度要求较高，如果种苗盘根不饱满则经常导致基质块破碎，种苗根系外露影响自身生长和成活。使用纸钵基质具有以下优势：①分级和移栽作业中可保护基质块不破碎，使种苗根系始终处于理想生长状态；②种苗成苗运输时可脱离穴盘装箱，使运输空间利用率得到提高；③使用纸钵基质有利于分级与移栽作业；④纸钵的不织布材料可降解。

图 2-11 为意大利 Techmek 公司生产的 Pot Pro 型纸钵基质填充机，主要工作原理是：不织布以卷筒形式上到机器上，自动进入不织布成筒装置形成圆筒形式，基质由基质料斗通过基质导管向形成的不织布圆筒内灌装基质，不织布基质圆筒到达热合装置处被热合成一个封闭的基质圆筒，接着进入切断装置内，在这里基质圆筒根据设定长度通过一把圆盘切刀切断，切刀完成一次切断动作后即刻对刀进行一次打磨，以保证刀刃锋利满足切割质量（图 2-12）。通过选用不同规格可更换部件，纸钵基质直径可为 18～60mm，长度可以根据需要设定，生产率可达 10 000 钵/h。完成切断的纸钵基质靠重力落入包装箱或人工放入穴盘，另外，Techmek 公司开发出与纸钵基质生产设备对接，可自动将纸钵基质装入穴盘的 I-Pot Inserter 型纸钵基质填充机，如图 2-13 所示。

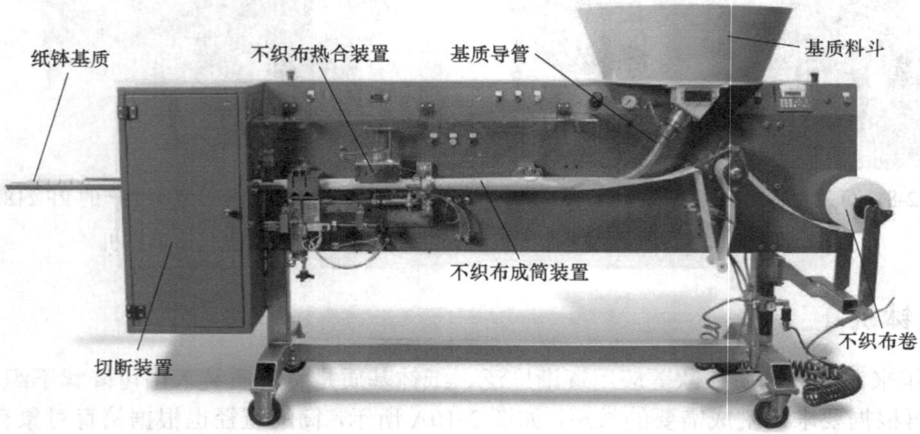


图 2-11　意大利 Techmek 公司生产的 Pot Pro 型纸钵基质填充机

图 2-12　纸钵基质筒切断装置

图 2-13　I-Pot Inserter 型纸钵基质填充机

丹麦 Ellegaard 公司开发出多种类型的不织布基质钵生产装备，在世界范围内具有很高的市场占有率。图 2-14 为该公司开发的集基质灌装、不织布筒成型、不织布热合、不织布基质筒切断和不织布钵填装作业为一体的纸钵基质生产线。

国内东莞恩茁智能科技有限公司也开发出纸钵基质加工机及与其配套作业的纸钵基质装盘机、精量播种（简称精播）机，既可单机完成纸钵基质加工、自动纸钵基质装盘及纸钵精量播种，还可模块化组装成纸钵基质加工、装盘和精播等复式作业生产线（图 2-15）。

图 2-14　丹麦 Ellegaard 公司开发的纸钵基质生产线

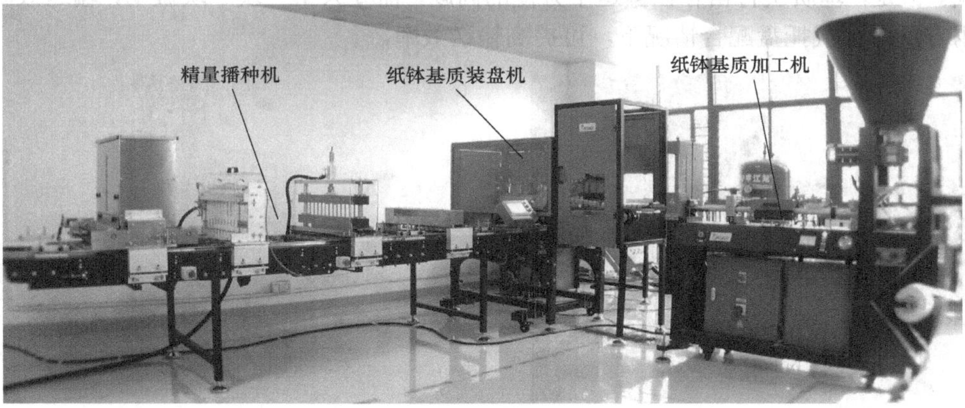


图 2-15　恩茁智能科技有限公司开发的纸钵基质加工、装盘、精播复式作业生产线

## 四、基质块机

育苗基质块可选用泥炭或椰糠为主要原料，东北师范大学泥炭沼泽研究所孟宪民教授提出一体化育苗营养基技术，以植物营养理论为依据，添加适量营养元素、抗病虫害剂、保水剂、固化成型剂等，根据不同作物、不同生长环境，经科学配方，通过挤压形成基质块形式（图 2-16）。基质块集基质、营养、控病、调酸、容器 5 种功能为一体，免除了传统育苗方法中的取土、配肥、消毒、装钵等烦琐工序，挤压后体积小便于运输、简便高效、省工省力。

育苗基质块制作时，将主要原料（泥炭或椰糠）经过风干、粉碎、分选、调节酸碱平衡等无害化处理后，再经过化验分析，根据栽培需要辅配以适当的营养成分和调节剂，进行挤压成型，使用时只需向基质块注水使之膨胀，即可为蔬菜、花卉、棉花、林木、药材等作物育苗所使用。基质块可直接用于播种或分苗，且作业时省工、省力、省时；移栽作业时不伤根，无缓苗期，苗齐苗壮，成活率高；根系发达，幼苗健壮，抗旱抗病能力强。

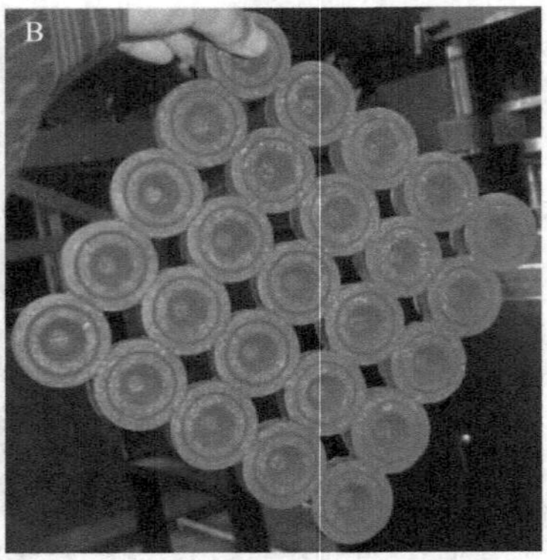


图 2-16　我国典型基质块形式

A. 单体基质块；B. 连体基质块

图 2-17A 为大型基质块成型生产线，生产率高，适合在大型专用场地进行基质块生产，图 2-17B 为简易双头对冲基质块成型机，结构简单，适合种苗企业购置在育苗中心自行生产基质块。但是，基质块育苗存在搬运不方便的问题，需要人工一块一块搬动，输送效率不高，在使用专用穴盘或托盘配合情况下，可提高输送效率。

图 2-17　我国基质块成型设备

A. 大型基质块成型生产线；B. 简易双头对冲基质块成型机

基质块在欧美园艺生产中也有较长的历史，近年来，欧洲推出很多将基质块生产线与精量播种生产线结合的基质块精量播种生产线，基质块由基质注水后分割成型（分割尺寸可调整），但不加压挤压，基质块制成后迅速进入精量播种机。

图 2-18　荷兰 Flier Systems 公司生产的 PP1 型可移动式基质块生产设备

图 2-18 为荷兰 Flier Systems 公司生产的 PP1 型可移动式基质块生产设备（图 2-18），该机型适合对基质块生产量需求不大的生产情况，基质块作业生产率可达 38 000 块/h，基质块规格可调整。该机可与基质搅拌机联合使用，生产出的基质块由人工送入播种生产线进行播种。

图 2-19 为荷兰 Visser 公司开发的 VM2070 型基质分割-精量播种生产线，完成播种的基质块均放入托盘中，以托盘为单位进行输送，输送效率较高，人工几乎不参与生产过程，生产线总体作

业生产率为 500 盘/h（每个托盘可容 150 个基质块）。意大利 Techmek 公司开发的 I-Press 系列基质块（图 2-20）的生产线生产率为 400～900 盘/h，基质块的尺寸可通过可编程逻辑控制器（PLC）进行设定，如图 2-21 所示。

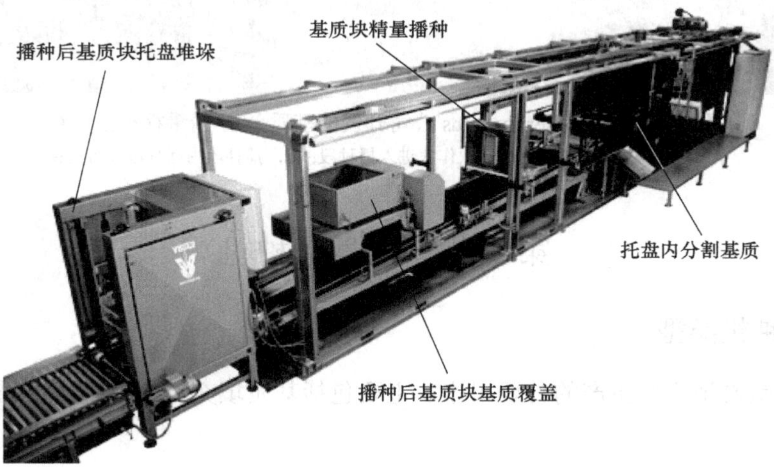


图 2-19　荷兰 Visser 公司开发的 VM2070 型基质分割-精量播种生产线

图 2-20　意大利 Techmek 公司开发的基质块

另外荷兰 Flier Systems 公司也有类似的基质分割-精量播种生产线（图 2-22），该机主要由基质输送装置、基质切块作穴装置、播种装置构成（图 2-22A），可以一次一并完成基质自动切块和作穴（图 2-22B），接着进行精量播种并对播后种子进行覆土。该设备播种采用滚筒式播种装置，播种装置以简捷可拆卸方式固定在生产线上，并且可同时搭载几种不同规格种子的精量播种滚筒，使用相应规格的播种滚筒压装在生产线上，其他规格的播种滚筒可以一边为轴旋转抬起（图 2-22C），这种播种作业模式，特别适合种子规格多、需频繁更换播种滚筒的作业情况，可免去频繁清扫播种滚筒和种箱。

图 2-21　Techmek 公司开发的基质分割生产线

图 2-22　荷兰 Flier Systems 公司开发的基质分割-精量播种生产线

A．生产线总体；B．完成切块作穴进入播种段；C．播种段内播种滚筒可更换

## 第二节　穴盘播种机

### 一、穴盘播种机类型

穴盘播种是设施育苗生产的首要工序，主要包括基质填充、压穴、精量播种、覆土和喷淋水等作业环节。

#### （一）机械式穴盘精量播种机

图 2-23 为荷兰 Visser 公司生产的 Granuplate 机械式穴盘精量播种机，基于型孔定量取种和错位排种原理，利用导种管连接取种部件和投种部件以避免种子排出时弹跳落到穴孔外，排种定位精度高，适于 1～4 粒/穴播种，采用一组排种器播种 28 孔穴盘效率为 200 盘/h，采用三组排种器播种 72 孔穴盘效率为 400 盘/h。机械式穴盘精量播种机适于球形或丸粒化种子，对种子的外形和尺寸的一致性要求高，型孔取种易损伤种子，在育苗生产中应用较少。

图 2-23　荷兰 Visser 公司生产的 Granuplate 机械式穴盘精量播种机

#### （二）气力式穴盘精量播种机

气力式穴盘精量播种机采用振动或往复移动激励供种箱使种群处于离散松弛状态，负压气流定量取种，再利用正压气流或重力将种子排入穴孔中，包括吸附、吸住和排出三个过程，原理如图 2-24 所示。依据排种器结构原理不同，气力式穴盘精量播种机主要有针式、滚筒式和整盘式三种类型，能适应各种形状的种子，不易损伤种子，在育苗生产中应用广泛。

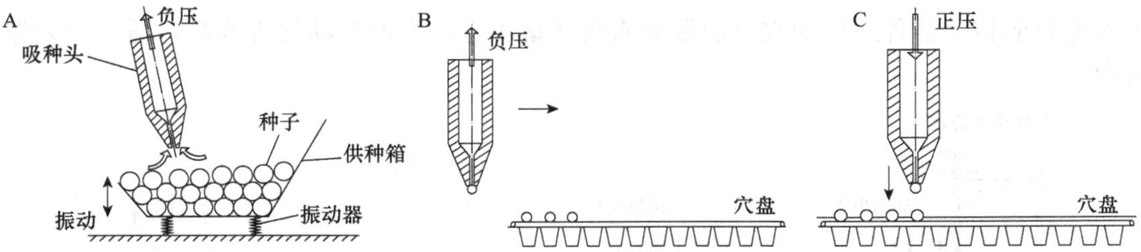


图 2-24　气力式穴盘精量播种机工作原理
A. 吸附种子；B. 吸住种子；C. 排出种子

图 2-25A 为意大利 MOSA SP13A 针式播种机，全气动控制，带有单行压穴板，适宜最大穴盘尺寸（长×宽×高）为 72cm×48cm×13cm，最大播种速度为 30 行/min，总耗气量为 100L/min。图 2-25B 为美国 Seederman GS2 型针式播种机，采用全气动控制，可配单行或多行压穴板，适于 50～512 穴孔的穴盘，288 穴孔的穴盘播种效率为 180 盘/h，512 穴孔的穴盘播种效率为 120 盘/h，具有种子收集、高压气枪清洁、针孔堵塞清洁等功能。图 2-25C 为荷兰 Flier Systems 公司的 DS11 滚筒式播种机，播种速度可达 1000 盘/h，采用触摸屏操作控制方式，滚筒能快速切换，可选择一穴一粒或一穴多粒播种模式，播种精度高，种子在穴盘内分布均匀性好。图 2-25D 为浙江赛得林 2YB-G60A-2 整盘式播种机，能一次整盘压穴，压穴盘拆装简单，压穴深度最大可达 50mm，适用于砧木、西瓜等大颗粒种子播种。

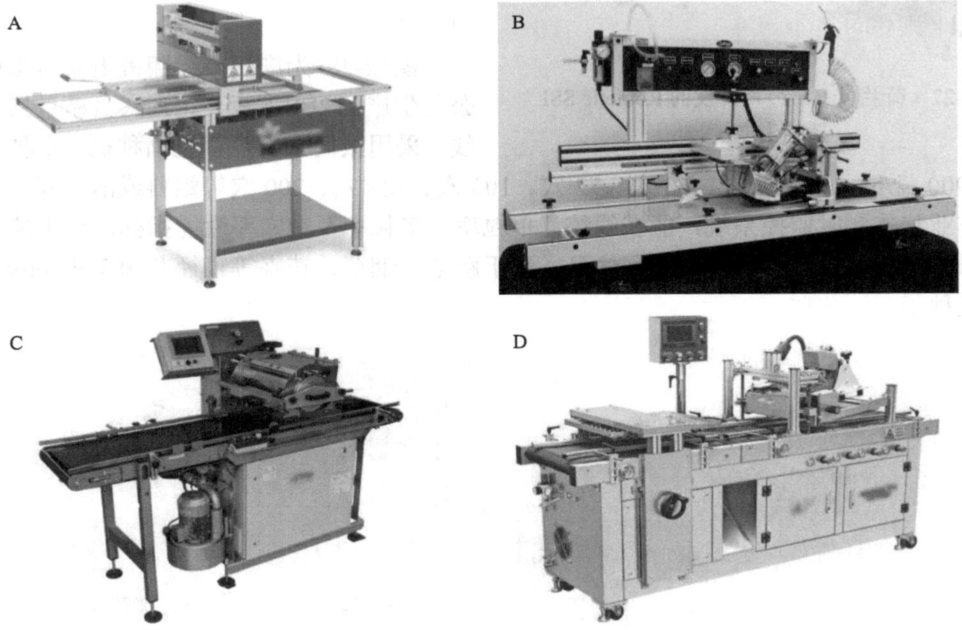


图 2-25　气力式穴盘精量播种机

## （三）穴盘播种生产线

穴盘播种生产线如图 2-26 所示，主要由基质搅拌充填、刮刷平土、压穴、精量播种、覆基质土和喷淋水等装置组成。一般在生产线前端安排一个工人摆放穴盘，末端安排一个工人将完成整套播种工序的穴盘放置到穴盘转运车上，生产自动化程度高，适于中大型育苗企业。

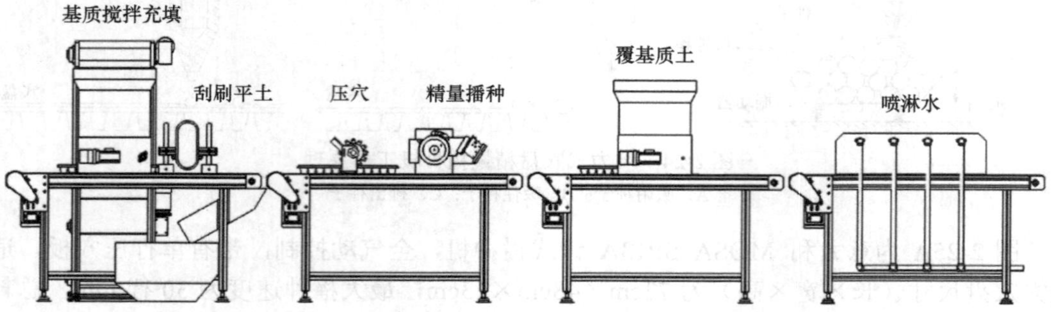


图 2-26　穴盘播种生产线结构原理图

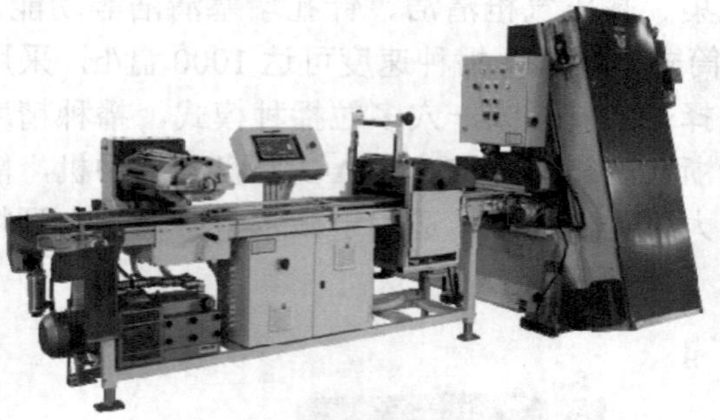

图 2-27　荷兰 Visser 公司开发的 Roulette SSL 播种生产线

图 2-27 为荷兰 Visser 公司开发的 Roulette SSL 播种生产线，采用滚筒式穴盘精量播种机，具有一键播种能力，播种速度可达 800～1000 盘/h，具有菜单式播种控制交互界面，能让种植用户针对特定的种子或穴盘进行播种参数的设置，如设定的播种速度、吸种真空度等，参数能被存储在控制系统中，操作简单方便。

图 2-28 为广州市绿翔机电安装工程有限公司生产的2BS-6蔬菜花卉穴盘精量播种生产线，采用滚筒式穴盘精量播种机，播种速度为 600～900 盘/h，适于 50 穴、60 穴、72 穴、105 穴、128 穴、200 穴等塑料或泡沫穴盘，具有播种作业状态实时监控系统，能在线统计单粒率、多粒率及空穴率性能指标，对于缺种、缺盘或播种精度过低等问题发出报警信息，适于蔬菜、烟草、花卉等直径在 0.3～3.0mm 的不同形状种子。

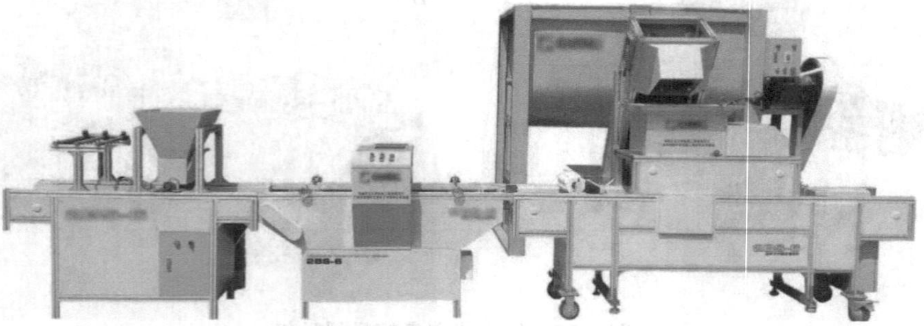

图 2-28　2BS-6 蔬菜花卉穴盘精量播种生产线

图 2-29 为上海矢崎公司开发的 SYZ-S300W 穴盘育苗播种生产线，采用针式精量播种机，滚筒压穴方式，基质充填和基质覆土料斗容量为 50L，每孔可进行 1～3 粒播种切换，可同时播种 1、2、4 列种子，播种效率为 200～300 盘/h，配 14～32G 吸种针头，适于花卉、蔬菜和烟草等种子。

图 2-29 上海矢崎公司开发的 SYZ-S300W 穴盘育苗播种生产线

## 二、基本构成与工作原理

### （一）穴盘基质填充机

穴盘基质填充机用于将一定配比的基质搅拌均匀后充填进入穴盘各穴孔中，并刮除穴盘上多余的基质，清洁回收穴盘输送线上残留的基质。按基质填充量不同，充填机构有外置搅拌和内置搅拌两种结构形式。

**1．外置搅拌穴盘基质填充机** 外置搅拌穴盘基质填充机由下置料斗、基质混合机构、提升机构、上置料斗、出料机构、充填刮板、回收料斗及穴盘输送机构等组成，结构原理如图 2-30 所示。草炭、椰糠、珍珠岩等基质材料被投入下置料斗中，由基质混合机构充分搅拌，搅拌均匀的基质由提升机构送入上置料斗，上置料斗内松散基质由出料机构运送至出料口，出料口处设有限料板控制基质充填量，使定量基质落入下方连续输送的穴盘中，填充基质的穴盘输送至充填刮板时，堆积在穴盘上的多余基质被刮落，使穴盘内各穴孔基质充填均匀，穴盘输送带末端的回收料斗对刮落残留在输送带上的基质进行清扫回收。基质填充过程中利用光电传感器检测穴盘信号来控制基质充填作业的启停。外置搅拌穴盘基质填充机主要用于穴盘内填充基质量大的场合。

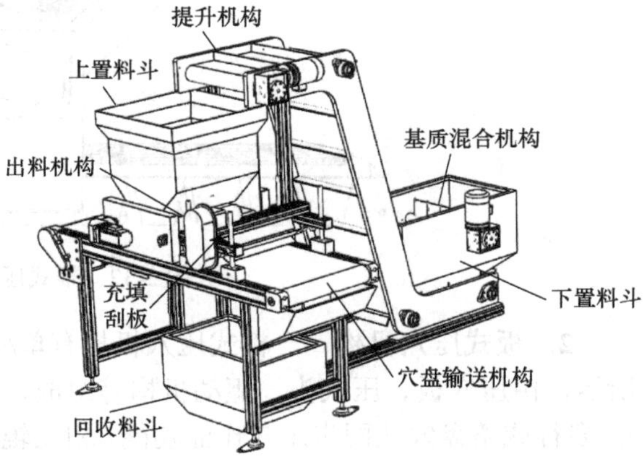


图 2-30 外置搅拌穴盘基质填充机结构示意图

**2．内置搅拌穴盘基质填充机** 内置搅拌穴盘基质填充机结构原理如图 2-31 所示，由料斗箱、搅拌轮、限料板、出料滚筒、导料板、输送带、刮板等组成。将混配好的基质投入料斗箱中，由搅拌轮转动使料斗箱内基质呈松散状态，搅拌轮下方的基质在出料滚筒带动下从限料板与出料滚筒间的间隙流出，沿导料板落入输送带运送到穴盘内各穴孔中，由刮板将穴孔外的基质推入基质量不足的穴孔中。通过调整限料板与出料滚筒间的间隙可以调整穴孔基质充填量的大小。内置搅拌穴盘基质填充机适于穴盘内填充基质量小的场合。

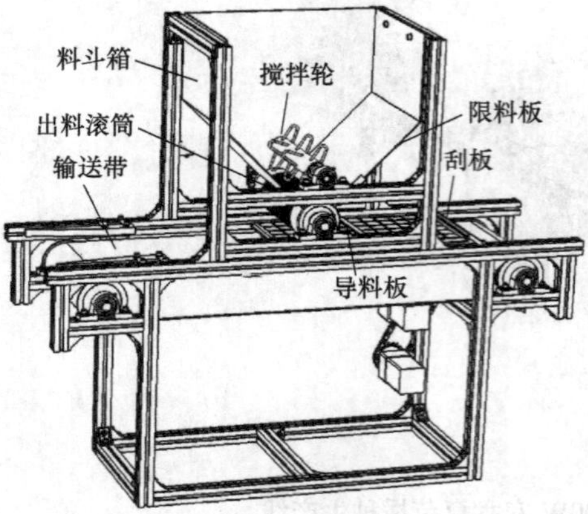


图 2-31　内置搅拌穴盘基质填充机结构示意图

## （二）压穴机构

压穴机构主要用于压实穴孔中已填充的基质，使穴孔中的基质能持续汲取水分及幼苗根系坚实不松散，同时满足农艺上对种子播深和覆土厚度的需求。目前常用的压穴机构主要有辊式和板式两种结构类型。

**1. 辊式压穴机构**　辊式压穴机构如图 2-32 所示，由压穴辊、压穴头及清洁刷等构成。压穴辊大多为无动力驱动，通过穴盘移动推动压穴头与穴盘的穴孔啮合运动，实现压穴头对穴孔内基质的挤压作用。清洁刷设置在压穴辊一侧，在压穴辊转动过程中清除黏滞在压穴头上的基质。压穴辊与穴盘间距可调，能适应不同类型穴盘及不同压穴深度需求。辊式压穴机构结构简单，适于高速穴盘播种场合，但压穴对中性不稳定，当穴盘在传送带上打滑时易出现“卡盘”问题。

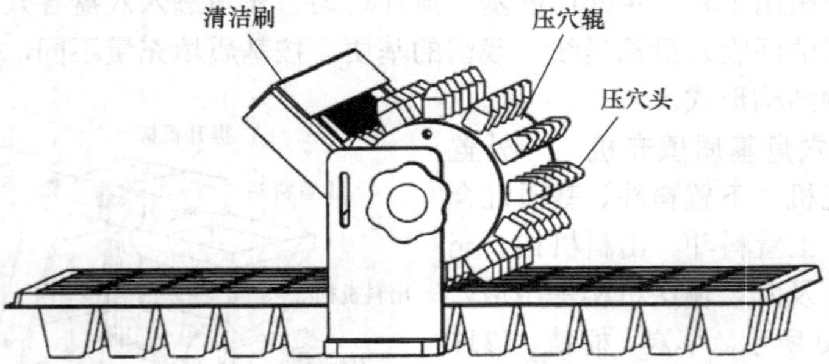


图 2-32　辊式压穴机结构示意图

**2. 板式压穴机构**　板式压穴机构有单/多行压穴和整盘压穴两种结构形式，如图 2-33 所示，由压穴板、压穴头、驱动机构等组成，可调节压穴板下压行程来控制压穴深度，具有单/多行或整盘穴孔同步压穴作业功能。相比辊式压穴机构，板式压穴机构对中性好、精度高，但在压穴过程中穴盘需停止不动，因此相对于辊式连续压穴效率偏低，且压穴头间易堵塞基质难以清理，对基质压穴成型效果有一定的影响。

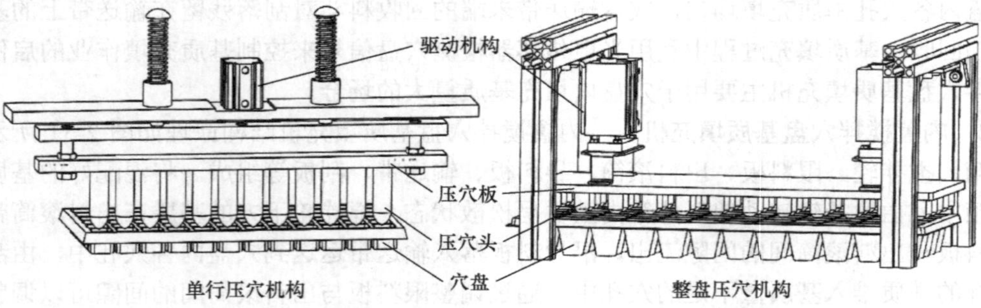


图 2-33　板式压穴机结构示意图

## （三）穴盘精量播种排种器

**1. 机械式穴盘精量播种排种器**　机械式穴盘精量播种排种器结构原理如图 2-34 所示，由供种箱、毛刷、充种动板和定板、排种定板和动板及导种管组成。充种动板首先移到供种箱下方，供种箱底部种子在振动作用下填充进入充种动板上的孔内，接着充种动板反向移动利用毛刷将各孔内多于一粒的种子刮回种箱，当充种动板上的孔与充种定板上的孔中心保持一致时，充种动板内各孔内种子在重力作用下经充种定板孔和导种管落入排种定板对应各孔中，最后排种动板移动使其上孔的中心与排种定板孔中心保持一致，排种定板孔内种子在重力作用下落入穴盘对应穴孔中。

**2. 气力式穴盘精量播种排种器**

（1）针式排种器　针式排种器由一行/多行吸种针头、导种装置、往复摆动机构、振动供种装置及穴盘输送机构等组成，如图 2-35 所示。在一次吸排种过程中，一行/多行吸种针头由往复摆动机构运送至振动供种装置，针头内先连通负压气源；种子在振动供种装置作用下抛送至吸种针头附近，被负压气流吸附到吸种针头上完成定量取种；再由往复摆动机构运送至导种装置，由气压切换装置将一行/多行吸种针头内负压切换成正压，一行/多行被吸附的种子在正压和重力作用下沿导种装置落入穴盘内一行/多行穴孔中。针式排种器通常选配单行/多行压穴板，已充填基质的穴盘由穴盘输送机构先运送至压穴板下方依次进行单行/多行压穴作业，再运送至导种装置下方进行单行或多行吸排种，经多次吸排种完成一个穴盘的播种作业。

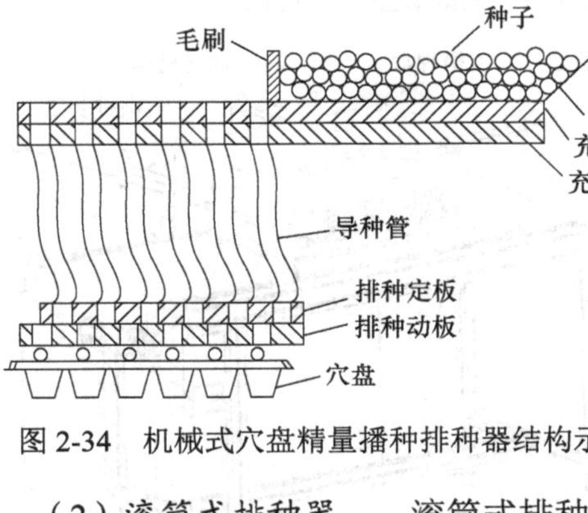


图 2-34　机械式穴盘精量播种排种器结构示意图

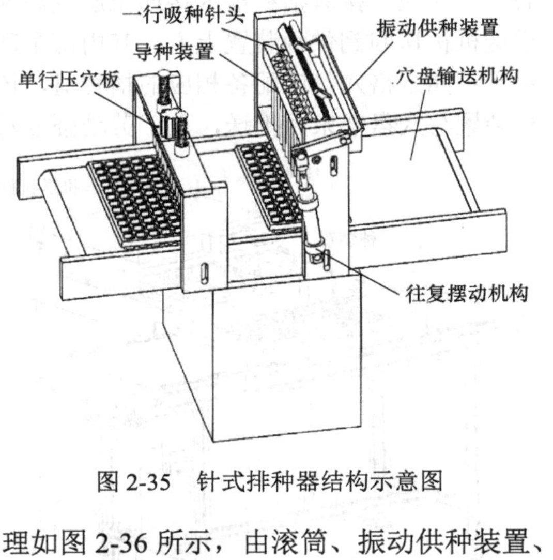


图 2-35　针式排种器结构示意图

（2）滚筒式排种器　滚筒式排种器工作原理如图 2-36 所示，由滚筒、振动供种装置、负压腔室、正压腔室、清种装置及正负气压源等组成，负压腔室与负压气源连通，正压腔室和清种装置与正压气源连通。滚筒上均匀设有多行吸种孔，当滚筒上一行吸种孔转动经过振动供种装置时，吸种孔与负压腔室连通，吸种孔附近的种子被吸附到吸种孔上并随滚筒转动，当该行被吸附种子转动到清种装置附近，多吸附的不稳定种子被正压气流清除，使该行各吸种孔上仅保留一颗被稳定吸附的种子并继续随滚筒转动，当该行被吸附种子转动到与正压腔室连通时，被吸附种子在正压与重力作用下落入穴盘内对应一组穴孔中。

滚筒式排种器通常选配辊式压穴机构，结构如图 2-37 所示。已充填基质的穴盘由输送机构运送经过压穴机构完成压穴作业，当穴盘定位机构检测到穴盘信号后滚筒式排种器开始连续转动逐行排种，当排种行数达到一个穴盘行数后，滚筒式排种器停止转动，并等待下一个穴盘到达信息。

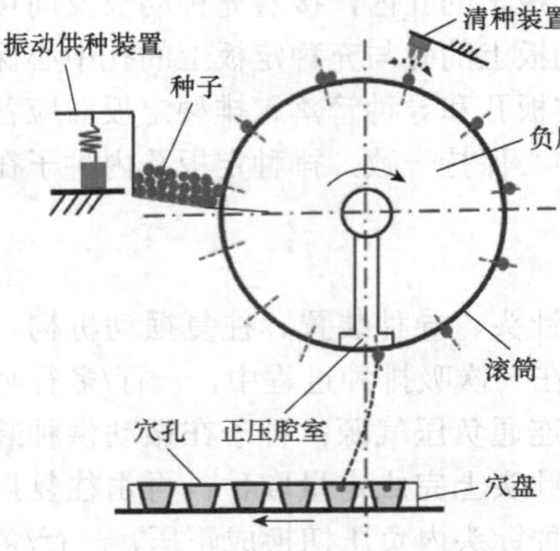


图 2-36　滚筒式排种器工作原理

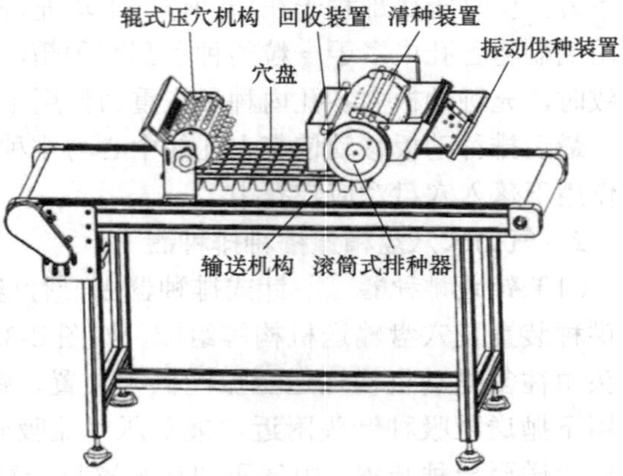


图 2-37　滚筒式排种器结构示意图

（3）整盘式排种器　　整盘式排种器主要由带有吸针的播种盘、供种装置和推送机构组成，包括整盘取种和整盘投种过程，如图 2-38 所示。播种盘内连通负压气源后被推送机构送至供种装置上方吸附种子，再由推送机构将播种盘送到穴盘上方，使各吸针中心与穴盘孔中心一一对应，接着播种盘内接通正压气源使吸针上的种子落入穴盘各穴孔中，最后播种盘由推送机构送回到供种装置上方，其内部重新连通负压气源吸附种子，进入下一循环的播种。对于不同规格穴盘应配备相应的播种盘，该机多采用半自动作业方式，由人工将播种盘在供种装置与穴盘间来回推送，人工劳动强度较大，适用于中小批量生产场合。

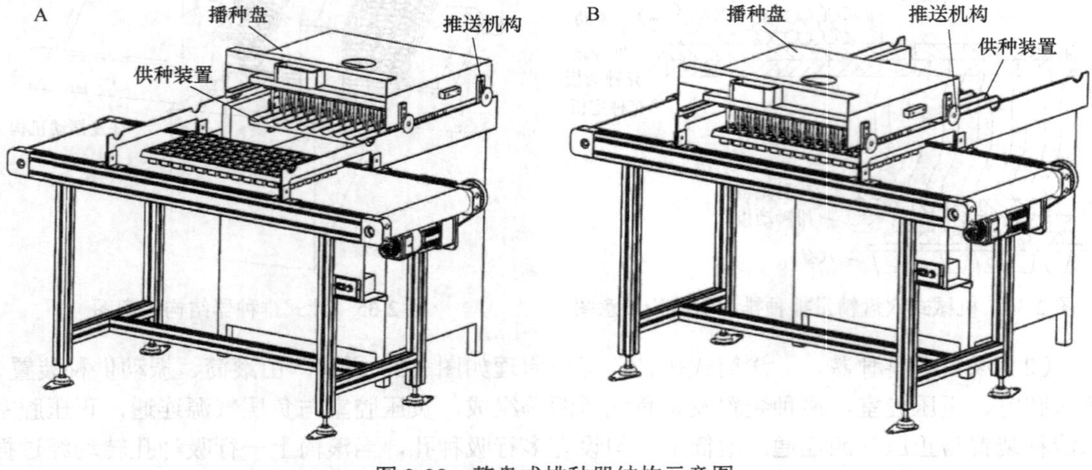


图 2-38　整盘式排种器结构示意图

A．整盘取种；B．整盘投种

## （四）覆土机构

种子播入穴盘后应覆盖粗蛭石、珍珠岩或基质等材料，以满足种子发芽所需的环境条件，使萌发幼根顺利向下扎入基质中。针对不同类型种子，覆土机构应能控制覆土层厚度与均匀性，以使种子获得足够的水分和氧气，保证种子正常萌发和出苗。

覆料排出的结构形式有输料带、槽轮、大直径波纹滚筒和刮板等。采用某一排出结构难以保证覆土量持续均匀，现有覆土机构通常采用多种排土结构组合方式。如图 2-39 所示，完成播种的穴盘由输送机构传送到输料带下方，当系统检测到穴盘到达信号后槽轮转动将料斗内的覆料排到输料带上，由输料带将覆料均匀撒到穴盘表面，当未收到穴盘到达信号时，槽轮停止转动完成一次穴盘覆土作业。机构通过改变槽轮转速调节覆土量的大小，采用刮板进一步平整穴盘表面使覆料均匀。

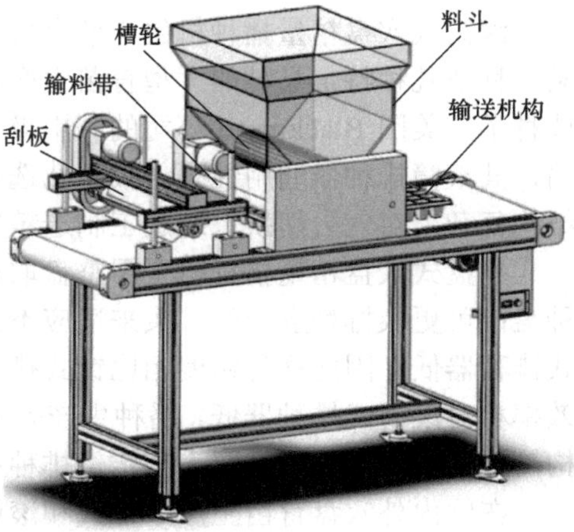

图 2-39　覆土机构结构示意图

（五）喷淋水机构

覆料后进行一次喷淋水有利于穴盘内种子萌芽和种苗的生长。喷淋水机构应能精量控制用水量，避免流量过大冲刷基质和种子，或过小降低生产效率。喷淋水机构原理简图如图 2-40 所示，由输送机构、支管路、主管路、防水罩及回收箱等组成。当喷淋水机构接收到穴盘信号后，主管路控制阀打开，支管路内接通水源开始向喷淋区域的穴盘内淋水，当未收到穴盘信号时，主管路控制阀关闭，喷淋区域停止淋水。调节主管路或支管路的流量和压力可调控淋水作业流量和压力大小。喷淋区域设有防水罩来避免喷洒水飞溅，同时喷淋水机构末端设有废水回收箱，用以收集残留在输送机构上的水，避免造成生产环境污染。

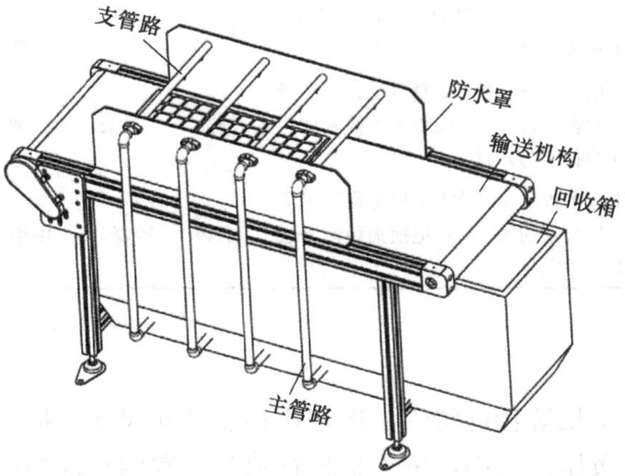

图 2-40　喷淋水机构示意图

## 三、穴盘播种机的选用

### （一）穴盘播种机的选择

针式穴盘精量播种机对种子的适应性最强，可选配不同直径规格的吸种针头，调节气源压力和流量来适应不同质量、形状各异的种子，从海棠等极小的种子到甜瓜等大种子均可进行播种，吸排种精度最高达 99.9%（对干净、规矩的种子）；能适应不同规格穴盘、平盘或栽培钵，并可进行每穴单粒、双粒或多粒播种，采用全气动控制方式，具有操作简单、价格便宜的优点。但针式穴盘精量播种机生产效率偏低，一般为 200～400 盘/h，适于小规模的育苗生产企业。

滚筒式穴盘精量播种机生产效率最高，一般能达到 600～1000 盘/h，非常适合常年生产某一种或几种特定品种的大型育苗生产商。滚筒式播种机大多通过更换滚筒来适应不同穴盘或种子，美国 Blackmore 公司的利用吸种口快速切换盘来选择不同的吸种口，不需要更换滚筒，其滚筒排种器通用性强，吸种孔选取切换动作简单，效率高。但滚筒式穴盘精量播种机结构复杂，对气力切换系统加工制造精度要求高，价格昂贵。

整盘式穴盘精量播种机采用整盘取种和排种方式，对不同规格的穴盘需要选用不同的排种盘；可更换排种盘上的针头来适应不同形状和尺寸的种子，但排种盘内气室均匀性相比针式排种器低，因此播种精度相比针式排种器低，对过大或过小的种子播种精度不高；吸排种效率相对滚筒式排种器低，播种生产效率一般为 400～500 盘/h。半自动化的整盘式播种机结构简单、价格低，但需要人工定位排种盘进行取种和排种。

在国内外穴盘育苗生产中针式和滚筒式播种机应用最广。滚筒式穴盘精量播种机生产速度快，建议选配搅拌机、基质填充机、灌溉和覆土设备等组成自动化播种生产线。精量播种机选择需要从种子类型、生产规模、作业效率与精度、机具价格及使用维护的方便性等角度来综合评估。具体可参考表 2-1 中各类型播种机的性能特点来选择。

**表 2-1　各类型播种机的性能特点**

| 播种机类型 | 播种效率（盘/h） | 播种精度 | 播种粒数 | 适应性 | 价格 | 使用性 | 规模 |
|---|---|---|---|---|---|---|---|
| 针式 | 200～400 | ≥99% | 每穴单粒、双粒或多粒 | 对不同形状和尺寸的种子适应性最强，可更换吸种针头来适应不同种子 | 最低 | 简单 | 小型 |
| 滚筒式 | 600～1000 | ≥98% | 每穴单粒、双粒或多粒 | 主要适用于球形种子，精度受种子外形和尺寸影响显著，需要更换滚筒来适应不同的种子与穴盘 | 最高 | 复杂 | 大型 |
| 整盘式 | 400～500 | ≥95% | 每穴单粒 | 适于大多数种子与穴盘，可更换吸嘴适应各种尺寸的种子，可更换播种板来适应不同的穴盘 | 中等 | 较复杂 | 中型 |

### （二）穴盘播种机的使用

播种作业前，首先依据种子品种、外形及重量等物理特性，选定排种器吸孔尺寸与播种穴盘规格，调整供种盘的振动强度、吸排种正负压力大小，依据播种行数与粒数调整播种机的控制参数，依据作业需求调整播种作业速度，启动排种器使其处于复位状态。

播种作业中，由操作人员将消毒后的基质装入基质填充机料仓，将穴盘放在基质填充机传送带入口处，将待播种的种子装入播种机振动料盘中，检查整套设备的连接情况，确认无误后开动控制开关，进行播种作业。播种后的穴盘由操作人员搬至运苗车中，并移至催芽室进行催芽。

播种季节结束时，或长时间不用播种机时，用一块塑料布或类似物品将播种机盖好，将其保存在干燥并远离灰尘和泥土的地方，将供种盘清洁干净，并保护好供气管路。

## 四、穴盘播种机发展趋势

近年来，随着视觉技术、传感器技术和智能监控技术的发展，穴盘播种机向高速度、高精度、对不同穴盘及种子的高适应性及播种作业实时在线智能监控方向发展。例如，荷兰 Flier Systems 公司近期研发的 SQ17 播种样机，采用了视觉、X 射线、荧光和高光谱等技术对高速运动种子进行高精度检测定位，不需要预先进行种子筛选，对于番茄、辣椒和生菜等裸种的播种准确率可达到 99.9%，适于小批量、多品种、要求将种子准确播入穴孔中心的场合。国内如山东安信种苗公司研发了智能蔬菜种子精量播种线，通过视觉识别技术、人工智能对播种质量进行检测，实现智能补种，降低空穴率、重播率，提高了精准率，单粒播种准确率可达 99%以上，极大程度地减少了种子的浪费及后期管理程序。

## 第三节　穴盘苗分级作业

种苗销售给种植户，要求种苗达到100%的合格率，这往往需要对培育完待出售种苗进行分级和不合格种苗剔除及种苗补齐作业；分级作业一般在种苗培育期间穴盘苗叶片不存在相互遮挡的情况下进行，目的是分类后可对不同大小种苗进行不同条件的针对性培育，另外也可以通过分级达到出苗时成苗基本达到品质均一的目的。对于种苗规模化生产，分级、剔除和补苗作业量大，对生产率要求高，必须采用机械化作业才能满足生产实际需求。下面将介绍一些相关生产装备。

### 一、穴盘剔苗、补苗机

荷兰Flier Systems公司开发出一套小型穴盘剔苗机及穴盘剔除-补苗机，如图2-41和图2-42所示。

穴盘剔苗机主要由穴盘输送线、机器视觉系统和气力剔除装置构成（图 2-41A），该机只进行坏苗剔除，不能进行补苗作业。在对种苗穴盘内培育不合格坏苗进行剔除作业时，首先

图 2-41　荷兰 Flier Systems 公司开发的穴盘剔苗机

A．穴盘剔苗机整机；B．将待剔除坏苗穴盘放入；C．穴盘中坏苗被识别（↑）后进入剔除装置

图 2-42 荷兰 Flier Systems 公司开发的穴盘剔除-补苗机

将待剔除穴盘放入穴盘剔除机的穴盘输送线上（图 2-41B），穴盘自动被送入机器视觉系统下方，机器视觉系统将通过内部数字相机拍摄的图像确定穴盘内不合格苗穴的位置，将相关数据通过控制系统传给气力剔除装置，当穴盘来到其下方时，气力剔除装置根据机器视觉系统传递的不合格苗穴的位置信息，通过气力将各行中不合格苗穴位置的基质连同不合格苗一同吹出（图 2-41C），根据穴盘规格的相应变化，气力剔除装置的结构尺寸可进行更换适应其变化，一般情况下，该机剔除作业生产率可达 600 盘/h。

荷兰 Flier Systems 穴盘剔除-补苗机属于小型可移动式简易装备，主要由两条输送线、双机器视觉系统和 5 个移栽机械手构成（图 2-42）。补苗作业时，将需补苗穴盘进入补苗机后，穴盘被分成两路，一路是补苗输送线，输出的是补齐苗的穴盘，另一路是供苗输送线，穴盘内的苗作为补充苗使用，两条输送线均通过机器视觉进行缺苗分析，3 个机械手将补苗输送线上穴盘内的坏苗穴剔除干净，另外 2 个机械手将供苗输送线上穴盘内的合格幼苗移栽到前 3 个机械手剔除的空穴内，补苗输送线输送的是补齐苗的穴盘，供苗输送线输送的是空穴盘。机械手的尺寸根据种苗种类和大小可进行调整，补苗作业生产率可达 6000 穴/h。另外，该穴盘剔除-补苗机可与上面的穴盘剔苗机配合使用，这时二者剔除-补苗的综合作业生产率可达 11 000 穴/h。

## 二、种苗分级作业系统

**1. 荷兰 Flier Systems 公司开发的种苗分级系统** 荷兰 Flier Systems 公司与瓦格宁根大学合作针对穴盘种植的种苗开发出一种基于机器视觉系统的快速分级系统，其基本原理是：利用机械手将穴盘内的种苗全部取出放置于可快速移动的周转运载杯内（图 2-43A），这些运载杯在自动输送系统驱动下快速进入机器视觉系统依次采集运载杯内的种苗图像（图 2-43B），采集的图像经计算机分析处理后可获得每株种苗的植株高度、叶冠面积、茎粗和颜色等参数（图 2-43C），根据客户的分级标准要求，计算机可对这些运载杯内的种苗进行分级，并分别送入不同的等级轨道内（图 2-43D），再通过另一套机械手将运载杯内分好等级的幼苗分别抓取放到不同等级的穴盘内输出（图 2-43E）。用后运载杯经清洗后，再次循环使用（图 2-43F）。

**2. 意大利 Techmek 公司开发的种苗分级系统** 意大利 Techmek 公司开发的种苗分级系统与荷兰 Flier Systems 公司开发的种苗分级系统相比，工作原理基本相同（图 2-44A～C），只是在通过机器视觉分级分析后的处理有所不同，Flier Systems 系统采用的是把不同级别苗集中分类、集中放回穴盘的作业方式，而 Techmek 系统对分完级别的种苗不归类，直接采

图 2-43　荷兰 Flier Systems 公司开发的种苗分级系统

A．将穴盘内的种苗放入运载杯；B．装有种苗的运载杯进入机器视觉系统；C．计算机对种苗进行分级分析；D．对种苗进行分级归类；E．将分级归类的种苗分别放入不同穴盘；F．清洗运载杯循环使用

图 2-44　意大利 Techmek 公司开发的种苗分级系统

A．分级系统总体；B．将穴盘苗装入运载杯；

C．机器视觉系统对运载杯内种苗进行分级分析；D．分级的种苗分别放入不同级别穴盘内用可快速动作的并联机械手臂带动种苗夹持手快速将种苗依次分别放入不同级别的穴盘内（图 2-44D）。另外，Techmek 独创了具有 4 个开口的运载杯，便于种苗移栽爪由运载杯抓取基质块送入相应级别的穴盘中，其系统的成本也较 Flier Systems 系统低。Techmek 种苗分级系统生产率可达 6000～8000 株/h，根据植物的大小有所差异，种苗最多可分级数为 4，废苗直接送入垃圾箱丢弃。

# 第四节　蔬菜嫁接苗生产装备

## 一、蔬菜种苗嫁接设备

### （一）嫁接方法与嫁接设备分类

蔬菜嫁接是将蔬菜苗的根系切除，将其结合到一种抵御土传病害能力强的作物苗上的育苗方法，嫁接的蔬菜苗既可保证蔬菜的品质，又具有良好的抵御土传病害的能力。除根的蔬菜苗称为接穗，抵御土传病害能力强的作物苗称为砧木，二者结合在一起的苗称为嫁接苗。人工嫁接作业生产率低、作业质量难以保证，随着嫁接苗需求量不断增加和劳动力成本上升，人工嫁接已无法适应现代规模化生产模式，迫切需要作业速度快、作业质量稳定的嫁接机。

蔬菜自动嫁接机的自动嫁接作业都是针对特定的嫁接方法而设计的，而嫁接方法一般根据嫁接的蔬菜种苗的类型不同也有所不同。茄类蔬菜（茄子、番茄和辣椒等）嫁接用砧木一般采用抗病害能力强的同种作物（如野生品种），砧木与接穗的茎径基本相同，茎秆断面都近似呈圆形，且为实心，一般采用劈接法、贴接法和平接法（图 2-45A～C），三种方法均需固定物。瓜类蔬菜（黄瓜、西瓜和甜瓜等）嫁接用砧木主要使用南瓜和瓠瓜，其茎秆断面呈椭圆形，且有空腔，瓜类蔬菜（接穗）茎径较小，嫁接时接穗不能进入砧木空腔，一般采用靠接法、贴接法和插接法（图 2-45D～F），前两者需固定物，后者不需要。

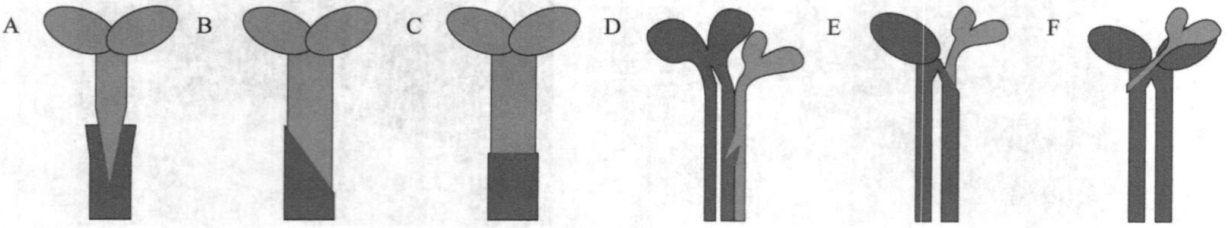


图 2-45　常见蔬菜嫁接方法示意图

A. 茄果类劈接法；B. 茄果类贴接法；C. 茄果类平接法；D. 瓜类靠接法；E. 瓜类贴接法；F. 瓜类插接法

嫁接固定物又称为嫁接夹，是嫁接育苗的重要器具，一般嫁接夹应具有对嫁接苗伤口无伤害、价格低廉、夹苗作业简单、对苗个体差异适应性强、嫁接苗愈合后可自行脱落、对环境不造成污染等特点。如图 2-46A 所示，左侧第一个为欧洲所用、左侧第二个为日本嫁接夹、左侧第三个为韩国嫁接夹、右侧两个为国内常见嫁接夹；图 2-46B 为北美用嫁接夹；图 2-46C 为一体嫁接夹，这三种嫁接夹可用于茄类蔬菜的劈接法和瓜类蔬菜的靠接法、贴接法。图 2-46D～F 所示嫁接夹直径依次减小，均用于茄类蔬菜的贴接法，采用这类嫁接夹的嫁接法还称为套管嫁接法。嫁接夹质量对嫁接作业质量有着重要影响，采用机械嫁接，对嫁接夹的要求更高，不同嫁接机使用的夹持物也不同，这是选购嫁接机时必须要考虑的问题。嫁接机绝大多数采用嫁接夹固定嫁接苗，但相互之间不一定通用，而采用插接法的嫁接机不需要固定物。

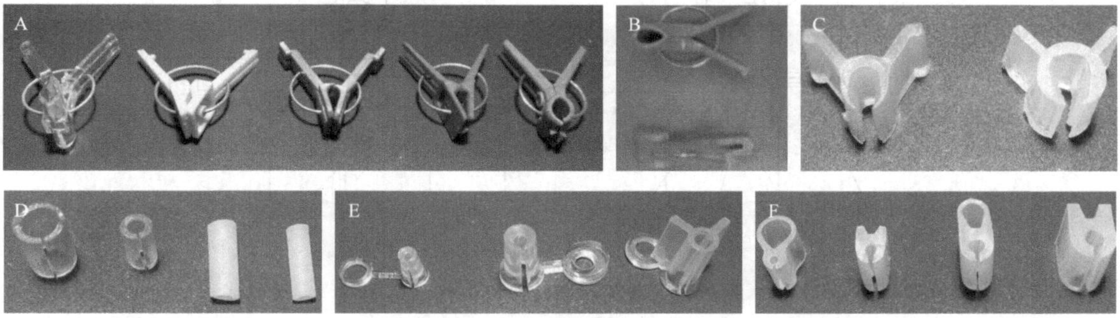

图 2-46　常见蔬菜嫁接用固定物

A．常用嫁接夹；B．北美用嫁接夹；C．一体嫁接夹；D．塑料套管和乳胶套管；E．带固定环套管；F．硅胶弹力套管

嫁接机的分类方式有多种，可以根据嫁接方法、自动化程度分类，根据嫁接方法的不同分为贴接式嫁接机、靠接式嫁接机和插接式嫁接机；根据嫁接机的自动化程度不同分为全自动嫁接机、半自动嫁接机和手动切削器。

日本最早开始研究蔬菜育苗嫁接机，于 1993 年推出首款嫁接机——GR-800B 型半自动嫁接机，并随后进行了全自动育苗嫁接机的研制，2009 年推出 GRF800-U 型全自动嫁接机；之后，韩国加入嫁接机的研制队伍，20 世纪末推出了与日本相近机型的 GR-600CS 型半自动嫁接机，作业模式也基本相同；21 世纪初，意大利、西班牙及荷兰也相继开展了蔬菜育苗嫁接机的研发，目前，技术水平较为先进的是荷兰 2009 年研制出的 ISO-Graft1200 型半自动嫁接机。我国于 20 世纪 90 年代中国农业大学开始研究蔬菜育苗嫁接机，1998 年推出 2JSZ-600 型半自动嫁接机，随后国内多家单位加入了嫁接机的开发队伍，2010 年华南农业大学与广州实凯机电科技有限公司联合开发出 2JC-600B 半自动嫁接机，2011 年国家农业智能装备工程技术装备研究中心推出 TJ-800 型半自动嫁接机。

## （二）嫁接设备工作原理

蔬菜育苗嫁接机主要完成蔬菜砧木苗与蔬菜接穗苗对接在一起的自动作业。如图 2-47 所示，蔬菜育苗嫁接机主要由砧木上苗机构、砧木苗捡拾机构、砧木切削机构、接穗上苗机构、接穗苗捡拾机构、接穗切削机构、上夹机构（插接式无此机构）等构成。半自动蔬菜育苗嫁接机依靠人工分别将单株砧木苗和接穗苗送至砧木上苗结构和接穗上苗结构上，砧木与接穗搬运机械手将砧木苗与接穗苗送至各自切削机构处，砧木切削机构与接穗切削机构根据不同嫁接方法的要求，分别对砧木苗和接穗苗进行切削，然后送至上夹机构处上夹将二者固定成为嫁接苗（插接式不需上夹），完成嫁接作业的嫁接苗由下苗输送带输出，嫁接作业生产率为 600～800 株/h；全自动蔬菜育苗嫁接机作业采用穴盘整盘上嫁接用接穗苗和砧木苗，通过嫁接用苗捡拾机构由穴盘中自动拾取砧木苗和接穗苗，然后分别传递给砧木和接穗搬运机械手，嫁接苗输出有的机型单株输出，有的机型以穴盘整盘输出，嫁接作业生产率可达 800～1200 株/h。

嫁接机的性能评价指标包括嫁接生产能力、嫁接成功率等。

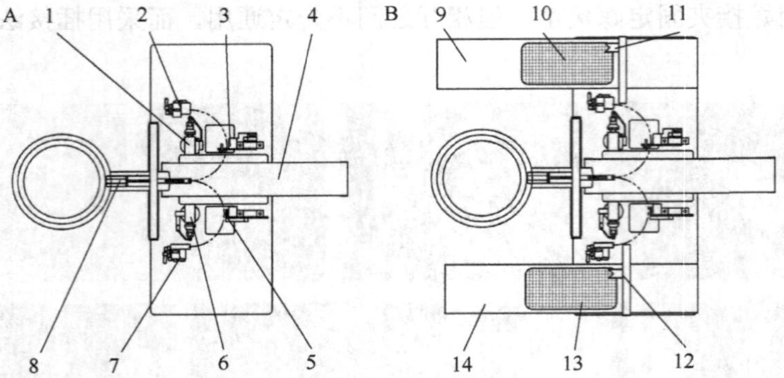


图 2-47　蔬菜育苗嫁接机机构示意图

A. 半自动蔬菜育苗嫁接机；B. 全自动蔬菜育苗嫁接机

1. 砧木搬运机械手；2. 砧木上苗机构；3. 砧木切削机构；4. 嫁接苗下苗输送带；5. 接穗切削机构；6. 接穗搬运机械手；7. 接穗上苗机构；8. 上夹机构；9. 砧木穴盘输送机构；10. 砧木穴盘；11. 砧木苗捡拾机构；12. 接穗苗捡拾机构；13. 接穗穴盘；14. 接穗穴盘输送机构

**1. 嫁接生产能力**　该项指标说明嫁接机单位时间内可以完成的嫁接苗数，它不涉及嫁接机的嫁接精度，只是反映其生产率，计算公式为

$$嫁接生产能力=\frac{嫁接作业耗时内可完成的嫁接苗数}{嫁接作业耗时}$$

嫁接生产能力的单位为株/min 或株/h。

**2. 嫁接成功率**　该项指标评价嫁接机的设计、制造、装配等方面的总体状况，说明嫁接机的嫁接作业精度，它以嫁接作业过程中达到标准的嫁接苗数量或成功完成嫁接作业的次数为计算对象，计算公式为

$$嫁接成功率=\frac{成功完成嫁接作业嫁接苗数}{进行嫁接作业的砧木（接穗）苗数}\times 100\%$$

### （三）典型嫁接装备

**1. 日本 GR-800B 型半自动嫁接机**　这款由井关公司于 1993 年推出的嫁接机是嫁接机进入市场的标志，占日本嫁接机销售量的 80%左右，在亚洲、北美和欧洲都有购买者，我国也有少量引入。GR-800B 型半自动嫁接机为科研机构的研究成果由井关公司生产，1993 年井关公司将其推向市场，该机采用人工单株形式上苗，砧木和接穗均采用缝隙托架上苗，采用气动作为运动部件的动力，嫁接成功率达到 90%以上，嫁接生产能力为 800 株/h，该机可谓商业嫁接机的鼻祖（图 2-48A）。

**2. 韩国 GR-600CS 型半自动嫁接机**　这款嫁接机与日本 GR-800B 型半自动嫁接机非常相似，嫁接生产能力、作业方式、作业人数也基本相同。该机依靠其不高的价格和瓜茄两用的特性，近年在欧美和亚洲销售较为广泛，我国也有几家单位购入（图 2-48B）。

**3. 中国 2JSZ-600 型半自动嫁接机**　20 世纪 90 年代中期，中国农业大学率先在国内开展蔬菜嫁接机的研究，1998 年成功研制出 2JSZ-600 型蔬菜自动嫁接机（图 2-48C）。该嫁接机采用单子叶贴接法，实现了砧木和接穗的取苗、切削、接合、嫁接夹固定、排苗作业的自动化。该机嫁接作业时砧木可直接带营养钵上机嫁接作业，生产能力为 600 株/h，嫁接成

功率高达 95%，可进行黄瓜、西瓜、甜瓜等瓜菜苗的自动化嫁接作业，嫁接砧木可采用云南黑籽南瓜或瓠瓜。该机砧木和接穗切削装置均采用一体式旋转切刀，砧木切刀和接穗切刀安装在同一个旋转刀架上，一次旋转可切除砧木的一片子叶和生长点，同时也切除了接穗的根部，操作简便。

**4．中国 2JC-600B 型瓜类蔬菜嫁接机**　2JC-600B 型瓜类蔬菜嫁接机是华南农业大学和广州实凯科技机电有限公司于 2011 年采用斜插法推出的嫁接装置（图 2-48D）。该机适用于西瓜、黄瓜、甜瓜的双断根栽培模式。工作时，由人工上砧木苗和接穗苗，嫁接机自动完成砧木打孔、接穗切削、砧木与接穗对接及嫁接苗自动下苗等作业，综合嫁接生产能力可达 600～700 株/h，嫁接成功率大于 90%。

**5．中国 TJ-800 型半自动嫁接机**　该机与韩国 GR-600CS 型作业方式相近，2011 年由国家农业智能装备工程技术装备研究中心推出。与韩国嫁接机相比，其砧木与接穗的上苗手臂为双臂，提高了上苗作业效率（图 2-48E）。

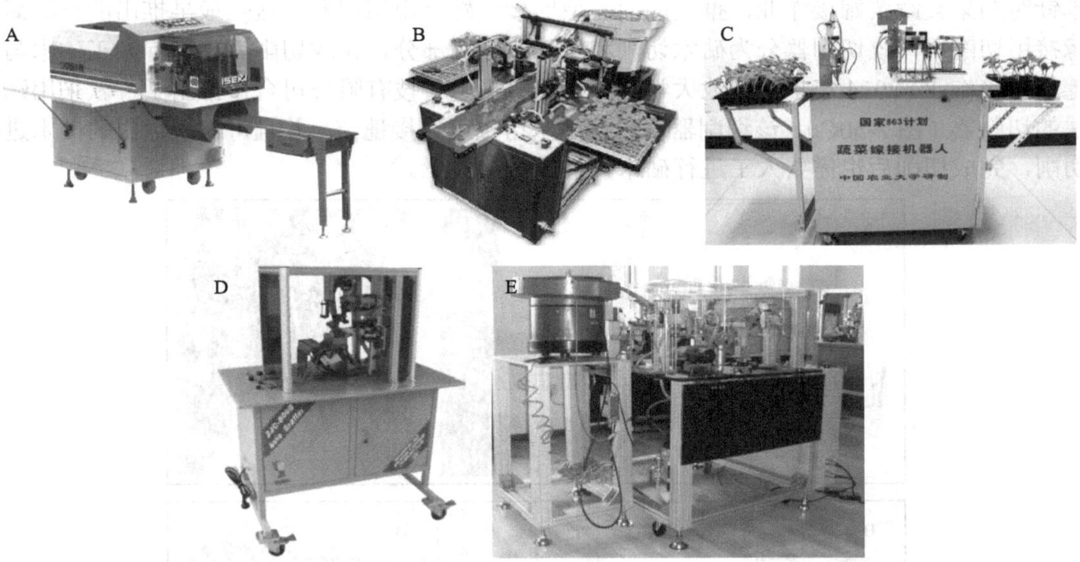


图 2-48　中速型嫁接机

A．GR-800B 型半自动嫁接机；B．GR-600CS 型半自动嫁接机；C．2JSZ-600 型半自动嫁接机；D．2JC-600B 型瓜类蔬菜嫁接机；E．TJ-800 型半自动嫁接机

**6．日本 GRF800-U 型全自动瓜类嫁接机**　该机在 GR-800B 型半自动嫁接机的基础上增设自动上苗装置，2009 年由井关公司推出，用于瓜类蔬菜。上苗以穴盘整盘放入上苗输送带，上苗机构可根据秧苗的长势调整秧苗子叶朝向，可判断穴盘缺苗、奇异苗情况，完成的嫁接苗以单株形式由输送带送出，生产率接近 1000 株/h，如图 2-49A 所示。

**7．荷兰 ISO-Graft1100/1200 型茄果类嫁接机**　继荷兰 ISO Group 公司 2009 年推出茄类蔬菜全自动嫁接机后，该公司又相继推出了 ISO-Graft1100 和 ISO-Graft1200（图 2-49B 和 C）。两种型号的嫁接机嫁接生产能力都在 1000 株/h 左右，均采用平接法嫁接，适合于茄果类蔬菜嫁接作业。前者需要 2 人操作，一人上接穗，另一人上砧木，同时将嫁接苗回栽到穴盘中；后者则只需 1 人操作，该操作者只负责上接穗，砧木通过穴盘整盘输入，完成嫁接的嫁接苗由机器自动以穴盘形式输出。该机型目前是作业机构最为复杂的嫁接机。

图 2-49　高速型嫁接机

A．GRF800-U 型全自动瓜类嫁接机；B．ISO-Graft1100 型茄果类嫁接机；C．ISO-Graft1200 型茄果类嫁接机

**8．简易型嫁接器具**　图 2-50 为一些较为简单的嫁接器具，其中图 2-50A 是意大利 TEA 公司在简化改进其以往嫁接机的基础上推出的经济型嫁接器具，该器具通过人工单株输入带土坨砧木苗和接穗苗，自动切削完成后，只能上 TEA 公司特有的固定夹。图 2-50B 为日本针对茄果类蔬菜嫁接作业，推出的简易型劈接法嫁接用切削器，这是最早推出的一款简易嫁接用切削器，该切削器分为砧木切削和接穗切削两部分，完成切削后再进行人工砧木与接穗的对接作业。2014 年华南农业大学与广州实凯机电科技有限公司合作推出了一款采用贴接法的切削器（图 2-50C），该切削器既可切砧木苗也可切接穗苗，并且可对穴盘内的砧木进行切削，完成切削后也需要人工进行砧木接穗的对接作业。

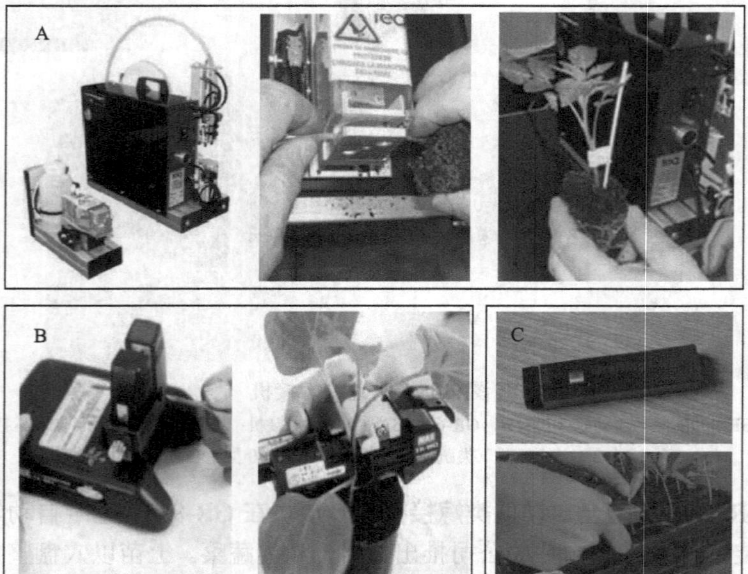

图 2-50　简易型嫁接器具

**9．嫁接作业生产线**　图 2-51 为一种有效提高人工嫁接作业生产率的生产方式——嫁接作业生产线。嫁接作业生产时，专人将嫁接用砧木苗和接穗苗向生产线输送带的一端送入，将完成嫁接的嫁接苗取出，嫁接人员分布在生产线上，只需在原地完成嫁接作业，这样可将人工嫁接作业生产率提高 1 倍以上，因此，嫁接作业生产线在加拿大、荷兰等欧美国家实际生产中得到较为广泛的应用。

图 2-51　嫁接作业生产线

A．荷兰 Flier Systems 公司开发的嫁接作业生产线；B．意大利 Techmek 公司开发的嫁接作业生产线；C．意大利 Gamer 公司开发的嫁接作业生产线；D．广州实凯机电科技有限公司开发的嫁接作业生产线

图 2-52 为嫁接作业生产线进行番茄苗嫁接作业的情况。嫁接作业由操作人员在生产线输送带两旁固定的工作台上进行，生产线的长度根据嫁接苗生产规模所需作业人数确定，嫁接用秧苗和完成嫁接的嫁接苗均由专人使用穴盘搬运车在生产线的一端输入或输出（图 2-52A）。嫁接作业操作人员从输送带上层取下接穗穴盘（图 2-52B）放在其工作台的左侧，从中层输送带上取下砧木穴盘（图 2-52C）放在工作台中部，操作人员手工对整盘 80 株砧木苗进行切削作业（图 2-52D），随后在砧木切口处套上硅胶嫁接夹（图 2-52E），完成上夹作业后，操作人员将从左侧接穗穴盘中切削下的接穗与穴盘中的砧木对接，并用嫁接夹固定好（图 2-52F），完成整盘 80 株苗嫁接作业后将嫁接苗穴盘送入下层输送带输出（图 2-52G）。输出的嫁接苗集中放入多层穴盘搬运车（图 2-52H），待装满后送入可进行温度、湿度自动调节的嫁接苗愈合装置内进行愈伤培育。输送带与人工嫁接作业相结合，可显著提高嫁接作业生产率。嫁接作业生产线克服了传统人工嫁接作业位置分散、嫁接操作人员取送秧苗分神费时、操作人员相互间交叉协作影响作业进程等问题。嫁接作业生产线合理规划了作业流程，依靠生产线输送带上设置的传感器感知操作人员对嫁接用苗的需求，从而自动将嫁接用苗输送到指定需要的作业位置。根据编者现场统计计算，荷兰 Flier Systems 公司的嫁接作业生产线上嫁接作业生产率可达每人 350 株/h 左右，与传统普通人工相比，作业速度提高了 1 倍以上，若每人平均作业生产率以 300 株/h 计，20 个工作台的嫁接作业生产线满员工作情况下，总体作业生产率可达 6000 株/h。

### （四）嫁接设备特性比较分析

**1．嫁接机类型**　根据嫁接对象嫁接机分为瓜类或茄类嫁接机，也有一些嫁接机是两者兼顾的，如均采用贴接法的 GR-800B 型、GR-600CS 型、2JSZ-600 系列和 TJ-800 型，嫁接瓜类蔬菜时对砧木与接穗茎粗搭配要把握好；一般全自动嫁接机都不可两者兼顾，如 AG1000 型、ISO-Grate1000 型专用于茄类蔬菜嫁接，GRF800-U 型专用于瓜类蔬菜嫁接。

图 2-52　嫁接作业生产线进行番茄苗嫁接作业

A. 番茄嫁接作业；B. 上层输送带输送接穗；C. 中层输送带输送砧木；D. 砧木切削作业；E. 嫁接夹上夹作业；F. 砧木与接穗对接作业；G. 下层输送带输出嫁接苗；H. 嫁接苗等待进入愈合室

**2. 嫁接机的嫁接成功率与嫁接生产能力**　嫁接成功率关系到嫁接机的实用程度，生产能力关系到用户的效益。一般来讲，以上具有代表性的嫁接机嫁接成功率均能达到90%以上，但是，一台嫁接机的嫁接成功率不是固定的，嫁接成功率和嫁接苗的生长状态与操作者的操作水平密切相关，嫁接苗状态不佳会严重影响成功率，甚至无法作业。同理，嫁接生产能力也同嫁接苗状态和操作（者）水平有关，除全自动嫁接机按照设定速度作业外，半自动嫁接机的嫁接生产能力均随操作者上苗速度而变化。一般全自动嫁接机嫁接生产能力在1000～1200株/h，半自动嫁接机的嫁接生产能力在600～900株/h，嫁接切削器的嫁接生产能力在 300～900 株/h，如此看来各类嫁接装置的最高生产能力不存在显著差异，只是作业自动化程度有所差异，切削器生产率跨度大的原因是单机作业人数和人员熟练程度会对其有很大影响。

## 二、嫁接苗愈合装置

### （一）嫁接苗愈合条件

嫁接苗的愈合是完成砧木和接穗产生愈伤组织、分化同型组织的过程，这个阶段是保证嫁接苗成活的重要时期，特别是对接穗，由于绝大多数嫁接法都将接穗的根系切去，这时接穗还没有同砧木形成同型组织，两者输导组织没有疏通相连，所以接穗无法通过砧木的根系吸收水分和养分，这种情况下为保证接穗不发生萎蔫失水，必须为嫁接苗提供适宜的湿度和温度，确保嫁接苗顺利完成愈合。影响嫁接苗愈合的主要环境参数包括空气相对湿度、温度、光照强度及风速。

### （二）嫁接苗愈合设备

嫁接苗愈合设备是指嫁接苗人工气候愈合室，主要为刚完成嫁接的蔬菜苗提供一个适宜的人工环境，促进嫁接苗的愈伤组织生长成活，提高嫁接苗的成活率。嫁接苗的愈合需要 90%以上的高相对湿度来控制嫁接苗的蒸腾、避免失水形成嫁接苗萎蔫，造成嫁接失败。愈合装置在整个嫁接育苗系统中，起着举足轻重的作用。

日本太洋兴业公司根据日本国内近年对蔬菜嫁接苗需求提高的实际情况，对嫁接苗愈合装置进行了一系列研究，研制出嫁接苗人工气候愈合室（图 2-53），该装置也采用空气循环和空调设备自动调节内部环境保持嫁接苗所需要的相对湿度、温度和光照条件，循环空气由愈合室的上方进入，在穴盘所在的每一层中空间的里侧壁面上安装有循环风扇，风扇的作用是将愈合室内的空气通过每一层排出室外进入循环风道后再送入室内，从而构成空气的循环，达到室内各处相对湿度、温度和二氧化碳浓度的均衡一致。

图 2-53　日本嫁接苗人工气候愈合室

A. 愈合室外部；B. 愈合室内部；C. 结构示意图

该设备还可为嫁接苗提供灌水，灌水原理如图 2-53C 所示，在穴盘的下面铺有具有持水性能的尼龙塔夫绸垫，通过水泵将液体送入灌水盘中，尼龙塔夫绸垫就可吸足水分再被穴盘中的基质吸收，多余的液体经排水槽流回水箱，灌水时间由计时器控制。灌水装置可在嫁接苗完成愈合时为嫁接苗提供所需水分，可简化作业。另外，增设了二氧化碳释放装置，可保证内部二氧化碳的浓度保持在 0～2000mg/kg。

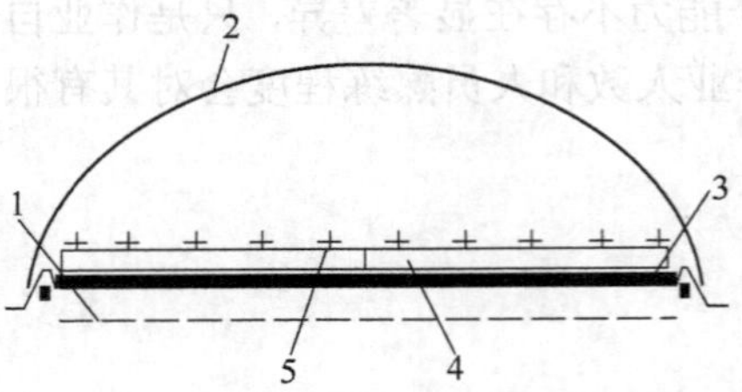


图 2-54　小拱棚示意图
1. 地热线；2. 塑料薄膜；3. 床土；
4. 穴盘；5. 嫁接苗

在温室或塑料大棚中使用小拱棚进行嫁接苗愈合是目前我国使用最为广泛的愈合方式，小拱棚一般分拱圆形小拱棚和双斜面小棚两种，其中拱圆形小拱棚是在生产上应用最多的类型（图 2-54）。小拱棚适用于小批量生产嫁接苗，其主要特点是成本较低。多数小拱棚的温度都是采用地热线控制，其优点是能有效地提高地温和近地表气温，解决冬春季育苗地温显著偏低的问题，培育的秧苗质量高；所需的地热线、控温仪等设备一次性投入小，只是其他加温设备的 1/10 乃至几十分之一，且设备不占空间，电热线安装和拆除方便；应用控温仪后，可以按照所需要的温度实现自动控制，是实现蔬菜生产自动化的低投资设备。

## 第五节　种苗物流化输送

设施穴盘苗生产需要在作业车间与培育温室之间花费大量人工搬运穴盘苗，目前多采用图 2-55 所示的穴盘苗搬运车。穴盘苗搬运车的每层隔板的尺寸是按照标准穴盘尺寸设计的，并且，每层的层高可根据穴盘苗株高进行调整，但是，搬运作业效率低。为解决设施生产资材搬运问题，以荷兰为代表的欧洲设施园艺技术发达国家采用输送带和大型移动苗床输送模式，下面将分别进行介绍。

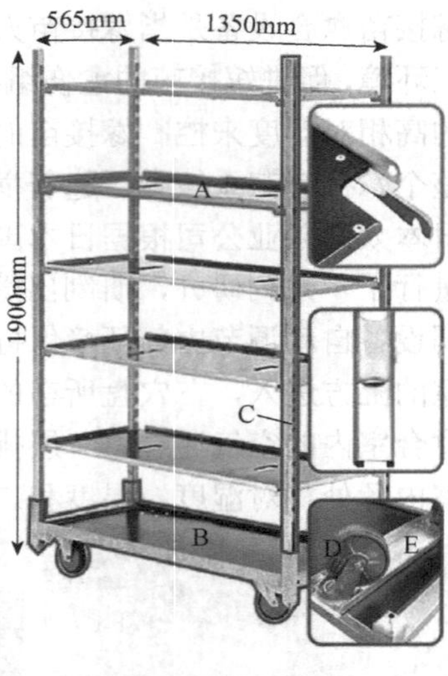


图 2-55　穴盘苗搬运车
A. 隔层由电镀锌角铁与化纤板组合而成，承重 50kg；
B. 底座由热镀锌角铁与化纤板组合而成，承重 500kg；
C. 立柱为打孔电镀 U 形钢，通过不同高度的孔位可调整隔层间距；D. 带轴承塑胶轮；E. 轮托板为热镀锌 U 形钢板，与车轮及车架三点固定

### 一、输送带输送

采用输送带搬运穴盘苗的作业方式较简单，仅依靠输送带就可将穴盘苗直接输送到温室内指定栽培区域，但该种作业方式需在温室内整个穴盘苗培育区域安置输送带，控制节点非常多，对输送带作业控制器件的质量与作业可靠性要求非常高，如图 2-56A 所示。

### 二、大型移动苗床输送

苗床搬运是一种高效输送方式，因为苗床的尺寸较大，一般宽 1.6m、长 4m 以上，一个苗床可以盛放大量的穴盘（图 2-56B），盛满穴盘苗的苗床通过温室内部的输送轨道，可自动完成纵向（苗床长边方向）运动和横向运动（苗床短边），实现穴盘苗以苗床为单位的搬运作业。

苗床输送有两种基本形式，一种是横向输送，另一种为纵向输送，二者运行的轨道是不同的，为了可以相互转换，两种轨道设置在不同的高度上，通过一转轨提升机构进行相互转换，即可实现 90°换向输送。苗床的纵向轨道较为复杂，苗床运动是靠多个纵向导轮托举着

图 2-56　穴盘苗常见物流输送形式

A. 穴盘苗输送带输送；B. 穴盘苗大型移动苗床输送

苗床的长向底边缘滚动实现，在苗床的长向底边缘通过一个纵向驱动胶轮带动苗床沿着两侧的纵向导轮运动，纵向驱动胶轮只在单边设置，设置间隔小于苗床的长边长度，因此，相邻纵向驱动胶轮可交替驱动苗床实现不连续间断纵向输送。苗床的横向轨道较为简单，仅是两根钢管，但是苗床上需要安装两对不同的轮子，一对是导向轮，走在同一根钢管轨道上，起到导向、锁定苗床避免出现脱轨翻落的情况；另一对是浮动轮，走在另一根钢管轨道上，4个轮子均布在苗床的下部，托举着苗床在横向轨道上运动，浮动轮可保证当两根横向轨道出现少许不平行时，苗床仍可顺畅地运动，苗床横向运动靠横向推板往复推动，每次逐个推入苗床，脉动式运动。苗床 90°换向需要更换苗床轨道，现根据图 2-57，假设苗床由图中左上方沿纵向轨道进入，然后进行 90°换向沿横向轨道由左下方输出，实现以上输送的原理是：苗床沿横向轨道右行，当撞击到纵向限位机构后，纵向驱动停止，这时苗床的两对轮子刚好

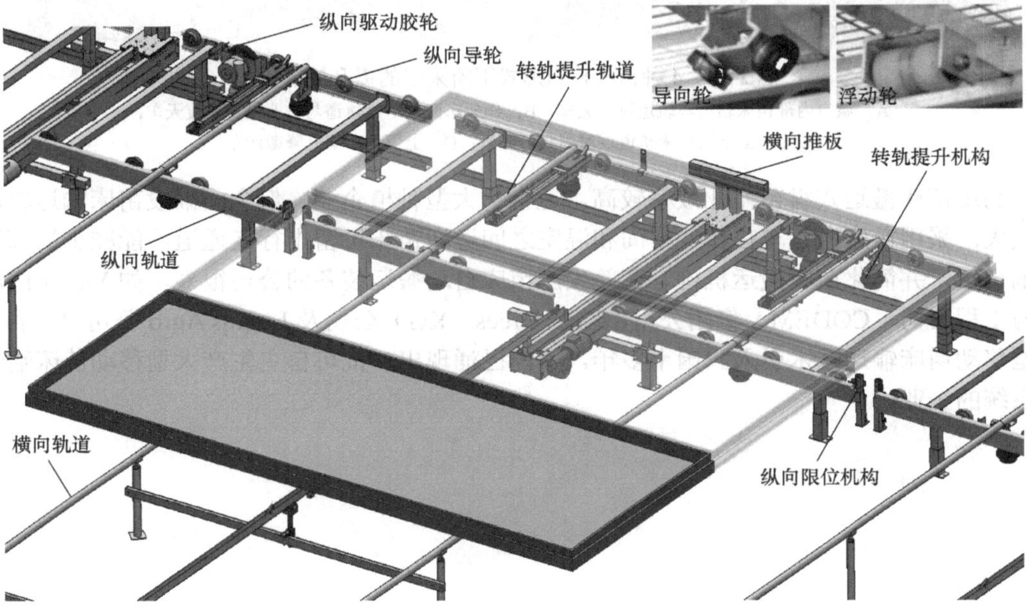


图 2-57　大型移动苗床轨道示意图

到达处于下沉状态的转轨提升轨道的正上方，接着转轨提升机构推动转轨提升轨道上升，顶住苗床的 4 个轮子，苗床随之上升，转轨提升机构完成提升后，两根转轨提升轨道刚好与两根横向轨道对接上，随后，苗床在横向推板的推动下横向进入横向轨道区域，从而实现苗床 90°换向输送。

穴盘苗生产中苗床的输送路线有时非常复杂，单靠轨道输送无法完成自动运送苗床的任务，因此在很多轨道与轨道间、轨道与作业设备间需要采用提升形式运送苗床，图 2-58 中给出了 4 种苗床输送形式下所采用的提升输送设备。

图 2-58　4 种苗床输送形式下所采用的提升输送设备

A．温室内部苗床轨道与轨道过渡天车；B．作业车间内苗床轨道与作业设备过渡天车；
C．上下层苗床轨道过渡固定升降机；D．上下苗床架升降搬运车

利用苗床搬运穴盘苗作业效率较高，适合于大型种植企业，但全面铺设苗床输送轨道投资较大。采用苗床搬运车在作业车间和温室之间运送苗床可留出行走通道，能减少局部轨道的铺设量，并简化苗床搬运机构。荷兰生产苗床自动搬运装备的公司很多，如 Visser 国际贸易与工程公司、CODEMA 集团公司、Kees Grees（KG）公司及 Logiqs Agro 公司等。目前，大型移动苗床输送技术引入我国十多年，国内已涌现出一批可自主生产大型移动苗床输送装备系统的企业。

# 第三章　设施生产作业机械

## 第一节　整 地 机 具

### 一、概述

设施土壤栽培播前经历灭茬、旋耕、深松、开沟、起垄等作业环节，主要通过联合耕作机械一次完成一项或多项作业。由于蔬菜对土壤平整度、细碎度有更高要求，因此整地环节是蔬菜土壤耕耘的重要环节，本节主要围绕蔬菜整地机具展开。

#### （一）整地目的与技术要求

**1．整地目的**　蔬菜生长期间人和机具多次进入设施内部进行播种、管理、收获等作业，造成土壤压实、板结，破坏土壤物理性状，同时，收获后蔬菜残茬与杂草覆盖地面。因此，下茬蔬菜播种之前，有必要进行土壤作业以清除地面残茬、恢复土壤性状。

设施蔬菜通常使用旋耕机或带刀辊的驱动式耕耘机械一次性完成耕耙作业，疏松土壤、改善土壤结构，为作物播种、发芽提供良好的土壤环境；同时地表的肥料、杂草随土层翻动而被覆盖，为作物生长发育创造良好的条件；通过起垄机完成起垄作业，有利于增加土地表面积，提高地温。

**2．农业技术要求**　整地应满足的农业技术要求包括：①具有良好的翻土和覆盖性能；②良好的碎土性能；③耕深一致；④不重耕，不漏耕。棚室内作物以蔬菜为主，蔬菜对整地作业质量的要求一般比粮食作物要求高，对土壤平整度、土壤细碎度和垄型有更高的农艺要求。

#### （二）棚室内机械化整地作业

**1．棚室内整地主要作业环节与机具**　在蔬菜生产各环节中，整地是机械化水平最高的环节，包括除草、秸秆粉碎还田、施肥、深耕、碎土、开沟、起垄、整形等环节，主要整地机具包括动力机械如中小型拖拉机、田园管理机等，挂载机具如秸秆粉碎还田机、深松机、开沟起垄机等。

联合作业是指在同一工作状态下一次完成多项作业，能有效提高机具的利用率，减少进地次数。联合耕作机械是可以同时完成两种及两种以上耕作作业的机械。当前棚室内蔬菜的整地作业通常采用集深松、旋耕、起垄、平整等多种功能为一体的复式作业机，一次性完成多项作业，充分利用功率、降低油耗、节约劳动时间、减少进地次数，提高了机具的作业效率和作业质量。

**2．棚室内土地耕整方式的适宜选择**

（1）土壤深耕（犁耕＋耙整）　土壤深耕是利用拖拉机配套铧式犁等深耕机械通过深耕、翻扣土壤，将耕作层底层土壤翻到地表，并覆盖地表残茬和肥料。这种作业方式能够有效打破犁底层，增加耕作层厚度，但经过深耕机械耕过的地表并不平整，田间仍然有一些较大土块，需要进行耙地作业平整土地，作业费时，同时，耕地作业对机手操作水平要求较高。

（2）土壤旋耕　　土壤旋耕的作业机具为旋耕机或者具有旋耕部件的复式作业机。旋耕机碎土能力强、整平效果好，通过旋耕机可一次性完成耕、耙作业，但旋耕机作业时能耗较大，耕作层浅，不能将农作物的残茬或者杂草进行有效的覆盖。

（3）土壤深松（深松＋旋耕）　　土壤深松是使用拖拉机配套深松机开展的松土深度超过犁底层，上下土层基本不乱的松土作业。深松作业是保护性耕作方式之一，由于深松作业不翻转土层，残茬、杂草仍然覆盖于地表，有利于蓄水保墒、减少风蚀。

棚室内深松作业主要是为了打破犁底层，深松前或深松后仍然需要进行旋耕作业，碎土，整平，并翻埋土壤表面的肥料、残茬、杂草。

作业流程：①当土壤板结严重时，选用深松→旋耕→起垄或犁耕→旋耕→起垄，有复式作业机时，选用复式作业机。②当土壤板结轻微时，可选用旋耕→起垄，有复式作业机时，可选用旋耕起垄复式作业机。

## 二、旋耕机

### （一）旋耕机的工作原理与结构组成

通过工作部件主动旋转，以铣切原理加工土壤的整地机具。旋耕机按照刀轴的连接方式分为立式旋耕机（图3-1）和卧式旋耕机（图3-2）。

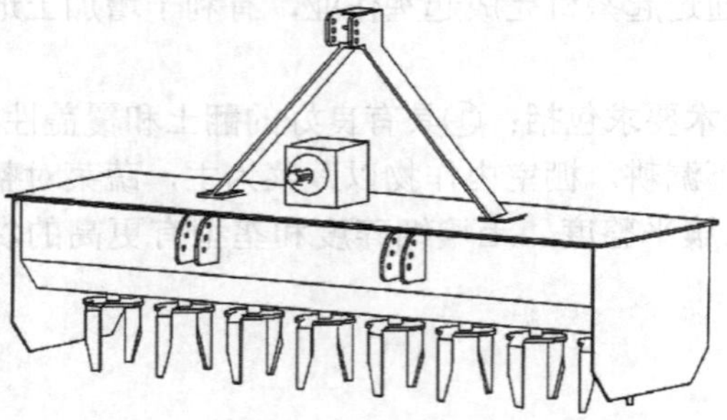

图3-1　立式旋耕机结构示意图

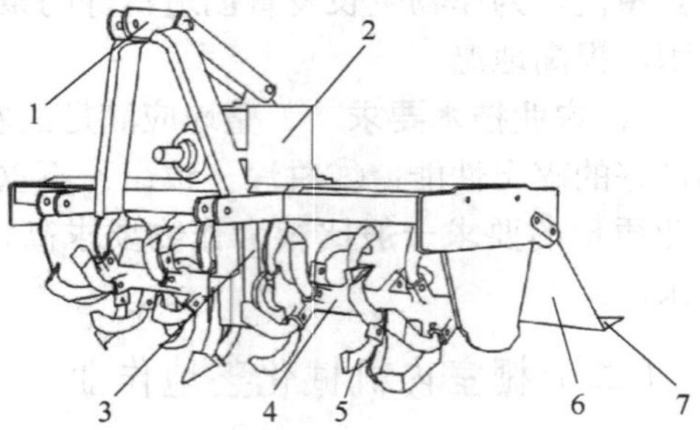


图3-2　卧式旋耕机结构示意图

1. 悬挂架；2. 齿轮箱；3. 传动箱；4. 刀轴；5. 旋耕刀片；6. 挡土板；7. 平土托板

卧式旋耕机在国内旋耕机的使用中占据主流地位，卧式旋耕机主要由悬挂架、齿轮箱、传动箱、刀轴、旋耕刀片、挡土板、平土托板等构成。作业时，以三点悬挂（以三个铰接点与拖拉机机体连接）的方式安装在拖拉机上，随拖拉机前进。同时拖拉机的动力输出轴与齿轮箱连接，通过传动箱驱动刀轴带动刀片旋转。刀片旋转切入土壤并将土块抛起，抛起的土块与挡土板撞击粉碎，并被平土托板拖平。

卧式旋耕机能一次作业完成翻土、碎土和平整地表的要求，但容易缠草，并且存在能耗大、作业深度不够的问题。

旋耕作业质量要求：土壤质地为壤土或轻黏土；耕前地表植被覆盖量应不大于0.6kg/m$^2$，地表遗留的秸秆和粉碎后的根茬应抛撒均匀；土壤的绝对含水率应为15%～25%。

旋耕作业质量指标见表3-1。

**表 3-1　旋耕作业质量指标**

| 序号 | 项目 | 指标要求 | 序号 | 项目 | 指标要求 |
| --- | --- | --- | --- | --- | --- |
| 1 | 耕深/cm | ≥15 | 4 | 旋耕后碎土率/% | ≥80 |
| 2 | 耕深稳定性/% | ≥85 | 5 | 旋耕后地表平整度/cm | ≤5 |
| 3 | 植被覆盖率/% | ≥65 | | | |

通常根据不同要求将旋耕部件（刀轴）与其他功能部件组合进行复式作业。

### （二）YTMC-140 高密度精密蔬菜灭茬机

该机器（图 3-3）可实现旋耕、除草、碎土、灭茬、平地等功能，适用各种叶菜、茄果、根茎类等蔬菜收获后及荒地耕整地的作业，完成蔬菜起垄、播种前的土地准备工作。

图 3-3　YTMC-140 高密度精密蔬菜灭茬机

该机器主要特点为：①精密齿轮传动，动力损失小；②整机结构紧凑，重量合适，平地效果明显；③根据蔬菜种植需求，旋耕深度可调；④刀轴转速快，碎土、灭茬效果好；⑤外形设计小巧，适合大棚内作业；⑥独特的刀形设计及排布，除草后不易缠草，刀片采用高强度弹簧钢及特殊的热处理工艺，经久耐用，不容易伤刀。

YTMC-140 高密度精密蔬菜灭茬机技术参数见表 3-2。

**表 3-2　YTMC-140 高密度精密蔬菜灭茬机技术参数**

| 技术参数 | YTMC-140 高密度精密蔬菜灭茬机 | 技术参数 | YTMC-140 高密度精密蔬菜灭茬机 |
| --- | --- | --- | --- |
| 连接方式 | 三点式悬挂 | 外形尺寸（长×宽×高）/cm | 154×87×103 |
| 传动方式 | 侧边齿轮传动 | 耕幅/cm | 136 |
| 配套动力/kW | 30～45 | 刀片数量/把 | 42 或 54 |
| 重量/kg | 367 | 输入转速/（r/min） | 540 |

### （三）YTSF-145 精密蔬菜深翻机

YTSF-145 精密蔬菜深翻机（图 3-4）使用铲形深耕刀，并增加弹簧辊，具有更好的翻土、碎土效果，可实现深耕、碎土、调节土壤结构等功能。该机器可用于蔬菜收获后的土地深翻、碎土等的作业。

该机器主要特点为：①深翻可达 40cm 以上；②可实现深耕、碎土、调节土壤结构等功能；③碎土压辊可保证良好的碎土效果，且压实土壤表面；④动力传输采用安全销结构，安全可靠；⑤深翻可使底土保水，增加土壤营养。

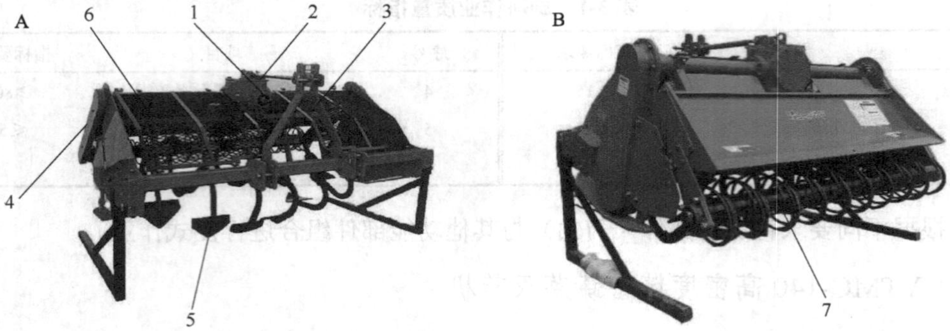


图 3-4 YTSF-145 精密蔬菜深翻机

A. 深翻机前面；B. 深翻机后面

1. 动力输入轴；2. 齿轮箱；3. 悬挂架；4. 侧链轮箱；5. 铲形深耕刀；6. 后盖板；7. 碎土辊

YTSF-145 精密蔬菜深翻机由机架、传动装置、作业装置、牵引悬挂装置、辅助部件等构成。铲形深耕刀、碎土辊作为作业装置中主要的工作部件，完成翻土、碎土功能。

工作原理：拖拉机的动力经深翻机的动力输入轴传递到齿轮箱，经齿轮箱、两侧链轮箱传动，从而分别驱动刀轴及碎土辊旋转，刀轴旋转，带动其上安装的铲形旋耕刀片旋转，进行深层旋耕翻土，碎土辊转动进行表层碎土和压实，从而实现深翻碎土的功能。

## 三、深松机

### （一）深松作业与深松机

**1. 深松作业** 长期使用小型的灭茬或旋耕来代替深翻作业，会导致犁底层加厚，耕作层变浅，土壤抗旱防涝能力越来越差，作物根系难以深扎。使用深松机通过深松的方式对土壤松而不翻，打破犁底层，保持耕层厚度，增加土壤的透气性和透水性，是保护性耕作的关键技术之一。

深松机按工作方式来分主要有机械式和振动式两种，按深松范围又分为局部深松机、行间深松机和全方位深松机。棚室内较为常见的进行深松作业的机具为振动式深松机，具有结构简单、操作容易、可靠性高、效率高等优点。

深松作业要求深松深度在 28cm 以上，深松作业阻力大，机具强度要求高，同时深松机存在着作业堵塞、作业后地表不平等问题。运用振动原理可降低牵引阻力，提高机具作业平稳性，节省动力。目前采用振动原理降低牵引阻力有强迫式振动、自激式振动两种。两者的区别在于振动的来源不同，强迫式振动深松机中，拖拉机将动力传递给深松机的振动装置，从而引起深松铲以固有的频率和幅度进行振动；自激式振动深松机中，深松铲的振动来源于土壤阻力的变化。

深松作业后的土壤条件并不能满足作物的要求，需要再经过旋耕作业将土壤进一步打碎混合。

**2. 深松机结构与原理** 图 3-5 为采用强迫式振动原理的振动式深松机。使用时，将深松机按照三点悬挂的方式连接在拖拉机上，齿轮箱与拖拉机动力输出轴连接。工作时，深松铲入土，深松机随拖拉机前行，实现深松作业，同时齿轮箱将动力传递至振动装置，经振动装置转化为频率与幅度固定的振动并传递给深松铲，以减少深松铲的阻力。

### （二）SWS-3 振动式深松机

SWS-3 振动式深松机（图 3-6）是拖拉机后挂式深松机，振动铲数量可供选择，拆卸方便。

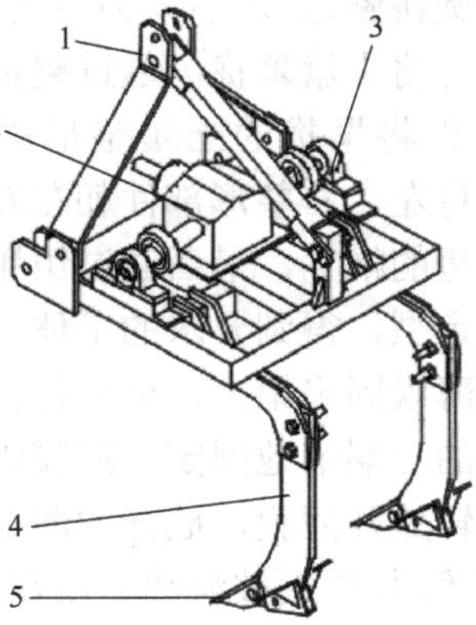


图 3-5　振动式深松机结构示意图

1．悬挂架；2．齿轮箱；3．振动装置；
4．铲柄；5．破土器

图 3-6　SWS-3 振动式深松机

该机器主要特点为：①振动铲数量可调，拆卸方便；②改善地下排水，均衡分布土壤水分，促进作物根部发育，增加土壤透气性；③增加土壤内空气，可促进有机物的分解，提高植物养分利用率，减少土壤盐类、甲烷及煤气等的生成。

SWS-3 振动式深松机技术参数见表 3-3。

表 3-3　SWS-3 振动式深松机技术参数

| 技术参数 | SWS-3 振动式深松机 | 技术参数 | SWS-3 振动式深松机 |
|---|---|---|---|
| 深松行数 | 3 | 重量/kg | 250 |
| 深松宽度/cm | 200 | 应用土壤 | 没有限制 |
| 深松深度/cm | 最大 70 | 配套动力/kW | 26～90 |
| 尺寸（宽×长×高）/cm | 100×120×120 | | |

## 四、起垄覆膜机

### （一）起垄覆膜机的组成及作业过程

我国蔬菜起垄经历了从单一起垄机到旋耕、起垄、镇压、施肥、覆膜、铺滴灌带等联合作业。通常用开沟机、起垄机和蔬菜精整地机完成起垄作业。起垄覆膜栽培是垄作与覆膜栽培结合的一种栽培方式，利用农具将土壤堆积成垄型，在垄面覆盖薄膜，并于垄面或垄沟种植作物。起垄覆膜栽培具有增加土壤表面积、提高土壤水分利用率、调节地温、改善土壤理化性质等优点，能有效提高产量，主要应用起垄覆膜机来完成。

起垄覆膜机（图 3-7）由旋耕部件、起垄部件、覆膜部件三部分组成，实现精细旋耕、起垄、覆盖薄膜三种作业。旋耕部件主要包括旋耕刀轴及旋耕刀片；起垄部件主要包括起

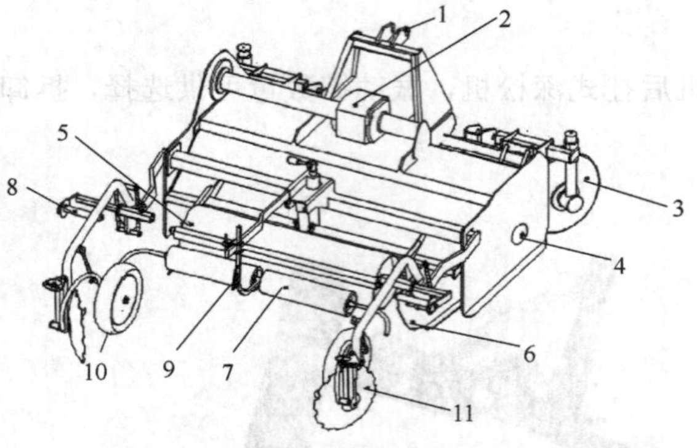


图 3-7　起垄覆膜机结构示意图

1．悬挂架；2．齿轮箱；3．起垄刀；4．旋耕刀轴；5．镇压辊；6．整形板；7．压膜轮；8．薄膜固定架；9．切膜割刀；10．海绵轮；11．覆土轮

垄刀、整形板、镇压辊；覆膜部件主要包括薄膜固定架、压膜轮、切膜割刀、海绵轮、覆土轮。

作业时，旋转动力驱动旋耕刀轴转动对土壤进行旋耕整地。牵引动力带动机具前进，通过起垄刀将土壤聚拢，通过整形板、顶板等整形部件将聚拢的土壤整形成为矩形截面，通过将左、右整形部件朝左右方向移动即可调整垄的幅宽，最后通过镇压辊对垄面进行压实定型，得到要求的垄体。薄膜辊两端安装在薄膜固定架上，可进行自由转动，放开薄膜的一端铺地固定，薄膜辊随机具前进被动旋转放开薄膜，放开的薄膜经压膜轮作用贴近垄面，两侧被海绵轮压在垄底两端，覆土轮对薄膜两边进行覆土。通过覆土轮左右移动及角度的调整，从而调节塑料膜上的覆土量。海绵轮内侧需搭过垄边 2cm。覆膜部装配有切膜割刀，抽出铺地的部分塑料膜用手捏住，再用切膜割刀切割。

### （二）YTLM 系列起垄覆膜机

YTLM 系列起垄覆膜机（图 3-8）可一次性实现旋耕、起垄、覆膜及铺滴灌带等功能，与播种机一起作业可实现旋耕、起垄及播种作业（播种机选配）。该机器可广泛应用于叶菜、茄果类、根茎类等类型的蔬菜种植起垄作业。

图 3-8　YT10-C100 起垄覆膜机

该机器主要特点为：①精密齿轮传动，动力损失小；②整机结构紧凑，重量轻；③垄面经镇压辊镇压，平整紧实；④垄面高度由旋转手柄调节，方便快捷；⑤刀轴采用“C”形刀螺旋排列，碎土效果显著，有利于垄面成型；⑥能实现旋耕、起垄、覆膜、铺滴灌带一体化作业，省时省力，工作高效；⑦可根据需要方便快捷地实现各种功能之间的切换。

YTLM 系列起垄覆膜机主要技术参数见表 3-4。

**表 3-4　YTLM 系列起垄覆膜机主要技术参数**

| 技术参数 | | YT10-C100 | YT10-C120 |
|---|---|---|---|
| 外形尺寸/mm | 长 | 1980 | 1980 |
| | 宽 | 1410 | 1610 |
| | 高 | 900 | 900 |
| 刀片数量/把 | | 16 | 18 |
| 作业速度/（km/h） | 1 挡 | 0.7 | 0.7 |
| | 2 挡 | 1.27 | 1.27 |

续表

| 技术参数 | YT10-C100 | YT10-C120 |
| --- | --- | --- |
| 机体重量/kg | 58 | 58 |
| 垄宽/mm | 450～1000 | 900～1200 |
| 垄高/mm | 150～300 | 150～200 |
| 作业效率/（$hm^2/h$） | 0.09～0.15 | 0.10～0.17 |

## 五、田园管理机

### （一）简易微耕机

简易微耕机（图 3-9）作为一种微型耕耘机械，通常直接用驱动轮轴驱动旋转工作部件（如旋耕），采用蓄电池或微型汽油机或柴油机作为动力来源，由于体积较小，适宜在温室和大棚内进行耕整地作业。简易微耕机具有体积小、操作灵活、价格便宜等优点，但通常存在振动较大、耕层较浅的问题。

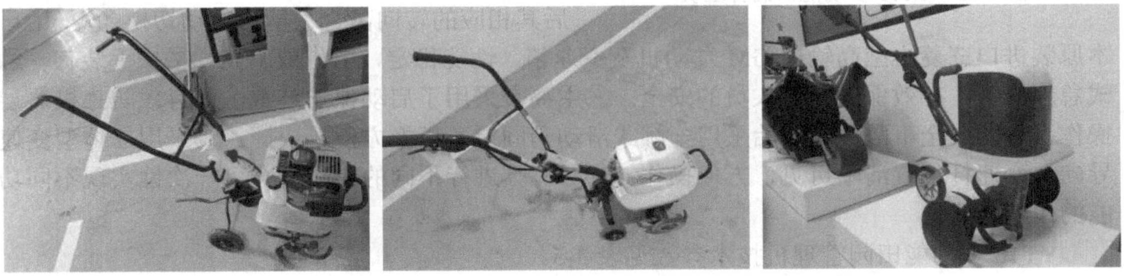

图 3-9　简易微耕机

### （二）多功能田园管理机

多功能田园管理机（图 3-10）作为小型动力机械，挂载各种机具上进行田间作业。多功能田园管理机结构与工作原理如下。

使用时，打开熄火开关，拉动反冲启动器启动引擎，挂挡，离合推杆推至“合”的位置，调节油门大小以获得良好的作业效率；要转向时，握住转动方向相应侧的离合器把手后，推动扶手把，使管理机转弯；变速时，将离合器手柄放在“离”的位置，再把变速操纵杆换到需要的挡位，最后将离合器手柄缓缓放到“合”的位置，使管理机变速后前进；熄火时，将主离合器放在“离”的位置，油门手柄放在“L”（低速）的位置，拨动主变速器操纵杆，将挡位停放在“N”的位置，将熄火开关拨到“关”的位置，使引擎停止工作，

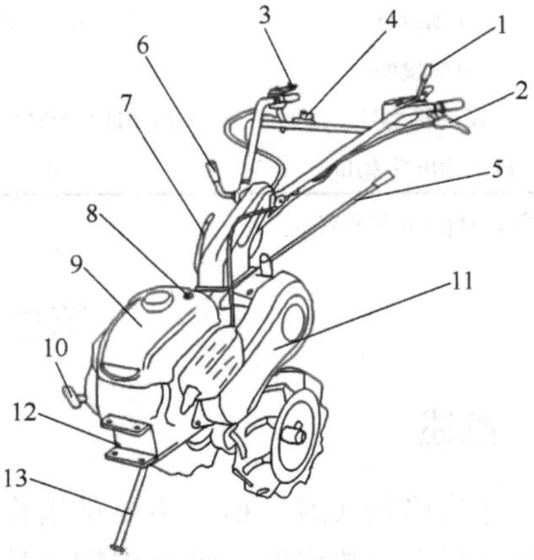


图 3-10　多功能田园管理机结构示意图

1. 离合推杆；2. 离合器；3. 油门；4. 急停开关；5. 变速器操纵杆；6. 扶手高度调节手柄；7. 扶手旋转调节手柄；8. 燃料表；9. 油箱；10. 反冲启动器；11. 带轮罩壳；12. 接头；13. 支脚

并将油过滤器的开关旋钮放在“C”（关）的位置，即将旋钮横向放置。

调节轮距时，将轮胎定位销拔出，旋转 90°后，将轮胎移到需求的位置，再旋转定位销 90°进行固定。用扶手高度调节手柄调节高度时，将扶手旋转调节手柄按下，根据作业类型设定易于操作的角度。

图 3-11　YT10 多功能田园管理机

YT10 多功能田园管理机（图 3-11）由一个动力机头，通过配置不同的机具，可实现旋耕、开沟（机具选配）、起垄、覆膜、铺滴灌、施肥（机具选配）、播种（机具选配）等功能。该机器可广泛应用于叶菜、茄果类、根茎类等蔬菜的种植起垄作业。

该机器主要特点为：①整机轻便，操作简单、灵活；②扶手高度一触式高低三挡调节，简洁方便；③根据不同机具使用的需要，扶手可进行 180°旋转；④机具配置丰富，更换方便、简洁；⑤扶手配有离合自动切换装置，当扶手进行旋转后其相应的转向离合手柄可自动切换；⑥采用日本原装进口三菱小型高输出 GM 发动机及变速箱，性能稳定，工作效率高；⑦扶手装有一触式急停开关，有效保障操作人员的安全；⑧主离合采用了启动保护装置，可有效防止机器误操作引起的安全事故；⑨轮胎采用一触式滑动销固定，更换方便、快捷；⑩采用立体型变速导向，变速杆位置清晰可见，方便操作；⑪对机具进行不同的搭配组合可一次性实现不同功能的作业形式。

YT10 多功能田园管理机技术参数见表 3-5。

**表 3-5　YT10 多功能田园管理机技术参数**

| 技术参数 | YT10 多功能田园管理机 | 技术参数 | YT10 多功能田园管理机 |
|---|---|---|---|
| 轮距/cm | 33～66（可调） | 主离合器 | 皮带张紧离合装置 |
| 总质量/kg | 106 | 变速箱 | 6 个前进挡，4 个倒退挡 |
| 发动机型号 | GM301LN-NMA 汽油机 | 传动方式 | 直齿轮，滚子链条 |
| 最大输出功率/hp | 10 | | |

注：1hp＝0.746kW

## 第二节　作物移栽机具

### 一、概述

育苗移栽（或定植）主要是指将苗床或穴盘中的幼苗移栽至栽培行的作业。育苗移栽能够充分利用光热资源，缩减作物生长周期，提高作物产量和品质，是大多数设施蔬菜生产过程中的一个重要环节。随着农业技术的不断发展，育苗技术日渐成熟，育苗移栽机械化水平也有了较大提升。

目前，国内外适用于设施蔬菜移栽的机械已有多种类型，按照移栽过程自动化程度可分为手工移栽器、半自动和全自动移栽机；按照送苗机构类型可分为钳夹式、吊杯式、挠性圆盘式、导苗管式；按照栽植方式可分为开苗沟式、鸭嘴栽插式和打穴式移栽机。

以下按半自动和全自动两大类分别介绍移栽机。

## 二、半自动移栽机

半自动移栽可适用于多种穴盘苗移栽，但需要人工进行取苗、放苗，移栽机仅完成自动栽植动作。半自动移栽机受限于人工取、放苗效率和精度，存在较多不足，如易造成幼苗茎叶断裂，伤苗率高；高速作业时投苗不及时，漏苗率高；作业强度大，不适用于大规模作业。

半自动移栽机以栽植机构的不同，主要形式有钳夹式、导苗管式、挠性圆盘式、吊杯式。

### （一）钳夹式半自动移栽机

钳夹式半自动移栽机以栽植的不同分为圆盘钳夹式（图 3-12）和链钳夹式，具体的工作过程类似。主要工作部件有开沟器、钳夹、栽植盘或环形栽植链、传动机构、覆土镇压机构等。钳夹安装于栽植盘或环形栽植链上，工作时，作业人员将秧苗放在钳夹上，秧苗被加持后随着栽植盘或环形栽植链转动，传输至开沟器开出的苗沟上方，且当秧苗与地面垂直时，钳夹打开，秧苗依靠重力落入苗沟内，随后进行覆土、镇压，完成整个移栽过程。

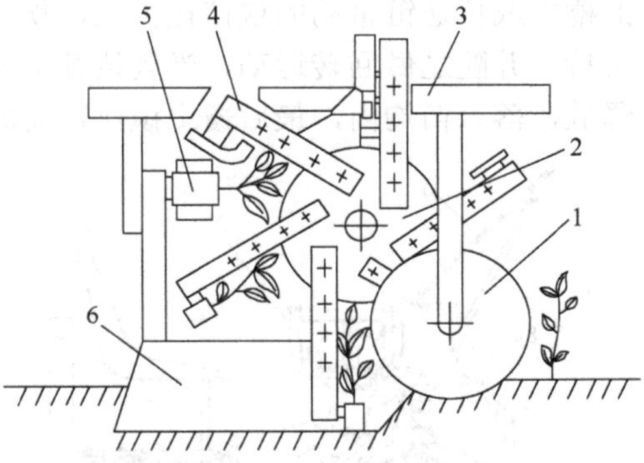

图 3-12　圆盘钳夹式移栽机结构示意图

1. 覆土镇压轮；2. 栽植圆盘；3. 机架；4. 钳夹；5 横向输送链；6. 开沟器

钳夹式半自动移栽机具有机构简单、经济性好、秧苗直立度较好、秧苗输送稳定可靠等优点，但栽植速度为 30～40 株/min，栽植效率较低，适合裸苗移栽，高速作业情况下，易出现漏苗、缺苗等影响栽植质量的问题。

现有代表机型：法国生产的 UT-2 型钳夹式半自动移栽机、荷兰生产的 MT 钳夹式半自动移栽机、日本的 A-500 久保田钳夹式半自动移栽机、KTI-70 关东钳夹式半自动移栽机等。如图 3-13 所示，UT-2 型钳夹式半自动移栽机主要由单体机架、栽植盘、开沟器、镇压轮等组成，在进行移栽作业时，由摆指和转指组成的秧夹在凸轮控制下自动张开，作业人员将秧苗放入秧夹时轻压秧夹，秧夹关闭，加持秧苗向前输送。随着栽植盘转动，秧苗被送入开沟器开出的种沟内，当秧苗到达合适位置时，在凸轮控制下秧夹张开，释放秧苗，最后覆土、镇压，完成整个移栽过程。

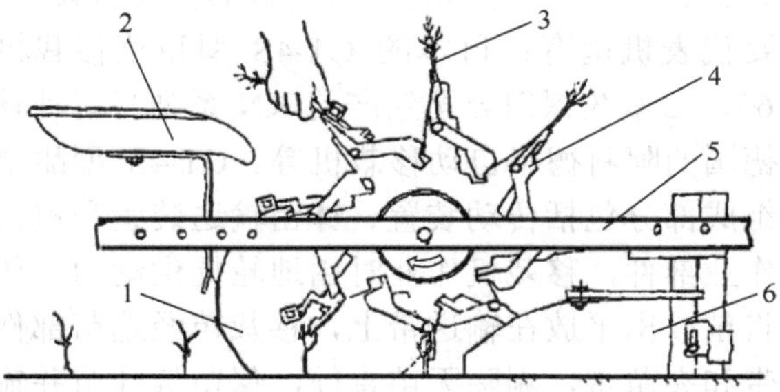

图 3-13　UT-2 型钳夹式半自动移栽机结构示意图

1. 镇压轮；2. 座椅；3. 秧苗；4. 栽植盘；5. 单体机架；6. 开沟器

### （二）导苗管式半自动移栽机

导苗管式半自动移栽机（图 3-14）主要由导苗管、喂入器、栅条式扶苗器、开沟器、覆土镇压器和苗架等组成，采用单组传动。工作时，由人工将作物秧苗放入喂入器的接苗筒内，当接苗筒转动至导苗管喂入口上方时，喂苗嘴打开，秧苗靠重力落入导苗管内，随后沿倾斜的导苗管落入开沟器开出的苗沟内，在栅条式扶苗器的扶持下，秧苗保持直立，然后进行覆土、镇压，完成移栽过程。

导苗管式半自动移栽机栽植的株距、行距及深度较为均匀，秧苗通过导苗管传送，对秧苗损伤较小，且对多种秧苗具有较好的适应性，移栽速度约为 60 株/min。但秧苗直立度不够高，株距、行距调整较为烦琐，且机构较为复杂，成本较高。

### （三）挠性圆盘式半自动移栽机

挠性圆盘式半自动移栽机（图 3-15）主要由机架、牵引梁、传动机构、供苗传送带或传送链、挠性圆盘、开沟器、镇压轮等组成。作业时，由作业人员将秧苗水平放入供苗传送带的槽内或传送链带动的秧苗托盘上，秧苗随供苗系统被带入两挠性圆盘中间，秧苗被两圆盘夹持，并随之做回转运动，当到达开沟器开出的苗沟底部，且圆盘转动到分离点时，秧苗被释放，落入苗沟内，最后覆土镇压，完成移栽过程。

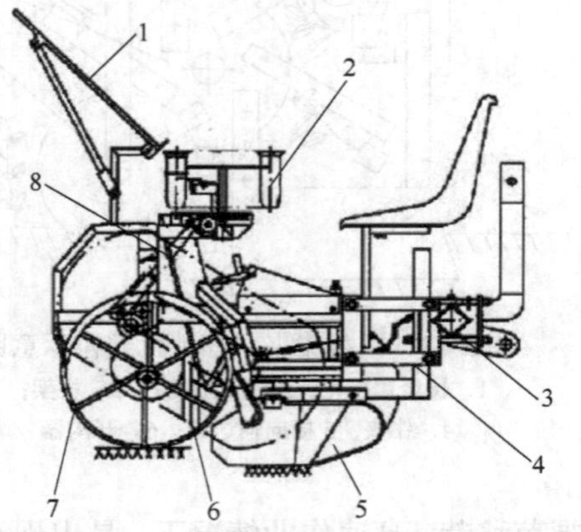

图 3-14　导苗管式半自动移栽机结构示意图

1. 苗架；2. 喂入器；3. 机架；4. 四杆仿形机构；5. 开沟器；6. 栅条式扶苗器；7. 覆土镇压器；8. 导苗管

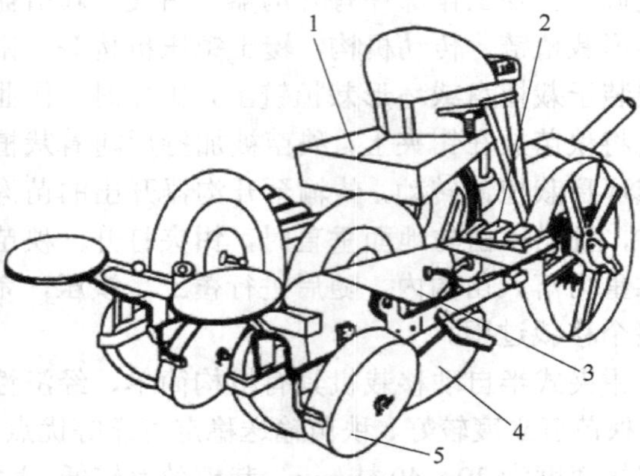

图 3-15　挠性圆盘式半自动移栽机结构示意图

1. 秧箱；2. 供苗传送带；3. 挠性圆盘；4. 开沟器；5. 镇压轮

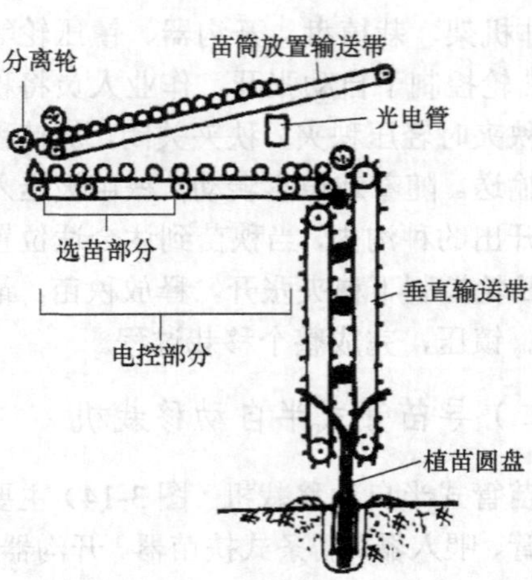


图 3-16　CT-4S 型甜菜移栽机原理图

挠性圆盘式半自动移栽机具有机构简单、成本较低、小株距移栽适应性好等优点。但其挠性圆盘一般由薄板或橡胶制造而成，使用寿命不长，且其栽植株距、深度不够稳定，多用于小钵体、长茎秆的作物移栽。

主要代表机型有：日本的 CT-4S 型甜菜移栽机（图 3-16）、日本久保田公司生产的 KN 系列半自动移栽机、德国的阿科德半自动移栽机等。CT-4S 型甜菜移栽机组成部分包括传动装置、钵苗输送装置和植苗圆盘及作业部件，移栽机作业时由地轮提供动力，作业人员将苗取出平放在输送带上，移栽苗经选苗部件的窄皮带和夹苗带，剔除无苗直筒，保留健壮苗并输送至垂直输送带，壮苗经由橡胶植苗圆盘进行定植。光电控制机构的主要作用为去掉无苗直筒，当健壮苗之间间隙较大时，控制提高输送带速度以保证苗的连续供给。

### （四）吊杯式半自动移栽机

吊杯式半自动移栽机（图3-17）主要由机架、地轮、吊杯栽植器、回转式栽植机构、传动装置、覆土镇压机构等组成。作业时，吊杯栽植器为常闭状态，在回转式栽植机构的作用下栽植嘴始终与地面垂直，当旋转至上部时，由人工将秧苗放入吊杯栽植器内，秧苗随栽植器一同运动，当转动到最低位置时，吊杯插入土壤一定深度，栽植器在导轨的作用下打开，秧苗靠重力落入行内，随着吊杯的上升部分土壤回流至钵苗四周，最后覆土、镇压，完成移栽过程。

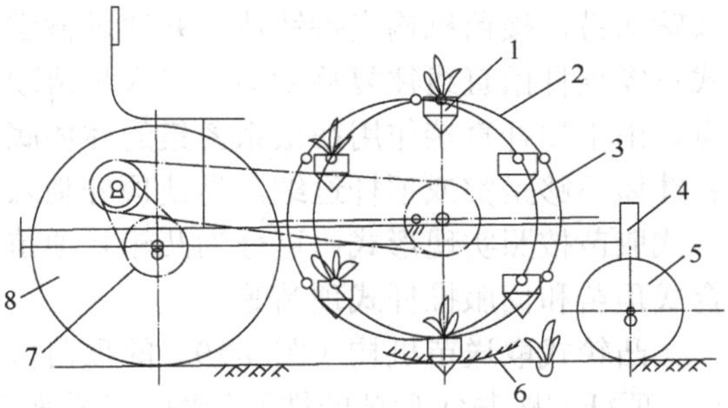

图3-17　吊杯式半自动移栽机结构示意图

1．吊杯栽植器；2．栽植圆盘；3．偏心圆盘；4．机架；5．压密轮；6．导轨；7．传动装置；8．方形传动轮

吊杯式半自动移栽机移栽过程中，吊杯仅对秧苗起支撑作用，基本不损伤秧苗，比较适合根系不发达且柔韧性较差的秧苗移栽，且放苗时，吊杯可对秧苗起扶持作用，秧苗的直立度较高。但结构相对复杂，成本高，生产率和栽植质量受人工投苗速度及精度影响严重。

吊杯式半自动移栽机代表机型有鼎铎2ZB-2双行蔬菜移栽机（图3-18）、久保田KP-S1型鸭嘴式膜上移栽机、久保田IKP-4型蔬菜移栽机等。鼎铎2ZB-2双行蔬菜移栽机的机体上安装有储苗盘、投苗机构、插植机构、覆土机构，投苗机构与插植机构所构成的工作平台通过一对顶杆连接在机体上；储苗盘安装在车座的左右侧。工作时，作业人员先将侧苗盘内的幼苗取下摆放在前苗盘中，再依次投放到投苗机构的苗盒里，经插植机构栽植到田间，再进行覆土、镇压，完成移栽作业。

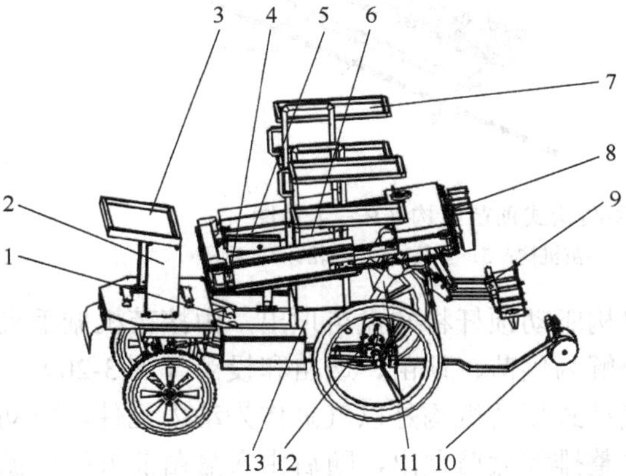

图3-18　2ZB-2双行蔬菜移栽机结构示意图

1．方向控制机构；2．发电机；3．前储苗盘；4．蓄电池；5．控制面板；6．车座；7．储苗盘；8．投苗机构；9．插植机构；10．覆土机构；11．顶杆电机；12．驱动机构；13．机体

## 三、全自动移栽机

全自动移栽机是在半自动移栽机的基础上增加了自动供苗、取苗、放苗等结构，代替人工完成取苗、投苗工作，整个移栽过程都由机具完成，实现了移栽全过程的自动化，移栽效率是半自动移栽机的2～4倍。

全自动移栽机的取苗机构性能好坏直接决定自动移栽机的定植质量、效率和稳定性。工作时，可直接喂入一组秧苗或一张苗盘，机具进行分苗的同时，完成开沟、投苗、扶苗、覆土、镇压等工作。根据取苗方式不同，可分为顶出或顶夹结合式取苗、指钳式取苗及直落式取苗。

### （一）顶出或顶夹结合式取苗

顶出或顶夹结合式取苗利用顶杆穿过穴盘底部的排水口，将穴盘苗从穴盘顶入接苗机构或输送带，接苗机构夹持钵体，并通过输送带，将穴盘苗有序地移送至栽植机构。该取苗方式只需顶杆做直线往复移动即可将穴盘苗顶出，具有动作简单、取苗效率高、伤苗率低的特点。由于顶杆直接作用在根系密集的钵体底部，因此对钵体盘根和顶杆直径有一定的要求，若钵体不够紧实或顶杆过细，易使顶杆刺入苗钵，造成钵体损伤或未能取苗。顶出或顶夹结合式取苗按照实现形式，可分为凸轮式顶苗、曲柄滑块式顶苗、气动式顶苗、顶杆与射流组合式顶苗和伺服推杆式顶苗等。

凸轮式取送苗机构（图 3-19）的顶苗机构送盘底板下侧背面安装带有一排顶杆的顶杆支架，顶杆间距与穴盘苗的株距相同，凸轮驱动顶杆支架沿导轨方向顶出，再由两侧弹簧推回，在供苗底板前下方设有接苗机构。顶杆将整排钵苗从穴盘顶入前方的接苗机构，接苗机构绕定轴旋转至竖直状态，穴盘苗落入正下方分苗机构的承接筒内。

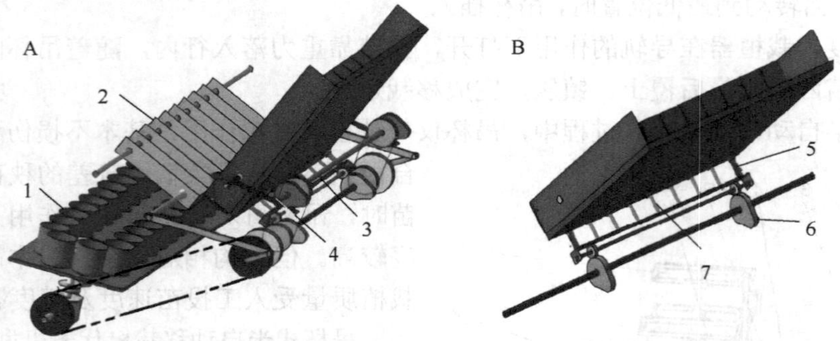


图 3-19　凸轮式取送苗机构（A）和凸轮式顶苗机构（B）示意图
1. 分苗机构；2. 接苗机构；3. 顶苗机构；4. 供苗机构；5. 弹簧；6. 凸轮；7. 顶杆

曲柄滑块式自动取送苗机构利用曲柄滑块机构驱动顶杆将穴盘苗顶出，由接苗机械手夹取、移送顶出的穴盘苗并进行投苗，其动作可分解为供苗、顶苗、送苗和投苗（图 3-20）。

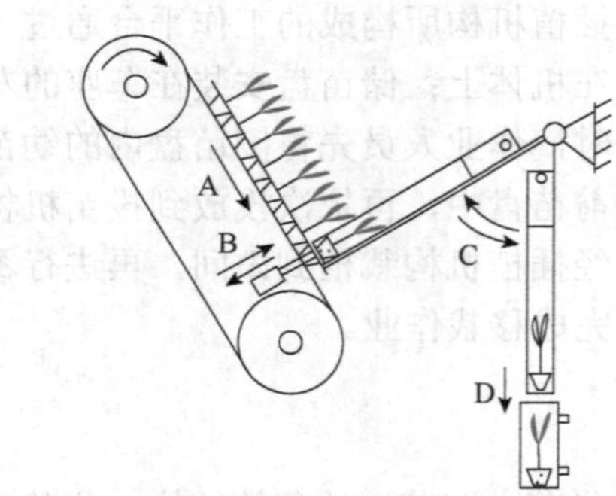


图 3-20　曲柄滑块式自动取送苗机构示意图
A、B、C、D 分别表示取苗、顶苗、送苗、投苗动作

气动式顶苗机构是以气缸作为动力元件，驱动顶杆将整排穴盘苗顶出，随后由穴盘苗前方的机械手将整排穴盘苗转送至输送带，输送带再将穴盘苗送至栽植机构。

顶杆与射流组合式取苗由顶杆顶入钵腔，打破穴盘与钵体之间的黏结力，利用气流非接触取苗。但此种取苗方式仅适于盘根效果好的穴盘苗，且功耗较大。

伺服推杆式顶苗机构利用高速伺服电机缸驱动顶杆进行取苗，伺服电机缸具有结构紧凑、运动速度快、易控制等特点，简化了机械传动系统。电机缸驱动的顶苗机构可实现顶杆精准的推出和退回，为防止钵体破损和提高取苗效率，伺服电机缸采用慢速推出穴盘苗、快速退回的方式。

顶出式取苗方式典型机具有常州亚美柯的 2ZS-2 型全自动西蓝花钵苗移栽机（图 3-21），该型号为单行全自动蔬菜钵苗移栽机械，秧苗从秧盘中的推出、皮带输送、开沟、种植、配土过程实现全自动。适用于大葱、菊花、白菜、西蓝花、花茎甘蓝等多种蔬菜的钵苗移栽。

## （二）指钳式取苗

指钳式取苗可分为插入夹持式和直接夹持式。插入夹持式取苗末端（图3-22）执行器利用1对或多个取苗针插入并夹紧钵苗钵体，在自动取苗机构的带动下将穴盘苗从穴盘取出，移送至栽植机构上方，取苗针松开并推出钵苗，完成1次取苗。该取苗方式成功率高、送苗过程可靠，应用广泛，但在取苗针插入、夹持和移动钵苗过程中，取苗针可能破坏茎叶或钵体、刺穿茎叶，特别是对于西蓝花、甘蓝等展幅较大的叶菜类穴盘苗。另外，插入夹持式取苗机构对取苗针运动轨迹、取苗和投苗的位姿有较高要求，送苗稳定性还需进一步研究。直接夹持式取苗机构利用末端执行器的机械手指夹持钵苗茎部进行取苗、投苗。

图3-21　2ZS-2型全自动西蓝花钵苗移栽机

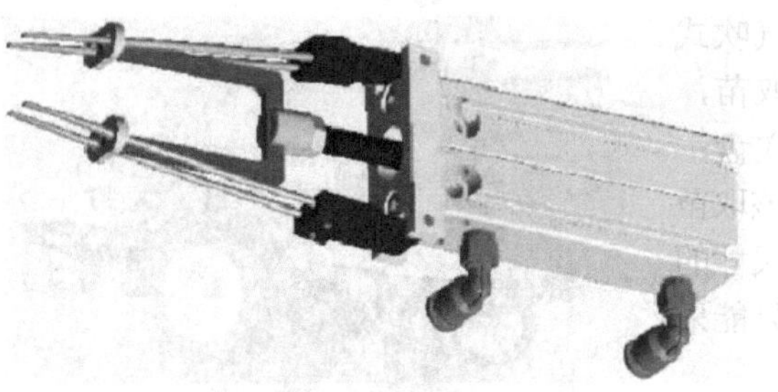

图3-22　插入夹持式取苗末端

指钳式取苗按照实现形式的不同，可分为滑道式取苗机构、多杆驱动式取苗机构、直线滑台式取苗机构、旋转升降式取苗结构、旋转行星系式取苗机构。

滑道式取苗机构（图3-23）是以滑道机构作为取苗运动轨迹的取苗机构，可完成复杂的取苗和输送动作，但取苗效率较低、机构振动和冲击较大、滑道磨损还会造成取苗精度下降等问题。

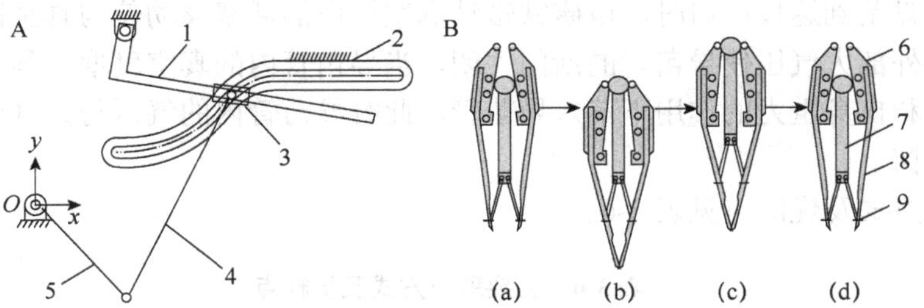


图3-23　滑道式取苗机构结构示意图（A）和机械手取苗过程（B）示意图

（a）、（b）、（c）、（d）分别为准备、夹苗、提苗、推苗过程

1．摇杆；2．滑道；3．滑块；4．连杆；5．曲柄；6．导向板；7．活塞杆；8．取苗针；9．推环

多杆驱动式取苗机构（图3-24）采用平面多杆机构驱动取苗机械手来实现自动取苗。曲柄为主动杆，通过连杆带动摇杆摆动，取苗针固定在连杆上，多杆机构驱动取苗针插入并夹紧穴盘苗钵体，穴盘苗随连杆移动，当穴盘苗到达投苗口的正上方时，排苗杆将穴盘苗拔下，穴盘苗竖直落入栽植机构中，完成一次取苗。

直线滑台式取苗机构由多个滑台组合而成，驱动取苗机械手完成预定轨迹。旋转升降式取苗机构的机械手固定在可旋转和可升降的机架上，机械手活动范围在一圆柱体内，驱动装置驱动取苗执行器取苗和投苗，旋转升降机构用于协助取苗末端执行器完成下降夹苗、上升、顺时针转90°回到取苗位置一系列动作。旋转行星系式取苗机构将椭圆齿轮机构或偏心齿轮-

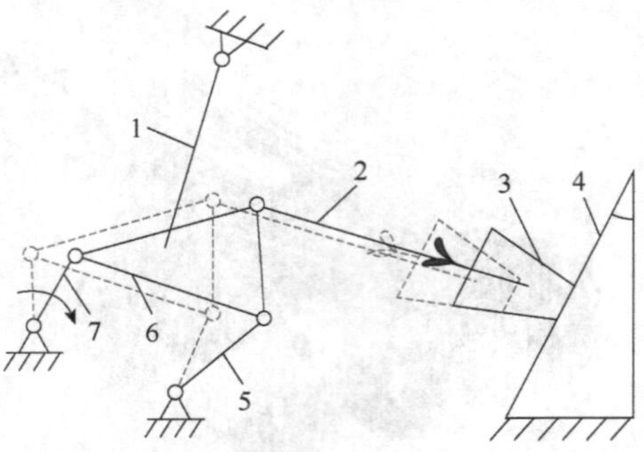


图 3-24　多杆驱动式取苗机构示意图
1．排苗杆；2．苗指；3．钵苗；4．支架；5．摇杆；6．连杆；7．曲柄

非圆齿轮机构和非圆齿轮机构进行组合，是一类新型高速自动取苗机构，行星轮系自动取苗机构每旋转 1 周可进行 2 次取投苗，实现高速取苗，但旋转行星系式取苗臂为高速平面复合运行，具有较大的惯性。

指钳式取苗的全自动移栽机代表机型有洋马 PF2R 型全自动蔬菜移栽机（图 3-25），其取苗爪由两根呈片状的夹针夹取苗钵，取苗爪由滑槽控制取投苗运动，用一个凸轮控制夹针的收缩和张开，实现整土、取苗、开孔、落苗、移栽、覆土全自动完成蔬菜苗移栽，移栽速度约为 45 株/min。

## （三）直落式取苗

图 3-25　洋马 PF2R 型全自动蔬菜移栽机

直落式取苗可分为机械下压式、负压式、气吹式等，其机构布置较为灵活，易于实现自动有序取苗，可同时完成取苗和投苗，缺点是需要定制特殊穴盘，穴盘苗在下落过程中容易对幼苗茎叶造成损伤，该取苗方式只适合生长均匀，且幼苗展宽小于穴盘钵腔尺寸的穴盘苗。对于采用空气整根营养钵培育的钵苗，只能采用钵苗从穴盘直接落下的取苗方式。

负压式取苗利用电磁铁或气缸驱动的活塞产生真空度进行取苗，由真空筒、导苗管、电磁铁、活门等组成。当穴盘苗到达投苗口时，电磁铁带动真空筒内的活塞移动使与真空筒连通的导苗管内形成负压，外部大气压使导苗管的活门关闭，当导苗管内的真空度增大到一定值时，穴盘苗在大气压力和自身重力的作用下落入导苗管，此时导苗管内的气压与大气压相等，活塞门张开，完成取苗。

主要取苗方式及优缺点见表 3-6。

**表 3-6　主要取苗方式及优缺点**

| 取苗方式 | 实现形式 | 优点 | 缺点 |
|---|---|---|---|
| 顶出或顶夹结合式 | 凸轮式 | 结构紧凑，效率高，稳定性好 | 凸轮线接触易磨损，顶苗行程较短 |
| | 曲柄滑块式 | 传动稳定可靠，具有急回特性，取苗效率高、伤苗率低 | 需多机构相互配合，机械传动较复杂 |
| | 气动式 | 自动化程度高，取苗率高 | 需各结构精确配合，控制较复杂 |
| | 顶杆与射流组合式 | 取苗效率高，取苗成功率高 | 结构复杂，功耗大 |
| | 伺服推杆式 | 结构紧凑，速度快，伤苗率低 | 成本较高 |
| 指钳式 | 滑道式 | 可实现复杂的取苗路径 | 机构振动和冲击较大，滑道易磨损 |
| | 多杆驱动式 | 取苗平稳，伤苗率低 | 机构运动惯性力较大，取苗效率低 |
| | 直线滑台式 | 利用成熟的直线模组或无杆气缸等即可搭建，取苗精度高 | 多用于温室环境下移栽，移栽效率较低 |

续表

| 取苗方式 | 实现形式 | 优点 | 缺点 |
| --- | --- | --- | --- |
| 指钳式 | 旋转升降式 | 机构运动协调可靠，取苗效率较高 | 高速取苗时取苗成功率较低 |
| | 旋转行星系式 | 取苗效率高，传动箱转 1 周可取苗、投苗 2 次 | 非圆齿轮在啮合和脱离时产生振动和冲击，影响取苗精度和稳定性 |
| 直落式 | 机械下压式 | 结构简单，成本低，性能可靠 | 适于较小秧苗，机构运行存在冲击 |
| | 负压式 | 吸力大，伤苗率、漏苗率低 | 能耗大，不易保持良好密封性 |
| | 气吹式 | 无刚性机构作用在钵苗上 | 伤苗率高，取苗成功率低，能耗大 |

# 第三节　蔬菜采收机械

## 一、概述

采收机械是收割、采摘或挖掘蔬菜的食用部分，并进行装运、清理、分级和包装等作业的机械。根据收获蔬菜的部位不同，可以分为叶菜类采收机械、果菜类采收机械和根菜类采收机械。

叶菜类主要有甘蓝、菠菜、芹菜、白菜等；果菜类主要有番茄、辣椒、黄瓜等；根菜类主要包括萝卜和胡萝卜。

## 二、叶菜类采收机械

### （一）叶菜类采收机械的内容

叶菜因种类繁多、生长差异大，针对不同叶菜的机械收获方式也不相同，目前主要分为以下几种方式。

1）按收获后的堆放方式分为有序收获、无序收获。其中，有序收获后的叶菜品相好，但机具复杂；无序收获虽然品相不如有序收获，但机具简单，效率高。按收获后菜的形状分为带根收获、不带根收获。带根收获主要用于大棵青菜，小青菜通常采用不带根的收获方式。

2）按被割叶菜的输送方式分为风送型、推送型、夹持型等。其中，风送型输送方式适用于小叶类蔬菜，如三叶菜；推送型输送方式结构简单；夹持型输送方式可以保证收集到的叶菜整齐有序。

3）按切割方式分为环形带刀、往复式割刀、圆盘刀。环形带刀将环状钢带一侧制成近似三角形切割齿，整个切割系统简单，加工精度低，使用范围广；往复式割刀的切割效率高，但制造精度高，易堵塞；圆盘刀切割范围窄，且多采用对行收获的方式，适用于切割根系粗壮蔬菜，如大棵青菜。

4）按叶菜种类分结球类叶菜采收机械和非结球类叶菜采收机械。结球类叶菜主要包括甘蓝、白菜等；非结球类叶菜包括空心菜、菠菜、芥菜、韭菜、鸡毛菜、上海小青菜等。非结球类叶菜采收机械的农艺特点是由于叶菜一般都具有鲜嫩的茎叶，极易破损，采收机械一般会造成损伤，使得在收割与输送方面都很难避免叶菜的损伤及收割质量。叶菜种类多种多样，且大多株距不确定，增加了采收机械的采摘难度。叶菜的采摘切割点一般比较低，所以采收机械的采摘装置必须布置得离地较近，同时要防止机架碰及土地，这都加大了采收机械整体结构设计的难度。种植地泥土较多，凹凸不平，且大多具有一定的含水量，采收机械行走困难。

### （二）叶菜类采收机械的发展状况

国外很早就开始对蔬菜的收获环节进行研究，并研发了相关的采收机械，技术相对成熟。其中美国、日本、意大利、俄罗斯、英国、德国等国家叶菜类采收机械化程度较高，形成了统一育苗、耕作起垄、移栽定植、水肥管理、防病虫害、采收分级等主要作业环节的全程机械化，其自动化和智能化程度相对较高。

国内叶菜类采收机械研究起步较晚，机械化水平较低，与产业地位不相符，与产业需求不对应，有较大的提升空间和迫切的提升需求。目前存在诸多亟待解决的问题，包括：①叶菜品种繁多，生产农艺粗放；②体积较大，成本较高；③产生污染，浪费严重；④易堵塞，损失大；⑤创新少，投入小。

### （三）按收获后的堆放方式分类

**1. 叶菜的有序收获**　图 3-26 所示的叶菜有序收获机由机架、分禾器、往复式切割器和水平输送带等组成，该装置妥善解决了叶菜的有序输送，避免堵塞和损伤菜；并且夹持输送的姿态扭转和滑槽插装式隔板巧妙解决了叶菜收集易散乱的难题，具有广泛适应性。

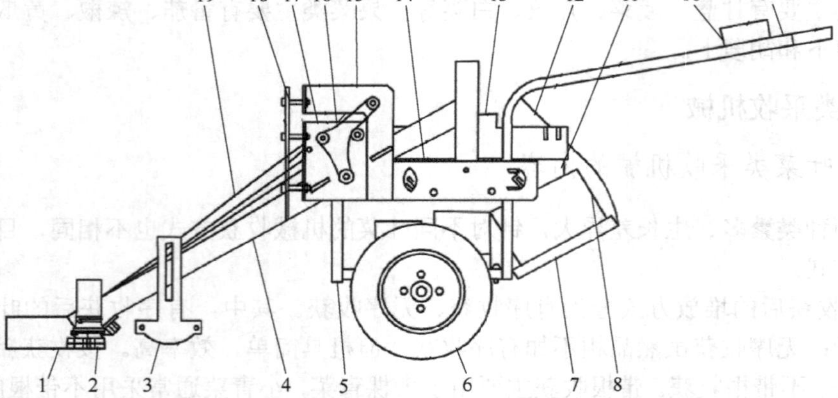


图 3-26　一种叶菜有序收获机的结构示意图

1. 分禾器（区分切割区和未切割区）；2. 往复式切割器；3. 仿形轮；4. 机架；5. 行走传动箱；6. 行走轮；7. 活动支架；8. 收集箱；9. 扶手；10. 操控系统；11. 收集箱隔板；12. 链条；13. 挡板；14. 水平输送带；15. 上辊安装板；16. 输送传动系统；17. 下辊安装板；18. 输送张紧机构；19. 夹持输送带

收获叶菜时，前方密植的叶菜在分禾器的作用下被自动分成行，经往复式切割器割断、旋转拨菜盘主动喂入后，依次整齐有序地进入夹持输送带中，切割后的叶菜随着夹持的扭转输送带向后输送，其由立式位置逐渐倾斜至卧式位置，当卧式叶菜被输送至带末端时，叶菜随着末端传动辊的圆周旋转运动，在自身重力作用下整齐有序地落入水平输送带，由水平输送带平缓送至收集装置。水平输送带上方装有 5 个等间距安装的挡板，挡板上设计的 U 形滑槽与收集箱隔板实现快速插装，隔板底部接触收集箱底部，用来分隔引导输送、收集的叶菜，待收集箱装满时，将收集箱隔板抽离，满箱叶菜整箱移出，再将空箱放入机架后方的活动支架上、隔板插入挡板上的 U 形滑槽中，即可继续收获作业。

**2. 无序收获**　图 3-27 所示的叶菜类蔬菜收获机包括相互连接的切割组件、收集组件、手扶组件和移动组件，手扶组件包括扶手钢架及扶手钢架下方连接的机架，切割组件包括汽油发动机、双层切割刀片。该装置利用分送风管输送气流，使得被双层切割刀片切断的绿叶菜不接触刀片直接进袋，进料斗的电动刷有效地防止切断的绿叶菜堵塞在支撑框附近，减轻风扇的负荷，有效地提高储料袋的收集效果。

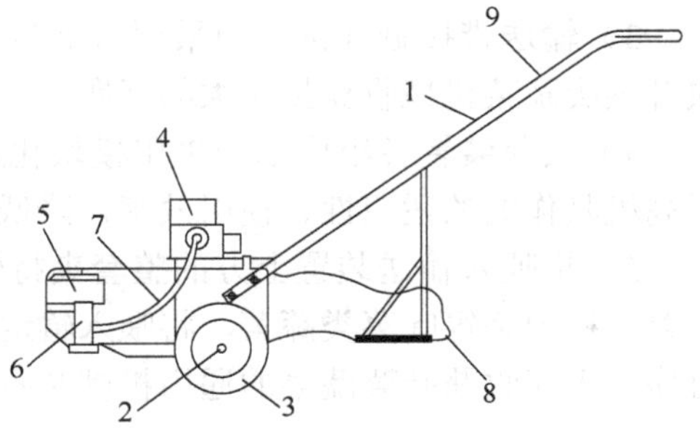

图 3-27　叶菜类蔬菜无序收获机结构示意图

1．扶手钢架；2．滚轮支撑轴；3．滚轮；4．汽油发动机；5．风扇；6．运动转换器；7．动力传递软轴；8．储料袋；9．油门调节器

使用时，先调节好油门调节器、油门拉线和熄火线，控制汽油机风门，然后启动汽油发动机，汽油发动机输出的旋转运动通过动力传递软轴输出，动力传递软轴的另一端连接在运动转换器上，运动转换器将输入的旋转运动通过曲柄连杆机构转化成直线往复运动，带动双层切割刀片的动刀片做往复剪切运动来切断蔬菜，同时运动转换器再输出一路旋转运动传递给上面的风扇，产生的风力通过总送风管传给分送风管，利用从分送风管吹出的较强风力将切断的蔬菜吹入进料斗，通过进料斗再吹入储料袋，形成完整的蔬菜收获动作，操作者通过扶手钢架及调节交叉滚子滑轨控制双层切割刀片，根据收获的需要手动调节收获蔬菜高度，并推动整个机器向前行走来完成收获作业。

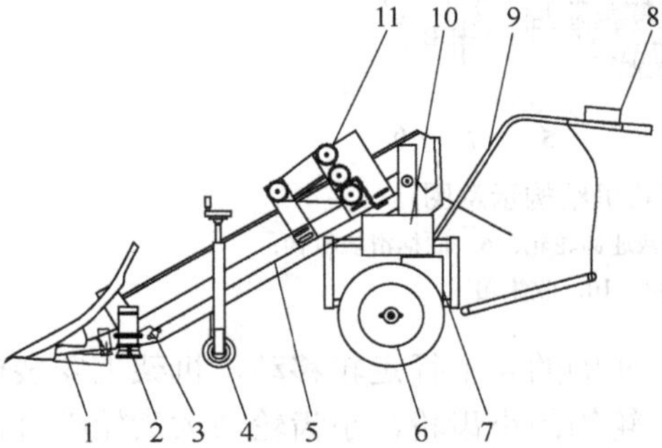

图 3-28　叶菜类蔬菜有序、无序通用收获机结构示意图

1．分禾装置；2．往复式切割装置；3．喂入输送装置；4．切割高度调节装置；5．机架；6．行走系统；7．蓄电池；8．操控系统；9．操作手柄；10．控制系统；11．柔性夹持输送装置

**3．有序、无序通用**　图 3-28 所示的叶菜类蔬菜有序、无序通用收获机包括机架、切割高度调节装置、分禾装置、切割装置及喂入输送装置，其特征在于喂入输送装置的输出端与安装在机架上的柔性夹持输送装置输入端衔接，柔性夹持输送装置由一组主、从传动辊空间垂直交叉的成对夹持输送带构成，柔性夹持输送装置的输出端位于机架后上方。

收获叶菜类蔬菜时，在分禾装置和主动喂入导杆导板的作用下，被分禾切割的蔬菜利用前方菜推挤后方菜并经喂入输送装置送至柔性夹持输送装置，实现切割菜的主动喂入。接着利用主、从传动辊空间垂直交叉、输送带扭转的夹持输送方式实现了叶菜类蔬菜由直立转为侧向的有序堆放。将夹持输送装置和分行喂入的分禾装置移除后，可用来无序收获三叶菜等叶菜蔬菜，实现有序、无序收获的通用。

该机实现了一机多用、一机多能，且结构简单、拆装方便、适应范围广、作业可靠性高、使用灵活。经实践验证，具有如下优点。

1）被切割的密植鸡毛菜经分行喂入装置自动分行，利用前方菜推挤后方菜，并经喂入输送装置带动鸡毛菜送至柔性夹持输送装置，实现切割鸡毛菜的主动喂入。

2）采用主、从传动辊空间垂直交叉、输送带扭转的夹持输送方式，利用夹持输送带的导向实现叶菜类蔬菜的侧向有序堆放，实现鸡毛菜、韭菜等叶菜类蔬菜的有序收获，突破一直以来叶菜类蔬菜难以有序收获的难题。

3）输送带接触叶菜一面采用海绵材质，可有效降低夹持装置对叶菜类蔬菜的损伤，解决叶菜类蔬菜机械收获损伤大的问题。

4）收获装置各组成部分采用模块化设计，可根据实际作业需要自由组配和快速拆装，提高机具作业的适应性、使用效率，降低生产成本。

5）将喂入输送装置上方的整套夹持输送装置和分行喂入装置移除，可用来无序收获三叶菜、枸杞芽等叶菜类蔬菜，将喂入输送装置移除，可变成有序收获专用装备，该机是一种有序、无序收获叶菜蔬菜的通用机械装备。

## （四）按被割叶菜的输送方式分类

**1. 风力吹送型** 图 3-29 所示的风力吹送型三叶菜收获机包括电动机、减速齿轮箱、风机、排风管、割刀及收集箱等，其特征是采用了电动机动力源、偏心滚柱式的曲柄滑块机构和简易的高度可调轴套进行收割，适合三叶菜这种多季作物越来越高的生长特性，并且切割与收集一体化，从而达到单人就能完成收割、收集作业。

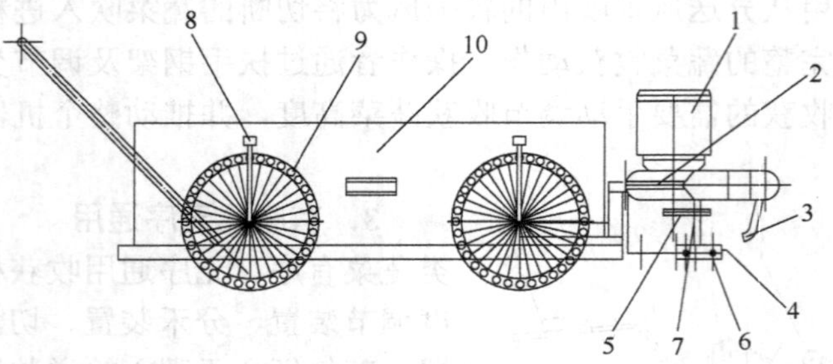


图 3-29 风力吹送型三叶菜收获机结构示意图

1. 电动机；2. 风机；3. 排风管；4. 割刀；5. 减速齿轮箱；6. 曲柄滑块机构；7. 大齿轮；8. 轴套；9. 行走轮；10. 收集箱

收割机割台机架与小车通过轴套连接，通过小车两侧的 4 个行走轮移动，机架上安装电动机，电动机驱动风机工作，电动机同时带动减速齿轮箱的小齿轮，小齿轮与大齿轮啮合，与大齿轮连接的偏心曲柄带动不同心的两个偏心滚柱旋转，然后带动两个方框槽和往复式割刀进行往复式运动，将三叶菜割下，风机将叶菜吹进小车的收集箱。双偏心滚柱的轴心与偏心曲柄轴心成一条直线，减少和消除切割阻力矩引起的振动，起到平衡作用，偏心滚柱旋转后带动两个方框槽做往复式简谐运动，方框槽与往复式割刀固定，使得方框槽起滑动作用以驱动割刀做往复运动，两刀片错开呈简谐式做一左一右的运动，当三叶菜的茎秆进入错开的刀片中后，被一左一右的两个往复式刀片切割下来，完成切割作业。在轴套连接处更换 4 个不同长度的轴套可调节切割高度。

**2. 气吹式** 图 3-30 所示的气吹式多品种适应型叶菜收获机包括机架、扶禾器、根切铲装置、夹持输送装置、行走装置和传动装置等。机架用于支撑和固定其他装置；扶禾器用于形成柱状气体并对收获区域的绿叶菜进行扶禾，将行内绿叶菜集束引向切割区；根切铲装置用于铲切绿叶菜的根系；夹持输送装置用于夹持绿叶菜并将其输送至菜筐中；行走装置用于整机在地面的行走和调整整机与地面的角度；传动装置用于驱动夹持输送装置。

这种类型的机具存在以下优点。

1）叶菜在扶禾过程中有气流的辅助，大大降低了摩擦力，降低了因扶禾造成的损伤。

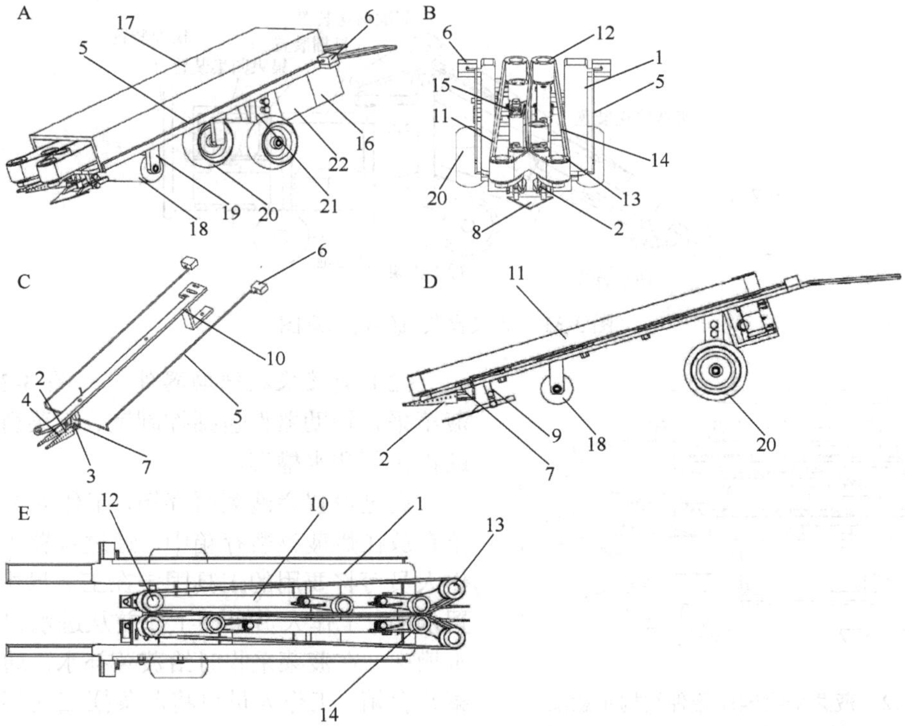


图 3-30　气吹式多品种适应型叶菜收获机结构示意图

A．整体结构图；B．主视结构图；C．扶禾装置的结构图；D．右视结构图；E．俯视结构图

1．机架；2．扶禾器；3．进气口；4．出气孔；5．气流管道；6．气泵；7．固定杆；8．根切铲；9．根切铲固定杆；10．夹持输送装置机架；11．柔性带；12．主动支撑辊；13．从动支撑辊；14．浮动辊；15．扭簧；16．菜筐；17．机罩；18．辊子；19．辊子固定架；20．地轮；21．地轮固定机架；22．传动装置机罩

2）夹持输送装置的开口角度较大，且入口后端装有浮动辊，适合于大小不同的叶菜进入，降低了损伤。

3）夹持输送装置末端主动支撑辊可调，可产生不同间距，使大小不同的绿叶菜在出口处不会被夹伤，降低了损伤。

该机实现了对绿叶菜的扶禾、剪切、夹持输送等机械化作业，可以对不同品种尺寸的绿叶菜完成收获作业，并且极大地降低了收获过程中绿叶菜的破损率，提高了劳动生产率。

## （五）按叶菜种类分类

### 1. 非结球类叶菜

（1）韭菜收获机　机器采取单行收获方式，电动自走式结构，整机由扶禾器、切割装置、夹持输送装置、间歇输送装置、集束归集装置和打捆装置等组成，机器的轮距为 0.25m，整机结构尺寸长×宽×高为 2.8m×0.7m×1.0mm，如图 3-31 所示。

工作过程中，随着机器前进，扶禾器将单行韭菜秧苗与邻行分开后扶起，并对其聚拢导引喂入夹持输送装置；在夹持带辅助夹持下，回转式切割刀快速齐茬切割韭菜，收割后的韭菜随夹持输送装置向后输送并由竖直状态旋转至水平状态，之后被抛放至间歇输送装置；待韭菜累积到设定量，将韭菜传送至半圆形集束归集装置进行归集呈束，呈束韭菜被送入打捆装置进行打捆，完成收获作业。

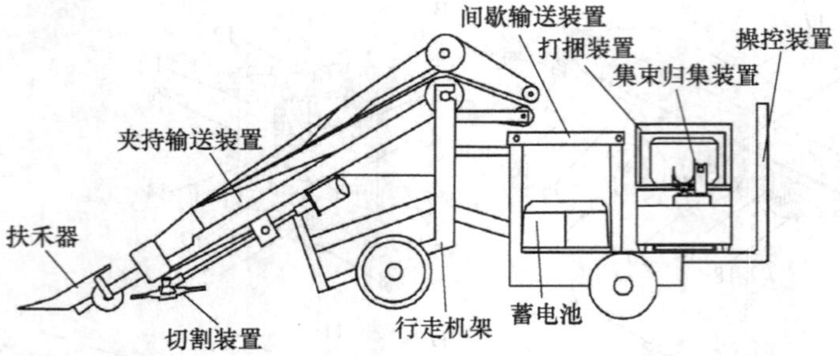


图 3-31　韭菜收获机结构示意图

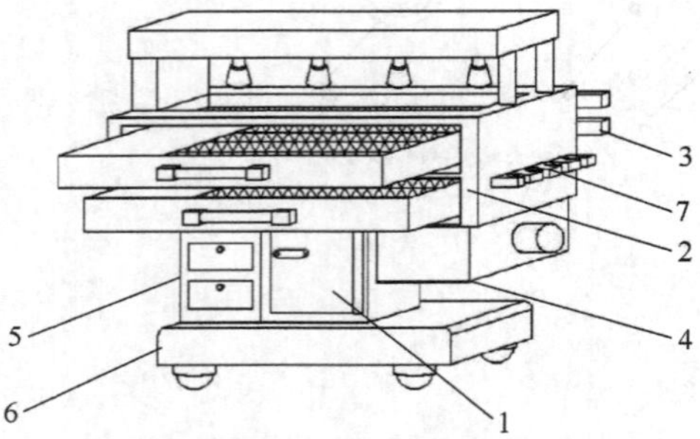


图 3-32　菠菜采收辅助器件结构示意图

1. 控制室；2. 菠菜暂存箱；3. 辅助机械剪；4. 水槽；5. 烂菠菜暂存箱；6. 活动底座；7. 工具槽

（2）菠菜采收辅助器件　图 3-32 所示的菠菜采收辅助器件包括控制室、菠菜暂存箱、辅助机械剪和水槽等。

通过设置烂菠菜暂存箱，工作人员可将烂菠菜存放在烂菠菜暂存箱中，通过设置工具槽，工作人员可将要用的工具固定在工具槽中，通过设置水槽，工作人员可在工作前从进水口将水放入水槽中，在菠菜采收时给菠菜补水，通过设置菠菜暂存箱，工作人员可将菠菜摆在菠菜存放层和第二存放层上，这样就防止了菠菜被压坏，同时菠菜暂存箱顶部的水箱可给菠菜提供水分，喷头可将水均匀喷在菠菜存放层，然后从漏水网将水漏到第二存放层，通过设置辅助机械剪，工作人员可通过裁剪头将菠菜剪下来，剪下来之后，工作人员不必弯腰去捡菠菜，通过菠菜夹取臂即可将菠菜夹起来。

## 2. 结球类叶菜采收装置

（1）白菜采摘装置　图 3-33 所示的白菜采摘装置包括支撑架、中空管、滑动杆、固定座、弧形夹持板、固定杆、丝杆及开口槽。

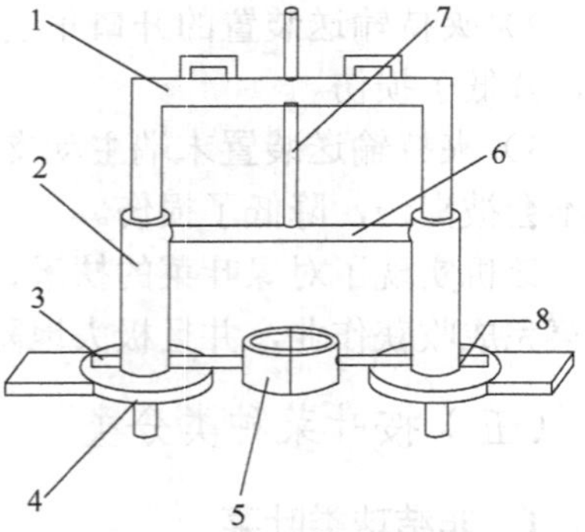


图 3-33　白菜采摘装置的结构示意图

1. 支撑架；2. 中空管；3. 滑动杆；4. 固定座；5. 弧形夹持板；6. 固定杆；7. 丝杆；8. 开口槽

在实际使用时，使用人员握住滑动杆并沿着通孔向外移动，滑动杆向外移动带动弧形夹持板向外移动，进而带动铲板向外移动，从而实现两个弧形夹持板彼此之间打开，使用人员将本装置放置在需要采摘的白菜处，然后向下移动支撑架，支撑架向下移动带动固定座向下移动，进而实现固定座插入地面上，然后使用人员握住滑动杆并向内移动，滑动杆向内移动带动弧形夹持板向内移动，弧形夹持板向内移动从而对白菜进行夹持，铲板向内移动从而对白菜根部进行夹持固定，然后使用人员踩在踩踏板上，并转动丝杆，丝杆在滚珠螺母副的作用下将转动运行变为直线运行，进而实现丝杆向上移动，丝杆向上移动带动固定杆向上移动，固定杆向上移动带动中空管向上移动，中空管向上移动带动滑动杆沿着开口槽向上移动，滑动杆向上移动带动弧形夹持板向上移动，弧形夹持板向上移动带动铲板向上移动，铲板向上移动从而对白菜进行提拉，进而实现白菜与地面相分离，该设计实现了快速采摘的功能。

（2）甘蓝收获设备　图 3-34 所示的甘蓝收获装置包括第一壳体、把手、脚蹬、甘蓝收获腔、转地齿等。

第一电机转动带动转动螺杆转动，转动螺杆与第一槽体内侧的第二内螺纹相互配合，从而使得甘蓝收获腔转动，甘蓝收获腔转动带动转地齿转动，转地齿转动从而对甘蓝地进行打孔槽；第二电机转动带动齿轮转动，齿轮与齿牙相互啮合，从而带动切割盘转动，切割盘上设置有第二槽体，且第二槽体内安装有切割杆，切割杆的一端连接有切割刀片，切割盘转动从而通过第二槽体带动切割杆转动，因为切割刀片铰接在切割圈上，所以切割杆转动时带动切割刀片转动，从而使得切割刀片从切割盘上向切割圈内侧运动，从而对甘蓝根进行切割，割完后，再次启动第一电机，第一电机转动带动转动螺杆转动，从而将甘蓝收获腔从甘蓝地的孔槽内拔出；最后再次启动第二电机，第二电机转动带动切割盘转动，使得切割杆转动，从而将切割刀片从切割圈内拉出，将收获的甘蓝从切割机构内流出，完成一次对甘蓝的收获。

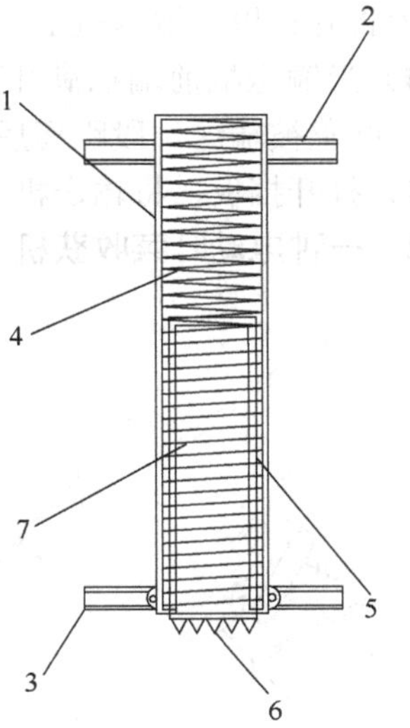

图 3-34　甘蓝收获装置的主剖视图

1．第一壳体；2．把手；3．脚蹬；4．第一内螺纹；5．甘蓝收获腔；6．转地齿；7．外螺纹

## （六）其他叶菜收获机

**1．小拱棚内叶菜收获机**　图 3-35 所示的小拱棚内叶菜收获机包括安装有行走装置的移动平台，以及安装在移动平台上的输送机和切割装置，移动平台上还安装有位于切割装置前侧、上方的驱动转筒，驱动转筒的外弧面固设有若干沿径向延伸的拨杆。

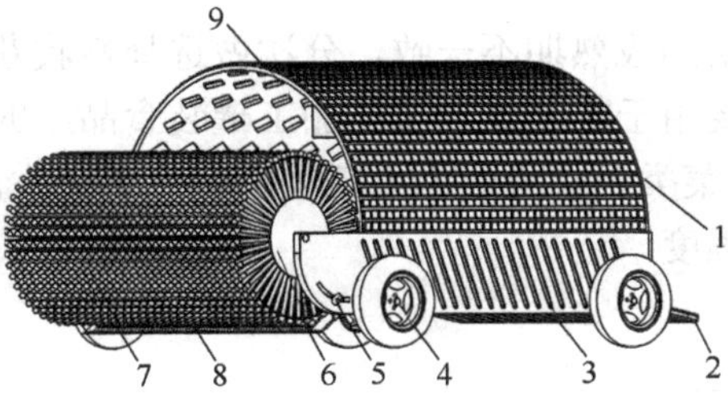

图 3-35　小拱棚内叶菜收获机结构示意图

1．拱形太阳能电池板；2．挡板；3．移动平台；4．车轮；5．摇杆；6．驱动转筒；7．拨杆；8．切割装置；9．锂电池组

通过行走装置带动移动平台在拱棚内移动，驱动转筒转动时带动拨杆旋转，从而利用拨杆将叶菜卷入，通过切割装置对叶菜进行割断，再利用离心力将割下的叶菜甩至输送机上，最后由输送机将叶菜送出移动平台，完成收获作业；为了保证叶菜完好，避免挤压受损，可将拨杆设置为软胶棒，通过软胶棒之间的摩擦阻力与切割装置之间的相互配合，将叶菜完整收获。

小拱棚内叶菜收获机的使用方法，包括以下方面。

1）通过拱形太阳能电池板给收获机各用电部件提供电能，并将多余电量存储至锂电池组中，以供夜间收获使用，节省能源。

2）行走装置带动移动平台移至工作地点，通过转动和/或移动摇杆调整切割装置的高度和角度，满足不同的叶菜及地形需要。

3）行走装置带动移动平台缓慢前进，辅助走直装置启动，保证收获机直线行驶，驱动转筒带动拨杆高速旋转，拨杆将叶菜卷入，同时移动平台前进，切割装置将叶菜切下，通过离心力将叶菜甩入输送机上。

4）当输送机前端积满叶菜时，输送机启动，将叶菜向后输送，为后续收获的叶菜腾让空间，叶菜被输送一段距离后，输送机停止，如此重复，至整个输送机上全部积满叶菜。

5）打开挡板，将输送机上的叶菜取出，并重复上述工作。

**2．一种电动叶菜收获机**　图 3-36 为一种电动叶菜收获机。该机包括行走组件、割刀组件和传送组件，传送组件的前端与割刀组件固连，其后端与行走组件固连，传送组件的后端设有与行走组件固连的收集箱，传送组件处还设有高度调节组件，割刀组件的上方设有拨苗组件。该装置通过高度调节组件调节割刀组件的离地高度，以适应不同种类的叶菜高度，灵活度高，通用性强，同时，收割后的叶菜经拨苗组件、传送组件输送至收集箱，便于后续运输，自动化程度高，降低人工成本，实现高效率收割。

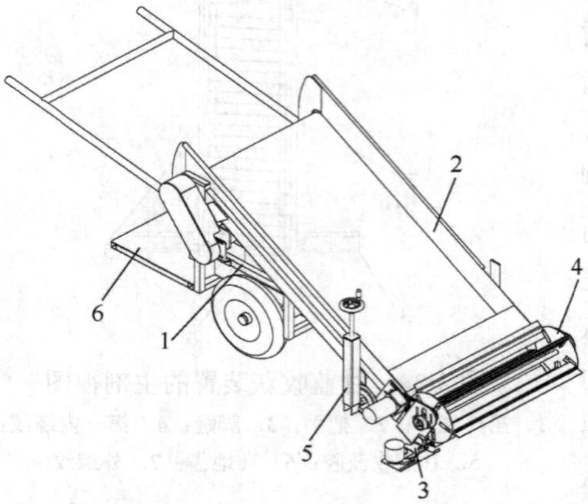


图 3-36　电动叶菜收获机整体结构示意图
1．行走组件；2．传送组件；3．割刀组件；
4．拨苗组件；5．高度调节组件；6．收集箱

工作时，收获机到达工作区域，调整好割刀组件的高度，接通电源，启动行走组件、传送组件、拨苗组件及割刀组件，收获机在收割区域行走，割刀组件将经过的区域叶菜切割，拨苗组件将切割后的叶菜传递到传送组件，叶菜经传送组件运送到收集箱中。

## 三、果菜类采收机械

### （一）果菜类采收机械的内容

果菜类包括番茄、黄瓜、辣椒、茄子等，由于果菜的成熟期不一致，分次做选择性收获的难度较大。现大多仅能做无选择性的一次收获，主要用于收获供食品厂加工罐装食品用的果菜，以减轻劳动强度，又可及时收获新鲜的果菜。果菜类采收可分为人工采收和机械采收，人工采收时通过简单的机械辅助提高效率，降低劳动强度。

### （二）果菜类采收机械的发展状况

国外在农业机器人方面研究启动较早，开发了较为成熟的采摘收获机器人。

国内温室果蔬采摘机器人发展了几十年，但是对象的多态性及环境的结构化程度低导致机器人采摘作业效率低，而生产制造成本高，因此无商业化的成熟产品。在未来的发展中，应重点突破复杂环境下的果实目标识别定位、柔性灵巧采摘机械手、适合机器人高效作业的采摘模式及相应的农艺种植模式等特点。

### （三）果菜类采收机械的分类

**1．番茄采收机械**　图 3-37 所示的全自动番茄采摘运输一体化机器人包括采摘车和运输车，运输车上设有收集装置，采摘车上设有无损采摘装置和输出端伸至收集装置的传送装置。整体工作过程如下。

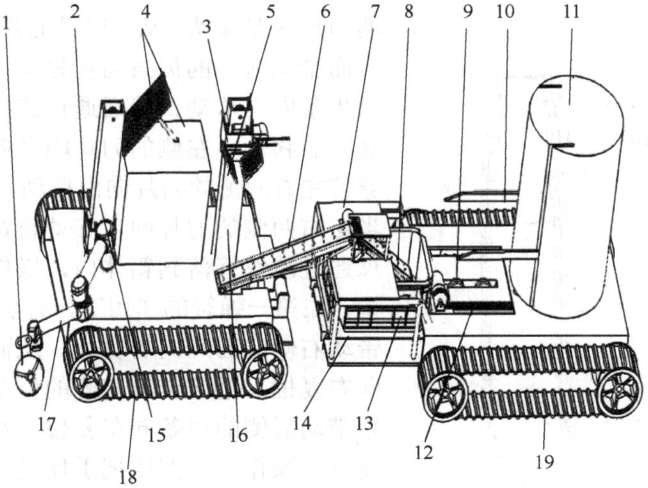


图 3-37 全自动番茄采摘运输一体化机器人结构示意图

1. 吸附式无损采摘机；2. 滑动底座；3. 移动底座；4. 太阳能电池；5. 网兜装置；6. 固定输送机；7. 支撑台；8. 摆动输送机；9. 滑轮；10. 货叉；11. 叉架；12. 齿条轨道；13. 收集筐；14. 托盘；15. 第一导轨；16. 第二导轨；17. 机械臂；18. 采摘车；19. 运输车

1）基于人工势场在作物行间规划路径，采摘车首先进入作物行间并调整好姿态，随后运输车进入，在运输车上的光电传感器与单片机的作用下实时标定、调整番茄与采摘车之间的方位。

2）采用强化学习算法实现路径跟踪及优化并控制机械臂完成采摘动作，待采摘装置将番茄摘下来之后，在机械臂的带动下，锥形外壳到达第二导轨的前侧某一位置，该位置为实现采摘及后续动作过程耗时最短的位置。

3）采摘装置把番茄吐出至网兜装置上，随后网兜装置下移至固定输送机的上方近距离处将番茄缓慢放下，经过传送装置将番茄传送至收集筐。

4）当收集筐下方的压力传感器输出的信号达到一定值时，采摘车停止工作，运输车脱离采摘车并将货物运输至集中收集点，与此同时单片机控制托盘移动，把收集筐移动到货叉的工作区域，随后叉架带动货叉将收集筐叉起并放置于指定的码垛位置，随后，货叉叉起另一个空的收集筐随运输车空载返回至采摘车，此过程往复循环。

该装置实现对番茄的采摘、运输与装卸的全程自动化，通过中间传送装置的合理配置使采摘车与运输车配合，实现了番茄采摘、运输与装卸的全程自动化，提高了劳动效率；实现无损采摘作业，吸附式无损采摘机的锥形外壳一次只将一个番茄套住，真空吸盘开始扭转时不会碰伤到附近的果实，同时网兜装置采用柔性绳织网，可大大降低对番茄表面的冲击力，减损辊刷将番茄脱离传送带进入收集筐时的速度降到最低，以减少收集筐对番茄的冲击。

**2. 黄瓜收获机械**

（1）黄瓜采摘器　图 3-38 所示的黄瓜采摘器包括箱体、提手、软布、拉链、拉环、波纹管、圆形管、软垫等；箱体顶部中间固接有提手，箱体底部开有使黄瓜落下的开口，开口的形状为圆形，箱体底部连接有软布，软布上设有拉链，拉链上设有拉环，箱体右侧上部连接有起导向作用的波纹管。

当需要采摘黄瓜时，操作者一手提着提手，一手握住把手使黄瓜位于圆形管内，然后控制驱动机构带动右前侧的滑套向左移动，第一弹簧被拉伸，右前侧的滑套向左移动带动右侧

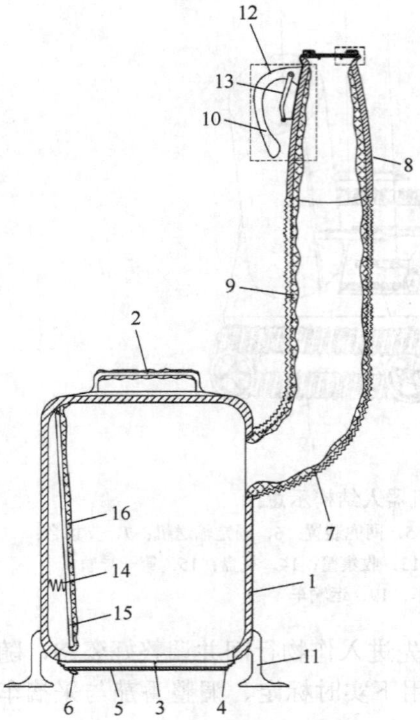


图 3-38　黄瓜采摘器结构示意图

1．箱体；2．提手；3．开口；4．软布；5．拉链；6．拉环；7．波纹管；8．圆形管；9．软垫；10．把手；11．支腿；12．驱动机构；13．拉手；14．第三弹簧；15．摆动板；16．橡胶板

的刀片向左移动，从而带动右后侧的滑套向左移动，进而带动前侧的齿条向左移动，通过齿轮带动后侧的齿条向右移动，然后通过连接板带动左后侧的滑套向右移动，左侧的刀片随之向右移动，如此，能够使左右两侧的刀片向内移动，对黄瓜藤进行切断，当左右两侧的刀片向内移动将黄瓜藤切断之后，黄瓜通过波纹管落到箱体内，操作者即可松开驱动机构，在第一弹簧的作用下，右前侧的滑套向右复位，带动右侧的刀片向右复位，从而带动右后侧的滑套向右复位，进而带动前侧的齿条向右复位，通过齿轮带动后侧的齿条向左复位，左侧的刀片随之向左复位，操作者再握住把手使另一个黄瓜位于圆形管内，继续进行采摘黄瓜，当箱体内装有适量的黄瓜时，操作者停止采摘黄瓜，然后将圆形管放在空地，再将箱体放在一个容器上，即可向右拉动拉环，将拉链拉开，使箱体内的黄瓜通过开口落到容器内。当箱体内的黄瓜全部落到容器内之后，向左拉动拉环，将拉链合上。

该装置通过驱动机构可带动左右两侧的刀片向内移动，对黄瓜藤进行切断，使黄瓜通过波纹管落到箱体内，不需要人们反复弯腰，从而能够避免人们腰部酸痛，并且能够提高工作效率；通过提示机构能够避免刀片切在黄瓜上导致黄瓜受损；通过刷毛可将刀片上的残渣清理掉，使得刀片能够更好地将黄瓜藤切断；通过第三弹簧能够起到缓冲作用，避免黄瓜直接碰撞在箱体内壁导致黄瓜受损。

（2）黄瓜采摘机械臂　图 3-39 所示的黄瓜采摘机械臂包括机械前臂模块、机械后臂模块、切刀、滑道、滑轨，机械前臂/后臂模块包括机械前臂/后臂、关节、支架，通过机械前臂/后臂关节的角度调整，以移动机械前臂/后臂。

通过机械前臂和机械后臂关节角度的调节，黄瓜卡在凹槽中，凹槽中的切刀切割黄瓜梗，黄瓜落在辊子式滑道中滑入预先放置的瓜箱中，完成黄瓜采摘。采摘结束后，可将滑轨折叠，滑道摘下放在滑轨中，并调节机械前臂和机械后臂关节角度，进而将黄瓜采摘机械臂折叠。

黄瓜采摘机实现黄瓜采摘的自动化、机械化，节省人力；滑轨可折叠，滑道可摘下放在滑轨中，并调节机械前臂和机械后臂关节角

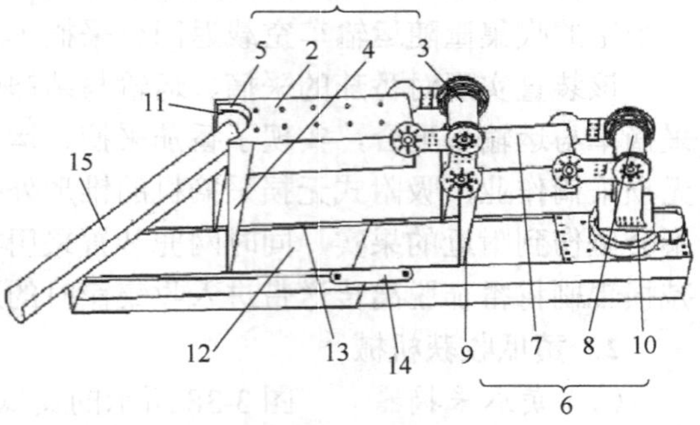


图 3-39　黄瓜采摘机械臂结构示意图

1．机械前臂模块；2．机械前臂；3．机械前臂关节；4．机械前臂支架；5．凹槽；6．机械后臂模块；7．机械后臂；8．机械后臂关节；9．机械后臂支架；10．底座；11．切刀；12．滑轨；13．滑槽；14．滑动连接结构；15．滑道

度，从而使黄瓜采摘机折叠，减小占用面积，便于携带和放置。

**3. 辣椒采收机械**

（1）大棚蔬菜种植用辣椒垄沟采摘运输车　图 3-40 所示的大棚蔬菜种植用辣椒垄沟采摘运输车包括采摘框架、底架、侧边防倾倒组件、动力切换组件等；采摘框架底部两侧对称设有一对底架，侧边防倾倒组件和动力切换组件设于采摘框架上。

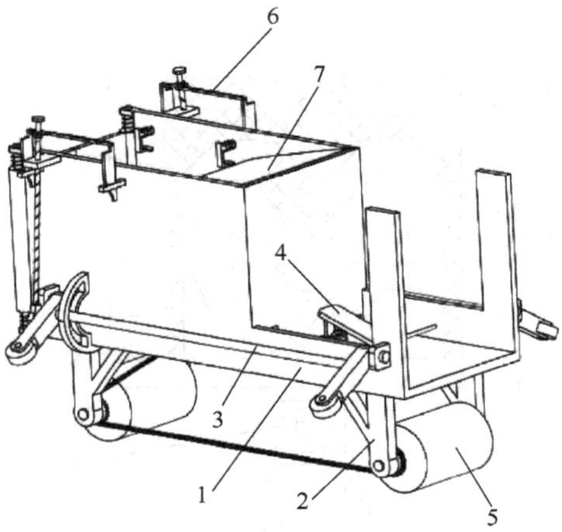


图 3-40　大棚蔬菜种植用辣椒垄沟采摘运输车结构示意图

1．采摘框架；2．底架；3．侧边防倾倒组件；4．动力切换组件；5．行走辊；6．抖动组件；7．滑落板

将该设备置于种植辣椒的两田垄之间，将装辣椒的袋子置于采摘框架内固定板一侧顶部，并使得袋子分别与四夹紧块接触，从而使袋子处于开口状态，便于后续盛放辣椒，然后根据田垄侧面的倾斜程度手动转动螺杆向下移动，螺杆向下移动会通过活动块带动与之连接的翻转架摆动，并通过连接杆带动另一对翻转架摆动，从而使得翻转架与田垄侧面接触，达到防止该设备从侧面倾斜的目的，同时螺杆向下移动会通过升降板带动楔形块向下移动，楔形块向下移动会挤动同一侧夹紧块朝互相远离的方向移动，进而夹紧块可以将用于装辣椒的袋子夹紧，防止袋子装了辣椒后在重力的作用下滑落，随后工作人员可以站在采摘框架一侧顶部手动采摘辣椒，然后将摘下来的辣椒置于滑落板上，辣椒会沿着滑落板滑入采摘框架内的袋子里，当该位置上的辣椒采摘好之后，手动控制伺服电机启动，伺服电机转动会通过动力轴带动导条和扇形齿轮正转，导条正转会带动转动齿轮正转，而当扇形齿轮转动至与齿条杆接触时，扇形齿轮会带动齿条杆及其上装置朝靠近伺服电机的方向移动，当扇形齿轮转动至与齿条杆分离时，齿条杆及其上的装置随之会在压缩弹簧二的作用下复位，扇形齿轮与齿条杆不断地接触、分离，使得齿条杆带动固定板不断抖动，进而使得固定板上装有辣椒的袋子不断抖动，使辣椒被放置得更加平整，也可以使袋子盛放更多的辣椒，同时踩动踩踏板向下摆动，踩踏板会通过斜块挤动推动槽杆朝远离链条的方向移动，推动槽杆移动时会带动转动齿轮朝靠近伺服电机的方向移动，当转动齿轮移动至与旋转轴上的旋转齿轮接触时，转动齿轮正转会带动该旋转齿轮反转，并通过链条带动其余旋转齿轮反转，其余旋转齿轮反转会通过转动轴带动行走辊反转，进而使得该设备向前移动，当该设备移动到所需位置时，松开脚，踩踏板随之会在压缩弹簧一的作用下复位并带动斜块复位，而转动齿轮会在复位弹簧的作用下复位并带动推动槽杆复位，此时该设备不会再前进，因此工作人员可以根据需要间歇性地踩动踩踏板，进而使得该设备可以间歇性地向前移动。

采摘完辣椒后，手动控制伺服电机关闭，再手动转动螺杆向上移动复位，活动块及其上装置会随着螺杆复位，同时升降板会带动楔形块随着螺杆复位，夹紧块会在压缩弹簧三的作用下复位不再夹紧袋子，进而便于工作人员取出装满辣椒的袋子。

通过侧边防倾倒组件，可以防止该设备在田垄之间移动时从侧面倾斜，通过动力切换组件，可以使该设备按照工作人员的需求间歇性地向前移动，实现了用于大棚辣椒垄沟采摘及运输的目的。

（2）人工采摘辣椒的装置　图 3-41 所示的人工采摘辣椒的装置包括支撑座、采摘面

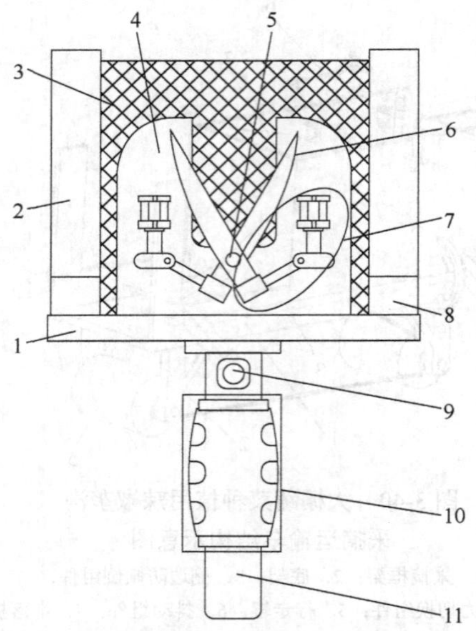


图 3-41　人工采摘辣椒的装置结构示意图

1. 支撑座；2. 承载套筒；3. 棉织网；4. 采摘面板；5. 轴承；6. 刀片；7. 采摘机构；8. 螺母；9. 控制按钮；10. 防滑结构；11. 手持杆

板、轴承、刀片和手持杆等。当使用采摘装置时，首先操纵控制按钮控制气缸，使其带动连动座向下移动，此时导杆与连动座之间的角度发生变化，使导杆经连接块带动位于轴承外侧的刀片进行转动，以调节刀片的角度，进而使得两组刀片相接触并对辣椒进行剪切处理；之后将承载套筒套装于支撑杆的外侧，再略微旋转承载套筒，使其带动螺母进行旋转，进而使得螺母固定安装于螺纹接头的外侧，并使其经承载套筒将棉织网安装于采摘面板的一侧，当使用此装置对辣椒进行采摘时，辣椒会因重力落入至棉织网的顶部，以便对所采摘的辣椒进行收纳处理，使其不需要人工借助外部器械进行收纳作业，降低了采摘装置使用时工作人员的劳动强度；最后通过两组紧固环将防护套固定套装于手持杆的表面，因防护套自身具有良好的防滑性能，手部握持于手持杆时的摩擦力得到提升，同时位于防护套两侧的外壁上皆设置有等间距的条形槽，使其契合于手部的相应手指，降低了采摘装置握持时产生滑动的现象，从而完成采摘装置的使用。

### 4. 茄子采收装置

(1)机械采摘装置　图 3-42 所示的基于图像识别的茄子采摘机器人由主车体、旋转底盘、夹爪和皮带组成，主车体由车板、扶手架、收集仓、主控盒、主线、主电机、盘垫、盘安装孔、斜板、斜板架、驱动轮、轮电机轴、驱动电机、减振柱和主轴组成，旋转底盘由小圆盘、盘轴和夹爪安装槽组成，夹爪由安装块、大圆盘、第一舵机、第一轴、第一柱、第二舵机、第二轴、第二柱、夹板架、固定夹板、传感器架、CCD 传感器、内槽、板型直线电机和可动夹板组成。

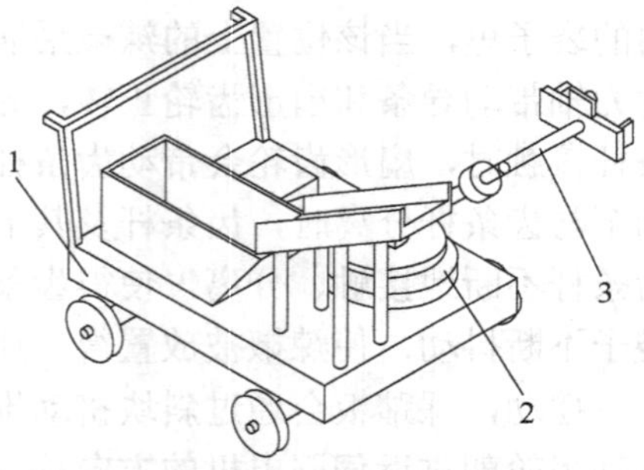


图 3-42　基于图像识别的茄子采摘机器人结构示意图

1. 主车体；2. 旋转底盘；3. 夹爪

该装置在工作时，工作人员推动扶手架将该机器推到待采摘的茄子田，夹爪朝向外侧，即使夹板架、固定夹板、传感器架、CCD 传感器和可动夹板均朝向外侧，机器运行后，驱动电机带动驱动轮缓慢运转，机器向前移动，同时传感器由图像识别原理检测到茄子后，通过第一舵机、第一轴、第一柱、第二舵机、第二轴和第二柱的结构使前端的夹板架移动至待采摘茄子的位置，板型直线电机带动可动夹板在内槽内向着固定夹板方向移动，夹取茄子后，通过第一舵机、第一轴、第一柱、第二舵机、第二轴和第二柱的结构摘下茄子，同时主控盒通过主线驱动主电机运行，再通过主轴、皮带和盘轴带动旋转底盘旋转，进而使夹爪绕着盘轴旋转，转过一定角度后，板型直线电机带动可动夹板在内槽内背离固定夹板方向移动，将茄子放下，茄子顺着斜板进入收集仓，实现采摘茄子的目的。在此过程中，工作人员事先设置好旋转底盘的旋转角度范围，并且在机器移动过程中，遇到地面不平的区域，减振柱发挥作用使机器能够平稳地在田间移动。

该装置的主要优点如下。

1）通过四组驱动轮实现移动的可靠性和可控性。

2）通过旋转底盘、第一舵机、第二舵机和板型直线电机实现四自由度机械手的灵活运动，同时，板型直线电机的使用能使夹取过程更有效率。

3）通过传感器的使用，实现智能图像识别的作用，能更精确地判断茄子的位置，进而实现茄子摘取。

4）减振柱的使用使采摘茄子过程中遇到崎岖不平的地面能平稳地移动，不会对车上上部产生较大的颠簸。

5）斜板和收集仓的使用，能使采摘后的茄子实现储存的目的。

（2）*人工采摘装置*　茄子采摘剪由弯月形剪扇和月牙剪扇通过铰接扣组合而成，弯月形剪扇和月牙剪扇的手柄内侧壁上连接有打开弹簧柱。使用该采摘剪时，菜农在直立状态下单手下垂握住茄子采摘剪手柄顶端的手柄环，将剪刀头推进茄子果柄处，然后闭合手柄，手柄带动剪刀头剪断茄子果柄，同时夹持块和条状夹持片会夹住还连在茄子上的果柄，将采摘下的茄子对准盛茄子容器松开茄子采摘剪的手柄即可。

**5. 辅助采摘茄子装置**

（1）*茄子采摘输送装置*　图3-43所示的茄子采摘输送装置包括底板、通过电动液压推杆连接在底板上方的切割电机，底板上还连接设置导料机构和收集盒，电动液压推杆上还连接设置有和导料机构相对的缓冲机构。

工作原理是：通过电动液压推杆的调节将刀片侧边和茄子叶柄相对，通过刀片切断茄子的叶柄部分，从而完成采摘，保护罩右端开放设置能够提供保护，避免在采摘时刀片对植物不需要切割的部分造成损伤；刀片切断茄子叶柄后，茄子落下到第一导引板和第二导引板表面，经过两次的缓冲并导引落下，既能够导引收集茄子还可以缓冲避免茄子损伤；通过缓冲结构落下的茄子能够通过导料板滑动导引，从而收集在收集盒中，茄子落下时，横向不易通过出料口，在突起条提供摩擦力的前提下能够一端抵在第二筒套内侧边缘并随着导料板的转动而转动，直至末端被带动朝向出料口，从而通过出料口落入收集盒中，这样的设计能够使收集的茄子均呈同一方向排布，从而可以便于收集茄子，方便排布，提高收集效率。

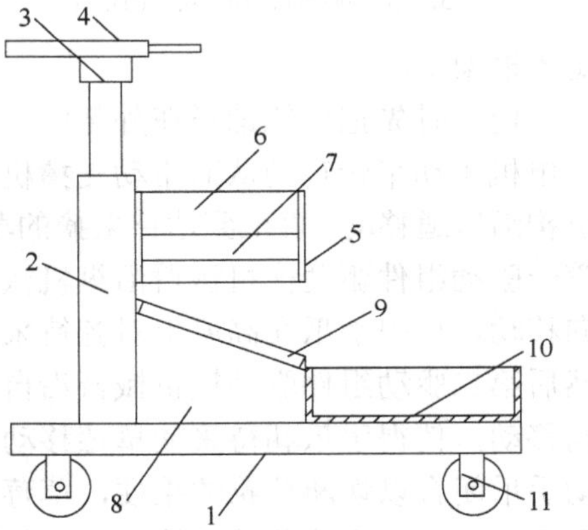

图3-43　茄子采摘输送装置结构示意图

1．底板；2．电动液压推杆；3．安置腔；4．保护罩；5．第一筒套；6．第一导引板；7．第二导引板；8．导料座；9．导料板；10．收集盒；11．万向轮

（2）*茄子采摘辅助装置*　图3-44所示的茄子采摘辅助装置包括移动小车和伸缩接茄机构，移动小车包括车架和车斗，车架的上部左侧设一倾倒支撑轴，两组伸缩接茄机构对称设置在倾倒支撑轴上，每一组伸缩接茄机构均包括T形套筒、上下调节机构、伸缩机构和接茄布，T形套筒的横向套筒套置在倾倒支撑轴上，上下调节机构包括调节丝杆、移动块和J形支撑板，伸缩机构包括弧形板和伸缩杆。

进行采茄作业时，将该装置推入两行茄株中间后，通过调节上下调节机构和伸缩机构便可将接茄布展开，并使得接茄布的外边缘靠近茄株下方，从而便于后续茄子的承接，采用接

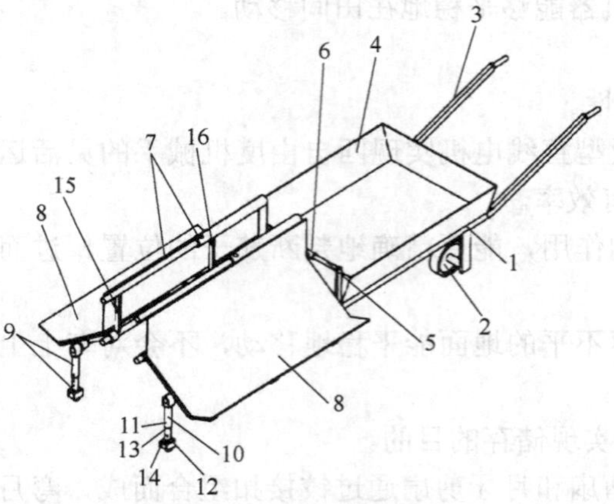


图 3-44　茄子采摘辅助装置结构示意图

1．车架；2．行走轮；3．辅助推把；4．车斗；5．倾倒支撑轴；6．形套筒；7．伸缩杆；8．接茄布；9．支撑腿；10．第一伸缩管；11．第三定位孔；12．第二伸缩杆；13．第四定位孔；14．万向轮；15．第一固定杆；16．第二固定杆

茄布承接茄子，使得工人不需要反复弯腰将茄子放入菜篮中，降低了劳动强度，同时，还利于提高茄子采摘效率；接茄布内茄子达到一定数量后，可通过托举和倾倒伸缩机构，将茄子直接倒入车斗内，继而利于茄子的快速收集；移动小车采用电力驱动行走，从而便于降低茄子搬运到田地外的劳动强度；在不使用该装置时，可将伸缩杆回缩，实现接茄布的部分折叠，伸缩杆回缩后，可通过翻转伸缩机构将伸缩机构及接茄布放入车斗内，继而利于该装置的搬运和存放。

利用该装置进行茄子采摘，不仅可提高茄子采摘效率，同时可大大降低茄子采摘劳动强度。

**6．草莓采收装置**

（1）机械采摘　图 3-45 所示为一种棚栽草莓采摘机，其主要包括支撑机构、行走机构和采摘机构，支撑机构包括框架和支撑板，支撑板固定于框架上。

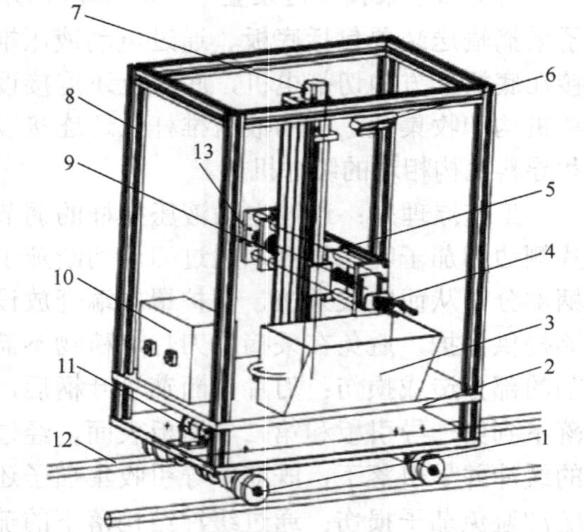


图 3-45　草莓采摘机结构示意图

1．车轮；2．支撑板；3．储存篮；4．手爪；5．横机械臂；6．摄像头；7．第一驱动组件；8．框架；9．纵机械臂；10．电控箱；11．第一电机；12．导轨；13．第二驱动组件

使用时先把导轨铺设在外部的垄道中，第一电机驱动车轮转动从而带动支撑机构和采摘机构沿轨道移动，直至到达待采摘的草莓附近，第一驱动组件驱动横机械臂沿纵机械臂长度方向移动，使得手爪在高度上对齐待采摘草莓，然后第二驱动组件驱动横机械臂沿自身长度方向移动，使得手爪朝待采摘草莓移动，舵机驱动手爪闭合以切断草莓的果梗，草莓即掉入储存篮，完成一个草莓的采摘工作，依次循环摘取多个草莓即可。与现有技术相比，本实用新型的棚栽草莓采摘机能够降低人工劳动强度，提高采摘无损率。

（2）人工采摘　图 3-46 为一种草莓手动采摘装置，其主要包括手柄机构、剪切机构、存储机构、底盘机构等。剪切机构包括剪刀和端杆。

使用时，先通过保护机构确定好将要采摘的草莓果实，之后利用手柄机构上的把手带动剪切机构，对草莓进行剪切，剪切之后草莓滑落到存储机构中进行临时的存储，待存储机构存储一定的草莓后，通过拉动开关机构，打开底盘机构，使草莓放入指定的存储盒中，完成草莓采摘的过程。

通过剪切机构剪切草莓，并用存储机构储存，储存到一定程度后，启动底盘机构，打开存储机构底部，将草莓倾倒指定地点，可提高采摘效率，减轻采摘过程的劳累。

（3）辅助采摘草莓装置　图3-47所示的草莓快速收获运输装置包括车架、电动推杆、移动式贮藏制冷箱和微处理器，移动式贮藏制冷箱下方内壁中央通过螺栓固定安装有制冷机，下方内壁四角通过螺栓固定安装有电动推杆，两侧内壁通过焊接固定连接有直角支架，下方通过焊接固定连接有辊道，电动推杆位于原位时顶部在辊道下方，辊道尾部对应的移动式贮藏制冷箱上通过焊接固定安装有限位块，辊道头部对应的移动式贮藏制冷箱上开设有进料门。

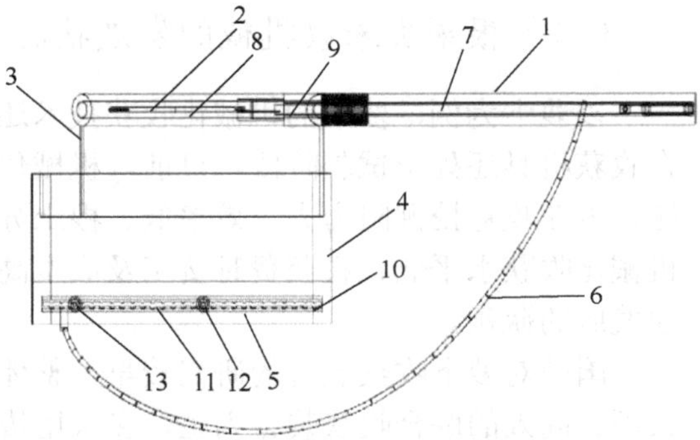


图3-46　草莓手动采摘装置结构示意图

1．手柄机构；2．剪切机构；3．保护机构；4．存储机构；5．底盘机构；6．软绳结构；7．腔体；8．剪刀；9．端杆；10．滑轨；11．伸缩板体；12．弯折铰块；13．滑动轮

使用时，将整个装置通过车架移动到合适位置，设置好移动式贮藏制冷箱的温度，温度传感器感应到温度不够时，发出信号给微处理器，微处理器控制制冷机开始制冷，直至达到需要的温度，此时果农将采摘下来的草莓放入托板内，当托板盛满后打开进料门，将盛满草莓的托板移动到移动式贮藏制冷车中的辊道上，通过辊道往前输送，接触到限位块时停止，此时启动电动推杆，位移传感器发出信号给微处理器，微处理器控制电动推杆带动托板上升到最高的直角支架上方后，位移传感器发出信号给微处理器，微处理器控制电动推杆下降，此时托板安放在最高的第一组直角托架上，以此类推，将采摘下来的草莓依次放入托板中，然后通过电动推杆将托板依次放到第二组和第三组直角支架上方，然后关闭进料门，将整个移动式贮藏制冷箱搬下，换上空的移动式贮藏制冷箱，重复上述动作，即可完成边采摘边入库的快速收获动作，同时减少了后续转运次。

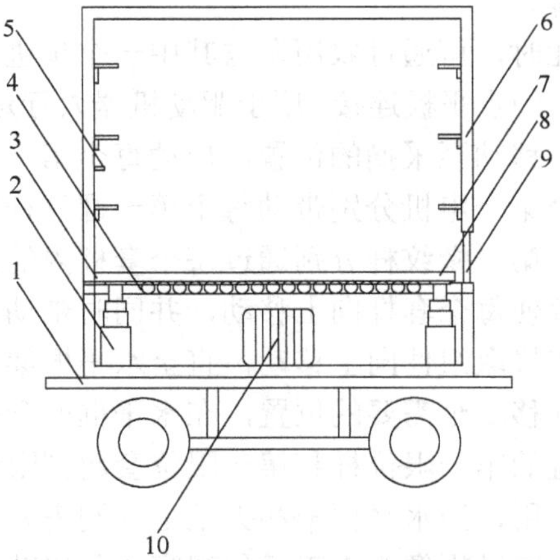


图3-47　草莓快速收获运输装置示意图

1．车架；2．电动推杆；3．限位块；4．辊道；5．温度传感器；6．移动式贮藏制冷箱；7．直角支架；8．托板；9．进料门；10．制冷机

该装置具有如下优点。

1）通过移动式贮藏制冷箱的设计，代替了传统的强制预冷和气调箱贮藏，使得草莓运输时的转运减少，采摘后直接放入移动式贮藏制冷箱，转运时能够直接连同移动式贮藏制冷箱一起转运。

2）通过移动式贮藏制冷箱实现了边采摘、边冷藏的效果，减少了入库冷藏前的准备时间，大大减少了草莓品相破损的概率。

## 四、根菜类采收机械

### （一）根菜类采收机械的内容

根菜类主要包括萝卜和胡萝卜，可分为人工采摘和机械采摘，一种是通过机械将萝卜与旁边的土壤分离完成采摘，另一种是采用萝卜采摘机器人完成自动化采摘。

## （二）根菜类采收机械的发展状况

以萝卜为例，萝卜的机械化收获技术还处于初级阶段，整体水平低；收获机具缺乏，联合收获机具还处于试制阶段。目前，机械化收获主要解决萝卜的快速挖掘、切缨和输送的问题，重在攻克挖掘阻力大、效率低、根土分离不净、损伤大的难题。收获技术及装备匮乏、机械化收获水平低、收获费时费工及成本高等问题，已经成为制约萝卜全程机械化生产和产业发展的瓶颈。

国外对萝卜收获装备的研究较早，整体技术已经相对完善。欧美发达国家的萝卜收获以大型、高效的联合收获装备为主，多采用拔取式收获方式和松土铲式的挖掘结构，自动化程度高，配套动力大；分段收获机具结构简单，但收获质量不高，多用于深加工块根的收获。

国内对萝卜收获机的研究相对较晚，还处于起步阶段，相关收获机具及理论几乎为空白。目前，国内萝卜收获以人工拔取为主，还没有成熟的收获装备。常用于根茎类收获的振动式挖掘机构，入土性能好，但工作速度低、阻力大；平铲式挖掘机构对作物的损伤较大、挖掘易壅堵。

## （三）根菜类采收机械的分类

**1. 萝卜采摘机器人**　图 3-48 所示的萝卜采摘机器人包括水平框架、步进升降组件、移动组件、收集箱、升降取料组件、拔取组件、步进轮等。

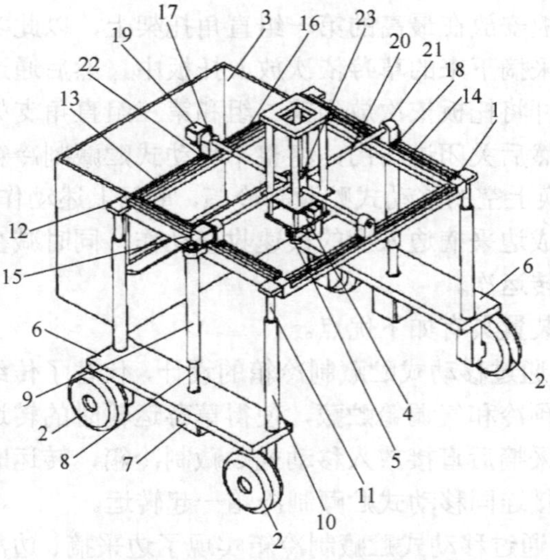


图 3-48　萝卜采摘机器人结构示意图

1．水平框架；2．步进轮；3．收集箱；4．升降板；5．夹爪；6．水平板；7．第一电机；8．第一螺纹杆；9．套杆；10．第一限位套；11．第一限位杆；12．固定板；13．第一滑轨；14．第二滑轨；15．第二电机；16．第二螺纹杆；17．第一轴承座；18．第一滑块；19．第三电机；20．第三螺纹杆；21．第二轴承座；22．第二滑块；23．移动治具

作业时，可通过农用车与其中一个步进升降组件上的水平板连接，用于驱动机器人行走，将机器人移动至采摘的位置，启动每个第一电机，每个第一电机分别带动每个第一螺纹杆旋转，每个第一螺纹杆分别通过每个套杆内的第一内螺纹使每个套杆向上移动，并同时带动水平框架和拔取组件向上移动，直至水平框架和拔取组件移动至需要的位置，在水平框架升降时，设置的第一限位杆和第一限位套起到限位移动的作用，当水平框架和夹爪上升到需要的位置后，通过摄像头人工远程观察，并启动第三电机带动第三螺纹杆旋转，第三螺纹杆带动移动治具横向水平移动，再通过第二电机带动第二螺纹杆旋转，使移动治具纵向水平移动，直至移动治具带动拔取组件到需要采摘的位置，每个第一轴承座和每个第二轴承座分别通过每个第一滑块和每个第二滑块沿着每个第一滑轨和每个第二滑轨进行限位移动，当拔取组件位于采摘位置时，启动第四电机，第四电机带动收卷滚轮旋转，并通过钢绳将升降板向下移动，使拔取组件与萝卜对接，在升降板向下移动时，设置的第二限位杆和第二限位套起到限位移动的作用，当拔取组件与萝卜对接后，

两个夹爪先是张开状态，启动第五电机，第五电机带动转盘旋转，转盘通过拨动柱带动第一连杆向下移动，通过第一连杆的下端带动每个第二连杆，并通过每个第二连杆分别带动每个第三连杆，使每个第三连杆的下端相互靠近，同时带动每个夹爪将萝卜夹取，随后通过升降取料组件向上移动，将萝卜拔取，再通过移动组件将拔取后的萝卜移动至收集箱内进行收集。

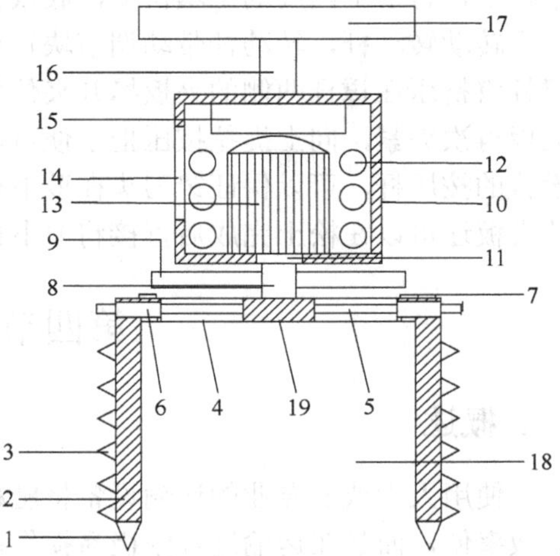

图 3-49　萝卜钻取采摘装置结构示意图

1．钻洞刀头；2．钻取环块；3．钻土刀头；4．排土口；5．调节杆；6．调节孔；7．固定螺栓；8．旋转杆；9．排土板；10．电机箱；11．旋转孔；12．散热孔；13．驱动电机；14．检修门；15．蓄电池；16．连接杆；17．压杆；18．钻取腔；19．中心固定块

**2．萝卜采摘装置**

（1）*萝卜钻取采摘装置*　如图 3-49 所示，萝卜钻取采摘装置包括钻洞刀头、钻取环块、钻土刀头、排土口、调节杆、调节孔、固定螺栓、旋转杆、排土板、电机箱、旋转孔、散热孔、驱动电机、检修门、蓄电池、连接杆、压杆、钻取腔、中心固定块。

使用时，首先根据萝卜的尺寸调节钻取腔内腔的直径大小，两侧的钻取环块可以向外侧拉伸，调节杆上设置的多个杆孔可以通过固定螺栓在合适的位置固定住钻取环块，调节完钻取腔的大小后，将钻取腔罩在需要采取的萝卜顶部，然后打开驱动电机，驱动电机带动旋转杆转动，旋转杆带动中心固定块转动，中心固定块通过调节杆带动两侧的钻取环块转动，同时用力向下按压压杆，钻取环块底部的钻洞刀头和侧面的钻土刀头开始向下在萝卜周围钻孔，在钻土过程中，设置的钻土刀头便于土从侧面向上排出，其中钻取腔内部向上翻出的土可以从排土口排出，排土口上方设置的排土板还可以在旋转杆的带动下将排土口顶部的土向两侧排开，防止钻取腔内部土壤堆积无法向下钻取，直到钻取到萝卜顶部接触到钻取腔的内顶部时，停止钻取，抽出钻取环块，则萝卜四周的土便与萝卜本体分离，此时便可以轻松地将萝卜从土中取出，期间，不需要反复挖土，大大节省了人力和采摘萝卜的速度。

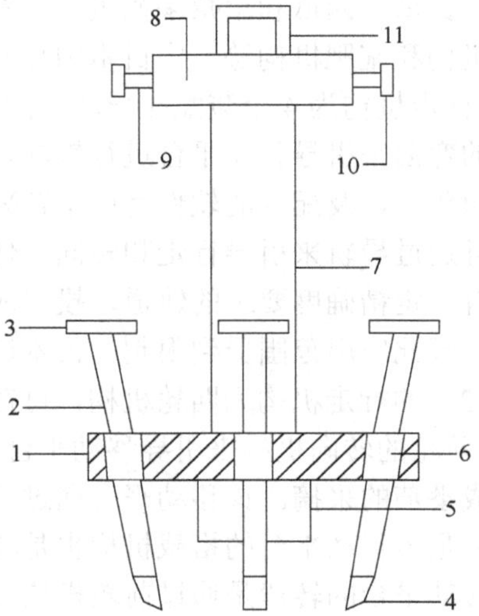

图 3-50　多铲头萝卜采摘装置结构示意图

1．底板；2．按压杆；3．脚踏板；4．铲刀头；5．夹取盒；6．底板按压开口；7．连接杆；8．压盘；9．转动杆；10．转动把手；11．按压把手

（2）*多铲头萝卜采摘装置*　图 3-50 所示的多铲头萝卜采摘装置包括底板、按压杆、脚踏板、铲刀头、夹取盒、夹板、夹板弹簧、撑杆、底板调节孔、调节杆、底板按压开口、连接杆、连杆孔、压盘、调节槽、调节块、转动开口、转动杆、转动把手、按压把手。

使用时，首先将底板放置在需要挖取萝卜的正上方，铲刀头放置在萝卜的四周，然后通过按压把手辅助连接杆，用脚踩下脚踏板，同时向下按压按压把手，四周的铲刀头便在萝卜的四周向下铲去，将萝卜四周的土壤松动，底板也随之下降，当夹取盒接触到萝卜顶部时，通过转动把手转动转动杆，转动杆带动调节块转动，调节块带动调节杆转动，调节杆带动撑杆转动，撑杆将挤压在撑杆两侧的夹板撑开夹住萝卜顶部的茎叶处，然后回转转动把手，夹板弹簧将夹板再次夹紧，向上提拉按压把手便可以将萝卜直接从泥土中拽出，其中，底板上圆周分别设置的按压杆，可以保证铲刀头在萝卜周围固定位置下铲，防止铲错位伤及萝卜本体，设置的夹板还可以在松土完成后直接将萝卜拔取出。

## 第四节　田间运输机具

### 一、概述

使用人力或非专业的运输设备将肥料、秧苗和果实等运输到指定位置，劳动强度大，作业效率低，而且在运输过程中极易损伤秧苗和果实。针对上述问题，研究适宜的设施农业运输机具已成为破解和助推设施农业高质、高效发展的关键。

#### （一）田间运输作业内容及常用机具类型

田间运输作业内容除了包括将肥料、秧苗及果实等运输到指定位置外，还包括移动式喷药、移动式修整、采摘及田间作物管理等。目前常用的设施农业运输机具可分为轨道式、轮式和履带式，针对不同的设施将采用不同行走方式的运输机具。

#### （二）田间运输机具的发展概况

**1. 国外概况**　最早对智能移动作业平台进行研究的国家是日本。目前，日本的智能移动作业平台相关的技术相比其他国家是相当成熟和先进的，其研究的智能移动作业平台的农作物对象非常多，智能移动作业平台搭载不同的农业器具，配合不同的控制系统及不同的传感器进行精细化作业。如今搭载的农业机构有番茄、黄瓜、西瓜和草莓采摘机构、育苗机构、扦插机构、嫁接机构、移栽机构、灌溉或者喷药机构和施肥机构等。由日本国际农业科学研究中心研究设计的草莓采摘移动平台（图 3-51）的行走机构为 4 个装配在导轨上的轮子，由电机通过齿轮链条传动机构驱动四轮。其通过导轨的弯曲来引导移动平台进行转向。在移动平台的上部中间搭载了草莓采摘机构，配合一组摄像头，以及配套的软件完成草莓采摘。该移动平台只适合搭载采摘机构，应用类别单一，而且通过导轨来引导行走和转向，使得路线固定，其作业时定位精确度较高，但需要事先铺设有一定精确度要求的轨道，投资成本较高，占用的面积较大，且轨道的柔性较差、灵活性差，因此应用范围受到限制。日本近藤等研制的搭载番茄采摘机构的智能移动作业平台（图 3-52）的行走机构为四轮机构，可在垄间自动行走，采用电机通过传动装置驱动后轮行使。通过前轮的转向机构来引导移动平台转向。其搭载机构为番茄采摘的机械手，配合视觉传感器完成番茄的采摘。该移动平台通过四轮行走，其行走路线可以多变，是不固定的，比较灵活；但是该移动平台的搭载机构也是非常单一，只适合搭载机械臂类的采摘机构进行作业，并且移动平台的转弯是通过前轮机构转向，所以转弯半径比较大。

图 3-51　草莓采摘移动平台

图 3-52　番茄采摘移动平台

美国苏明达州某农业机械公司设计的一种施肥作业移动平台。如图 3-53 所示，施肥作业移动平台的行走机构是 4 个独立的轮毂电机轮通过齿轮转向机构及连接杆和平台相连，通过轮毂电机引导移动平台行使。4 个独立的电机驱动和轮毂电机轮安装的齿轮来控制各自的转弯方向完成转向。其搭载机构为施肥机构，配合 CCD 摄像头进行精确的施肥作业。该移动平台行走方式是四轮驱动，比较灵活，转向通过 4 个电机独立完成，因此转弯几乎不受机械限制，而且可以搭载机械采摘臂，其最小转弯半径很小；但是其行走机构和平台的连接方式是比较纤细的连杆导致移动平台本体承重不行，不适合搭载比较大型的农业用具，而且四轮独立转向导致转向过于灵活，4 个转向角度的偏差比较大，容易出现转向不稳定的情况且控制比较复杂。

德国比较典型的智能作业移动平台是一款叫作“BoniRob”的除草移动平台，如图 3-54 所示，该移动平台由应用科学大学的阿诺·鲁克肖森设计研发，该移动平台的行走机构为 4 个独立车轮，动力源电机通过齿轮和链条组合的传动机构驱动四轮行走。4 个转向电机驱动转向轴独立转向，完成移动平台的转弯。其搭载的机构是喷射除草剂的喷灌机构，配合摄像机实现精准的除草剂喷射完成精细化除草。该移动平台的行走速度比较快，可在农场各地快速地行走，而且驱动力非常充足且车轮和平台的连接机构强度高，可以搭载较为笨重的农业用具如旋耕机构，也可以搭载采摘机构。但是该移动平台的转向机构为四轮独立转向，所以移动平台在转弯的时候容易不稳定，同时也会导致控制的系统比较复杂。

图 3-53　施肥作业移动平台

图 3-54　除草移动平台

澳大利亚比较典型的智能作业移动平台是名为“SwagBot”的牧羊犬移动平台（图 3-55），为悉尼大学研发设计，可以自行追踪牛羊；该移动平台的行走机构为直接与平台连接的前后轮，在电机驱动下完成行走。通过差速装置改变左右轮的速度来引导移动平台完成转向。其搭载机构为比较大型的机械臂，配合发声电子器件驱赶家畜前往草地，避开可能的危险目标。该移动平台为前后轮驱动行走，前后两对轮各自的中心距很小，在差速转向时转弯半径较小，改善了转弯不灵活的缺点；该移动平台驱动比较充足，可以牵引拖车。其行走方式很笨拙，但稳健的行走方式使其可以克服地面的坑洼及其他不利的地形。

法国比较典型的智能作业移动平台是名为“Wall-Ye”的葡萄作业移动平台（图 3-56），由工程师米约经过三年的努力研制出的用来修剪葡萄树的移动平台。该移动平台的长宽分别为 500mm 和 600mm，比较小巧。其行走机构为直接和平台相连的前后轮，通过电机驱动后轮完成行走。其转向方式是差速转向，利用前轮的差速器机构来改变前轮两边的速度完成转向。其搭载机构为一双修剪枝丫的铁臂，配合 6 个摄像头和一个全球定位系统修剪葡萄枝。

图 3-55　牧羊犬移动平台

图 3-56　葡萄作业移动平台

在荷兰技术比较成熟的智能作业移动平台是由荷兰农业与环境工程研究所研发出的黄瓜收获移动平台。该移动平台可以通过视觉系统探测到黄瓜果实的精确位置及成熟度，再由机械臂抓取黄瓜果实并将果实从茎秆上分离；西班牙发明的采摘柑橘机器人，能够依托机器视觉技术从橘子的颜色、大小判断出是否成熟并控制机械手进行采摘；英国西尔索研究所开发的采蘑菇机器人可以确定哪些蘑菇可以采摘及属于哪种等级，然后测出其高度以便进行采摘；法国研制的分拣机器人能在潮湿肮脏的环境里工作，把大个番茄和小粒樱桃加以区别，然后进行分装。

**2．国内概况**　随着政策的支持，我国科研机构科研人员经过多年的研究在设施农业智能移动作业平台上取得了一定的科研成果。具有代表性的一些移动平台有中国农业大学研制成的温室黄瓜采摘移动平台，实物如图 3-57 所示。该移动平台的行走机构为履带轮，通过电机驱动履带轮带动履带完成行走。其转向方式为差速转向，通过地面标识线的引导及差速器改变两边履带轮转速完成转向。平台搭载的机构为黄瓜采摘机械臂，配合果实识别定位系统完成黄瓜的识别和采摘。该移动平台的行走方式比较笨拙，但是履带的抓地能力强可以克服复杂的路面状况；其转向方式比较笨拙不灵活。该移动平台可搭载采摘机构也能输运物品，应用范围比较窄。

图 3-58 是江苏大学自行研制的苹果采摘移动平台，该移动平台的体型比较大，行走机构是履带轮，通过电源箱带动大型电机来驱动履带轮和履带完成行走。其转向方式为差速转向。搭载的机构为苹果采摘机械臂，配合多种传感器完成苹果的采摘。该移动平台体积大，比较笨重且行走方式不灵活，但是抓地能力强，行走时遇到复杂路况不会打滑。该移动平台是为采摘苹果而设计的，应用范围窄。

图 3-57　黄瓜采摘移动平台

图 3-58　苹果采摘移动平台

农业农村部规划设计研究院研发了一种温室手动多功能物料运输车。该运输车通过手动推动的方式，使载物平台上的多组轨道轮在轨道上行走，部分降低了作业人员的劳动强度，提高了设施内运送物料的效率，但是人力推动在物料过重的情况下仍然具有较大的劳动强度。北京市农业机械试验鉴定推广站开发了一种针对连栋温室的省力采摘运输车，可以实现运输车在轨道和地面间行走的自由转换，但是仍使用人力推动，且由于尺寸较大，很难在温室、大棚中推广。沈阳农业大学研制了一款温室多功能轨道作业车，动力系统采用电动机，作业车高度可调、自由升降，但采用的是轨道式行走方式，成本高、工程量大、灵活性较低。北京京鹏环球科技股份有限公司研发了一款温室自走式多功能作业平台，该机采用无轨道的电动轮式行走系统，作业平台高度可调，有效解决了用户农资运输、登高采摘等作业难题，但是平台自身尺寸较大，适合在连栋玻璃温室等高大宽敞环境中进行作业。

通过对设施内的农艺措施进行相应的调整，如将南北种植改为东西种植可以减少作业车辆的转弯次数，提高作业效率。这一农艺措施的调整减少了农机具的地头转弯次数，提高了农机具的作业效率。但是，现有的温室可移动平台的尺寸还是较大，特别是宽度方面，通过对设施的尺寸、种植的垄距等合理设计之后还应该设计相配套的设施可移动平台，现在设施内规划的行车道在 800～900mm，设施可移动平台的宽度应该设计在 600mm 以下较为合适。同时，设施内机械最好使用电能，可以减少对作物的污染。

## 二、具体田间运输机具

### （一）轨道式田间运输机具

轨道式田间运输机具主要包括电机、轨道、车体、行走机构、控制机构等。

一般利用温室自身的钢结构铺设三角铁做导轨，安装运输车，进行智能运输、监测等作业，还可以搭载喷雾装置、移栽臂、采摘臂进行打药、移栽、采摘作业。

**1. 蔬菜大棚运输轨道车**　蔬菜大棚运输轨道车（图 3-59）是一种蔬菜大棚运输蔬菜用工具，由于蔬菜大棚内部过道狭小，且人工搬运蔬菜费时费力，而大

图 3-59　蔬菜大棚运输轨道车

棚运输轨道车尺寸大小刚好适合大棚过道的空间，且其运载能力强，可以极大地节省人力、物力及时间；但是现有的蔬菜大棚运输轨道车均为单层结构，又因为很多蔬菜不能挤压，使得蔬菜大棚运输轨道车在运输蔬菜时不能将蔬菜码放运输，从而大大降低了运载效率。

该机具包括两个上下叠放的置物板，置物板之间对称连接有 4 个升降杆，4 个升降杆的下端在位于下层载物板的内部对称设置有两个推动杆，下层置物板的内部设置有螺纹杆，螺纹杆的后端设有摇把，螺纹杆的后端穿过通孔与摇把相连。

在使用时，首先用手顺时针摇动摇把，带动螺纹杆旋转，从而使得两个推动杆在腔体内分别向前后两侧移动，接着带动升降杆的下端移动，从而推动上层置物板向上移动，直至两个推动杆移动到腔体的前后两端即可将上层置物板升起，从而使得两层置物板之间留存有一定空间，可以将蔬菜分层放置在上下层置板上，最终提高了大棚运输轨道车的运输效率，当运输车使用完毕之后，将上层置物板降到下层置物板的上端即可。

**2. 轨道式喷雾运输移动装置** 轨道式喷雾运输移动装置（图 3-60）包括轨道架，轨道架上匹配设置有移动的运输装置，运输装置通过第一驱动装置驱动移动，运输装置的两侧分别设有展开的悬吊架，悬吊架与运输装置铰接设置用于展开或者收拢，悬吊架通过第二驱动装置驱动展开或者收拢，悬吊架上安装有可拆卸药剂输送管，药剂输送管上均匀分布有若干与药剂输送管连通的喷头，运输装置上可安放有可拆卸打药设备，药剂输送管与打药设备连接。

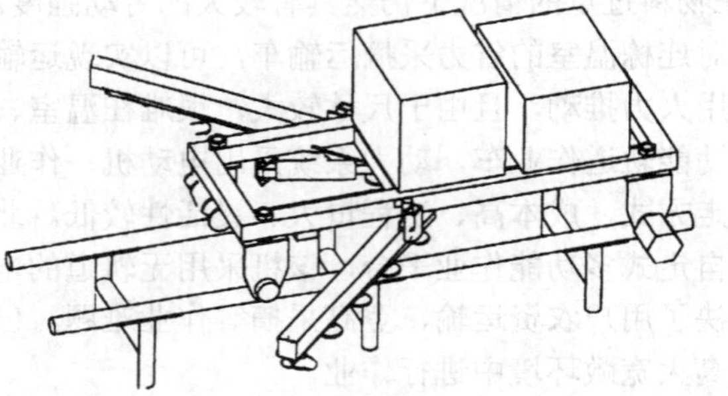
图 3-60 轨道式喷雾运输移动装置示意图

轨道式喷雾运输移动装置的工作原理：运输架通过两组导轮在两根导轨上移动，运输架位于蔬菜或者低矮水果植株的上方，导轮支架在运输架的下表面转动，在导轨弯曲之处可转弯，避免造成导轮脱轨，导轮通过转轴安装在导轮支架上，导轮与转轴固定，转轴在导轮支架上转动，行走电机安装在导轮支架上，行走电机的输出轴与导轮的转轴同轴连接，带动导轮转动，并且在导轨的两端安装停止器，导轮触碰到停止器后关闭行走电机。悬吊架通过转动进行展开或者收拢行为，悬吊架展开后，安装部位于运输架的外侧，驱动部位于运输架的内侧，药剂输送管安装在安装部，悬吊架展开后向运输架两侧打药，由药液泵通过输液管将药液喷出。

**3. 单轨道式大棚喷药运输平车** 图 3-61 为单轨道式大棚喷药运输平车，包括机架平台、轨道角铁、扶手架和电机控制及遥控装置等部分，机架平台前部设有扶手架用以安装电机控制及遥控装置；机架平台上部设置有内凹陷的电池箱，其底部居中处安装有电机与电机控制及遥控装置连接控制。机架平台前后端面上分别水平安装有红外线感应探头，该探头分别通过导线连接电机控制及遥控装置；机架平台前部居中处设有喷药杆架；机架平台底部同一侧的前后相对应处分别配置有轨道驱动轮，该轨道驱动轮与轨道角铁配合安装；轨道驱动轮内侧分别安装有驱动链轮，且相对应一侧的机架平台底部安装有行走轮；在电机输出端安

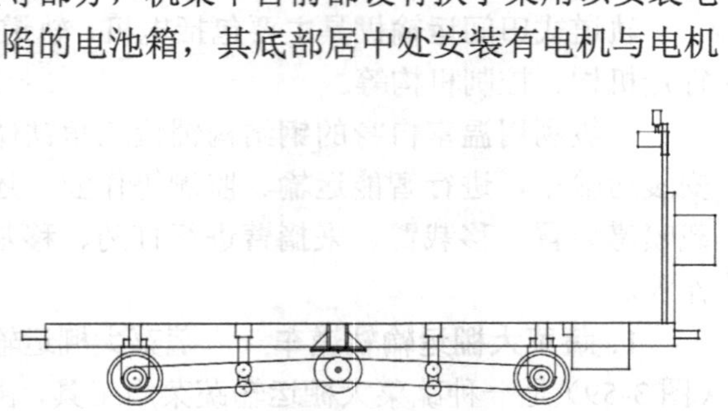
图 3-61 单轨道式大棚喷药运输平车示意图

装有双排传动链轮，通过链条连接传动使机具运动。

工作时，先将轨道角铁固定在靠近大棚墙体一侧，轨道驱动轮配合安装在轨道角铁上，行走轮安装在机架平台的另一侧，有效减少了对人行通道的占用面积，便于农户行走；然后对电池箱进行充电，充电完成后，根据作业需要，通过电机控制及遥控装置控制电机转动，电机带动双排传动链轮转动，双排传动链轮通过链条分别与前后的驱动链轮连接，调整张紧轮，进而调节链条张紧度，此时驱动链轮分别牵引轨道驱动轮转动，实现轨道驱动轮在轨道角铁上的行走，行走过程中农户可以将采摘的果蔬放在机架平台上运输；当机架平台运输至离侧墙 80～100cm 时，红外线感应探头感应到障碍物并向电机控制及遥控装置发出停车信号停车，电机控制及遥控装置控制电机转子反转，机架平台向后移动，依次进行往返运输作业；当大棚内需要对作物进行喷药时，在喷药杆架上安装电动喷雾机，启动水泵控制开关，操作电机控制及遥控装置控制电机带动轨道驱动轮行走，使机架平台在轨道角铁上运动，运动过程电动喷雾机对大棚内作物进行喷药，实现运输和喷药功能。

## （二）轮式田间运输机具

温室轮式移动平台是在自动导引车（AGV）的基础上发展而来，由电源、车体、驱动装置、导航装置、通信装置、辅助装置等构成。移动平台装备有自动导航装置，能够实现自主规划路径行驶，具有行动快捷、工作效率高、可控性强、安全性好等优势。

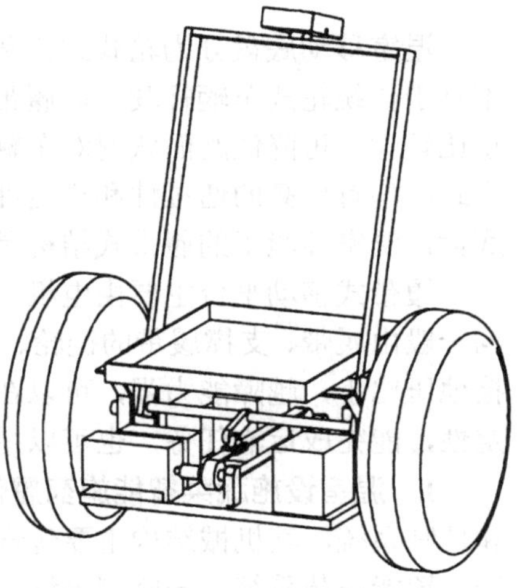

图 3-62　轮式运输机器人示意图

**1．轮式运输机器人**　图 3-62 是轮式运输机器人，包括底座及两个同轴设置的车轮，底座的左侧设有左支撑板，右侧设有右支撑板，左右支撑板之间设有沿左右方向水平延伸的位于底座上方的支撑轴，支撑轴上设有旋转体，旋转体的重心至支撑轴中轴线的距离大于零，底座上设有作用在旋转体下部的用于驱动旋转体绕支撑轴的中轴线摆动的驱动组件。

为了实现运输，需要将货物放到机器人上。当货物的重心位于车轮的中轴线所处的竖直平面时，机器人仍维持平衡状态，此时驱动组件不工作；当货物的重心位于车轮的中轴线所处的竖直平面的前方时，机器人向前倾斜，此时驱动组件驱动旋转体绕支撑轴的中轴线向后摆动，使旋转体的重心后移，从而使机器人恢复至平衡状态；当货物的重心位于车轮中轴线所处的竖直平面的后方时，机器人向后倾斜，此时驱动组件驱动旋转体绕支撑轴的中轴线向前摆动，使旋转体的重心前移，从而使机器人恢复至平衡状态。当机器人恢复到平衡状态时，驱动组件停止工作，旋转体在驱动组件的作用下维持当前状态，此时机器人整体的重心位于车轮的中轴线所处的竖直平面。

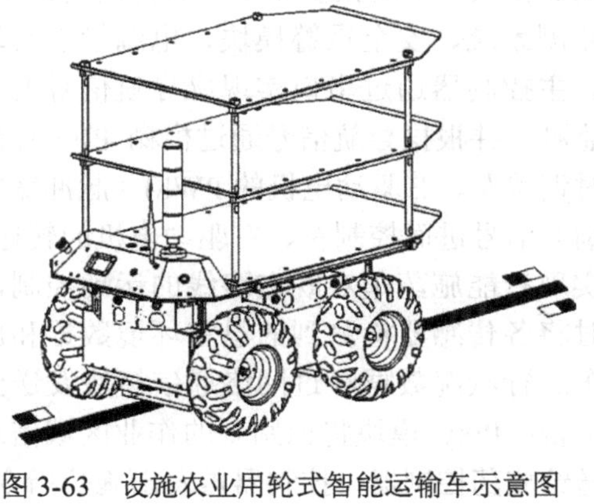

图 3-63　设施农业用轮式智能运输车示意图

**2．设施农业用轮式智能运输车**　如图 3-63 所示，设施农业用轮式智能运输车的结构主要包括移动平台、导航系统、障碍物探测系统、物料承载装置及控制系统等。

运输车移动平台为四轮独立驱动 AGV 小车，智能运输车控制系统主要负责运输车的运动控制、路径规划导航、避障控制及工位探测启停等工作，移动平台连接有电源供给系统，电源供给系统与控制系统均置于移动平台箱体内部。工作原理基于电磁感应探测，该电磁感应导航系统的磁导航线探测传感器探测路面上预先铺设好的磁导航线，使智能运输车在控制系统的预设程序控制下，车身沿着磁导航线行驶，完成智能运输车的自主导航功能。控制系统根据预设程序控制运输车停车，以便等待该工位的工作人员或机械手将车身上物料承载装置中装载的生产用资料或果实卸下，或工作人员或机械手将整理好的生产用资料或果实放到智能运输车上。待装卸操作完毕后，工作人员或机械手启动智能运输车车身上的操作开关，而后智能运输车将继续沿着磁导航线行驶，依次检测磁导航线上预先设置的各工位并按照预先设置决定在哪些工位需要停车。

### （三）履带式田间运输机具

温室移动底盘分为轮式结构和履带式结构，轮式车辆虽然结构简单，但温室环境下路况不宜于传统轮式车辆行驶。而履带式底盘与地面的牵引附着能力较强，与地面的相互作用面积比较大，可降低路面状况对车辆行驶的影响，且在进出温室有台阶和坡度路面状况下，履带式结构有更高的通过性和稳定性，即使遇到松软的路面也能顺利通过。因此，相较于轮式底盘，温室环境下的履带式结构具有更好的稳定性和路面适应能力。

履带式移动平台主要由电机、控制机构、传动机构、履带行走机构等组成。履带行走机构一般由履带、支撑履带的链轮、滚轮及承载这些零部件的行驶框架构成，底盘接地面积大，接地压比小，越障能力强，可以在凹凸不平的地面上行走，还可以跨越障碍，具有良好的稳定性，能完成运输任务，也可以搭载采摘、喷药机构进行智能作业。

**1．温室设施蔬菜智能施药履带车**　其实物图如图 3-64 所示，总体结构包括机械结构和控制系统，其机械结构主要包含履带式底盘和施药机构，其控制系统主要包括运动控制系统、智能施药系统、云监测系统、安全报警模块和电源管理模块等。

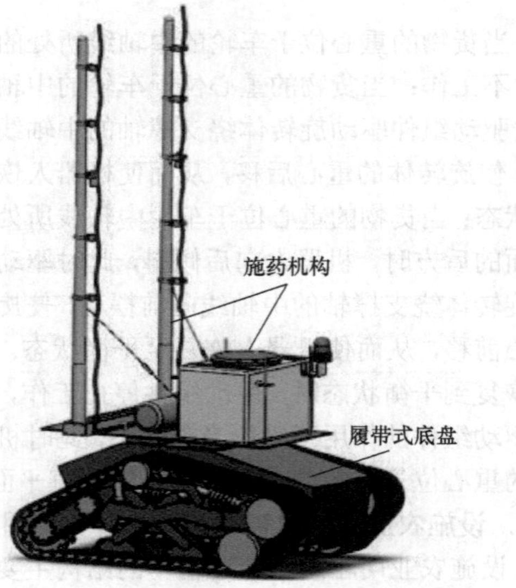


图 3-64　温室设施蔬菜智能施药履带车示意图

温室设施蔬菜智能施药履带车能够在温室植株行间实现自主施药作业，智能施药车控制系统主要由硬件部分和软件部分组成。硬件部分采用模块化设计思路，主要包括主控制器模块、运动控制系统、智能施药系统、云监测系统、安全报警模块、电源管理模块等。主控制器通过串口实现磁导航信号的实时监测，并根据导航信号通过模糊 PID 算法实时调整左、右驱动电机的 PWM（脉冲宽度调制）信号进而控制左、右驱动电机的转速，以实现智能施药车对既定路线的运动控制，同时将各传感器检测到的温室环境数据和施药车运行状况数据经过网络通信模块发送到云平台；Pixy 模块将识别到的作业区域信息发送给施药控制器，控制器再发出施药指令；

通过超声波传感器和报警装置组成的安全报警模块，保障智能施药车在前进路径上遇到障碍物时能够自动停车、停止施药并发出警报。

**2．履带式人工作业平台**　履带式人工作业平台（图 3-65）主要由可拆卸式护栏、履带移动平台、脚踏按钮和平台护栏等组成，其中履带移动平台包括直流电动机、平台车体、履带、履带支撑轮组和平台护栏；两条履带通过履带支撑轮组安装于平台车体的两侧面外，直流电动机安装于平台车体内部，直流电动机的输出轴与履带支撑轮组的后轮相连；两个脚踏按钮分别安装于平台车体上端面的两个拐角处，平台护栏固接于平台车体的上端面上，平台护栏的上方安装有可拆卸式护栏。该平台结构设计紧凑、尺寸小、灵活性高、成本低、实用可靠，能够以电动的方式在大棚内进行移动作业，以缓解高强度、低效率的纯人工作业。

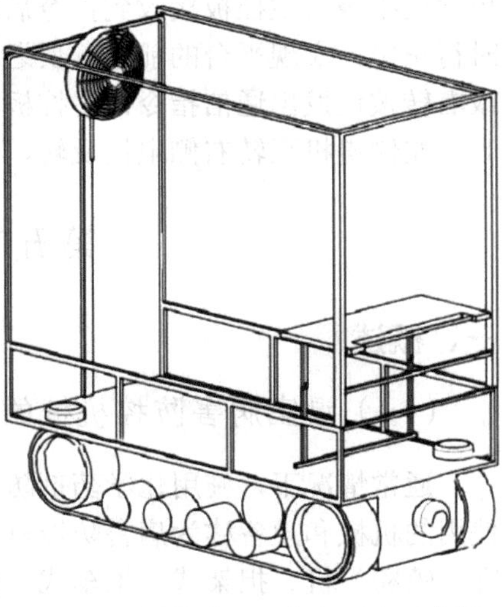
图 3-65　履带式人工作业平台示意图

该作业平台可根据作业者姿态进行调整，以收获大棚内番茄的工作流程为例阐述完整的工作流程：先使用手持的上机位触摸屏分别控制履带移动平台转向，以使履带移动平台正对所需要的作业垄间；随后作业者根据收获番茄的高度来选择站姿或是坐姿；当作业者处于站立状态时，折叠座椅处于收起状态，操作人员根据需要踩下脚踏按钮操作履带移动平台完成前进或者后退动作，手部进行收获作业，直至该垄间作业完成；而当操作者在坐姿作业时，可以打开折叠座椅，随后打开平台的定速巡航功能，同时手部完成收获作业，直至该垄间作业完成。

**3．温室用小型多功能电动履带式作业平台**　为适应现代温室结构，采用清洁能源为动力，提高运载能力及作业续航时间，升降高度自由调节，室内作业灵活轻巧，以减少人工投入、提高作业效率为目的，同时兼具良好的通过性、安全性及可靠性，研究人员开发了温室用小型多功能电动履带式作业平台。

整机结构如图 3-66 所示，主要由护栏、工作台、升降装置、底盘、电池组等组成。其中升降装置由液压泵、液压缸、剪叉等组成，液压泵安装在底盘内部，与液压缸连接；液压缸两端分别与底盘和剪叉连接，剪叉下部与底盘连接，上部与安装有护栏的工作台连接；底盘中间位置安装有电池组，为整机提供动力；整机在满足正常作业要求的前提下可选择性地挂接拖车适当增加装载容量。

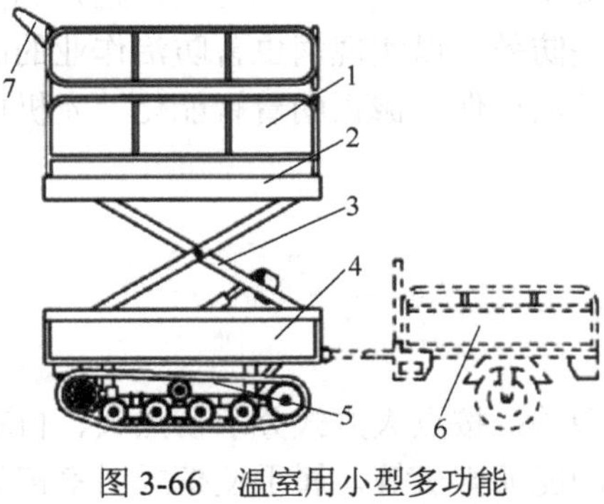

图 3-66　温室用小型多功能电动履带式作业平台示意图

1．护栏；2．工作台；3．升降装置；4．底盘；5．电池组；6．拖车；7．车载控制台

电池箱内的电池组经电源转换模块与主控板、电机、液压泵站连接，主控板将控制指令以电信号进行转换。升降作业时，操纵遥控器或车载控制台的升降按钮发出通信指令，主控板接收到指令后转换成电信号传递给液压泵站上的控制器，控制器控制液压泵站运转，通过液压油实现液压缸的伸缩运动，从而推动剪叉上下运动，带动工作台升高或下降。行走或后退作业时，操纵遥控器或车载控制台前进或后退按钮发

出通信指令，主控板接收到指令后转换成电信号传递给电机控制器控制电机运转，两电机同时得正电，实现平台的前进，反之，平台后退。转弯作业时，操纵遥控器或车载控制台左转或右转按钮发出通信指令，主控板将指令转换成电信号传递给电机控制器，当按下左转按钮时，左侧电机正转右侧电机反转，平台原地左转，反之，平台原地右转。

# 第五节　温室病害防控机械

## 一、概述

### （一）温室病害防控机械的一般内容

通常情况下，施用化学药剂防治作物病虫害的机械，同时也包括利用光能等物理方法所使用的机械和设备称为病害防控机械，也可称植保机械，常见的有喷杆式喷雾机、背负式喷雾（喷粉）机、担架式（推车式）机动喷雾机、智能化喷雾机、杀虫灯等。目前，国内外防治病虫害的方法有生物防治、物理防治和药物防治三种，药物防治就是施用化学药剂防治病虫害和消灭杂草，是各种方法中应用最广泛的一种。植保机械按施药方法可分为土壤处理机、撒颗粒机、喷雾机、喷粉机和喷烟机等类型；按动力配套可分为人力（手动）植保机械、畜力植保机械、小动力植保机械、拖拉机配套植保机械、自走式植保机械、航空植保机械等；按药液喷出的原理可分为压力式喷雾机、离心式喷雾机和风送式喷雾机等。

为使农机适合农艺，温室病害防控机械要求做到以下几点：雾滴粒径大小适宜；雾滴分布均匀；能到达被喷作物需要药物的部位；雾滴浓度一致；零部件耐药物腐蚀；有良好的人身安全防护装置等。

### （二）温室病害防控机械的发展概况

近年来我国针对温室中病虫害的防治研发并改进了许多先进的植保机械，如自动导航系统和基于超声波和机器视觉的自动化设备等，这些智能化设备在一定程度上提高了作业的效率、农药的有效利用率、在作物冠层内的穿透性，减少了地面药液流失和对施药人员的危害。

目前，欧美发达国家的植保机械以中、大型喷雾机为主，并采用了大量的先进技术，现代微电子技术、仪器与控制技术、信息技术等许多高新技术已在发达国家植保机械产品中广泛地应用。这些技术的使用一是提高了设备的可靠性、安全性及方便性；二是满足越来越高的环保要求，实现低喷量、精喷洒、少污染、高工效、高防效，以实现病虫害防治作业的高效率、高质量、低成本和操作者的舒适性和安全性。国外的植保机械正朝着智能化、光机电一体化方向快速发展。

## 二、手持式施药装备

### （一）热烟雾机

烟雾机按机型大小可分为超小型、通用型、喷水雾型等；按点火方式分手动点火、自动点火、一键启动等。热烟雾机又称烟炮机、打药机、多功能喷雾机等，属于便携式温室植保消杀机械。

热烟雾机（图 3-67）热力雾化农药的基本原理是利用热动力源工作过程中排出的燃烧废

气热能和动能将油溶剂农药进行热力雾化成均匀细小的油雾滴，在空气中形成可视的烟雾，因烟雾雾滴粒径一般小于 20μm，非常轻小，从喷雾机喷口喷出后可在空气中升腾、扩散、弥漫，直至渗透包裹至整个温室内部环境，达到全面防治病虫害的目的。热烟雾机使用的农药称为油溶剂农药，也称热雾剂，一般是将菊酯类的农药原液稀释溶剂油中混合而成，因此由热烟雾机喷出的可视烟雾，是一组细小油雾滴群，有效农药就溶解在细小油雾滴中，因此也将这种农药喷洒技术称为热烟雾载药防治技术。

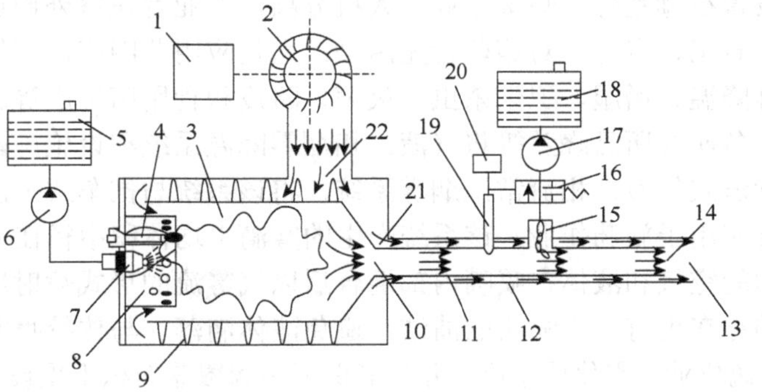


图 3-67 热烟雾机示意图

1. 电机；2. 风机；3. 稳态燃烧器；4. 点火器；5. 燃油器；6. 油泵；7. 喷油嘴；8. 稳焰器；9. 螺旋器；10. 燃烧器出口；11. 喷管；12. 冷却管；13. 冷却管出口；14. 喷管出口；15. 药喷嘴；16. 电磁阀；17. 药泵；18. 药箱；19. 温度计；20. 温度显示器；21. 冷却气流出口通道；22. 主入风口

热烟雾机在工作时，可燃混合气在稳态燃烧器内燃烧，因热烟雾机内层壁面筒直径较大形成较大空间的燃烧室，燃烧室内燃烧时使热气流迅速膨胀，气压增大，且只能从燃烧器出口流出经由直径较小的喷管，因此喷管内气流速度较高，可达 60～80m/s，这为从喷管上药喷嘴流入到喷管内的农药进行雾化提供有效的动能；同时气流温度高达 700℃左右，这又为农药雾化提供了足够的热能。热烟雾机工作时，喷管一直处于 700℃左右高温环境中，很容易将喷管壁面烧穿，因此喷管采用双层喷管结构，并将供给热烟雾机燃烧用的空气分流一小部分，从冷却气流出口通道流出，流进喷管与冷却管构成的双层夹层空隙中，不断对喷管进行冷却。药喷嘴设置在喷管中间段位置，进入喷管内的农药需利用气流的高温热能与高速动能将农药进行热力雾化成细小的油雾滴，因此也称喷管上从药喷嘴至喷管出口段为雾化管。

经试验测试，自然风速在 0.5m/s 以下时，喷烟扩散幅宽可达 20～30m，防治效率为 200～600 亩①/h，是便携式脉冲烟雾机工作效率的 10～20 倍，防治成本中的人工费大大降低。同时，热烟雾机在整个防治过程中不需要水，可大量节约水资源。

## （二）常温烟雾机

常温烟雾施药技术的工作原理是通过高速、高压气体或超声波原理在常温下将药液破碎成粒径为 20～50μm 的超微粒子，药液能在日光温室等设施内充分扩散，长时间悬浮，对病虫进行触杀、熏蒸，同时能够对棚室内设施进行全面消毒灭菌，农药药液利用率高达 50%～60%。

① 1 亩≈666.7m²

常温烟雾机施药有诸多优点：一是省药、节水，较常规施药可节省农药30%左右，每亩施药量为2～4L，较常规施药节水近40倍，同时不会增加设施内空气湿度，且施药不受天气限制；二是施药均匀、扩散性能好，药剂附着沉积率高，尤其适合棚室内作物病虫害防治；三是对药剂适应性广，将药液变成烟雾时不需要加热，只是借助常温烟雾机在常温下将药液雾化成烟状药雾，不受农药剂型限制；四是不损失农药有效成分，在常温下将药液物理破碎呈烟雾状，药剂有效成分无任何损失；五是施药不需要进棚作业，喷射部件和空压机设置在棚室内，操作柜设置在棚室外，喷雾作业时人机分离，作业者在室外通过控制系统进行半自动化操作效率高，省工、省力，对施药者无污染；六是应用范围广，不但可用于设施园艺，还可用于工业水雾降温、增湿、卫生杀虫、灭菌、防疫和食用菌生产等。

江苏省农业装备研究所吕晓兰等将气液二相烟雾降温系统和设施施药结合起来，设计选用一套设施固定管道式气液二相流常温烟雾系统，将该系统与推车式常温烟雾机结合。设施烟雾降温系统主要应用于施药作业，该系统产生的雾滴平均体积中径在2～60μm，利用二相流喷头将适当压力的空气和液体在喷嘴内部混合后以气雾流的形式喷射出去，喷口相对较大，不易堵塞，气流的存在也有利于喷头的清洁，避免液体滴落。与传统喷雾机具相比，该烟雾系统可实现人药分离作业，雾化质量高，并且能保证雾滴覆盖面积不受设施规模和种植制度限制。如图3-68所示，该系统主要由两部分组成，集成了气路输出单元、液路输出单元和控制系统室外可移动式主机和室内管路系统，室外主机与室内管路通过快速接头连接，气路管路位于液路管路的正上方，气液管路安装在棚室中间位置距离地面2.5m处，共配有25个喷头，喷头间距为2m，交叉反向安装。图3-69为推车式常温烟雾机，其药液雾化原理为离心雾化。

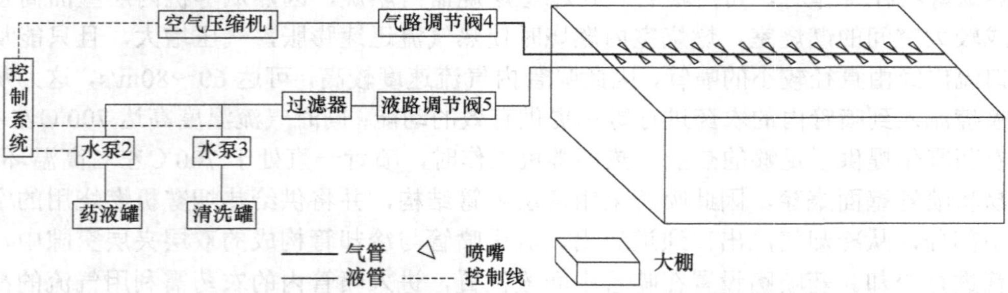

图3-68　设施固定管道式气液二相流常温烟雾系统示意图

## 三、背负式喷雾喷粉机

### （一）背负式喷雾喷粉机

图3-69　推车式常温烟雾机

背负式喷雾喷粉机是由汽油机带动离心风机高速旋转，产生高速气流，采用气流输粉、气压输液、气力喷雾原理的机动植保机具。背负式喷雾喷粉机由于具有操纵轻便、灵活、生产效率高等特点，广泛用于较大面积的农林作物的病虫害防治工作，以及化学除草、叶面施肥、喷洒植物生长调节剂、消灭仓储害虫及家畜体外寄生虫、喷洒颗粒等工作，它不受地理条件限制，在设施、山区、丘陵及零散地块上都很适用。

背负式喷雾喷粉机（图3-70）主要由机架、离心风机、汽油机、油箱、药箱和喷洒装置等部件组成。机架总成是安装汽油机、风机、药箱等部件的基础部件，它主要包括机架、操纵机构、减振装置、背带和背垫等部件，一般由钢管弯制而成，目前也有工程塑料机架，以减轻整机重量，机架的结构形式及其刚度、强度直接影响背负机整机可靠性、振动等性能指标；离心风机是背负式喷雾喷粉机的重要部件之一，它的功用是产生高速气流，将药液破碎雾化或将药粉吹散，并将之送向远方，背负式喷雾喷粉机上所使用的风机均为小型高速离心风机，气流由叶轮轴向进入风机，获得能量后的高速气流沿叶轮圆周切线方向流出；药箱总成的功用是盛放药液（粉），并借助引进高速气流进行输药，主要部件有药箱盖、过滤器、进气管、药箱、粉门体、吹粉管、输粉管及密封件等；喷洒装置的功用是输风、输粉流和药液，主要包括弯头、软管、直管、弯管、喷头、药液开关和输液管等。

图 3-70　背负式喷雾喷粉机

## （二）背负式静电喷雾机

静电喷雾技术是一项先进的施药技术。按喷雾方式可以分为直喷式、喷杆式；按喷雾型式可分为静电集束型和扇形静电弥雾型；按机架结构型式可分为背负式（图 3-71）、推车式、车载式。农药静电喷雾是通过高压静电发生装置使静电喷头与作物靶标之间形成电场，喷雾机喷出的雾滴在电极电场的作用下荷电形成荷电雾滴群，农药雾滴在静电力、气流曳力和重力作用下快速沉积到植株表面，脱离靶标的雾滴也会受冠层吸引力作用，形成“静电环绕”效果，减少农药雾滴飘移的同时增加了雾滴在叶片背面的沉积量。静电喷雾技术在作物上部喷洒，正反叶面及隐蔽部位均能受药，具有杀虫效果好、节省农药、功效高的优点，广泛适用于大田和设施作物的植保。静电喷雾一般与风送喷雾相结合，与常规液力喷雾相比，静电喷雾的荷电雾滴在气流曳力和电场力共同作用，可增加药液沉积量，药液雾滴在作物叶片和果实上沉积更加均匀，风送静电喷雾的具体技术优势有如下几点：①在静电力作用下，增加雾滴在叶片背面的沉积量，提高农药有效利用率；②静电喷雾在一定程度上可以减少风送喷雾的雾滴飘移，降低环境污染；③风送喷雾气流对冠层扰动翻转可以克服静电喷雾雾滴穿透性差的劣势；④静电喷雾所需的施药量少、雾滴粒径小，在一定程度上可以省水节药；⑤荷电后雾滴表面张力降低，减小了雾化阻力，提高了雾化程度，有利于靶标对雾滴的吸附。

图 3-71　背负式静电喷雾机

北京海农技术研究所结合国内实际情况，在原有的超低容量喷雾技术的基础上，在国内大量使用的 3WFB-18 型背负式机动植保多用机上加一个特制的静电喷头和一个高压静电发生器，改装成 3WFB-18J 型背负式机动静电喷雾机；同时研制成功相应的静电油剂，总结出一套施药操作规程。与常规喷雾相比静电喷雾技术具有明显的优势：农药利用率提高到 90%以上，农药对环境污染量大为减少；雾滴质量直径仅为 45μm，由于雾滴细，雾滴覆盖度大，药效好，对作物安全；节省用工 95%以上，施药成本大大降低。

## 四、担架式（手推式）机动喷雾机

担架式机动喷雾机（图 3-72）的特点是工作压力高、射程远、雾滴细和工作效率高，既可用于农田，又可用于果园等的病虫害防治。动力机驱动液泵工作时，水流通过滤网，被吸液管吸入泵缸内，然后压入空气室建立压力并稳定压力，其压力可从压力表读出。压力水流经流量控制阀进入射流式混药器，通过混药器的射流作用，将母液（即原药液加少量水稀释而成）吸入混药器。压力水流与母液在混药器自动均匀混合后，经输液软管送至喷枪，进行远射程喷射。喷射的高速液流与空气撞击和摩擦，形成细小的雾滴均布在农作物上。当喷头（或喷枪）因液流杂质等原因造成堵塞时，药液的喷出量减少，压力升高，部分药液可从调压阀回流。停止田间施药时，关闭流量控制阀，则药液经调压阀溢流回到回流管中，进行内部循环，以免液泵干磨。

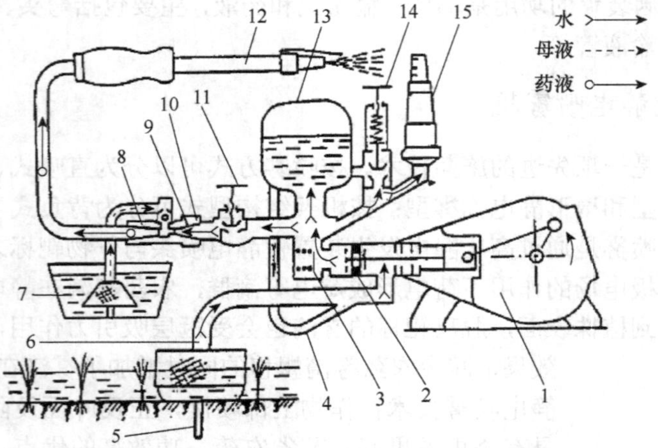


图 3-72　担架式机动喷雾机工作过程示意图

1. 压力泵；2. 活塞（进水阀）；3. 出水阀；4. 回水管；5. 吸水滤网插杆；6. 进水管；7. 母液；8. 衬套；9. 射嘴；10. 混药器；11. 截止阀；12. 喷枪；13. 空气室；14. 调压阀；15. 压力表

## 五、自走式喷雾机

### （一）履带自走式喷雾机

近年来，风送喷雾技术作为一种较为先进且高效的地面植保施药技术被广泛应用，其主要优势在于：风机吹出的高速气流能够将喷头雾化的液滴再次细化，并通过气流的携带作用将农药液滴定向吹撒在作物表面，减少农药的飘失；另外，强大的气流可以大大增强雾滴穿透性，并能够促使叶片抖动、翻转，从而在作物叶片正面和反面形成更好的沉积效果。植保喷雾系统在整个喷雾机设计中起着至关重要的作用，作为喷雾施药功能的具体实施部分，能够将药液经过喷头雾化成细小液滴，再由风送气流定向吹送到作物表面完成施药作业。

中国农业大学马国义等设计研发了一款履带自走式喷雾机。整机由植保喷雾系统、履带行走系统和通信与控制系统等组成。其中，履带行走系统的作用是承载植保喷雾系统，并配合通信与控制系统实现自由行走和风送喷雾，它包括履带底盘、无刷电机、传动箱和蓄电池组等；植保喷雾系统采用“上、中、下”分层式设计，可根据作物冠层生长情况分别折叠和调节风机高度与角度，能够满足温室大棚内的作物种植情况，该系统包括折叠机架、横流风机、喷头、药箱、流量控制阀、隔膜泵和输药管路等；通信与控制系统使用上、下位机通过无线控制技术，实现对喷雾机的远程行走控制与喷药控制，并能通过摄像云台反馈的视频信号调整作业姿态，它包括前后摄像云台、远程控制器和电气控制箱中的电机驱动模块、多通道信号接收与发射模块等。基于 Solidworks 三维建模后，整体结构如图 3-73 所示。

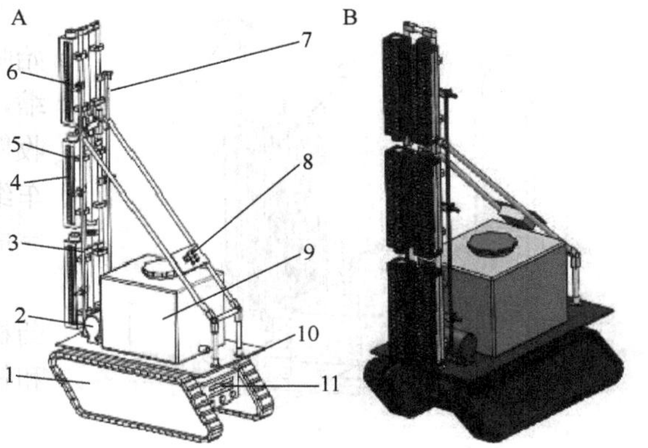


图 3-73　履带自走式喷雾机结构示意图

A. 结构图；B. 实物渲染图

1. 履带底盘；2. 隔膜水泵；3. 摄像云台；4. 横流风机；5. 喷雾机架；6. 喷头；7. 液管；8. 控制面板；9. 药箱；10. 锂电池；11. 电器柜

履带自走式喷雾机作业时，操作人员通过远程遥控器（上位机）的方向摇柄发出控制信号，由通信与控制系统的接收器将信号传送至下位机，电机驱动模块驱动无刷电机经过减速传动箱，最后作用于履带，从而实现远程控制机具自由行走功能。通信与控制系统将控制信号传递给管路电磁阀，最终实现远程控制喷雾功能的开闭。操作人员在控制机具行走和喷雾的同时，还可以通过遥控器外置的图传设备得到机具位置的图像反馈，能够真实地感知机具行进位置和姿态并及时做出修正。在整个温室施药作业完毕后，通过遥控器关闭喷雾功能，将喷雾机移动到预定停放位置并关机，至此完成整个温室的植保施药作业。

履带自走式喷雾机具备的主要技术参数如表 3-7 所示。

**表 3-7　履带自走式喷雾机主要技术参数**

| 技术指标 | 参数 | 技术指标 | 参数 |
|---|---|---|---|
| 外形尺寸（折叠状态）长×宽×高/mm | 1000×500×1400 | 隔膜泵流量/（L/min） | 0～25 |
| 整机质量/kg | 100 | 药箱容量/L | 200 |
| 整机使用电压/V | 24 | 作业速度/（m/s） | 0.5 |
| 单个风机风量/（$m^3$/h） | 550 | 作业幅宽/m | 0.5～1.0 |
| 喷雾高度调节范围/cm | 70～200 | 作业效率/（$km^2$/h） | 0.16 |
| 喷雾角度调节范围/（°） | 0～45 | | |

### （二）轨道式作业喷雾机

关旭生等研制了一种日光温室行间自动喷药机，机器沿日光温室靠北墙侧田间小路上运行，喷药设备可沿植株垄间伸缩并向两侧植株施药，不占用日光温室内种植空间；行间喷药系统与行走地盘采用两套驱动控制系统，行间喷药系统拆卸下来后，喷药机可以作为日光温室自动运输装备使用，实现一机两用。

日光温室吊蔓作物行间自动喷药机可以在日光温室北墙侧预先铺设的轨道上持续平稳地行进，喷药机铁轨沿温室北墙铺建。底盘轨道车带动垄间伸缩机构和喷药系统沿日光温室北墙行间行驶，底盘轨道车一侧装有激光定位传感器，当其检测到日光温室北墙上垄间喷药标志时，底盘轨道车停止，垄间伸缩机构沿垄间横向伸展，附着伸缩机构的喷杆也随之深入

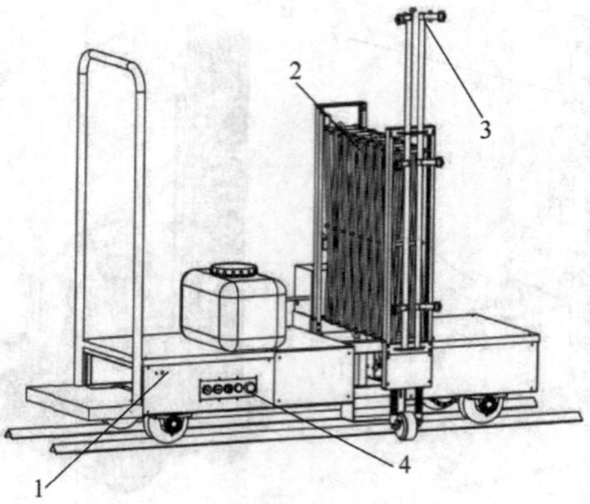

图 3-74　日光温室吊蔓作物行间自动喷药机结构示意图
1．底盘轨道车；2．垄间伸缩机构；3．喷药系统；4．控制系统

垄间，待伸缩机构完全展开后，药泵开启，喷头开始喷药，同时轮毂电机停止工作，伸缩喷药机构收缩，喷杆随之沿垄间匀速稳定回收，直至轮毂电机收回到回收支撑板，即完成一行的喷药作业。轨道车继续前进至下一垄，并重复上述作业过程，直至完成温室内全部喷药。

如图 3-74 所示，日光温室吊蔓作物行间自动喷药机主要由底盘轨道车、垄间伸缩机构、喷药系统和控制系统构成。

底盘轨道车由机架、直流减速电机、链轮链条传动机构、行走轮、外壳、把手组成，直流减速电机通过链轮链条传动机构带动主动轮在轨道上完成平稳的前进后退；垄间伸缩机构收缩状态下回收于机架上跟随底盘轨道车在轨道上移动。底盘轨道车选择没有弹性滑动、平均传动比较准确、传动效率较高的链传动作为传动方式，保证底盘轨道车能精准地停在植株垄间。

垄间伸缩机构既要保证喷杆能匀速稳定地沿垄间水平移动，又要保证能随底盘轨道车沿日光温室北墙行间行驶，剪叉单元式可展机构有可展性好、组合方便的特点，故选择剪叉单元式可展机构作为伸缩机构。垄间伸缩机构由剪叉伸缩机构、剪叉前进机构、剪叉回收机构构成。剪叉伸缩机构作为主要的垄间伸缩装置，剪叉回收机构通过减速电机带动绞盘将缠绕于剪叉伸缩机构最前端剪叉轴的钢丝绳拉回，剪叉回收机构包括轮毂电机和两个弹簧减振器，负责垄间伸缩机构在植株垄间的前进。

喷药系统包括药箱、药泵、药管、喷杆和喷头。药箱与药泵固定在底盘轨道车上，药管固定在剪叉伸缩机构的内部，随剪叉伸缩机构动作，喷头由竖直喷杆固定在剪叉伸缩机构的前端，可由垄间伸缩机构带动到作物行间竖直向两侧喷药，左右两侧喷头分为两组，分别有阀门控制，根据需要开启或关闭某个喷头。剪叉伸缩机构用于连接底盘轨道车和喷杆，并限制喷杆左右移动，剪叉前进机构带动喷杆伸出，剪叉回收机构带动喷杆收回到底盘轨道车的机架回收支撑板上。

日光温室吊蔓作物行间自动喷药机在整个控制系统的统一控制下有序工作。综合喷药机的控制逻辑，系统输出部分对应于机械结构可分为底盘轨道车前进模块、剪叉前进模块、剪叉回收模块、喷药模块，各部件间动作按序进行。通过机器启动停止复位开关、光电传感器、上下限位开关、超声波避障传感器的信号输入，在单片机的控制下，底盘轨道车直流电机、剪叉前进机构轮毂电机、剪叉回收机构减速电机、药泵按照设定好的程序完成工作步骤，实现日光温室内自动喷药。

## 六、自主导航式智能喷雾机

### （一）自走式喷雾机

设施内使用全自动智能化的植保机械，实现精细化喷雾作业，已成为农药增效减施的重要手段之一。温室内植保施药机械需要满足结构轻便、适应性高、智能化程度高、工作效率高等特点，进而实现温室内高效自主喷雾。智能化喷雾机可以依据植株分布位置、枝叶分布密度和冠层轮廓等生长信息或者病虫草害位置信息等进行精准喷雾作业，从而减少药液使用量，保护劳动者身体健康和生态环境，实现可持续设施农业生产。

山东农业大学李明等设计研制出一款3M-50型自主行走式温室弥雾机，提出了“自主行走式物流车＋姿态可调风送喷雾”的模块化集成方案。温室弥雾机在日光温室的特殊作业环境和有限的工作区域内，沿单轨运动并进行精确定位、自动物流作业，高压静电风送式远程精细喷雾，完全实现人药分离的全自动化施药，可根据设施蔬菜种植模式优化设定喷雾姿态调节模式，减少药液使用量，提高药液利用率，实现自动化的精准喷雾作业，对提高现代农业发展的经济效益、社会效益和环境效益具有重大意义。

3M-50型自主行走式温室弥雾机（图3-75）的机械结构主要由电动自走式底盘、仿形喷雾调节机构、气流辅助系统和药液系统及其他部件组成，其中电动自走式底盘机械结构主要包括定位功能的单轨装置、驱动桥、驱动轮、轨道轮和车身机架等部件；仿形喷雾调节机构主要包括水平回转支撑、回转电机、蜗轮蜗杆减速器、支撑悬架和搭载底座等部件；气流辅助系统由轴流风机和导流喷筒组成；药液系统主要包括药箱、过滤嘴、电动隔膜泵、高压静电发生器、喷头和胶管（连接件）等部件。

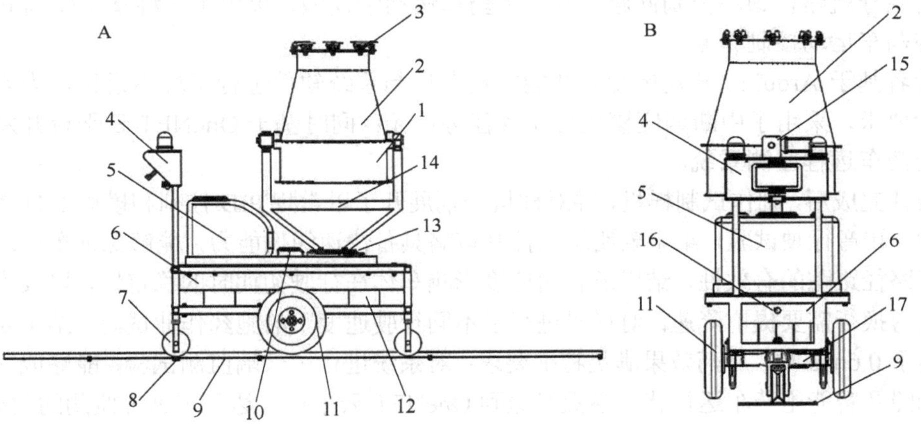


图3-75 3M-50型自主行走式温室弥雾机机械结构示意图

A. 正视图；B. 侧视图

1. 风机；2. 喷筒；3. 喷头；4. 操作台；5. 药箱；6. 车架；7. 轨道轮；8. 行程轨道；9. 定位锚；10. 电动隔膜泵；11. 驱动轮；12. 直流电源；13. 水平回转支承；14. 支撑悬架；15. 蜗轮蜗杆减速器；16. 超声波传感器；17. 驱动桥

该机设计的“自主行走式物流车”模块一方面可以在固定于地面的单轨轨道导引下运动，通过传感器的检测与控制器处理计算以确定机器当前位置坐标并反馈标示在电子地图上；另一方面根据接收到从远程操作端发出的作业内容和区域位置的控制指令，自动运行至指定工作地点进行喷雾或自动化运输作业。在到达目标作业位置后，“姿态可调风送喷雾”模块采用远程风送式静电喷雾法，利用轴流风机工作时产生的气流经由导流喷筒进一步加速和平稳，从而形成辅助气流胁迫由喷头喷射出的雾滴定向送向靶标，保证喷射出的农药雾滴流能够均匀直接地沉积在设施蔬菜的表面。

### （二）履带式智能施药车

扬州大学徐勇等在研究了国内外施药设施的基础上，根据温室篱架型黄瓜的种植特点与生长特性进行调研设计，设计开发了一种履带式智能施药车，满足篱架型蔬菜施药作业的高效化、无人化和智能化的需求，同时为设施农业中智能化施药作业提供了技术和装备支撑。

履带式智能施药车根据行走机构的设计要求，设计了一种地隙高、通过性好的双电机驱动型履带式底盘，能够在温室植株行间实现自主施药作业。智能施药车控制系统主要由硬件部分和软件部分组成。硬件部分采用模块化设计思路，控制系统硬件主要包括主控制器模块、运动控制系统、智能施药系统、云监测系统、安全报警模块、电源管理模块等。为满足温室篱架型蔬菜在不同生长期的施药作业需求，设计为一种双杆型立式可伸缩施药机构。

整台智能施药装备采用模块化设计思想，对智能施药车控制系统的硬件进行了设计，形成了以 Arduino Due 为核心的控制系统硬件方案。

基于施药车自主导航的需求，明确了运动控制硬件方案，对关键电气元件进行了选型设计；基于施药车智能施药的需求，提出了基于视觉识别的智能施药方案，研究了基于色调过滤算法对目标区域的识别，针对光照环境对识别效果的影响，分析确定了图像亮度调节值与光照强度之间的函数关系。

基于农业设施对大数据分析的需求，构建了云监测系统的框架。分析了履带式智能施药车的运动状态，基于左、右驱动轮速度与车体位置偏差的关系，建立了车体运动模型；针对施药车自主导航路径跟踪控制问题，结合施药车运动学模型，提出了一种基于模糊 PID 算法的智能施药车运动控制策略。

设计者基于 Arduino 开发环境对智能施药车控制系统软件进行了程序设计，为满足系统高效运行要求，采用了中断调度模式协调各任务单元；同时基于 OneNET 云平台开发了履带式智能施药车远程监测系统。

在设计完成后，制作试制样机，并对样机分别展开了以常规 PID 控制和模糊 PID 控制下的直线行驶、转弯行驶试验，结果表明运动控制策略具备快速纠偏能力，能够保证车体运行时的稳定性和路径跟踪的有效性，结果还表明速度影响车体在行驶初期时的稳定性，以及为保证车体顺利过弯换行需要提前降速；对样机进行了不同行驶速度下的施药作业试验，结果表明行驶速度不高于 0.6m/s 时，施药效果满足特征要求；对系统进行了云端监测试验，能够成功将温室温度、光照及智能施药车运行状态参数发送到 OneNET 云平台，达到了远程监测的效果。

### （三）温室自走式施药机器人

南京农业大学的白如月等设计了一款基于机器视觉的温室自走式施药机器人。针对我国施药机器人导航受光照影响较大及施药过程中压力变化影响施药效果的问题，结合农用车辆导航定位技术、路径跟随技术及自动控制技术等多种技术，设计了一种能在作物行间自主行走的施药系统。

整机采用基于 STM32 系列单片机作为核心控制器，实现了指令间的相互通信与收发，实现了系统的路径跟随功能及施药系统的压力调控功能。机器人采用步进电机控制，设计了各个电机的驱动模块，可分别实现直流电机的转速调节及步进电机的运行控制。针对整机各个模块对供电量不同的需求，设计了电源转换模块，实现了不同模块间的电平转换，可分别满足行走系统及施药系统的供电需要。

该机器人装载有机器视觉的图像处理系统，设计者结合机器视觉技术构建了一套路径识别系统，由于温室内光环境较为复杂，导航路径识别易受光线变化等问题的影响，该识别系统对获取到的图像选取了合适的颜色空间，对 K-means 分割算法聚类中心和聚类数目的选取进行了优化。通过灰度化处理、滤波处理、分割、边缘处理及直线拟合等方法，最终确定了导航中心线。试验表明该系统可有效适应不同光照条件，提取作物行中心线平均耗时仅为12.36ms。

设计了自行走控制系统及施药控制系统。自行走控制系统选用模糊控制算法。当行走道路中心位置与理论中心位置出现偏差时，采用模糊控制实时调整前轮转角，从而使车体一直沿作物行中心线自主前进。施药系统选用自整定模糊PID控制算法。压力传感器实时监测出水管道压力，将测得的压力值与设定值相比较，以压力偏差和偏差变化率作为输入量，PWM波的占空比为最终输出量，通过调整PWM波的占空比来调节水泵压力，实现施药系统压力恒定。

该设计主要用于行间行走及施药作业，因此机身机械结构要满足机器人垄间行走的特性，机身宽度要小于垄宽，同时要求机体重量尽可能轻。对于行走机构，相较于足式和履带式，轮式结构具有重量轻、行走效率高、使用和维护较为方便等优点，故机体最终选择了四轮结构，其前轮为转向轮，后轮为驱动轮。如图3-76所示，该系统主要由喷杆、水箱、微型水泵、车载计算机、摄像机、蓄电池组、直流电机、步进电机及控制器和传感模块等组成。因为施药作业会涉及大量液体，所以将控制电路安装在小车底盘两个电机之间的电池盒和车身钢板的空隙处，以起到防潮的作用。按照摄像头的工作需求，将其安装在机身正前方中轴线距地高度60cm处。机身中后部安装有水箱、水泵及喷雾执行单元。

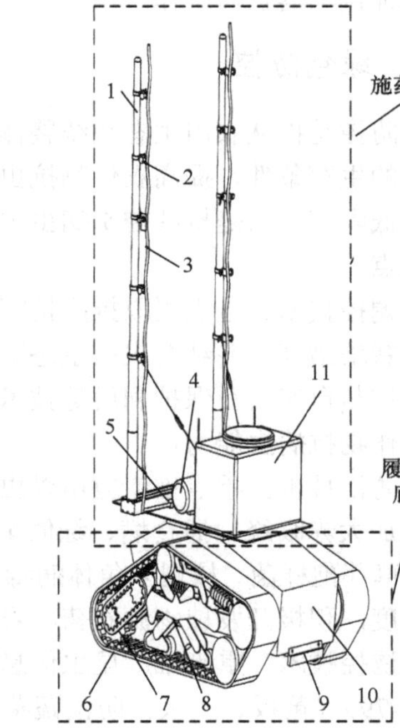


图3-76　自走式施药机器人机身结构与布置

1. 伸缩喷杆；2. 雾化喷头；3. 管路；4. 隔膜泵；5. 电磁阀；6. 橡胶履带；7. 履带轮系；8. 悬架；9. 磁导航传感器；10. 底盘仓；11. 药箱

## 七、其他防控机械

### （一）硫黄熏蒸器

图3-77　电加热硫黄熏蒸器

温室中蔬菜与花卉最大的危害是灰霉类病害、黑腥类病害、叶霉类病害及白粉病害等，这些病害均可用药物汽化熏蒸的方法防治。采用硫黄熏蒸的方法，药物扩散面广，可均匀分布于棚内各个角落，防治面大，能较彻底地防治作物病害，是一种较好的温室大棚病虫防治方式。经多点试验，经常使用药物熏蒸的温室大棚，蔬菜花卉的其他病虫害也明显减少，其成本也大大低于其他农药。

图3-77为电加热硫黄熏蒸器，在以色列、荷兰等国家广泛应用，中国也有类似产品。常用的硫黄熏蒸器采用圆柱形金属外壳，内装硫黄，用

电做能源。接通电源后，硫黄升华，弥漫在温室中起到防治病虫害的作用。使用时将熏蒸器直挂于温室中央的支架上，接通电源，熏蒸器即开始工作。需要注意的是，在装药前应将钵体内的残渣清除，药剂不宜装太满，以免沸腾溢出（一般不超过钵体的 2/3）；在钵体搁置到发生器之前，应将发热器表面及钵体表面清理干净，使发生器与钵体紧密接触，有利于热量传导，保证熏蒸器正常工作。

## （二）绿色防控

绿色防控是指从农田生态系统整体出发，以农业防治为基础，积极保护利用自然天敌，恶化病虫的生存条件，提高农作物抗虫能力，在必要时合理地使用化学农药，将病虫危害损失降到最低限度。它是持续控制病虫灾害，保障农业生产安全的重要手段，绿色防控主要包括以下几点。

生态调控技术。重点采取推广抗病虫品种、优化作物布局、培育健康种苗、改善水肥管理等健康栽培措施，并结合农田生态工程、果园生草覆盖、作物间套种、天敌诱集带等生物多样性调控与自然天敌保护利用等技术，改造病虫害发生源头及滋生环境，人为增强自然控害能力和作物抗病虫能力。

生物防治技术。重点推广应用以虫治虫、以螨治螨、以菌治虫、以菌治菌等生物防治关键措施，加大赤眼蜂、捕食螨、绿僵菌、白僵菌、微孢子虫、苏云金杆菌（BT）、蜡质芽孢杆菌、枯草芽孢杆菌、核型多角体病毒（NPV）、牧鸡牧鸭、稻鸭共育等成熟产品和技术的示范推广力度，积极开发植物源农药、农用抗生素、植物诱抗剂等生物生化制剂应用技术。

理化诱控技术。重点推广昆虫信息素（性引诱剂、聚集素等）、杀虫灯（图 3-78）、捕虫板（图 3-79）（黄板、蓝板）防治蔬菜、果树和茶树等农作物害虫，积极开发和推广应用植物诱控、食饵诱杀、防虫网阻隔和银灰膜驱避害虫等理化诱控技术。

图 3-78　杀虫灯

图 3-79　捕虫板

科学用药技术。推广高效、低毒、低残留、环境友好型农药，优化集成农药的轮换使用、交替使用、精准使用和安全使用等配套技术，加强农药抗药性监测与治理，普及规范使用农药的知识，严格遵守农药安全使用间隔期。通过合理使用农药，最大限度地降低农药使用造成的负面影响。

目前，植保机械重点研究恒压喷雾技术（保持压力稳定，确保施药精确）、防飘喷雾技术（相对于国产普通扇形雾喷头，减少雾滴飘移 50%以上）、静电喷雾技术（增加叶背雾滴附着，提高防效）、自动化控制技术（实现机电液一体的中央控制系统的智能化喷雾）和航空喷雾技术（无人驾驶控制、高精度 GPS 导航、低空低量施药）等，向着高效智能和保护环境方向发展。

# 第四章　温度调控设备

## 第一节　加 温 设 备

### 一、设施加温的原则

（一）设施加温应以满足低温季节作物生长发育所需要的温度条件为最终目标

由于作物在不同发育阶段、不同器官对温度的要求有所不同，良好的加温技术应该是能够满足这些差异化的温度需求，特别要关注花芽分化、生长点幼叶分生、根毛分生等对温度敏感且对生产效果影响较大的时期和器官的温度条件。因此，加温的位置、时期及效果的评价应以作物生长发育为中心，而不是简单地加热室内所有空气，水平和垂直方向上温度完全一致的加温方式是不足取的。例如，通过热水管给槽式栽培的作物根系加温，可以显著提高水肥的吸收能力和作物地上部的抗寒能力；在作物群体内地面铺设或悬挂适宜高度热风管或水暖管，可以提高作物生长区的温度，避免温室上层大量加热；连栋温室紧贴天沟的融雪管可高效率地除雪或除湿。

（二）选择适宜的加温系统

目前设施加温系统按热媒不同可大致分成四种类型：热风加温、热水加温、辐射加温、电阻加温。每种系统的能源不同、供热设备不同、散热器不同，因而适用的生产场景也各不相同。对于在作物下面加温、周围加温，还是基质内加温，以及是否需要融雪除冰等，生产者可能会做出不同的选择。能源、设备、管理人工等加温成本也是影响选择的重要因素，如果不能获得商业成功，加温技术就不能应用。

### 二、加温设备的种类

不同类型的温室设施、不同栽培模式和作物群体形态对加温设备的要求都是不相同的。加温系统有多种类型，在大多数生产中，同一温室大棚的加温解决方案通常是混合加温系统，就是多种加温方式并存，根据需要灵活选用，以达到最优的加温效果和最经济的加温成本。目前，生产上采用的加温系统按其热源可分为高品位热源和低品位热源两大类，高品位热源包括热水加温、热风加温、辐射加温、电热线加温等，低品位热源包括空气能热泵加温、地源热泵加温、水源热泵加温、太阳能集热加温、生物质发酵加温等。

（一）热水加温系统

热水加温系统是现代温室中最常用的加温系统，由锅炉、供热管道、散热器三部分构成。其工作过程是：用锅炉将水加热至60～85℃，经水泵加压，将热水通过供热管道供给温室内的散热器，散热器释放热量提高温室的温度，冷却了的热水又回到锅炉再加热。水是非常好的储热、传热介质，单位体积水的热容量是空气的3500倍，可以远距离传输巨大的热能，而且热能失很小且易于操控。当热水到达目的地后，可以进行地面加温、苗床加温、灌溉水或营养液加温、栽培基质加温、作物四周加温、温室顶部融雪等，还可以给水暖式热风机提供热源。

在热水加温系统中，如果在锅炉和流转水泵之间设置多路混合阀，在流转水泵出口与热水管间设置温度传感器，则该系统能实现微机自动控制。大型温室的热水锅炉一般选用的是工业锅炉。对于少量的温室、大棚，可根据最大设计热负荷选用一般的常压热水锅炉。由于大型温室的生产往往是分区域进行，可能要求不同的温度，只有在温室需要加温的时候才启动锅炉，因此在温室中往往成组安装多个小型锅炉，启动时只给过流水进行加热，反应较为迅速且浪费较少。生产规模过大时可以增加锅炉组数，安全性和经济性都可以保证。

**1. 锅炉的种类**　锅炉从不同的角度可分成多种形式。

1）按照锅炉中水流动的状况可分为：①水管锅炉。炉体内装有多根水管，水在管道内流动，燃烧产生的热量通过水管壁传输给管中的水，加热后输出。分为钢管与铜管两种基本形式。②火管锅炉。与水管锅炉正相反，炉体内装有多根加热的火管，管外是锅炉热水。水吸收火管的热量后被加温到一定温度，泵出炉体。③铸铁组合式锅炉。铸铁组合式锅炉是形式上最为原始的锅炉，由多个铸铁件组装而成，每个组件内部都有水管和火管。火管中燃烧产生热量，水管吸收并传递热量。

2）按照锅炉使用的燃料可分为：①燃煤锅炉。这是出现最早的锅炉，以煤作为燃料，使用成本低。缺点是自动添煤设备昂贵，难以实现自动控制。但受国家环保政策的影响，此类锅炉在很多地区的温室生产中遭到禁用。②燃气锅炉。以天然气为燃料，燃烧效率高，环保卫生，易于自动控制。在国家提倡环境保护的情况下，燃气锅炉应用得以推广普及，但使用成本高于燃煤锅炉。③燃油锅炉。主要以轻油、重油等油类为燃料，使用成本更高。④生物质锅炉。主要以农作物废弃物，如花生壳、玉米芯、玉米秆等作为燃料，也有为此类锅炉专门加工的高密度秸秆燃块，设备投资少，使用成本低廉，符合国家环保要求，是除燃煤锅炉外最理想的供暖方法。但受燃料来源不稳定等因素制约，此类设备应用尚不广泛。⑤电热锅炉。以电能为加温燃料，清洁卫生，易于控制，使用成本高，适用于温室大棚的小规模临时加温（图 4-1）。

3）按照锅炉的工作压力可分为：①常压锅炉。这是一种没有任何工作压力的锅炉，安全可靠，没有爆炸风险。②承压锅炉。这是一种带有压力工作的锅炉，具有爆炸性危险。

4）按照锅炉外形可分为：①立式锅炉。容量及占地空间都比较小，安装使用灵活，适用于中小型温室大棚中应用。②卧式锅炉。容量及占地空间大，适用于大型温室和工业与民用建筑取暖。

根据国家环保政策的要求和燃料供应情况，各地可灵活选择燃煤、燃气或燃生物质的常压热水锅炉进行温室大棚的加温。

**2. 散热器的种类**　对于温室等设施来讲，其热水采暖的系统型式大多为单层布置散热器，同程式采暖居多。散热器的种类很多，最普遍采用的是光管散热器，大多采用薄壁钢管制成，与铸铁柱型散热器相比传热滞后不明显，系统反应迅速。光管散热器表面经过加工制成翅片管道形式的圆翼散热器，增加了散热面积，且在相同热负荷要求下，管道的水流截面积减小，从而减少了整个系统的供水量，提高了系统反应速度（图 4-2）。光管散热器还可被加工成各种形状规格，可布置在地面兼做轨道车的运行轨道，可盘在育苗床下给秧苗加温，

燃煤锅炉

电热锅炉

燃气锅炉

生物质锅炉

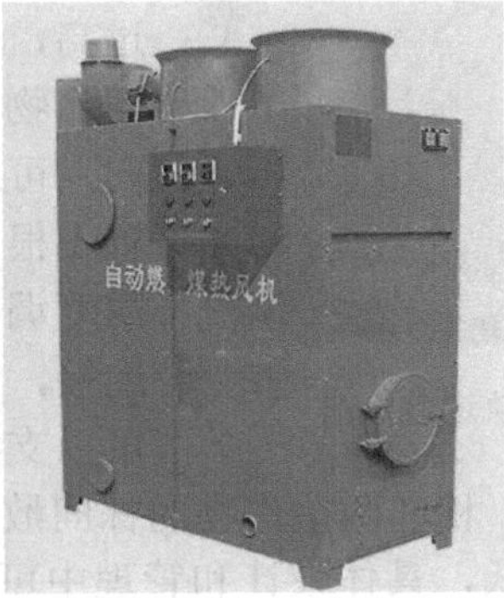

自动燃煤锅炉

图 4-1　温室用锅炉的种类

光管散热器

圆翼散热器

图 4-2　散热器的种类

可制成可上下移动的悬吊式加热管，可布置在作物群体内直接加热作物叶片，可埋入基质栽培槽或营养液槽中进行根部加温，可挂在天沟下面进行融雪除冰。

（1）**地面轨道散热器**　温室大棚地面轨道散热器（图 4-3）是将光管散热器直接铺设在作物的行间距离种植地面 15～20cm 的位置，每个种植行间布置 2 根 $\Phi$51mm 散热管，一供一回，既是温室供暖的散热器，又是植株分头、吊蔓、打叶、采收等作业车和喷药车的固定轨道。距离地面一定高度是为了保证散热器的散热效率，但将散热器架离地面后为了保证散热管作为作业设备的轨道不发生变形，一般在散热管下间隔 1.5m 设一个支撑。散热管由于均匀分布在作物的行间，并位于作物下部，在热空气向上运动的过程中，植株整体受热，所以，较作物株间圆翼散热器，这种散热器布置方式的室内温度场（无论是水平方向还是垂

图 4-3　地面轨道散热器

直方向）分布更加均匀。良好均匀的生长环境对提高作物生长的整齐度和产品的商品性均具有良好的作用。

（2）作物株间散热器　温室大棚作物株间散热器是布置在每垄作物冠层内或冠层顶部的散热器（图 4-4）。该散热器从作物的植株内部加温，可显著提高作物的叶面温度，对降低株间空气湿度也有重要作用。由于株间散热器距离作物很近，为防止加温管表面温度过高灼烧作物叶面、茎秆或果实，要求加温管内的供水水温不宜过高，一般控制在 40～45℃。根据作物的吊挂高度及不同作物对温度的不同要求，在作物冠层内沿作物高度方向，可选择布置 1 或 2 道散热器，一般每一垄作物内布置 1 根 $\Phi$38mm 散热管。为了能在实际生产中根据作物的高度调节散热管的高度，散热管两端均用柔性的橡胶管连接，散热管用钢丝吊线吊挂在温室结构的桁架上，也可以支撑在温室地面或栽培架上。为了与地面轨道散热器保持同程供热，相邻两垄作物的株间散热器编为 1 组，通过软管相连接。由于株间散热器管内水温要求低，具体设计和管理中可用地面轨道散热器的回水做株间散热器的供水，也可从锅炉的回水中接出一条管道做株间散热器的供水，当然也可以从锅炉的主供水管中单独接出一条供水管向株间散热器供水。无论哪种供水形式，都必须在株间散热器的主供水管中安装温度传感器，通过检测调节供水温度，保证散热器中水温保持在 40～45℃，避免造成对作物的灼伤。

图 4-4　地面轨道与作物间散热器

（3）苗床下散热器　使用移动式苗床或固定苗床育苗或种植叶菜、盆栽花卉的温室大棚，由于没有像番茄种植温室中固定的垄间作业走道，也没有垄间作业设备，所以上述垄间地面轨道散热器和悬吊的株间散热器将不复存在。在每个苗床下布置 2 根散热管（图 4-5），一供一回，利用上升的热空气给苗床上的作物加温。由于散热器距离作物很近，节能效果显著。如果苗床下散热管的总体供热能力不能满足温室设计的采暖负荷，可配套安装空中吊挂散热器，在保证温室采暖负荷的条件下，也不会影响室内苗床的布置和生产作业。

（4）吊挂散热器　吊挂散热器是吊挂在温室桁架下部、作物冠层上部空间的散热器（图 4-6）。其主要作用一是补充温室的供热，弥补地面轨道散热器和作物株间散热器供热量的不足，保证温室的总采暖热负荷满足设计要求；二是在下雪期间供热，由于其接近温室屋面，可快速融化屋面积雪，保证温室屋面采光；三是用于温室的操作间、缓冲间、连廊、设备间等场所的采暖，可保证室内作业地面整洁无障碍，便于作业设备和运输设备的布置和操作运行。

图 4-5　苗床下散热器

图 4-6　吊挂散热器

（5）天沟融雪散热器　天沟融雪散热器是独立于温室供热负荷的一类散热器（图 4-7），与温室内作物种植的种类和作物的种植形式没有任何关系，一般安装在紧贴天沟的两侧（双根散热管）或紧贴天沟的下部（单根散热管）。双根散热管供热量大，化雪速度快，但与天沟下部的单根散热管相比需要增加 1 倍的散热管材料，建设成本较高。而天沟下部的单根散热管则需要在天沟支撑柱上开孔以便散热管直接通过天沟支撑柱，这种做法需要在结构强度设计中验算天沟支撑柱的局部强度，保证结构的承力。从不破坏天沟支撑柱结构，又能保证快速融雪的要求出发，建议采用天沟两侧布置散热器的方案。在降雪量较大的地区，天沟融雪散热器应该是连栋温室的标配，但在降雪量较小的地区或冬季无雪地区，可不配置天沟融雪散热器。快速融掉温室屋面的积雪一方面减轻温室结构的雪荷载，另一方面也保证温室屋面的采光。日常管理中，如果不是下雪天气，可关闭对天沟融雪散热器的供水，以减少运行成本。对天沟融雪散热器供水的控制可与室外气象站相结合，在判定室外降雪的情况下可自动打开融雪散热器供热阀门，以保证温室屋面和天沟不出现积雪，尤其在无人值守的夜间下雪时，对自动控制系统的依赖将更加迫切。

图 4-7　天沟融雪散热器

A. 双根散热管；B. 单根散热管

值得注意的是，冬季降雪量大的地区或室外温度较低的地区，天沟的融雪水排放设计应尽量采用天沟内排水的方式，将融化的雪水收集到室内集中利用或排放，避免融化的雪水排入室外排水管后冷却结冰将其冻裂。冬季可将室外排水管从天沟上卸下保存，待第二年天气转暖后再重新安装使用。在温室冬季的运行中注意经常观察天沟外侧下沿形成的冰柱，及时打碎冰柱，消除安全隐患。也可将天沟落水管做成半开口的排水管，可避免排水管出现冻裂现象，省去每年拆装的人工。

图 4-8　外围护墙面光管散热器

（6）外围护墙面光管散热器　外围护墙面光管散热器是沿外温室围护墙内侧四周布置散热器（图 4-8），可弥补室内中部散热器供热量的不足，并在外围护墙内侧形成一层热空气幕，减小温室的边际效应，避免由于室内外空气出现较大温差时温室墙面对作物形成强烈的冷辐射而降低靠近墙面作物的体表温度。为了保证在外围护墙面形成强大的热空气幕，一般要求散热管沿墙体高度方向多层布置（2～3 组、4～8 根及以上），两根管之间间距为 300～500mm，一般布置在温室墙面的下部，使热空气向上运动形成热风幕，减小作物生长的边际效应，重点保护作物的生长区域。安装在山墙的供水主管可安装在天沟下部的温室墙面上部位置。

外围护墙面光管散热器的固定方式有两种：一种是采用吊链的形式将多根光管散热器用圆环串联后再用钢索吊线吊挂在温室结构的桁架上；另一种是在温室的外墙柱上开孔，将所有的光管散热器穿进温室外墙柱的开孔中。前者不破坏立柱截面，也不影响温室立柱的承载，但在温室结构桁架和立柱的整体承力体系计算中应充分考虑散热器的偏心荷载。后者做法整洁、美观、散热管对立柱承力不形成偏心。但在立柱上开孔将直接削弱立柱的承载力，温室结构设计中应按照立柱在开孔处的净截面面积验算立柱的承压能力和抗弯能力，保证结构的安全。

（7）温室空调机组　温室空调机组又叫作园艺暖风机、水暖空调、风机盘管（图 4-9），是一种将热水送入设备内部热交换器，再用风机吹热交换器，将热量吹送至室内的一种散热装置。由于风机辅助散热，热量散发快，调节灵敏。该设备在高温季节还可向散热器中注入冷水进行室内降温。

图 4-9　温室空调机组

（8）地热供暖　地热供暖系统是指利用热水管道给土壤或基质加温的供热系统。设备与上述不同之处在于不需要安装散热器，而直接将热水管道埋设于一定深度的表土中，直接对土壤进行加热，然后再通过辐射或传导对室内空气进行加热。该系统也适用于栽培槽的基质栽培，把热水管道置于基质下层，提高栽培槽中的基质温度。这种方式直接加热了作物根系生长区域，同时含水的土壤（基质）还具有较强的蓄热能力，比起散热器来更加节能。热水管道一般采用特殊的塑料管材，有时也用钢管。

## （二）热风加温系统

热风加温系统由热源、空气换热器、风机和送风管道组成。由热源提供的热量加热空气换热器，用风机强迫温室内的部分空气流过换热器，当空气被加热后进入温室内进行流动，如此不断循环，使温室内的空气加热。热风加温系统的热源多种多样，一般分为燃油、燃气和燃煤3种，也可以是电加热器。热源不同，加温系统的设备和安装方式也不相同。一般来说，电热方式空气换热器不会造成空气污染，可以安装在温室内部，直接与风机配合使用。燃油或燃气式加热装置一般也安装在室内，但由于其燃烧后的气体含有大量对作物有害的成分，必须排放在室外。燃煤热风炉体积较大，使用中也不易保持清洁，一般安装在温室外部。日光温室专用的燃煤热风炉通常放置在室内靠近门的一端，方便炉火管理。热风加温系统的送风管道由开孔的聚乙烯薄膜或布制成，沿温室长度方向布置，开孔的间距和位置需计算确定，一般情况下距热源越远处孔距越密。热风加温系统的优点是加温时温室内温度分布比较均匀，热惰性小，易于实现温度调节，且整个设备投资较低，但运行费用较高。

热风加温系统在塑料温室中较为常见。其工作原理是：燃烧器通过燃烧煤炭、天然气、煤油或使用电加热器、热水等加热吸入的空气，热空气在排风机作用下直接吹入温室，再经室内环流风机保证加温均衡。温室热风加温系统有直燃式和热交换式两种（图4-10）。直燃式热风机（炉）没有热交换器，直接把燃烧后的气体排放到温室中。虽然加热效率提高了，而且增加了$CO_2$浓度，但燃烧不充分可能会产生微量的有毒有害气体，即使安装废气催化净化器，也会因为很多作物对有毒气体极为敏感，几个mg/kg的浓度就可能受害。另外，燃烧会产生水汽，还可能会发生湿度过大的问题。热交换式热风机抽取室内空气助燃，通过热交换器加热室内空气，燃烧室中的废气直接排出室外。虽然高热废气的直排造成了很大的热损失，但大大提高了安全性。目前很多此类风机从室外引入氧气含量较高、湿度较低的空气助燃，有助于延长热交换器的使用寿命。

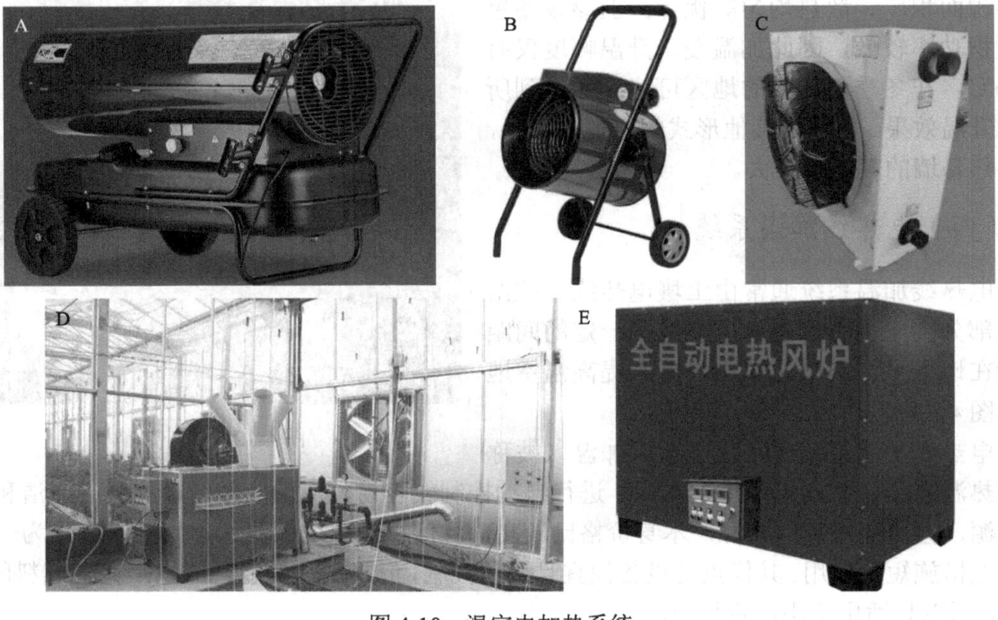


图4-10 温室电加热系统

A～C. 直燃式热风机；D、E. 热交换式热风机

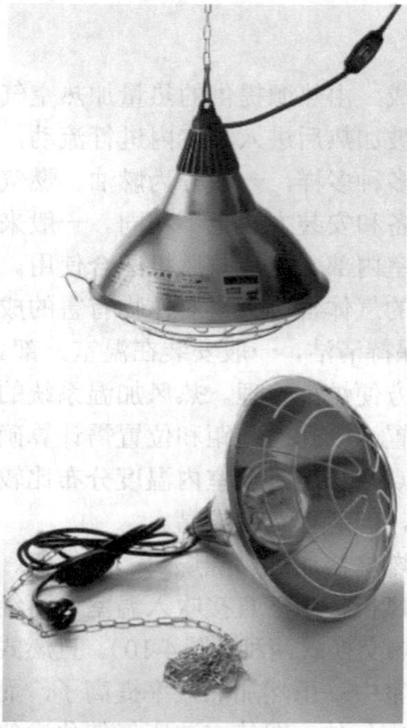

图 4-11　温室电加热灯

直燃式热风机的优点是没有昂贵的热传输系统和散热器，设备整体价格相对便宜；响应速度快，分区加温灵活。缺点是没有集中加温，耗能较高且运行费用高；设备在温室高湿环境中使用寿命短，遮阴面积较大；温室较长时送风困难，易造成加温不均。

## （三）辐射加温系统

辐射加温系统通常是由电热管或电阻丝通电烧红后，用反辐射罩将热辐射向一个方向投射。通常做成如照明灯一样，在温室种植区域上部按一定距离均匀布置。

这种系统有天然气点火装置并沿温室长度方向安装在温室顶部。燃烧器点火燃烧，热量顺着辐射加热器长度方向的金属管传递，将金属管加热直至变成红热状态。金属管的热量向下辐射到温室空间中，被作物和温室中其他的构件吸收，并被转变成有用的热量。

辐射加温系统的安装与热风机一样方便，它能提供温暖与干燥的环境。因为这种系统是直接针对物体加热，而不是通过空气传热，所以这种方式比空气传热方式节能。

这种加温系统的安装简单，能提供温暖干燥的环境，热效率高。缺点是加热距离近，不均匀。如果加装送风系统，就变成了热风加温。顶部安装的加温灯白天还可能造成较为严重的遮阴。电加热灯也是一种辐射加温措施（图 4-11）。

红外辐射加温系统的主要设备是红外热幕墙（图 4-12）。该设备可均匀释放红外辐射，具有热源面积广、散热均匀等优点。但该设备单位面积功率较低，因此加温慢，升温幅度仅有 2～6℃，在冬季气温低的地区可能无法达到所需的升温效果。相较于其他形式的电加热设备，红外热幕墙的耗电量较大。

图 4-12　红外热幕墙

## （四）电热线加温系统

电热线加温系统通常由土壤电热线、控温仪两部分构成。将专用的电热线按一定的间距埋设在地下，依靠电热放出热量来提高温室地温（图 4-13）。

电热线加温系统通常用于苗床加温，被称为电热温床。这种方式预热时间短，进行自动控制较容易，使用简便，电能是最清洁和方便的能源，但电能是二次能源，本身价格比较高，且停机后缺乏保温性，因此只能作为一种临时加温措施短期使用。其优点是设备便宜且最易控制，但电加热的能耗成本是其他燃料的 3～6 倍，所以只适用于小面积加热。

电能需要进行热-电-热的二次能量转换，能量品位高，价格也较高。在热-电转化中，火力发电的效率只有 30%左右。因此，尽管电加热的电-热转化效率较高，但从总体能源的利用来说，电热的能量利用效率是很低的。在种植蔬菜或瓜果的温室大棚中使用电加热是不经济和不合理的。但是对于种苗温室大棚来说，土壤温度关系着种子的发芽率及种苗的正常生长，是温室大棚环境控制的主要对象。实践证明使用电加热方式对土壤局部加热是可行的方案。

图 4-13　电热线加温系统

## （五）空气能热泵加温系统

空气能热泵利用空气中存在的热量来制造和提供热水，它的加热效率很高。普通燃煤锅炉的热效率只有 85%左右，而空气能热泵的热效率可以达到 200%～400%。热泵消耗 1kW·h 的电能，就可以从空气中搬运很多的热能。在热泵单元提供大量的热水之后，再加上温室中大量的风机盘管和热水管，为种植和育种提供了理想的温度环境。

空气能热泵又称为空气源热泵，主要构成为压缩机、冷凝器、膨胀阀和蒸发器，内部含有一定量的介质，通过冷凝器和蒸发器与外部进行热交换（图 4-14）。

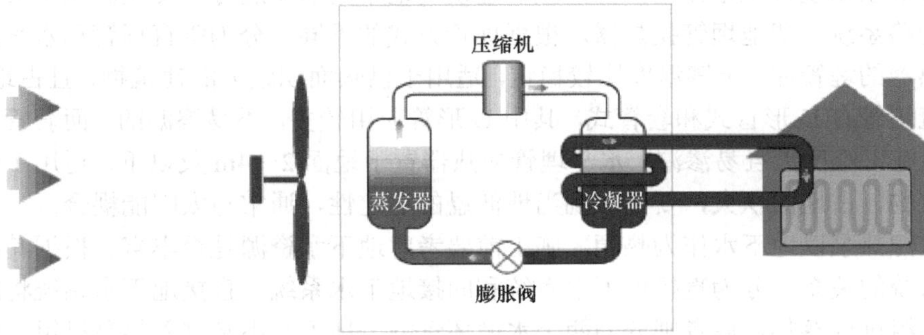

图 4-14　空气能热泵的主要构成

冬天热泵以制冷剂为热媒，由电动机驱动，在空气中吸收热能（在蒸发器中间接换热），经压缩机将低温位热能提升为高温位热能，加热系统循环水（在冷凝器中间接换热）。夏天热泵以制冷剂为冷媒，在空气中吸收冷量（在冷凝器中间接换热），经压缩机将高温位热能降低为低温位冷能，制冷系统循环水（在蒸发器中间接换热）。从而使不能直接利用的热能（冷能）再生为可直接利用的热能（冷能），得到了只消耗少量电能，而获得 2～6 倍于输入功率的节能回报。

空气能热泵的特点是施工量大，初投较高；运营成本低、热转化效率在 200%以上；属于清洁热源，不会污染环境；使用灵活，不受地质、燃气供应的限制，可实现全年全天运行。

但空气能热泵的能效会随室外气候变化而变化，供热能力和供热性能系数随着室外气温的降低而降低，所以它的使用受到环境温度的限制，一般适用于最低温度在－10℃以上的地区。

空气能热泵冬季温室加温系统主要由温室外部空气能热泵模块机组和温室内部热量输送管路两部分构成。温室外部空气能热泵模块机组主要为热泵模块机组、补水箱热泵；温室内部热量输送管路又分为热水输送水路和热风疏散风路两部分，水路与风路通过液-气换热器联系在一起。

此种加温设备前期投入较大，适合高端温室使用。北方地区冬季严寒空气能供暖的费用要远高于地源热泵。

空气能热泵难以成为寒冷地区温室加温系统，其技术上的原因主要是：制热效率降低，导致水源加热时间的大幅度延长，不能满足用户在寒冷天气里对热水的需求。随着环境温度的降低，当蒸发器表面温度低于空气露点温度时，蒸发器表面结霜，当霜层厚度达到一定程度后，随着霜层厚度的持续增加，蒸发器的传热性能不断降低，系统功耗增大，性能系数下降。

（六）地源热泵加温系统

地源热泵是利用地表浅层水源（地下水、江、河、湖、海）及土壤吸收的太阳能和地热能而形成的低温低位热能，利用少量的电能，既可供热又可制冷的高效节能空调系统。

地源热泵按照热源不同可分为土壤源热泵系统、地下水源热泵系统、地表水源热泵系统三种。

土壤源热泵系统以土壤作为热源，吸取建筑物地下的热量进行热交换。其主要部件为埋于地下的管路系统，即地埋管换热器。根据埋管方式的不同，分为垂直埋管和水平埋管。垂直埋管换热器的埋管深，土壤温度比较稳定，适用于供热面积较大的建筑物，且占地面积小；常见的垂直埋管有U形管式和套管式，其中U形管应用较多，不易渗漏的，而套管式换热能力更强，但施工难度大且易渗漏。水平埋管换热器置于地面2～4m及以下，适用于供热面积较小的建筑物，占地面积大，要考虑到当地低温的稳定性，通常与太阳能耦合。

地下水源热泵以地下水作为热源，施工前要考虑地下水资源是否丰富。根据其在建筑物内循环水系统的关系，分为直接地下水系统和间接地下水系统。直接地下水系统将地下水抽取到热泵机组进行换热，后者则分为两个水循环管网，地下水不必进入热泵机组，水体在地下水系统经换热器与建筑物中的循环水系统换热。相同点是换热后都要回灌到地下水中；与直接式相比，间接式可防止管网堵塞，降低地下水污染。

地表水源热泵系统是将地表水作为热源。地表水包括河水、湖水、海水及工业废水、生活污水等，采用后两种水体作为热源的通常称为污水源热泵。

地源热泵是由室外地源换热系统、地源热泵机组系统和室内采暖末端系统三大部分组成的空调系统，见图4-15。室外地源换热系统的主要作用是供热工况下从大地吸取热量，类似于传统燃煤采暖过程中的锅炉；制冷工况时向大地排出热量，类似于传统空调系统的冷却塔。

地源热泵技术属可再生能源利用技术。它不受地域、资源等限制，真正是量大面广、无处不在。地源热泵属经济有效的节能技术。一般来说，地源热泵每消耗1kW的能量，用户可以得到4kW以上的热量或3kW以上的冷量，而锅炉供热只能将90%以上的电能或70%～90%的燃料内能转换为热量。地源热泵环境效益显著。其装置的运行没有任何污染，无燃烧、排烟、废弃物，不需要堆放燃料废物的场地，且不用远距离输送热量。地源热泵系统寿命长。地埋管换热部分选用聚乙烯和聚丙烯塑料管，寿命为50年，热泵机组寿命为25年，整体系

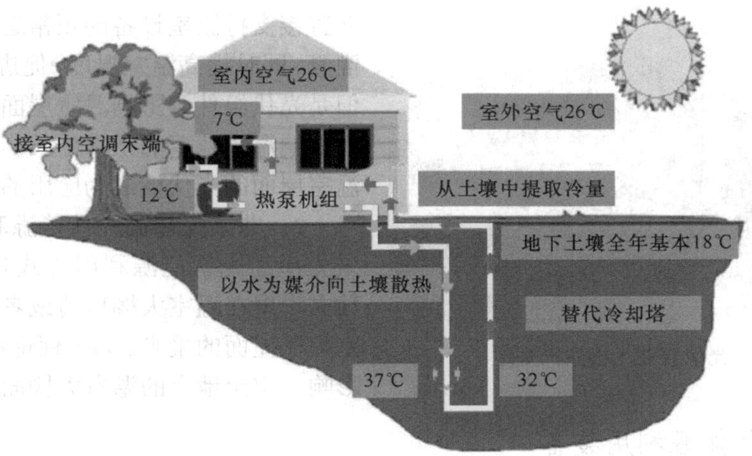


图 4-15　地源热泵的主要构成

统没有室外机组，可免遭损坏，不用频繁清洗维护，寿命远远长于空气能热泵的室外机组和冷水机组的冷却系统。地源热泵空调系统维护费用低。地源热泵的机械运动部件非常少，机组紧凑、节省空间；自动控制程度高，可无人值守。

地源热泵作为一种比较新的技术，需要注意一些问题。首先，设计时要将工况环境如土壤层特性、热容量等参数进行准确的计算，并和实际需求结合，如合理设计换热器的埋管深度和形式；其次，应考虑场地面积和初始投资及当地的气候条件，尤其是北方地区，季节的气候差异较大；再次，考虑当地的水质条件，要进行过滤等处理，若水质有污染还要注意避免回灌；另外，我国的地源热泵技术尚缺乏标准规范，需要进行运行测试和后期维护与检修，若前期考虑不当会造成设备运行效果不佳的现象。

## 第二节　设施农业新能源技术与设备

### 一、光伏能源利用技术与设备

太阳能光伏发电就是通过光伏电池板等设备，将太阳能转换成电能，是目前较为成熟的技术，具有许多优点：安全可靠、无噪声、能源来源丰富、不受地域限制、无机械转动部件、设备故障率低、维护简便、可无人看护，同时建站周期短、规模大小可调、不需要架设输电线路、可以方便地与建筑物相结合。

太阳能作为一种分布广泛的绿色无污染清洁能源，是可持续发展的首选能源。太阳能光伏产业是全球能源科技和产业的重要发展方向，是具有巨大发展潜力的朝阳产业，为促进本国经济增长模式的重大转变，世界各国均高度重视太阳能光伏产业的发展，纷纷出台产业扶持政策，抢占未来新能源时代的战略制高点。

#### （一）温室光伏能源利用的方式

**1．采光屋面光伏能源利用方式**　光伏农业温室是集太阳能光伏发电、智能温控、现代高科技种植为一体的温室。它采用钢制骨架，上覆太阳能光伏组件，以保证光伏发电组件的光照要求和整个温室的采光要求。太阳能光伏发出的直流电，直接为农业温室进行补光，

图 4-16　光伏农业大棚生产基地

并直接支持温室设备的正常运行，驱动水资源灌溉，同时提高温室温度，促进作物快速增长。但是光伏组件会影响温室屋面的采光效率，进而影响温室蔬菜的正常生长。所以，合理布置温室屋面的光伏板成为应用的关键点。

**2．非采光屋面光伏能源利用方式**　非采光屋面光伏能源利用方式是指将光伏组件独立设置在温室大棚后边或者侧面，不影响温室大棚屋面的采光。为了保证蔬菜正常生产会影响一定土地上的温室大棚面积（图 4-16）。

## （二）光伏能源利用装备

**1．光伏电池组件的种类与设备**　光伏电池组件是太阳能发电系统中的核心部分，其作用是将太阳辐射能直接转化成直流电，供负载使用或存贮于蓄电池内备用。太阳能电池种类分为晶体硅电池（图 4-17）和非晶体硅电池（图 4-18）两类，其中晶体硅又可分为单晶硅、多晶硅两种。非晶体硅电池就是薄膜太阳能电池的一种。

图 4-17　晶体硅电池生产工艺

图 4-18　非晶体硅电池生产工艺

**2．光伏能源截获与转化装备**　光伏发电系统包括配电箱、控制器、逆变器、蓄电池 4 部分（图 4-19）。光伏发电系统框架见图 4-20，可分为光伏离网发电系统和光伏并网发电系统。

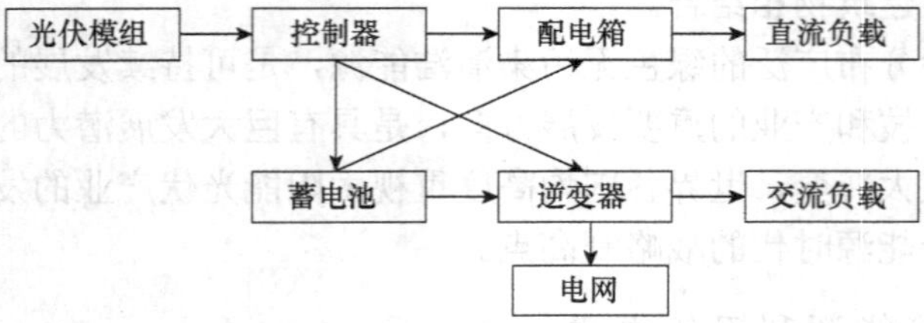


图 4-19　光伏发电系统

光伏离网发电系统主要由太阳能电池组件、控制器、蓄电池组、逆变器、直流负载、交流负载组成。控制器能自动防止蓄电池过充电和过放电。当光伏电池组件产生的电能不能满足负载需要时，控制器又把蓄电池的电能送往负载（图 4-21）。

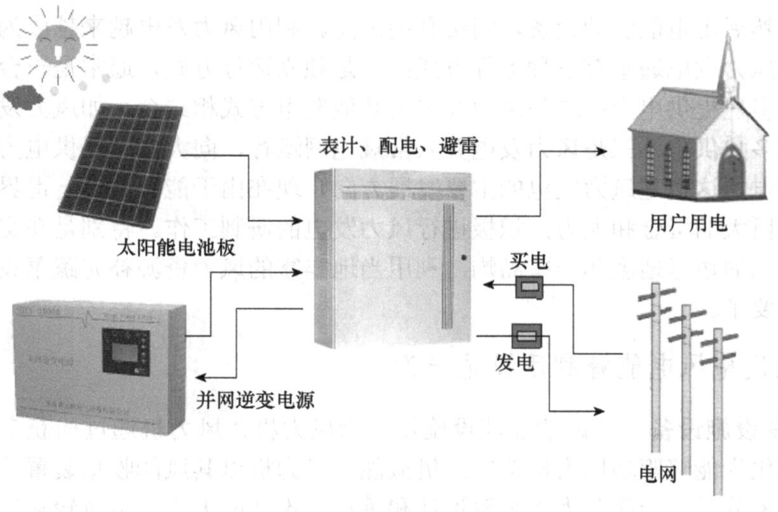


图 4-20　光伏发电系统框图

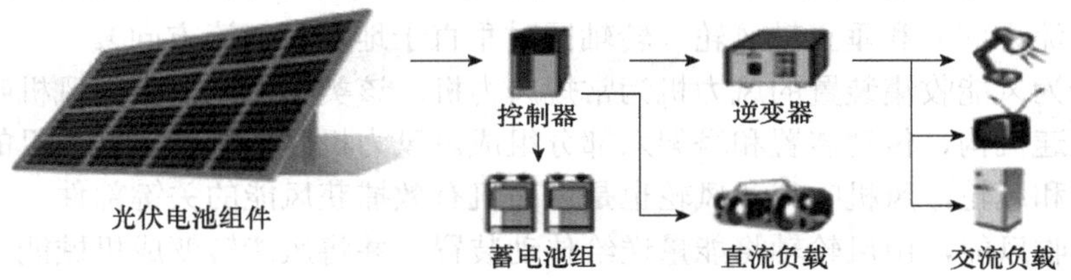


图 4-21　光伏离网发电系统

光伏并网发电系统由光伏电池组件、控制器、并网逆变器、负载组成。光伏电池组件产生的电能不经过蓄电池储能，而是通过并网逆变器直接反向馈入电网的发电系统。因为直接将电能输入电网，免除配置蓄电池，省掉了蓄电池储能和释放的过程，可以充分利用可再生能源所发出的电力，减小能量损耗，降低系统成本。

光伏并网发电系统能够并行使用市电和可再生能源作为本地交流负载的电源，降低整个系统的负载缺电率。

## 二、设施农业风电能源与应用

### （一）蔬菜设施风电能源利用的主要方式

风能在设施农业中的利用形式主要有直接形式和间接形式两种。直接形式是利用风轮直接带动各种机械传动系统，称为风力发动机，一般可以用来带动蔬菜设施中的通风设备、提水灌溉系统、卷帘机、风力压缩制冷和风力制热采暖设备等。风力压缩制冷是利用风力机将风能转化为机械能，然后通过传动变速机构直接驱动制冷压缩机制冷，这个过程中不产生电能。风力压缩技术使用广泛，如农业果蔬冷库、蔬菜设施等。风力制热采暖是将风能转化成热能的方式，目前有三种转换方法，一是风能先转换为机械能，再转换为电能，然后将电能通过电阻丝变成热能；二是由风力机将风能转化成空气压缩能，再转换成热能；三是利用风力机将风能转化为转动机械能，带动搅拌器转动，转化为某工质的热能，如是搅拌液体制热，即风力机带动搅拌器转动，从而使液体变热。风力制热技术在农副产品加工和温室采暖中都有所应用。间接形式是通过风力带动风车叶片旋转，再通过增速机将旋转的速度提升，来促使发电机发电，然后用电能驱动设备，间接利用风能。利用风力发电越来越成为现代利用风能的主要形式。风力发电通常有三种运行方式：一是独立运行方式，通常是一台小型风力发电机向一户或是多户提供电力；二是风力发电与其他发电方式相结合，如风力发电与柴油机发电相结合，向多户供电；三是风力发电并入常规电网运行，向大电网提供电力，如风场的多台风车风力发电，这也是风力发电的主要发展方向。现在由于能源缺乏，世界上许多国家和地区不惜投入巨大的资金和人力，积极进行风力发电的研制工作。特别是在交通运输不方便、电网不易达到的边远地区和一些岛屿，利用当地丰富的风力资源补充蔬菜设施中的能源需求就显得更重要了。

## （二）蔬菜设施风电能源利用设施与设备

**1．风能捕获设施设备** 风能捕获设施设备为风力机，风力机通过捕获空气中流动的风能，将风能转化为能够驱动风力机旋转的机械能。风力机以其风能收集装置的结构形式和其在空间的布置来分类，一般分为水平轴设计和垂直轴设计两大类。按风轮转轴相对于气流方向的布置可分为水平轴风轮（转轴平行于气流方向）、侧风式水平轴风轮（转轴平行于地面、垂直于气流方向）和垂直轴风轮（转轴同时垂直于地面和气流方向）。

以风轮作为风能收集装置的风力机为常规风力机。该类型的风力机由风机叶片、风轮、对风装置、调速机构、传动装置和塔架六部分组成。风力机区别于其他动力机的主要标志部件为风机叶片和风轮，风机叶片和风轮也是风力机有效捕获风能的关键部件。风机叶片的作用是捕捉和吸收风能，由风轮轴将能量送给传动装置，并将风能转变成机械能。此外，对风装置也是风力机最为重要的部件，因自然界风的方向和速度经常变化，设置对风装置可使风力机能有效地捕捉风能，对风装置由尾舵、舵轮、电动对风装置和自动对风轮组成。

**2．风能转化设施设备** 风能转化设施设备是将风能转变成机械能并加以利用的一整套设备，一般包括风轮、传动装置、控制装置、贮能装置和风能利用装置。风轮是风能转化设施设备中用来捕获风能的重要部件，由叶片和转子轴组成，其功能是把风能转变成机械能。此外，风能利用装置也是风能转化设施设备的重要组成部件，其作用是将风能转化的能量用于各种设施，如发电机、水泵、压气机、热泵等。

风力机是基本的风能转化设施设备，按主轴装置形式大致可分为垂直轴风力机（转轴与来流方向垂直）、水平轴风力机（转轴与来流方向平行）两大类。目前较常用的大型机组为水平轴风力机，其中，最普遍的水平轴风力机为风力发电机。风力发电机是将风能转化成机械能再转化为电能的动力机械，其工作原理为首先利用自然风力带动风车叶片旋转，将风能转化为机械能，再通过增速机提升旋转速度，带动发电机发电，将机械能转化为电能。

风力发电机主要分为两类。一是小型风力发电机，其主要组成部分包括叶片、风轮、发电机、塔架、尾翼、转体、调向机构、蓄能系统和逆变器等。其中，叶片用来捕获风能并通过机头转化为电能，尾翼能够保证叶片始终对着风来的方向以最大限度地捕获风能，转体和机头通过灵活转动帮助尾翼实现调整叶片方向的功能。二是大型风力发电机，一般由塔架、气动机械、电气部分组成。气动机械部分的功能是将风能转化为机械能，驱动发电机转子，气动机械部分包括转子叶片、轴心、低速轴、增速齿轮箱、高速轴及其机械闸、偏航装置等。电气部分的主要功能是将机械能转化为恒定输出的电能，电气部分包括感应电机、电力电子变频器、变压器、电网。大型风力发电机从外观上大体可分为塔杆、风轮（包括尾舵，但目前一般大型风力发电机已经没有尾舵）、发电机（机舱）三部分。其基本工作流程是风带动风轮产生旋转运动，将风能转化为机械能，通过齿轮变速箱再将机械能传送到发电机，转化产生电能。

**3．风能蓄积设施设备**　随着风能的逐渐发展和应用，风能蓄积设施设备的使用尤为重要，风能蓄积设施设备是指将风能直接转化并储存成一种可以控制其能量释放速度的设备。风能蓄积的方式有很多种，主要包括电池储能、飞轮储能和压缩空气储能。电池储能是指将风能转化的电能储存在蓄电池中，包括铅酸电池等，具有生命周期短的特点。飞轮储能是指风电场有电能富余时，通过电动机将电能转化为飞轮动能储存起来，风电场输出电能不足时，通过发电机将飞轮动能转化为电能输出，飞轮储能的响应速度快、能量密度高，维护简单，持续输出时间长。压缩空气储能是指将风能转化为压缩空气势能，并储存于密闭空间中，如废弃人工气罐等，具有投资小、储存容量大、启动快等特点。

按照能量转换方式的不同，应用于风电场中的储能形式可以分为机械储能、电磁储能、化学储能三大类，具体的储能形式如图 4-22 所示。

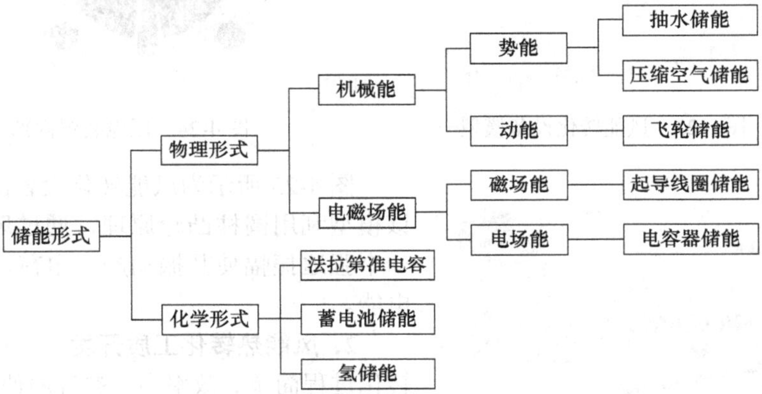


图 4-22　风电场中的储能形式

**4．风电能转化设施设备**　风力发电是风能的主要利用形式，风力发电是把风的动能转化为机械能，再把机械能转化为电能。风电能转化设施设备主要由风轮机、尾舵、发电机和铁塔四部分组成。其中，风轮机和发电机为风电能转化设施设备的核心部件。

风轮机是利用风力带动风车叶片旋转，把风能转化为机械能的装置。为保持风轮始终对准风向以获得最大的功率，还需要在风轮的后面装一个类似风向标的尾舵。通常，风轮的转速比较低，而且风力的大小和方向经常变化，这使得转速不稳定，所以，在带动发电机之前，还必须附加一个把转速提高到发电机额定转速的齿轮变速箱，再加上一个调速机构使转速保持稳定，然后再连接到发电机上。发电机的作用是把由风轮得到的恒定转速，通过升速传递给发电机构均匀运转，因而把机械能转化为电能。此外，铁塔也是风电能转化设施设备的重要组成部件，铁塔是支撑位于空中的风轮、尾舵和发电机的构架，它一般修建得比较高，用于获得较大的和较均匀的风力。

## （三）蔬菜设施风电能源利用核心技术

**1．风能转化设备研究**　风能转化设备是将捕获到的风能转化为机械能，并加以利用的设施设备。风力发电是较为普遍的一种风能利用形式，风能转化为电能的重要设备是压电材料。压电材料具有机械能与电能之间转化和逆转化的功能，因此得到了广泛的应用。压电发电的原理是压电材料在外力作用下发生变形，通过正压电效应将机械能转化成电能。利用压电材料的正压电效应设计出的风能转化设施，使风能通过旋转轴，从而使压电发电装置内部的悬臂梁式压电振子振动产生电荷，把风能转化为电能，即利用风能激励压电振子来发电。以下为两种风能转化设备的模型。

图 4-23 所示为风能转化设备的一种模型，图 4-24 为压电装置内部结构。该模型中的风轮捕获到风能后，通过旋转轴传递给压电装置，与压电装置一起旋转。压电装置内部的钢球撞击悬臂梁自由端，使压电晶片与悬臂梁一起横向振动产生电荷，从而把风能转化成电能。

图 4-23　风能转化设备模型一

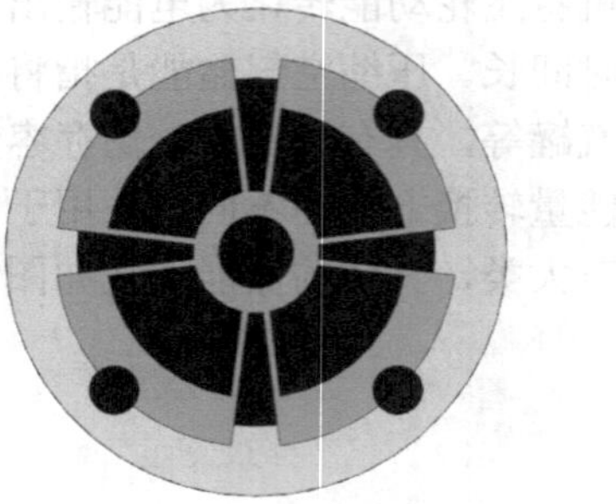

图 4-24　压电装置内部结构

图 4-25 所示为风能转化设备的另一种模型。该模型利用圆柱凸轮原理，通过风车给压电振子一个强迫振幅使其振动产生电荷，把风能转化为电能。

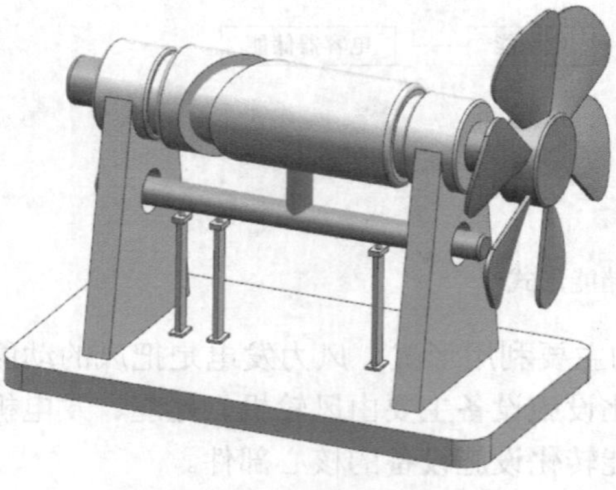

图 4-25　风能转化设备模型二

**2. 风能热转化工质开发**　风能热转化因其转化过程简单、效率高，被普遍使用于供热应用。根据热力学定律，由品位较高的风能转化成品位较低的热能理论上可以达到 100%的效率，但实际情况下风能致热的转化效率只能达到 40%左右。风能致热的形式有搅拌液体致热、液体挤压致热、固体摩擦致热、涡电流致热、电热致热、压缩空气致热等。

（1）*搅拌液体致热*　搅拌液体致热的原理是风能捕获装置捕获风能后转动，通过传动装置带动搅拌器转子高速旋转，转子与定子上都有叶片，并且都有一定的间隙，当转子搅拌桶内液体时，会产生涡流运动，运动的液体撞击容器内部部件和壁面，产生摩擦；液体自身分子的不规则运动也会相互摩擦，从而将自身的动能损失为热能，致使介质的温度逐渐升高。其特点为能量转化率高，功率输入和输出装置容易匹配，不需要安装保护装置，可靠性高，造价低廉。

（2）*液体挤压致热*　液体挤压致热是将风能先转化为液体的势能，再将势能损失为热能的一种致热方式，其核心部件有液压泵和阻尼孔。风能捕获装置带动液压泵高速旋转，使致热器内部液体获得高压，并从阻尼孔射出，从而获得更高的速度，高速液体与低速液体撞击，分子间产生摩擦，液体的动能损失为热能。这种致热方式主要是液体之间的碰撞，对装置的损害较小，因此耐用性较高。

（3）固体摩擦致热　固体摩擦致热是将风能转化为固体的动能，再将动能通过摩擦生热的原理转化为热能，其装置主要部件为摩擦块及摩擦缸。摩擦块通过弹簧安装在风力机输出轴的末端，与摩擦缸紧贴，有风时，风力机会带动摩擦块一同旋转，产生离心力，使得摩擦块与摩擦缸之间产生摩擦。摩擦力大小会受到离心力的影响，而离心力大小又受转速影响，因此当风力机刚启动时，离心力较小，摩擦力也较小，风力机容易启动，随着风速的增大，离心力逐渐增大，摩擦力也随之增加，产生的热能也逐渐增多。此装置结构简单，致热快，但由于是固体间摩擦，会产生磨损，需要经常更换摩擦块，还需要及时将热量导出，防止烧损装置。

（4）涡电流致热　涡电流致热是利用磁感效应产生电能，再将电能通过电阻转化为热能的一种致热方式，其主要部件为安装在转子上的磁极和筒壁上的导体。当风力机转动时，安装在转子上的永磁体随之转动，产生变化的磁场，同时，固定在筒壁上的导体会切割磁感线并产生感应电流，通过电阻产生热量。此装置能量转化效率高，体积小，但由于磁场不稳定，容易波动。

（5）电热致热　电热致热是将风能通过装置先转化为电能，然后再将电能转化为热能的致热方式。这种方式能量转化过程多，效率较低。

（6）压缩空气致热　压缩空气致热是利用风力机带动空气压缩机压缩空气产生热量，装置核心部件为空气压缩机。有风时，风力机驱动压缩机运行，将低温低压的气体压缩为高温高压，再循环到冷凝器中放热，最后通过蒸发器使气体膨胀吸热，不断循环运行产生足够的热量。这种装置运行安全高效，但对设备要求较高。

## 三、设施生物质能源与利用

生物质是一种清洁可持续利用的能源，从全球范围来看，瑞典、挪威、丹麦等化石能源匮乏的北欧国家和巴西等南美林业生物质资源丰富的国家，生物质的集中式发电、供暖和生物质燃料生产技术发展走在世界前列。而我国具有丰富的生物质资源。据测算，我国生物质资源相当于 50 亿 t 标准煤，是目前我国总能耗的 4 倍左右。生物质资源可直接作为燃料或材料使用（木屑、树皮、果壳等），也可经发酵工程产生沼气，或者提高能量密度，加工成生物质燃料。

### （一）设施生物质能源利用的主要方式

**1．生物质自然发酵能源利用**　生物质自然发酵能源利用是一种通过静态发酵方式，将生物质转化为有机肥并获得能源与 $CO_2$ 的传统方法。在蔬菜设施中进行静态堆制多以室内发酵池作为反应容器，发酵过程中人为控制较少，主要依靠有机固体废物自然发酵，且受温度和湿度影响较大，发酵时长一般为 3～6 个月。

以西北农林科技大学李建明团队设计开发的 17m 跨度、30m 长的单层非对称保温大棚为例，在室内发酵池（图 4-26）中添加 $8m^3$ 的农业废弃物（番茄秸秆和猪粪混合），采用不翻堆的方式进行自然发酵，可使冬季大棚的日平均气温提高 4.2℃，日最低气温平均提高 4.6℃。在典型晴天下的夜间（18：00 至次日 9：00），可提高温室内平均气温 4.4℃，室内外温差可达 28.9℃；典型雨雪天气下，可提高室内温度 3.1℃。

**2．生物质可控式发酵能源利用**　生物质可控式发酵能源利用是一种利用器械设备控制发酵进程以实现快速获取并高效利用生物质热能与 $CO_2$ 气肥的发酵方式。其中，通风和水分是调控生物质发酵酿热产气的关键因素。在通风条件下，发酵堆体中的好氧微生物利用氧气进行生命活动，产生的能量一部分用于自身生命活动，一部分则成为热能释放于环境中，利

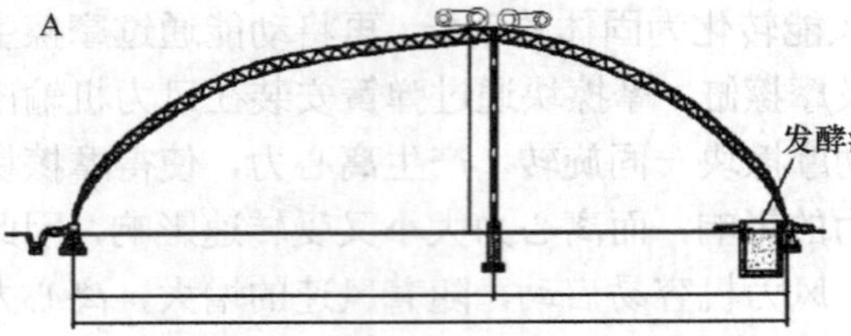


图 4-26　大棚剖面图

A．新型非对称水控酿热大棚；B．普通非对称大棚

于环境温度升高。而水分参与整个发酵进程，为微生物活动提供必要的可溶性养分，同时通过水分将堆体热量以水蒸气的形式释放，以此降低堆体温度，延长微生物寿命，增加堆体积温。

在蔬菜设施生物质可控式发酵能源利用中，通风调控为主要控制方式。以西北农林科技大学曹晏飞等设计开发的一种便于控制通风时间的主动通风式酿热补气系统 AVFHSGS（图 4-27）为例，该系统建造于双拱双膜非对称大跨度保温塑料大棚，发酵主体为发酵池、进气管道、出气管三部分。发酵池南北横向建造，长 7.0m，宽 2.0m，地上部分 0.8m，地下部分 1.2m。系统采用主动通风式调控方式，安装在发酵池外侧的风机将室内空气通过进气管道送入堆体底部，再通过气体自上而下的流动方式，为堆体补充 $O_2$（图 4-28）。实测数据表明，该系统可使堆体温度高于 50℃以上的天数达 30d，可提高室内夜间空气温度 1～3℃，释放的 $CO_2$ 可使 $182m^2$ 测量区域内的平均 $CO_2$ 浓度高达 1997μmol/mol。

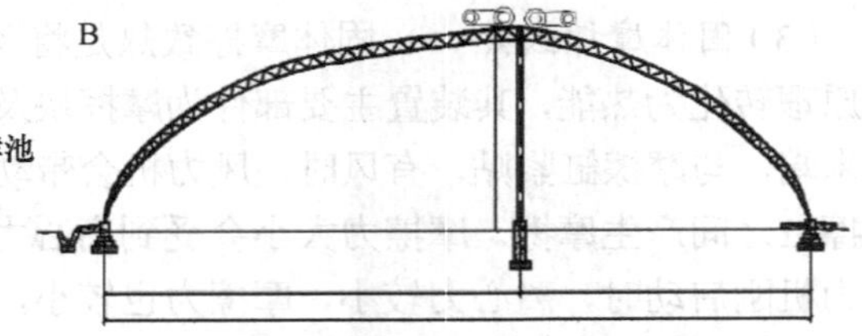


图 4-27　主动通风式酿热补气系统 AVFHSGS

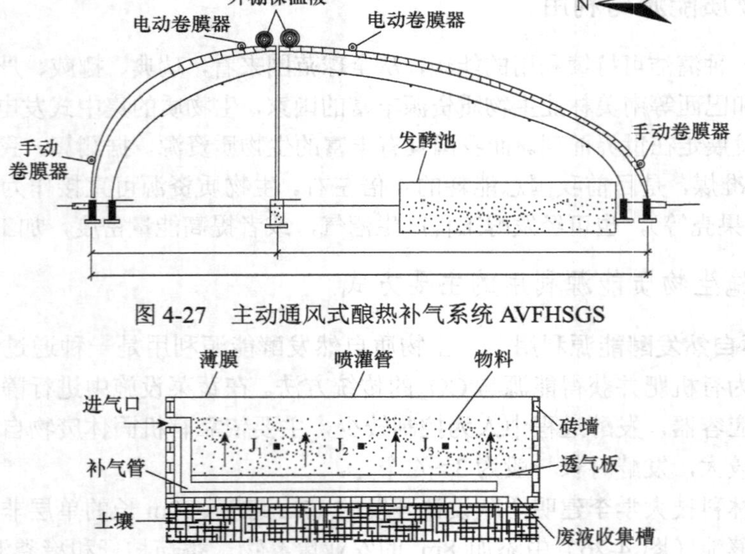


图 4-28　发酵池剖面图及堆体内温度测点

$J_1$、$J_2$、$J_3$ 代表堆体内部中间层沿长度方向 4 等分位置的温度测点

在此基础上，在发酵池内装配秸秆淋洗装置，在冬季可提高室内气温 3～5℃，加强植株光合作用，使番茄产量增加 29.6%。

## （二）蔬菜设施生物质能源利用的设施与设备

**1．生物质原料处理设备**　生物质原料处理设备以原料粉碎为主要开发方向，设施园艺废弃物常因粒度大、直径粗而不易降解，从而影响微生物对有机质的利用，致使堆体温度难以上升。因此在进行发酵前需对原料进行预处理。目前我国秸秆粉碎设备主要有铡切式粉碎、锤片式粉碎、揉切式粉碎、组合式粉碎等。在设施园艺生物质原料预处理方面，我国也开发了多种适宜于温室发酵的机械化秸秆作业一体机。

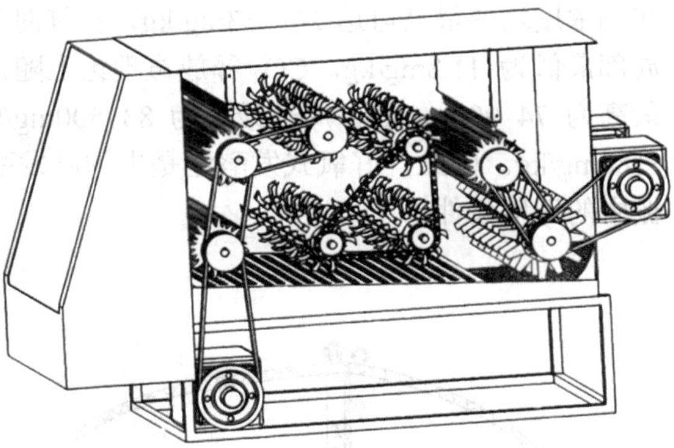

图 4-29　可自粉碎秸秆式布料装置

以可自粉碎秸秆式布料装置（图 4-29）为例，该设备应用铡切式粉碎原理，解决了生物发酵前秸秆预处理粉碎及分撒的问题。由布料箱体、秸秆粉碎刀辊、秸秆传送带、圆盘刀组、防堵辊、菌种箱、菌种下料辊、菌种打散辊、传动系统等组成。在处理中秸秆被箱体中部的圆盘刀组切割成两部分；随着两侧传送带输送到秸秆粉碎刀辊中，粉碎的秸秆一部分直接经由下料口落入沟槽中，一部分经过防堵辊拨动落入下料口中，同时菌种箱中的菌种随着菌种打散辊均匀地洒落到秸秆上。其是一种适用于棚室温室发酵的生物质原料粉碎设备。

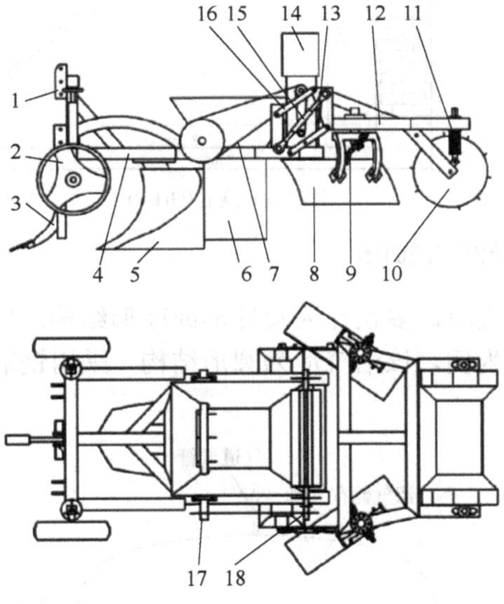


图 4-30　秸秆反应堆作业一体机结构示意图

1．三点悬挂架；2．限深轮；3．松土铲；4．主机架；5．开沟器；6．放料斗；7．链条；8．覆土器；9．小型丝杠；10．镇压成型器；11．减振器；12．副机架；13．放料电机；14．菌箱；15．伸缩杆；16．平行四杆；17．防堵辊；18．菌辊

除原料粉碎外，也包括生物质反应堆一体化制备的设备。以秸秆反应堆作业一体机（图 4-30）为例，该机主要包括开沟装置、放料装置、覆土装置、镇压成型装置，可一次性完成秸秆反应堆开沟、秸秆放料、菌种均匀抛洒、秸秆覆土、土壤镇压成型。

生物质厌氧发酵前需要对秸秆进行预处理，以分解木质素、纤维素和半纤维素的紧凑结构，促进甲烷回收。以奶牛养殖废水密封式预处理水稻秸秆为例，经处理之后可降低木质素含量68.08%，提升生物甲烷产生量高达29.2.262L/kg。

**2．生物质能源利用发酵池设计**　生物质能源利用发酵池设计根据发酵原理分为好氧式发酵池与厌氧式发酵池。好氧式发酵池设置有进出气口，而厌氧式发酵池则必须保证其密封性。

在好氧式发酵池设计方面，池体容积大小应与温室采暖面积对应。以西北农林科技大学李建明团队发明的非对称水控酿热大棚为例（图 4-31），该棚为东西走向，长 32.0m，跨度 17.0m，对应配备的好氧式发酵池位于温室北部底端，长 30.0m，宽和高均为 1.0m。采用小麦秸秆、猪粪、牛粪、菇渣等农业废弃物作为发酵材料，可使池中农业废弃物温度持续在 40℃以上 53d，在 50℃以上 42d，发酵过程中，堆体平均温度最高可达 67.6℃，局部最高温度可达 77.4℃。甲烷释放量随着发酵时间的延长逐渐降低，初期浓度均值最高可达 26 533mg/kg，持续时间为 7d，发酵末期浓度均值最低为 13.4mg/kg，局部最低为 11.8mg/kg。$CO_2$ 释放量理论上随发酵时间增加应呈逐渐减小趋势，初期浓度均值最高为 74 900mg/kg，局部最高为 83 500mg/kg，浓度均值最低为 1966.7mg/kg，局部最低为 1180mg/kg。因此，好氧式发酵池是生物质发酵产热在温室供暖中的重要途径，可有效改善大棚中的环境条件。

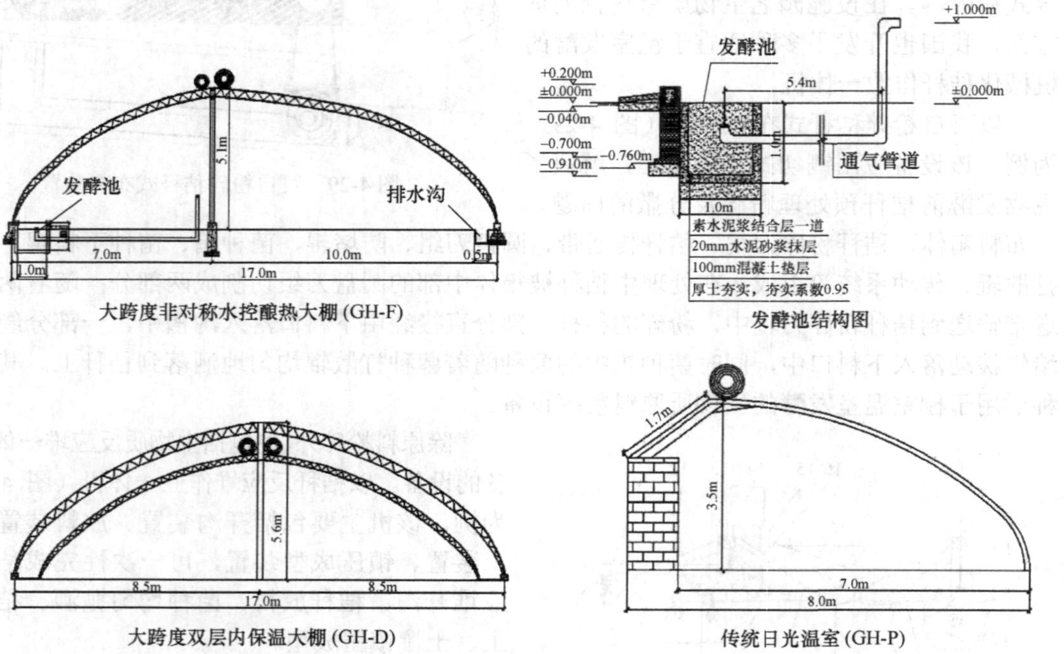


图 4-31　新型大棚和传统温室剖面图

在厌氧式发酵池设计方面，为保证底物的充分反应，多设计为圆柱形或球形结构。以一种易于操作和管理的新型干发酵沼气池（图 4-32）为例，该沼气池为圆形结构，采用钢筋混

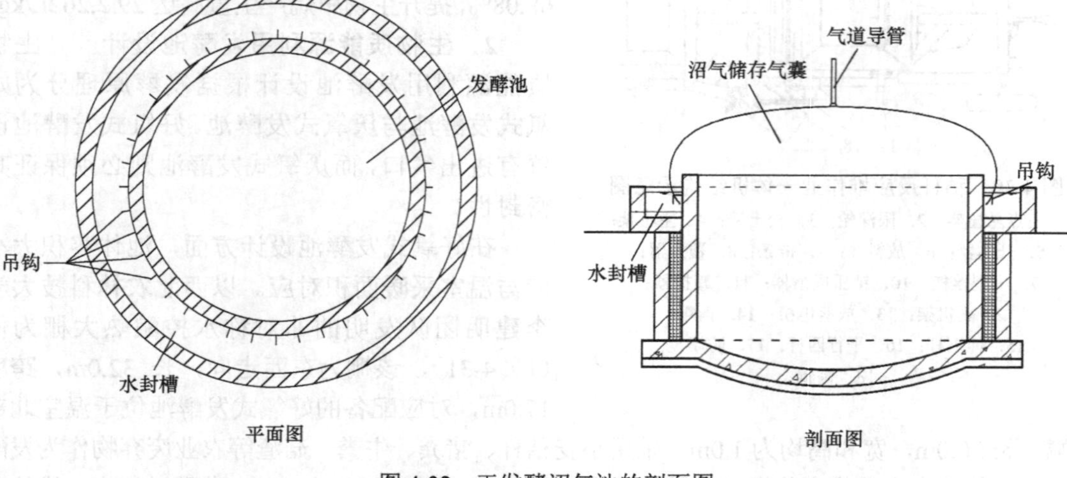


图 4-32　干发酵沼气池的剖面图

凝土和砖砌结构建造。发酵原料为猪粪和秸秆，该厌氧发酵池每日沼气产量接近 $1m^3$，甲烷比例约为 54%，甲烷产量可满足农户日常需要。

**3．生物质能源利用发酵池有害气体处理设施设备**　生物质好氧发酵过程中会产生大量的 $CO_2$，可作为光合作用的原料，提高园艺植物的光合作用。但发酵过程中，同样会产生 $N_2O$、$CH_4$、$NH_3$ 等有害气体，使得叶片上产生脱水现象，造成氨害或酸中毒。严重时会使植物呼吸受抑制，免疫力和抗病性下降，极易产生病害。因此在温室发酵酿热过程中，通常安装有气体过滤装置，过滤出大部分有害气体。根据好氧堆肥废气去除原理，目前主要采用生物滤池和酸碱法进行废气的吸收处理。

生物滤池是一种利用腐熟生物质作为吸收介质的废气过滤装置，该滤池分为三层，即底层、中层、顶层，滤料分别为火山岩、火山岩与腐熟堆肥混合物、腐熟堆肥。各层滤料的厚度为 0.5m。在冲击负荷和饥饿运行条件下，$NH_3$ 的去除率可维持在 94%～99%。

酸碱法是一种利用酸碱介质吸收中和废气的处理方法。对应的废气处理设备以此为原理，可以收集发酵气体中的有机气体、氨气等，对废气进行回收处理甚至循环利用。以一种用于处理好氧堆肥过程中产生的气体装置（图 4-33）为例，从堆体内排出的废气通入冷却装置中进行冷却处理，随后将冷却后的气体通入净化回收装置中进行净化和回收。预冷处理可防止高温废气与气体装置中的物质发生化学反应。净化回收装置中，固体介质为生物炭和过磷酸钙的混合物，吸收罐中盛有稀酸溶液，溶解液吸收气体中的 $NH_3$，形成 $(NH_4)_2SO_4$ 溶液，经稀释到 15%～18%可作为氨肥直接灌溉作物，达到回收利用的效果。

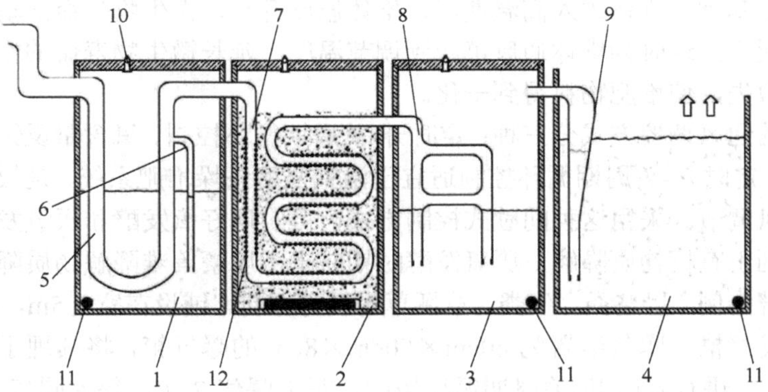


图 4-33　处理好氧堆肥过程中产生的气体装置的结构示意图

1．冷却罐；2．吸附罐；3．吸收罐；4．敞口罐；5．冷却管；6．泄液管；7．吸附管；8．尾管；9．单管；10．气压安全阀；11．排液口；12．散气孔

除此之外，对发酵反应物进行充分合理的通风曝气也可以减少有害气体的排放。例如，采取膜覆盖结合间歇式曝气，对肉牛粪便好氧堆肥过程中有害气体进行处理，好氧发酵期间膜外的 $CO_2$、$CH_4$、$N_2O$ 和 $NH_3$ 排放量分别减少了 64.23%、70.07%、54.87%和 11.32%；并且与传统静态发酵相比，甲烷和一氧化二氮的排放量分别减少了 99.89%和 60.48%。

## （三）蔬菜设施生物质能源利用核心技术

**1．生物质发酵环境控制技术**

（1）水分调控　水分是微生物生长所必需的，在发酵过程中，水分可以溶解有机物参与微生物的生命活动；同时水分可以带走堆体热量，调节堆温。含水率过低不利于堆体中有机物的分解，微生物难以生长。含水率过高会对堆体环境造成气体传质障碍。

以玉米秸秆和牛粪联合好氧发酵为例，其初始含水率为71%时，堆体高温持续时间最长，氨气释放量最少。通常在蔬菜设施发酵过程中，废弃物的含水率适宜在55%～65%。由于蔬菜废弃物的含水率普遍偏高，其中部分蔬菜如娃娃菜、菠菜等含水率超过65%，因此在进行堆制时需调节含水率，如将物料进行翻堆，促进水分蒸发；或添加吸水物质（谷壳、木屑、腐熟堆肥等）辅助吸收水分。

（2）碳氮比调控　碳氮比是影响生物质发酵的关键因素。根据微生物细胞的碳氮比和需碳量可知，生物发酵过程中最佳的碳氮比为（25～35）：1。碳氮比过高（超过40：1），则供氮不足，微生物生长受到抑制，新陈代谢减慢，堆体温度难以升高。碳氮比过低（低于20：1），则碳素不足，氮素过剩，易导致氮元素以氨气的形式散失降低肥效。

园艺废弃物的初始碳氮比一般高于最佳值，因此需要加入调节剂，将碳氮比调到最佳范围。当原料碳氮比已知时，可以根据式（4-1）计算加入氮源物质的含量：

$$K=\frac{C_1+C_2}{N_1+N_2} \tag{4-1}$$

式中，$K$为混合物料碳氮比；$C_1$、$C_2$、$N_1$、$N_2$为原料与调节剂的碳、氮含量。

（3）通风过程调控　通风是影响好氧发酵过程中温度变化、微生物活性、气体成分、水分去除和产品质量的重要参数，可以起到为好氧发酵堆体供氧、除湿和降温的作用。在设施大棚生物质发酵通风调控时，通风为微生物的新陈代谢提供氧气，促进其生命活动和繁殖，为堆体升温奠定基础。堆体进入高温期后，堆体温度升高，微生物生命活动减慢，过高的温度会使微生物死亡，这时为堆体通风可起到调节温度、延长微生物寿命的作用。发酵后期通风可加速水分散失，使堆肥物料得到干化。

目前常见的通风调控方式分三种：定时开-关周期循环控制、氧含量反馈控制和最大氧消耗率反馈控制。定时开-关周期循环控制适宜于温室发酵条垛堆肥系统，是根据预先设定好的时间，进行通风调节。采用这种间歇式控制方式，可实现好氧发酵和厌氧发酵交替进行，好氧发酵阶段有利于有机物质降解，厌氧发酵时期易于木质素等难降解物质降解。

以槽式发酵为例，以鸡粪、牛粪、草坪草为发酵原料，铺设在宽1.5m，深1.2m，长20m的发酵槽中，发酵槽的曝气装置为60cm×50cm×8cm的曝气箱，将其埋于堆体正中，距堆体底部30cm处，进行定时开-关周期循环控制，每天曝气7次，每次曝气1h，气体流量为60L/min。间歇式曝气处理可有效提高发酵堆体升温速度，发酵第2天可达68℃，并维持堆体温度在50～61℃。

**2．生物质发酵微生物菌剂**　生物质发酵微生物菌剂是一种用于加速发酵进程、提高堆体温度的外源接种剂。自然发酵时土著微生物数量不足，导致分解能力弱，发酵周期长，堆肥产品营养成分含量低，因此施入微生物菌剂是提高发酵酿热产气的有效技术措施。

微生物菌剂分为单一菌剂和复合菌剂。在生物有机肥发酵生产过程中，一般采用的是复合菌剂，根据需要降解的原料类型或发酵目的选用不同菌种，如原料是秸秆类就要先降解纤维素类，为了控制高温期的温度和持续时间要根据菌种的不同进行配比。在生物质发酵过程中，常出现细菌、放线菌、真菌等菌类。其中，细菌迅速吸收可溶性、易分解的有机物，对发酵升温起着主要作用；放线菌分解纤维素，溶解木质素，分解纤维能力不及真菌，但比真菌耐高温和pH，是高温期分解纤维素、木质素的优势菌，而且可以产生一些抗生素，压制部分有害菌的生长；真菌分解木质素、纤维素，较适宜的生长温度为25～30℃，能产生孢子，不易被杀死堆肥，细菌总数＞放线菌总数＞真菌总数。

目前较为常见的单一菌剂有解淀粉芽孢杆菌，将该菌剂接种于牛粪堆肥中，能提升堆肥温度，最高达74℃，并持续高温期长达16d。

复合菌剂常见的有含分解无机磷菌、分解有机磷菌、分解钾菌和固氮菌4类有益菌种的复合微生物菌剂。按1∶1000的比例将该复合菌剂应用于生物质发酵中，可明显促进微生物对有机质的利用，并增大产热量。

## 第三节　降温设备

为获得良好的经济效益，设施必须保证一年四季都能进行生产。当设施内温度超过35℃时就不能正常生产。高温季节为了维持作物生长所需气温和根际温度，需将进入室内的热量强制排出，以达到降温的目的。根据设施热平衡方程，降温可通过减少进入室内的太阳辐射、增加热量支出和加大蓄热量等途径实现。

### 一、遮阳降温

遮阳降温就是利用不透光或透光率低的材料遮住阳光，阻止多余的太阳辐射能量进入温室，保证作物正常生长，又降低了温室内的空气温度。由于遮阳材料不同和安装方式的差异，一般可降低温室温度3～10℃。

#### （一）遮阳网

遮阳网也称为寒冷纱，用聚烯烃加入耐老化助剂拉伸成丝后用编织机编织而成的一种高强度、耐老化、网状的新型农用覆盖物，其中以聚乙烯遮阳网应用最为广泛。现已成为我国南方地区进行夏、秋高温季节蔬菜花木栽培或育苗的一种简易实用、低成本、高效益的覆盖新技术，并成为我国热带、亚热带地区夏季设施栽培的显著特色而普及推广。

（1）遮阳网的种类　按照编织线的形状遮阳网可分为圆丝、扁丝和圆扁丝三种。经线和纬线都是由圆丝编织，就是圆丝遮阳网。经线和纬线均是扁丝的就是扁丝遮阳网，这种网一般克重低，遮阳率高，主要用于农业、园林遮阳防晒。经线是扁丝、纬线是圆丝，或者经线是圆丝、纬线是扁丝的称为圆扁丝遮阳网。为了增加遮阳网的保温能力，还可添加铝箔条用来反射红外线（图4-34）。

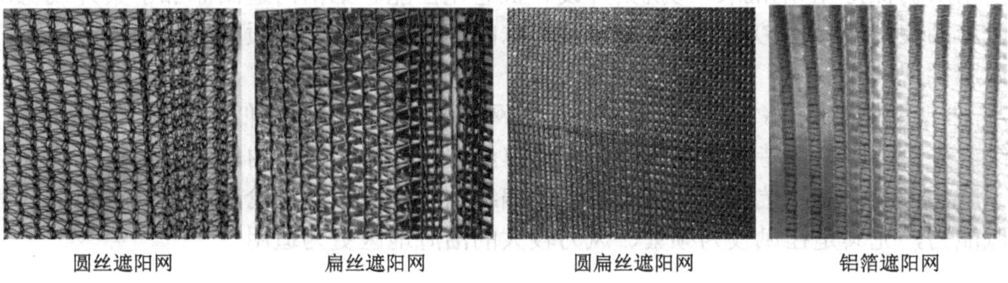

圆丝遮阳网　扁丝遮阳网　圆扁丝遮阳网　铝箔遮阳网

图4-34　不同种类遮阳网

遮阳网有强度高、重量轻、使用方便等特点；有遮阳、降温、防雨、防虫等功效，广泛用于高温强光季节的蔬菜、花卉、果树、茶叶、食用菌和育苗生产。部分铝箔遮阳网还具有趋避病虫的作用，黑色的遮阳网还可用来做作物的短日照处理。

按照遮光率遮阳网可分为35%～50%、50%～65%、65%～80%、80%以上4种规格，应用最多的是35%～65%的黑网和65%的银灰网。宽度有90cm、150cm、160cm、200cm、220cm。每平方米重45～49g。厂家是以一个密区（25mm）中纬向的编丝条数来度量产品规格的，如SWZ-8表示一个密区有8根编丝，SZW-12表示有12根编丝，数字越大，网孔越小，遮光率越高。遮阳网的规格与透光率的关系见表4-1。

**表4-1 遮阳网的规格与透光率**（张福墁，2010）

| 型号 | 透光率/% | 型号 | 透光率/% |
|---|---|---|---|
| SZW-8 | 20～25 | SZW-14 | 45～65 |
| SZW-10 | 25～45 | SZW-16 | 55～75 |
| SZW-12 | 35～55 | | |

不同颜色的遮阳网透光特性有很大差异。银灰色网和黑色网下太阳辐射光谱与室外基本一致，只是黑色网内的辐射量有所减少。而绿色网在600～700nm（红橙光）波段范围内光量明显减少，此波段正是绿色植物具有最强吸收率的波段。如图4-35所示，在400～700nm的光合有效辐射区域，银灰色网的透过率远大于黑色网。这不仅影响银灰色网的降温性能，也影响作物的生长和品质。另外，在4600～16 700nm的中远红外线区域，黑色网的透过率为47%，银灰色网为50%，故黑色网的热积蓄少于银灰色网。

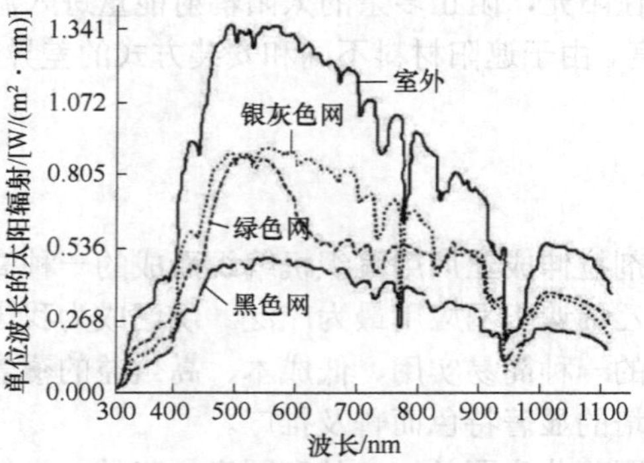


图4-35 三种不同颜色遮阳网的透光性能（张福墁，2010）

（2）遮阳网特点

1）内遮阳网特点如下：①反射阳光性能。通过铝箔反射多余的光和热量，满足温室使用要求。②节能性能。冬天或夜间减少热量散失，夏天或白天可减少降温费用。③保湿性能。铝箔内遮阳开启后可保持温室栽培区内空气湿度的相对稳定。④防止雾滴性。铝箔内遮阳开启后，通过毛细作用扩散雾滴，避免伤害作物。⑤持久保持清洁性。所用材料为抗静电极佳的工程塑料，长久使用后仍保持光亮如新。⑥抗紫外线、抗老化性能。铝箔内遮阳添加了紫外线稳定剂，延长了产品使用寿命。⑦使用性能稳定。特殊的配方和工艺、优质的纯铝箔保证了该产品不会出现脱铝现象。

2）外遮阳网特点：①遮阳降温。外遮阳网在夏天，可有效降低室内温度4～6℃。②抗紫外线。外遮阳网采用特质的高强度聚烯烃单丝编织而成，材料内均添加了紫外线稳定剂，延长了产品使用寿命。抗风能力强。特殊的编织结构和高强的涤纶单丝使外遮阳网具有更高的抗风能力，尤其是在风较为频繁、风力较大的沿海地区更为适用。

## （二）遮阳网的应用

遮阳网比较轻，柔软，便于铺卷，贮藏时占用空间小，便于运输，省力省时。遮阳网覆盖栽培可提高夏季蔬菜幼苗的成苗率 20%～80%，菜苗单株高、叶片数、鲜重综合指标提高 30%～50%，菜苗素质高，一般可以增产 20%。

遮阳降温对于缓解中国南方夏淡季起着重要作用，可使早熟的茄果类蔬菜延长收获 30～50d，可以增加夏季蔬菜（黄瓜、芹菜、莴苣、萝卜）产量，同时使早秋菜（花椰菜、甘蓝、大白菜、蒜苗、茼蒿等）提前 10～30d 上市。

遮阳降温的方式一般有温室遮阳降温（有内遮阳、外遮阳）、塑料大棚遮阳降温、中小拱棚遮阳降温、小平棚遮阳降温和遮阳浮面降温等（图 4-36）。

图 4-36 遮阳网的应用

A. 连栋温室外遮阳；B. 连栋温室内遮阳；C. 日光温室外遮阳；D. 小拱棚遮阳

需要注意的是，必须科学选择遮阳网的网型和覆盖方式，加强管理，防止产生负面效应。应当根据当地的自然光照度、覆盖作物的光饱和点及覆盖栽培的管理方法，选择适宜遮光率的遮阳网。通常情况下，白菜、甘蓝类蔬菜全天候覆盖栽培，不宜选用遮光率大于 40%的遮阳网。当最高气温在 35℃以上时，晴热型夏季宜选遮光率为 65%～70%的黑色网；当最高气温在 30～35℃时，晴热型夏季宜选遮光率为 45%～55%的黑色网，冷夏宜选银灰色网；当最高气温在 30℃以下时，在晴热型气候条件下也要注意中午前后覆盖，早晚揭盖，谨慎使用，冷夏多阴雨型气候条件下，没有必要使用遮阳网覆盖。

实践表明，遮阳网覆盖栽培夏白菜在商品性上（粗纤维少，口感好）优于露地，但内涵营养品质（干物质重、蛋白质、维生素 C 含量等）明显不如露地栽培，尤其亚硝酸盐积累量明显高于露地产品，为了解决这些问题。应采收前 5～7d 揭网，以改善作物光合作用，提高产品品质。

**1. 室外遮阳系统** 室外遮阳主要存在两种形式，一种是在温室骨架外另外安装遮阳网骨架，将遮阳网安装在遮阳网骨架上，用拉幕机构或卷膜机构带动，自由开闭。驱动装置可根据需要进行手动控制、电动控制或与计算机控制系统连接进行自动控制。另一种是将遮阳网直接平铺在设施棚膜的表面，通过卷放机构进行开闭。由于遮阳网和棚膜之间没有空气流动，降温效果不如前者。

室外遮阳系统直接将太阳能阻隔在设施之外，降温效果好，降温幅度与遮阳网的遮光率相关。但在室外气候恶劣时，对遮阳网的强度和支撑结构强度要求较高。各种驱动设备在露天使用，要求设备对环境的适应能力较强，机构性能优良。

**2．室内遮阳系统**　室内遮阳系统是将遮阳网安装在温室内，在温室骨架上拉接一些金属或塑料托幕线作为支撑系统，将遮阳网安装在支撑系统上。整个系统简单轻巧，不用另制金属支架，造价较室外遮阳系统低。室内遮阳网一般采用电动控制，或电动加手动控制。

室内遮阳系统与室外遮阳系统在降温理论上有所不同。室外遮阳是太阳照射在室外的遮阳网上后被网吸收或反射，能量没有进入设施，不会对设施的温度产生影响。而室内遮阳则是在阳光进入温室后进行遮挡。这时遮阳网要反射一部分阳光，因反射光波长不变，则这部分能量又回到室外。另外的一部分被遮阳网吸收，升高了遮阳网的温度，然后再传给温室内的空气，使温室内的空气温度升高。室内遮阳的效果主要取决于遮阳网的反射能力，不同材料制成的遮阳网使用效果差别很大，以缀铝条的遮阳网降温效果最好。

实际应用中，室内遮阳与保温的幕帘系统可以共享。夏天使用遮阳网降低室温，冬季将遮阳网换成保温幕，夜间使用可以节约能耗20%以上。

## 二、屋面喷白降温

屋面喷白降温是温室特有的降温方法，尤其适用于玻璃温室。它是在夏天将白色涂料喷在温室的外表面，阻止太阳辐射进入温室内，并将直射光转化为散射光（图 4-37）。涂料的形态有液态和粉剂，不同种类涂料性能也不相同，有的涂料可随时间均匀消退，有的则具有一定的抗风化性能。使用屋面喷白技术遮阳率最高可达 85%，可以通过人工喷涂的疏密来调节其遮光率。

图 4-37　温室屋面喷白降温

使用玻璃涂白剂不需要制造支撑系统，施工方便，但不能依据天气情况对透光率进行调控，对作物的正常生长存在一定的影响。

遮阳降温的方法在光强的夏季效果良好，但遮光幅度要考虑作物对光强的要求，避免因遮光过度导致的高温弱光，造成作物徒长。

## 三、通风降温

通风换气法是最简单常用的降温方式，可分为自然通风和强制通风两种。

### （一）自然通风

自然通风主要依靠风压迫使空气从设施的一侧墙面通风口进入室内，通过作物群体从相对的另一侧墙或顶窗出去。室外的风也可以在屋面和侧墙产生负压，将室内空气从其他风口“吸”出去。另外，湿热空气上升而产生的热压作用也可使室内空气从顶窗放出。虽然热压相对风的作用要小得多，但在高温无风的天气条件下对自然通风的影响尤为重要。

检验自然通风系统设计的最终标准应该是在“无风”条件下的通风效果。一般情况下，迎风向的一组侧开窗和背风向的连续顶窗组合是最有效的通风设计。室内的热空气和水蒸气的密度均低于干空气而呈上升趋势，在无风的时候，最轻微的截流都会影响自然通风效果。因此，必须为湿热空气上升创造一个畅通的通道。

玻璃或塑料板材温室的通风窗通常使用电动机驱动的齿轮齿条或杠杆开窗机构，塑料薄膜温室大棚则使用手动或电动卷膜器卷放窗口附近的棚膜。也可安装带环境传感器的电动放风器，实现通风自动化。

### （二）强制通风

当室内外温差小于2℃且无风或微风时，仅靠自然通风无法满足温室降温的要求。使用风机将室外空气强制吸入，为作物提供连续流动的气流，可以有效加大蒸腾量，降低叶片表面温度。温室风机是典型的螺旋叶片式风机。生产实践中为了保证温度均匀，通常在背风面侧墙上同时安装多台直径小的风机，即使其中一台发生故障，也不会严重影响温室的通风降温效果。这些风机通常向室外排风，安装在背风面侧墙上，两台间隔不超过 8m。进风口应设置在对面的迎风面侧墙上，且与风机距离不超过46m。每安装风量为12 000$m^3$/h 的风机，就需要 1$m^2$ 的进风口面积。这种设置可以使主导风向的风力推动空气进入室内，风机运行效率比安装在迎风墙上提高 10%～15%。

一般通风设计中大多采用 1 次/min 的空气换气率，在这个通风量下的空气温度变化不超过 6℃。根据换气率和温室容积可以计算出风机应具备的性能参数和装机数量。需要注意的是，在风机运转时室内呈现负压状态，应彻底关闭除进风口（湿帘）以外的所有门窗，并保证及时维护破损结构，这样可以避免漏风所导致的通过进风口（湿帘）进入室内并到达作物上方的空气量不足。

## 四、蒸发降温

采用室内喷雾、喷水或设置蒸发器（湿墙、湿帘）等方式，通过水分蒸发吸收汽化热，再经强制通风系统排到室外，是一种增大潜热消耗的技术手段。在空气中所含水分没有达到饱和时，水会蒸发变成水蒸气进入空气中，水蒸发的同时，吸收空气的热量，降低空气的温度，而空气相对湿度提高。同时，设施中植物生长需要比较高的相对湿度，当相对湿度在 80%～90%时，不会对植物生长造成不利影响。蒸发降温过程中必须保证温室内外空气流动，排出高温、高湿的气体，补充进相对低温、干燥的新鲜空气。因此，该降温方法在空气高温干燥的气候条件下使用效果明显，南方的梅雨季节和高温高湿的“桑拿天”降温效果较差。

目前采用的蒸发降温方法有湿帘风机降温系统和喷雾降温。

### （一）湿帘风机降温系统

湿帘风机降温系统由湿帘箱、循环水系统、轴流风机和控制系统四部分组成（图 4-38），湿帘箱由箱体、湿帘、布水管和集水器组成。轴流风机向室外排风，使室内形成负压，外面的空气经湿帘进入室内的过程中，湿帘上的冷水吸收空气热量而汽化，使得干热空气变成湿冷空气进入室内，起到降温加湿的作用。该系统的运行效率取决于湿帘的性能和面积。湿帘面积（进风口大小）越大静压越小，风机效率就会越高，故生产中往往采用一面墙式的湿帘安装。

图 4-38　温室湿帘风机

A．湿帘；B．轴流风机

湿帘的材质要求吸水能力强、通风性能好、耐腐性强，主要由纤维纸质波纹材料（瓦楞纸）制成，也可用白杨木细刨花或棕榈纤维垫制造。应用过程中易产生苔藓，具体的解决措施有延时关闭风机、加强水质及过滤器的管理等。

### （二）喷雾降温

喷雾降温是直接用高压将水以雾状喷在设施内的空中，因为雾粒的直径非常小，只有10μm，所以可在空气中直接气化。雾粒气化时吸收热量，降低温室内空气温度，其降温速度快，蒸发效率高，温度分布均匀，是蒸发降温的最好形式。

喷雾降温系统由水过滤装置、高压水泵、高压管道、旋芯式喷头组成，其工作过程是：水经过过滤器过滤，通过水泵加压由管道通到各个喷头，以高速喷出，形成雾粒。旋芯式喷头的主要参数是：喷量 60～100g/min，喷雾锥角大于 70°，雾粒直径小于 10μm。

这种降温系统一般是间歇式工作，喷雾 10～30s，停止工作 3min，以便雾粒气化。喷雾降温时还必须进行强制通风，以便排出高湿气体，否则将降低雾化降温效果。喷雾降温虽效果较好，但整个系统比较复杂，对设备要求较高，造价及运行费用都较高。

## 五、屋面喷水降温

屋面喷水降温是将水均匀地喷洒在玻璃温室的屋面上，来降低温室内空气的温度。其物理原理是：当水在玻璃温室屋面上流动时，与温室屋面的玻璃换热，吸收屋面玻璃热量，进而将温室内的余热带走；当水在玻璃温室屋面流动时，会有部分水分蒸发，进一步降低了水的温度，强化了水与玻璃之间的换热。另外，水膜在玻璃屋面上流动，可减少进入温室的日光辐射量，当水膜厚度大于 0.2mm 时，太阳辐射的能量全部被水膜吸收并带走，这就相当于采取遮阳措施。

屋顶喷水系统由水泵、输水管道、喷头组成，系统简单，价格低廉，但需要有温度较低的水源，屋面喷淋系统的降温效果与水温及水在屋面的流动情况有关，如果水在屋面上分布均匀降温效果可达 6～8℃，否则降温效果不好。屋面喷水系统的缺点在于耗水量大；水在屋面上结垢，影响温室透光率；清洗复杂。

## 第四节　设施农业蓄热、保温材料及集热设备

### 一、蓄热材料

#### （一）蓄热材料种类

蓄热材料就是一种能够储存热能的新型化学材料。它在特定的温度（如相变温度）下发生物相变化，并伴随着吸收或放出热量，可用来控制周围环境的温度，或用以储存热能。它把热量或冷量储存起来，在需要时再把它释放出来，从而提高了能源的利用率。

蓄热材料的工作过程包括两个阶段：一是热量的储存阶段，即把高峰期多余的动力、工业余热废热或太阳能等通过蓄热材料储存起来；二是热量的释放阶段，即在使用时通过蓄热材料释放出热量，用于采暖、供热等。热量储存和释放阶段循环进行，就可以利用蓄热材料解决热能在时间和空间上的不协调性，达到能源高效利用和节能的目的。

目前温室工程蓄热材料可以分为显热蓄热材料和相变蓄热材料。

**1．显热蓄热材料**　显热蓄热材料是利用物质本身温度的变化过程来进行热量的储存，由于可采用直接接触式换热，或者流体本身就是蓄热介质，因而蓄、放热过程相对比较简单，是早期应用较多的蓄热材料。显热蓄热材料分为液体和固体两种类型，液体材料常见的为水，固体材料有岩石、鹅卵石、土壤等，其中有几种显热蓄热材料引人注目，如用 $Li_2O$ 与 $Al_2O_3$、$TiO_2$ 等高温烧结成型的混合材料。

**2．相变蓄热材料**　相变蓄热材料是利用物质在相变（如凝固/熔化、凝结/汽化、固化/升华等）过程发生的相变热来进行热量的储存和利用。与显热蓄热材料相比，相变蓄热材料蓄热密度高，能够通过相变在恒温下放出大量热量。虽然气-液和气-固转变的相变潜热值要比液-固转变、固-固转变时的潜热大，但其在相变过程中存在容积的巨大变化，使其在工程实际应用中会存在很大困难。根据相变温度，相变蓄热可分为低温和高温两种，低温相变蓄热主要用于废热回收、太阳能储存及供热和空调系统。高温相变蓄热材料主要有高温熔化盐类、混合盐类、金属及合金等，主要用于航空航天等。

#### （二）蓄热材料的利用

围绕日光温室墙体保温蓄热的目的开展蓄热材料的利用。一般日光温室的北墙可以划分为蓄热层、隔热层和保温层。蓄热层位于墙体内侧，是直接接收太阳光辐射并吸收能量的部分（图 4-39）。许红军研究表明：陶粒混凝土温室墙体蓄热层厚度为 16cm、砖墙温室厚度为 32cm、模块化土块温室墙体厚度为 25cm。导热系数小的材料作墙体蓄热层时，蓄热层厚度也较小。

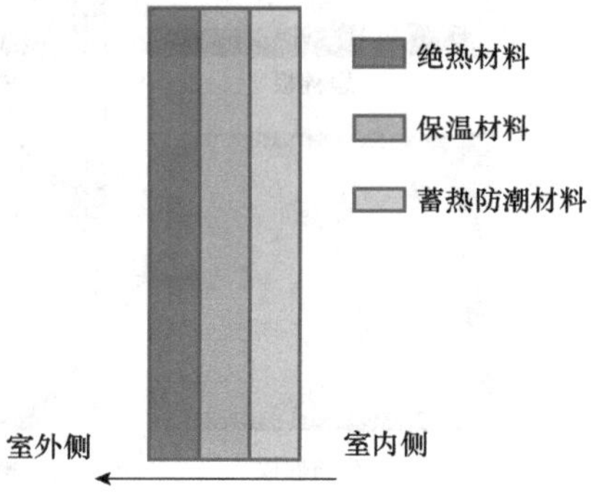

图 4-39　日光温室墙体组成示意图

温室墙体蓄热量主要来自墙体表面接收的太阳辐射量，与墙体表面的辐射吸收率和墙体材料的比热容有关。墙体表面颜色越深，对太阳辐射的吸收率也就越高，材料比热容越大，可储存的热量也就越多。但由于太阳辐射的变化规律，温室墙体一天中的蓄热时间只有 6～8h，当温室内空气温度低于墙体温度时，墙体便进行放热，

放热呈现出先快后慢的趋势。

具体的蓄放热量，一般晴天条件下，砖墙、混凝凝土墙、土墙的蓄热在 2～4MJ/m$^2$，放热量在 1～2MJ/m$^2$，由于土墙的保温较好，一般土墙的夜间放热少一些。

## 二、保温材料

### （一）保温材料种类

**1. 有机类保温材料**　主要有聚苯板、挤塑板、石墨板、聚氨酯、真金板、模塑板、硅酸盐板、聚苯颗粒砂浆（图 4-40）。

图 4-40　有机类保温材料

**2. 无机类保温材料**　主要有岩棉板、FTC 砂浆、玻化微珠砂浆、橡胶棉、玻璃棉板、蛭石砂浆、酚醛板、闭孔泡沫板（图 4-41）。

图 4-41　无机类保温材料

**3．复合型保温材料**　主要有胶粉、气凝胶、陶瓷纤维毯、双面铝箔气泡膜、泡沫混凝土、真空板（图 4-42）。

图 4-42　复合型保温材料

## （二）温室墙体材料市场价格分析

2021 年西北农林科技大学设施农业课题组对收集的 22 种材料进行了市场价格调研统计。

## （三）热性能分析

**1．单一材料的热工性能**　单一材料的热工性能见表 4-2。

**表 4-2　单一材料的热工性能**

| 材料 | 导热系数/[W/（m·K）] | 密度/（kg/m³） | 比热容/[kJ/（kg·℃）] | 蓄热系数/[W/（m²·K）] | 热阻/[（m²·K）/W] |
|---|---|---|---|---|---|
| 聚苯板 | 0.0846 | 20.0 | 2.13 | 0.510 | 0.59 |
| 挤塑板 | 0.0140 | 25.0 | 1.82 | 0.215 | 2.14 |
| 石墨板 | 0.0750 | 20.0 | 1.60 | 0.420 | 0.40 |
| 聚氨酯 | 0.0425 | 61.0 | 1.35 | 0.560 | 0.54 |
| 模塑板 | 0.0186 | 21.0 | 1.23 | 0.360 | 2.69 |
| 硅酸盐板 | 0.0624 | 40.0 | 1.27 | 0.510 | 0.48 |
| 真金板 | 0.0230 | 30.0～35.0 | 1.91 | 0.245 | 1.31 |
| 聚苯颗粒砂浆 | 0.0610 | 200.0 | 1.05 | 0.970 | 0.44 |
| 岩棉板 | 0.0503 | 140.0 | 0.75 | 0.620 | 0.99 |
| FTC 砂浆 | 0.0700 | 400.0 | 0.84 | 1.310 | 0.39 |
| 双面铝箔气泡膜 | 0.0110 | 10.0 | 1.64 | 0.630 | 0.91 |

续表

| 材料 | 导热系数/［W/（m·K）］ | 密度/（kg/m³） | 比热容/［kJ/（kg·℃）］ | 蓄热系数/［W/（m²·K）］ | 热阻/［（m²·K）/W］ |
|---|---|---|---|---|---|
| 玻化微珠砂浆 | 0.0577 | 260.0 | 1.05 | 1.070 | 0.46 |
| 闭孔泡沫板 | 0.0190 | 200.0 | 1.38 | 0.618 | 0.69 |
| 橡胶棉 | 0.0288 | 62.0 | 0.75 | 0.310 | 0.35 |
| 玻璃棉板 | 0.0256 | 119.7 | 1.22 | 0.554 | 1.95 |
| 蛭石砂浆 | 0.0603 | 700.0 | 0.31 | 0.970 | 0.43 |
| 酚醛板 | 0.0150 | 65.0 | 0.03 | 0.035 | 2.00 |
| 胶粉 | 0.0374 | 200.0 | 1.70 | 0.960 | 0.74 |
| 泡沫混凝土 | 0.0198 | 400.0 | 1.05 | 0.871 | 1.35 |
| 真空板 | 0.0020 | 250.0 | 1.28 | 0.040 | 15.00 |
| 陶瓷纤维毯 | 0.0800 | 128.0 | 0.67 | 0.707 | 0.63 |
| 气凝胶 | 0.0029 | 266.2 | 1.24 | 0.264 | 5.17 |

导热系数是指材料传导热量的能力，导热系数值越小表示材料阻隔热量传导的能力越强。其中气凝胶和真空板的导热系数值小，隔热性能最突出，可应用于对温度有较高要求的温室建筑中。除此之外，挤塑板、模塑板、双面铝箔气泡膜、闭孔泡沫板、酚醛板、泡沫混凝土的隔热效果优异，能够完全满足对于隔热性能的要求。聚苯板、石墨板、硅酸盐板、FTC砂浆、陶瓷纤维毯的隔热效果并不突出。

材料的蓄热能力代表材料对于热量储存能力和在特殊温度下材料向环境输出热量的能力，蓄热系数越大，表示这种能力越强。22种材料中，砂浆类的材料蓄热能力普遍高于其余板材和棉毡类材料，效果突出。板材类中闭孔泡沫板、陶瓷纤维毯两种材料蓄热能力优异。

材料的热阻值反映阻止热量传递的能力的综合参量，热阻大则对热量传递有明显的阻碍能力。真空板、气凝胶、模塑板、挤塑板、酚醛板、玻璃棉板6种材料对热量阻隔效果佳。砂浆类的材料对热量的阻隔效果最弱。

**2．单一材料抗老化性能分析**　通过材料冻融实验前后导热系数差值来反映材料自身的抗老化能力（表4-3）。

**表4-3　冻融实验前后导热系数的对比**

| 材料 | 冻融前导热系数/［W/（m·K）］ | 冻融后导热系数/［W/（m·K）］ | 差值/［W/（m·K）］ |
|---|---|---|---|
| 聚氨酯 | 0.0425 | 0.0560 | 0.0135 |
| 酚醛板 | 0.0150 | 0.0170 | 0.0020 |
| 闭孔泡沫板 | 0.0190 | 0.0265 | 0.0075 |
| 模塑板 | 0.0186 | 0.0302 | 0.0116 |
| 硅酸盐板 | 0.0642 | 0.0795 | 0.0153 |
| 真金板 | 0.0230 | 0.0315 | 0.0085 |
| 气凝胶 | 0.0029 | 0.0044 | 0.0015 |
| 橡胶棉 | 0.0288 | 0.0408 | 0.0120 |
| 陶瓷纤维毯 | 0.0800 | 0.0844 | 0.0044 |

续表

| 材料 | 冻融前导热系数/［W/（m·K）］ | 冻融后导热系数/［W/（m·K）］ | 差值/［W/（m·K）］ |
| --- | --- | --- | --- |
| 双面铝箔气泡膜 | 0.0110 | 0.0210 | 0.0100 |
| 玻璃棉板 | 0.0256 | 0.0616 | 0.0360 |
| 胶粉 | 0.0374 | 0.0530 | 0.0156 |
| 挤塑板 | 0.0140 | 0.0210 | 0.0070 |
| 石墨板 | 0.0750 | 0.0916 | 0.0166 |
| 蛭石砂浆 | 0.0603 | 0.0700 | 0.0097 |
| 岩棉板 | 0.0503 | 0.0719 | 0.0216 |
| 泡沫混凝土 | 0.0198 | 0.0443 | 0.0245 |
| 聚苯颗粒砂浆 | 0.0610 | 0.0684 | 0.0074 |
| 聚苯板 | 0.0846 | 0.0890 | 0.0044 |
| 玻化微珠砂浆 | 0.0577 | 0.0621 | 0.0044 |

22 种材料中气凝胶、酚醛板、陶瓷纤维毯、聚苯板、玻化微珠砂浆受冻融交替导致分子结构变化造成性能减弱的影响小，因此在该方面这 5 种材料的抗老化性能较为突出。胶粉、石墨板、岩棉板、泡沫混凝土、玻璃棉板这 5 种材料受实验影响较大，抗老化性较弱。

**3. 单一材料性能综合评价**　对单一材料的 5 种指标进行评估打分如表 4-4 所示，选择排名靠前的材料作为复合材料的组成材料。从 22 种实验材料中筛选排名靠前的板材类材料 4 种，砂浆类材料 2 种，共 6 种，包括闭孔泡沫板、挤塑板、酚醛板、聚苯板、玻化微珠砂浆、FTC 砂浆。

**表 4-4　单一材料综合性能测评**

| 材料 | 导热能力评估 | 蓄热能力评估 | 抗老化性能评估 | 价格评估 | 实用性评估 | 平均分 | 排名 |
| --- | --- | --- | --- | --- | --- | --- | --- |
| 闭孔泡沫板 | 95 | 85 | 90 | 90 | 90 | 91 | 1 |
| FTC 砂浆 | 70 | 100 | 100 | 90 | 90 | 90 | 2 |
| 玻化微珠砂浆 | 75 | 95 | 95 | 80 | 90 | 89 | 3 |
| 挤塑板 | 95 | 75 | 90 | 75 | 85 | 88 | 4 |
| 酚醛板 | 95 | 70 | 100 | 80 | 80 | 87 | 5 |
| 聚苯板 | 60 | 85 | 95 | 75 | 85 | 87 | 5 |
| 模塑板 | 95 | 80 | 80 | 80 | 80 | 86 | 6 |
| 泡沫混凝土 | 95 | 90 | 65 | 85 | 80 | 86 | 6 |
| 聚苯颗粒砂浆 | 70 | 95 | 85 | 90 | 90 | 86 | 6 |
| 气凝胶 | 100 | 75 | 100 | 65 | 90 | 85 | 7 |
| 双面铝箔气泡膜 | 95 | 75 | 80 | 85 | 80 | 85 | 7 |
| 真金板 | 90 | 75 | 85 | 85 | 80 | 85 | 7 |
| 胶粉 | 85 | 95 | 75 | 85 | 90 | 85 | 7 |
| 橡胶棉 | 90 | 80 | 80 | 85 | 85 | 83 | 8 |
| 蛭石砂浆 | 70 | 95 | 80 | 80 | 90 | 83 | 8 |

续表

| 材料 | 导热能力评估 | 蓄热能力评估 | 抗老化性能评估 | 价格评估 | 实用性评估 | 平均分 | 排名 |
|---|---|---|---|---|---|---|---|
| 陶瓷纤维毯 | 65 | 90 | 95 | 90 | 80 | 83 | 8 |
| 玻璃棉板 | 90 | 85 | 60 | 100 | 75 | 82 | 9 |
| 硅酸盐板 | 70 | 85 | 75 | 80 | 80 | 81 | 10 |
| 真空板 | 100 | 70 | 95 | 60 | 75 | 80 | 11 |
| 岩棉板 | 75 | 85 | 65 | 95 | 80 | 80 | 11 |
| 聚氨酯 | 75 | 85 | 75 | 70 | 75 | 78 | 12 |
| 石墨板 | 65 | 80 | 75 | 80 | 80 | 75 | 13 |

**4. 100mm 复合材料热工性能分析**　100mm 厚度是目前温室墙体较常应用的保温层厚度，100mm 厚度复合材料分为两种类型，一种是由两种材料组合设计（表 4-5），一种是三种材料组合设计（表 4-6），最终会从中各筛选出一种。

西北农林科技大学设施农业课题组研究结果表明，玻化微珠砂浆＋FTC 砂浆的蓄热效果最好，挤塑板＋酚醛板的蓄热效果最差，砂浆类复合材料蓄热效果高于纯板材类的材料；隔热效果则正相反，板材类的复合材料隔热效果高于砂浆类。热稳定性最好的是 70mm＋30mm 的闭孔泡沫板＋FTC 砂浆，其次是 30mm＋70mm 的挤塑板＋闭孔泡沫板和 70mm＋30mm 的闭孔泡沫板＋聚苯板。

**表 4-5　100mm 复合材料（2 种材料组成）的热工性能指标**

| 组合类型 | 蓄热系数 / [W/(m²·K)] | 50mm＋50mm | | 70mm＋30mm | | 30mm＋70mm | |
|---|---|---|---|---|---|---|---|
| | | 热阻 / [(m²·K) /W] | 热惰性指标 | 热阻 / [(m²·K) /W] | 热惰性指标 | 热阻 / [(m²·K) /W] | 热惰性指标 |
| 挤塑板＋酚醛板 | 0.25 | 6.90 | 0.88 | 7.00 | 1.15 | 6.81 | 0.62 |
| 挤塑板＋闭孔泡沫板 | 0.83 | 6.20 | 2.39 | 6.58 | 2.05 | 5.83 | 2.74 |
| 挤塑板＋玻化微珠砂浆 | 1.29 | 4.43 | 1.69 | 5.52 | 1.63 | 3.35 | 1.75 |
| 挤塑板＋FTC 砂浆 | 1.53 | 4.29 | 1.70 | 5.43 | 1.64 | 3.14 | 1.77 |
| 挤塑板＋聚苯板 | 0.73 | 4.66 | 1.32 | 5.65 | 1.41 | 3.66 | 1.24 |
| 酚醛板＋闭孔泡沫板 | 0.65 | 5.96 | 1.74 | 6.25 | 1.14 | 5.68 | 2.35 |
| 酚醛板＋玻化微珠砂浆 | 1.11 | 4.20 | 1.04 | 5.18 | 0.72 | 3.21 | 1.36 |
| 酚醛板＋FTC 砂浆 | 1.35 | 4.05 | 1.05 | 5.10 | 0.72 | 3.00 | 1.38 |
| 酚醛板＋聚苯板 | 0.55 | 4.42 | 0.67 | 5.32 | 0.50 | 3.52 | 0.85 |
| 闭孔泡沫板＋玻化微珠砂浆 | 1.69 | 3.49 | 2.55 | 4.20 | 2.59 | 2.79 | 2.27 |
| 闭孔泡沫板＋FTC 砂浆 | 1.93 | 3.35 | 2.56 | 4.11 | 2.84 | 2.58 | 2.29 |
| 闭孔泡沫板＋聚苯板 | 1.13 | 3.72 | 2.18 | 4.34 | 2.61 | 3.10 | 1.75 |
| 聚苯板＋玻化微珠砂浆 | 1.58 | 1.95 | 1.48 | 2.04 | 1.33 | 1.86 | 1.62 |
| 玻化微珠砂浆＋FTC 砂浆 | 2.38 | 1.58 | 1.86 | 1.64 | 1.85 | 1.52 | 1.86 |
| 聚苯板＋FTC 砂浆 | 1.82 | 1.80 | 1.49 | 1.95 | 1.34 | 1.65 | 1.64 |
| 聚苯板 | 1.02 | 2.17 | 1.11 | 2.17 | 1.11 | 2.17 | 1.11 |

表 4-6　100mm 复合材料（3 种材料组成）的热工性能指标

| 组合类型 | 蓄热/[(m²·K)/W] | 40mm+30mm+30mm | | 50mm+30mm+20mm | | 60mm+20mm+20mm | |
|---|---|---|---|---|---|---|---|
| | | 热阻/[(m²·K)/W] | 热惰性指标 | 热阻/[(m²·K)/W] | 热惰性指标 | 热阻/[(m²·K)/W] | 热惰性指标 |
| 挤塑板+酚醛板+闭孔泡沫板 | 0.87 | 6.44 | 1.66 | 6.62 | 1.49 | 6.67 | 1.62 |
| 挤塑板+酚醛板+玻化微珠砂浆 | 1.32 | 5.37 | 1.24 | 5.92 | 1.21 | 5.96 | 1.34 |
| 挤塑板+酚醛板+FTC 砂浆 | 1.56 | 5.29 | 1.25 | 5.86 | 1.21 | 5.90 | 1.34 |
| 挤塑板+酚醛板+聚苯板 | 0.76 | 5.51 | 1.02 | 6.01 | 1.06 | 6.05 | 1.19 |
| 挤塑板+闭孔泡沫板+FTC 砂浆 | 2.14 | 4.86 | 2.15 | 5.44 | 2.12 | 5.62 | 1.95 |
| 挤塑板+闭孔泡沫板+聚苯板 | 1.34 | 5.09 | 1.92 | 5.59 | 1.97 | 5.77 | 1.79 |
| 挤塑板+聚苯板+玻化微珠砂浆 | 1.80 | 4.03 | 1.50 | 4.57 | 1.47 | 5.07 | 1.51 |
| 挤塑板+聚苯板+FTC 砂浆 | 2.04 | 3.94 | 1.51 | 4.51 | 1.47 | 5.01 | 1.52 |
| 酚醛板+闭孔泡沫板+FTC 砂浆 | 1.96 | 4.67 | 1.63 | 5.20 | 1.47 | 5.34 | 1.16 |
| 酚醛板+聚苯板+玻化微珠砂浆 | 1.62 | 3.84 | 0.98 | 4.33 | 0.82 | 4.78 | 0.73 |
| 酚醛板+聚苯板+FTC 砂浆 | 1.86 | 3.75 | 0.99 | 4.27 | 0.82 | 4.72 | 0.74 |
| 闭孔泡沫板+聚苯板+FTC 砂浆 | 2.44 | 3.19 | 2.20 | 3.57 | 2.33 | 3.88 | 2.55 |
| 酚醛板+闭孔泡沫板+聚苯板 | 1.16 | 4.90 | 1.40 | 5.35 | 1.31 | 5.49 | 1.01 |
| 挤塑板+闭孔泡沫板+玻化微珠砂浆 | 1.90 | 4.95 | 2.14 | 5.50 | 2.11 | 5.68 | 1.94 |
| 挤塑板+玻化微珠砂浆+FTC 砂浆 | 2.60 | 3.80 | 1.73 | 4.37 | 1.70 | 4.92 | 1.66 |
| 酚醛板+闭孔泡沫板+玻化微珠砂浆 | 1.72 | 4.76 | 1.62 | 5.26 | 1.46 | 5.40 | 1.16 |
| 酚醛板+玻化微珠砂浆+FTC 砂浆 | 2.42 | 3.61 | 1.21 | 4.14 | 1.04 | 4.63 | 0.88 |
| 闭孔泡沫板+玻化微珠砂浆+FTC 砂浆 | 3.00 | 3.05 | 2.42 | 3.43 | 2.55 | 3.79 | 2.69 |
| 闭孔泡沫板+聚苯板+玻化微珠砂浆 | 2.20 | 3.27 | 2.19 | 3.63 | 2.33 | 3.94 | 2.54 |
| 聚苯板+玻化微珠砂浆+FTC 砂浆 | 2.89 | 1.82 | 1.56 | 1.89 | 1.48 | 1.93 | 1.41 |
| 聚苯板 | 1.53 | 2.17 | 1.11 | 2.17 | 1.11 | 2.17 | 1.11 |

## 三、集热材料与装备

西北农林科技大学（图 4-43）研发了两种相变材料储备装置。一种是利用黑色聚乙烯材料的储备箱，该箱尺寸为 50cm×30cm×14cm（长×高×厚），内部装相变材料实现储放热功能。另一种是新型相变墙板。相变墙板由相变材料、铝板、铝塑板和铝合金四部分构成。其中相变材料位于墙板最中心位置，规格为 200mm×200mm×50mm，在相变前后均呈粉末状固体，无融化、流动等现象。相变材料四壁分别为铝板和铝塑板。该装置能实现白天储热、晚上放热的功能。

**1．水幕帘装备**　这种方式主要是在地面以下铺设管道，通过水或者土壤的蓄热给地面提供热量（图 4-44）。例如，杨其长团队利用水幕帘主动蓄放热试验系统白天通过水幕帘收集热量，并将热量存储于土壤中，夜间将土壤储存的热量释放到温室中。可将温室内夜间温度提高 5.4℃以上，可将作物根际温度提高 1.6℃以上；该系统夜间通过水幕帘的放热量达到 4.9～5.6MJ/$m^2$（图 4-45）。

图 4-43　相变材料储备箱（左）和墙板（右）

图 4-44　水幕帘装备的实景

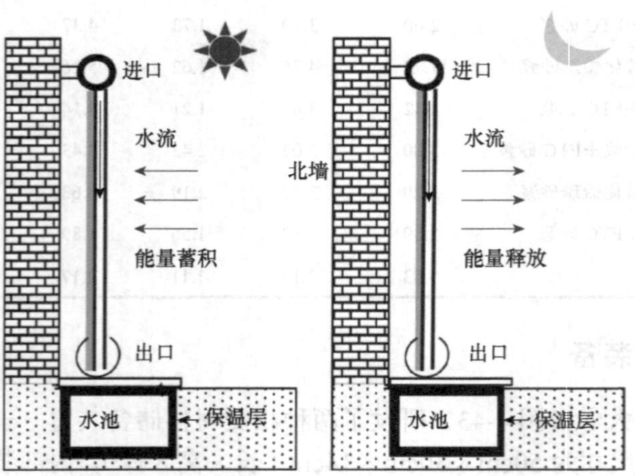


图 4-45　水幕帘系统结构示意图

中国农业大学宋卫堂教授团队利用太阳能集热装置白天将水晒热并保温储存，夜间进入散热器给温室加温，这称为水循环主动蓄放热系统，常用于日光温室中。

日光温室水循环主动蓄放热系统（图 4-46）由吸热部分和水循环系统组成。吸热部分是将特殊的吸热材料贴附或涂刷在日光温室内的后墙壁上，用塑料薄膜包裹在暖气片外围，利用太阳光能转化成热空气能，将暖气片内部的水进行加热。水循环系统是暖气片里的温水在水泵的带动下进行整体循环，在暖气片一端的恒温保温水罐可将温水储存起来。吸热材料吸收太阳辐射后提高后墙体温度，墙体吸热后在夜间对温室进行散热增温。加热的温水在夜间通过循环泵

图 4-46　水循环主动蓄放热系统

输送到日光温室暖气片内，对植物生长环境进行散热增温，同时温水可替代冬季冷水满足农作物生长所需的水分。

集热板保温材料为聚苯板，通过边框固定，将边框-聚苯板-黑膜一体化。通过循环水泵和管道循环浅层水。该装置白天以热辐射和热对流的方式吸收太阳辐射热和温室内空气中的热量，夜间通过热对流的方式将热量释放到温室中，白天蓄热，夜间放热，形成主动蓄放热系统。热泵装置换热器与蓄热水箱集成，使冷媒 R22 可与蓄热水箱中的水直接换热；在循环管道中安装了电磁阀便于自动控制（图 4-47）。

**2. 水循环墙体系统装备**　沈阳农业大学研发的滑板装配式节能日光温室就是利用日光温室后墙组成水循环墙体蓄热系统（图 4-48）。由水池（$32m^3$）、采光板（$360m^2$）、水泵、水管和控制器等组成。

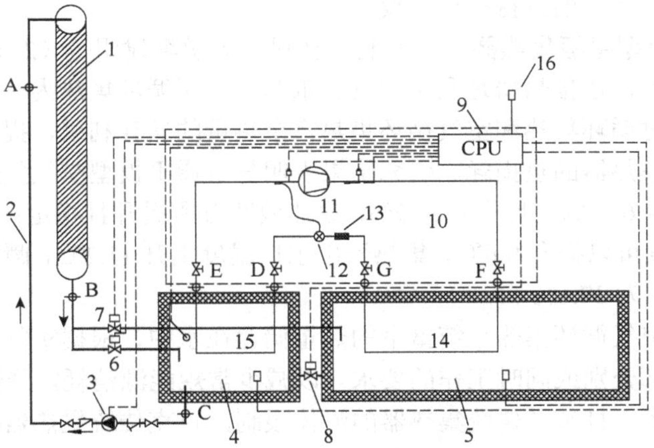


图 4-47　主动蓄放热-热泵联合加温系统示意图

A～C. 主动蓄放热循环管道各节点；D～G. 热泵循环各节点

1. 主动蓄放热装置；2. 循环管道；3. 循环水泵；4，5. 蓄水箱；6. 电磁阀 1；7. 电磁阀 2；8. 电磁阀 3；9. PLC 控制系统；10. 热泵装置；11. 压缩机；12. 膨胀阀；13. 过滤器；14. 冷凝器；15. 蒸发器；16. 传感器探头

图 4-48　滑板装配式节能日光温室（左）水循环墙体蓄热系统（右）

**3. 日光温室可变倾角主动式太阳能集热系统**　西北农林科技大学李建明等（2020）研

究开发了日光温室可变倾角主动式太阳能集热系统，该集热系统为一种利用日光温室后墙和保温被空间结构的可变倾角主动式太阳能集热系统，依靠机械支撑臂和齿轮齿条传动，在电机作用下实现角度调节和位置调整，对保温被前方的太阳能进行收集利用，实现了日光温室对太阳能的最大化开发与利用，同时增加了日光温室热量的有效蓄积与存储，提高了日光温室的保温蓄热能力。研究结果表明，与传统的日光温室相比较，采用可变倾角主动式太阳能集热系统的温室内温度平均提升 2.2℃，基质温度平均提升 2.2℃；在典型晴天条件下，可变倾角主动式太阳能集热系统有效集热量为 1.9MJ/（$m^2 \cdot h$），平均集热效率为 64%，节能效率最高达到 84%。

该系统的优势在于可以利用温室保温被卷起时的保温被空间，将投射到保温被上这部分不能被温室所利用的太阳辐射加以利用，同时将集热系统中的水体进行加热，并存储在温室的蓄热水箱中，夜间温度较低时，对植株进行加温，以此来应对冬季寒冷天气，为植株提供有利的生长条件。另外，该系统集热通过电机和齿轮齿条带动，可以实现集热倾角的调节，即在日间可以实现不同时间段进行不同集热倾角的集热。该设计攻克了现有的太阳能集热器占用耕地面积及遮阴等问题，通过机械传动装置可以将集热器调节到保温被前方进行太阳能收集利用，避免了直接放置在温室后墙存在的遮阴影响，使得系统单位面积的集热量大大提升，为温室内小气候环境的维持提供重要保障。

**4．空气-水复合型平板集热器**　西北农林科技大学李建明等（2019）研究开发了空气-水复合型平板集热器，该集热器是利用空气、水两种介质循环集热为一体的集热器系统，实现了非单一介质同时循环集热和空气循环集热富余热量的储存利用，提升了太阳能利用率，有效降低了平板型集热器的热损耗。研究结果表明与普通平板型空气集热器相比，平均集热效率由 43.6%增加至 67.3%，上升了 23.7%，集热效率有所提升且稳定；晴朗天气水循环集热瞬时给、出水口温度可以提升 9.6℃，集热器出水口温度上升 11.2℃，瞬时集热效率最大达到 52%，平均集热效率为 37.1%。

该系统将白天空气循环集热系统富余的热量储存在水中，根据实际需求实现空气和水两种介质在集热器内部分别或同时工作的要求。以减少常规能源消耗，降低 $CO_2$ 排放；提高温室中的太阳能利用率，打破了传统集热器的流体限制，攻克传统集热器在低温时段散热快、保温性能差、受环境温度干扰较严重，且集热器换热行程小、集热效率低的问题。实现了多种介质的集热与储热，因为水的比热容大于空气，温度能够缓释，提升了太阳能利用率，实现了能源利用的多元化、清洁化、高效化，同时满足夜间及寒冷气候温室加温要求。

**5．水箱装备**　内蒙古农业大学等（2019）开发了一种表面黑色的高分子高密度聚乙烯材料的储水水箱。该水箱的外形尺寸为 900mm×1400mm×200mm（宽×高×厚），单体水箱理论储水量为 $0.2m^3$，实际储水量为 $0.18m^3$，在水箱支撑架上安装成水墙（图 4-49）。

图 4-49　水箱结构（左）与建造方式（右）

**6．水袋装备**　西北农林科技大学（2020）开发了一种长 3m、厚 0.2m、高 1m 的储水水袋，并利用铝材框架固定形成水模块结构与装备（图 4-50）。

图 4-50　水模块结构（左）与装备（右）

**7．水管装备**　中国农业大学（2016）研究了日光温室钢管屋架管网水循环集放热系统，理论计算表明，在屋架间距为 1m，上、下弦杆件均为外径 33.5mm 的圆管时，系统的太阳能截获率可达 7%～8%（图 4-51）。

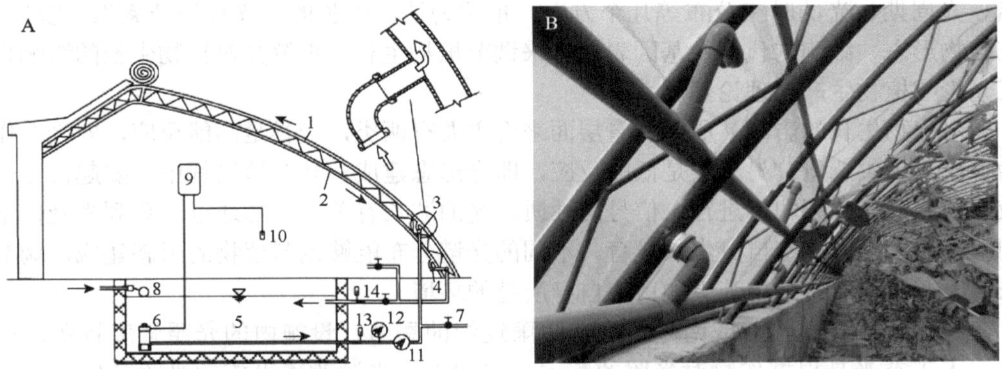


图 4-51　日光温室钢管屋架管网水循环集放热系统（马承伟等，2016）

A．结构示意图；B．实际装置图

1．上弦；2．下弦；3．供水干管；4．回水干管；5．水池；6．潜水泵；7．排污阀；8．浮球阀；9．自动控制箱；10．室内气温传感器；11．流量计；12．水压力表；13．供水温度计；14．回水温度计

# 第五章　光调控设备

## 第一节　补 光 设 备

在寒冷的冬春季节、阴雨、雾霾天气下，对温室内作物进行补光不但能保证温室内作物不受外界环境因素影响，而且可提高作物干质量和免疫抗病能力、改善品质、提前上市时间、减少化学农药使用，甚至超出正常生长各项指标，可见进行合理的补光越来越重要，其经济效益也相当可观。

### 一、植物对光环境的需求

光是植物生长所需的最重要环境因子之一。自然界中，植物赖以生存的能量来自太阳光，光合作用是植物捕获光能的重要生物学途径，植物通过光合作用固定 $CO_2$ 以合成有机物并产生氧气，是地球上生命得以延续的决定因素之一。植物对光的需求主要体现在光辐射强度、光谱、光周期、光的时空分布等几个方面，也称为植物生长的“光环境要素”。光环境通过影响植物形态、细胞内代谢及基因表达等来调节植物生长，理解光对植物生长的影响机理是人工光影响植物生产的理论基础。

光对植物生长的影响从所需能量层面来看主要有两类，一类是高能反应，即光合作用，光为该反应提供能量；另一类是低能反应，即光形态建成，光在该过程中主要起信号作用，在较低的光照条件下即可进行，信号的性质与光的波长有关。植物通过一系列光受体来感受不同波段的光进而调节自身生长发育。不同的光谱分布能够调节植物的形态建成，调节植物生长、改变植物形态，使其更加适应自身所处的环境。

在冬季和早春季节，或南方地区在阴雨连绵的季节，设施内的光照强度较弱，日照时间短。人工补光是根据作物对光照的需求，采用人工光源改善设施的光照条件，从而满足作物生长发育的需要。人工补光的效果除取决于光照强度外，还取决于补光光源的生理辐射特性。生理辐射是指在辐射光谱中，能被植物叶片吸收光能而进行光合作用的那部分辐射。不同的补光光源，其生理辐射特性不同。在光源的可见光光谱（380～760nm）中，植物吸收的光能占生理辐射光能的 60%～65%。其中，主要是波长为 610～720nm 的红橙光辐射，植物吸收的光能占生理辐射光能的 55%左右，红橙光的光合作用最强，具有最大的光谱活性；波长为 400～510nm 的蓝紫光辐射，植物吸收的光能占生理辐射光能的 8%左右，蓝紫光具有特殊的生理作用，对于植物的化学成分有较强的影响，用富于蓝紫光的光源进行人工补光，可延迟植物开花，使以获取营养器官为目的的植物充分生长；植物对波长为 510～610nm 的黄绿光辐射，吸收的光能很少。通常把波长在 610～720nm 和 400～510nm 两波段的辐射能称为有效生理辐射能，而不同波段有效生理辐射能占可见光波段总辐射能的比例则称为有效生理辐射比例，并以有效生理辐射能来表征输入光源的电能转化为光合有效辐射能的程度。

## 二、人工补光光源

### （一）光源主要类型

用于温室人工补光的光源，必须具备设施园艺作物必需的光谱成分（光质）和一定的功率（光强），且应经济耐用、使用方便。目前用于温室人工补光的光源根据其使用及性能，大致可分为以下几类。

**1．白炽灯**　白炽灯（图 5-1）依靠高温钨丝发射连续光谱，其辐射光谱大部分是红外线，红外辐射的能量可达总能量的 80%～90%，而红橙光部分占总辐射的 10%～20%，蓝紫光部分所占比例很少，几乎不含紫外线。

图 5-1　白炽灯

**2．荧光灯**　荧光灯（图 5-2）属于低压气体放电灯，玻璃管内充有水银蒸气和惰性气体，管内壁涂有荧光粉，光色随管内所涂荧光材料的不同而异。管内壁涂卤磷酸钙荧光粉时，发射光谱在 350～750nm，峰值为 560nm，较接近日光。同时，为了改进荧光灯的光谱性能，近年来灯具制造企业通过在玻璃管内壁涂以混合荧光粉制成具有连续光谱的植物用荧光灯，改进后的荧光灯在红橙光区有一个峰值，在蓝紫光区还有一个峰值，与叶绿素吸收光谱极为吻合，大大提高了光合效率。荧光灯光谱性能好，发光效率较高，功率较小，寿命长（12 000h），成本相对较低。此外，荧光灯自身发热量较小，可以贴近植物照射，在作物工厂中可以实现多层立体栽培，大大提高了空间利用率。直管型荧光灯中间的光照强度较大，因此还要设法通过荧光灯管的合理布局，使光源尽可能做到均匀照射；同时，荧光灯管一般不带有灯罩，照射时向灯管顶部和栽培床侧面会散射出较多的光，相应地减少了照射到植物体的光源能量。目前，国际上比较常用的方法是增设反光罩，尽可能增加植物栽培区的有效光源成分。荧光灯的光谱成分中无红外线，红橙光占 44%～45%，绿黄光占 39%，蓝紫光占 16%。生理辐射量所占比例较大，能被植物吸收的光能占辐射光能的 75%～80%，是较适于植物补充光照的人工补光光源，目前使用较为普遍。

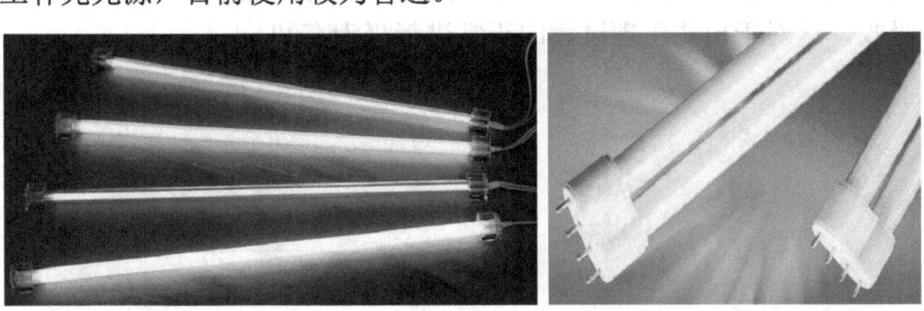

图 5-2　荧光灯

**3．高压钠灯**　高压钠灯（图 5-3）是在放电管内充高压钠蒸气，并添加少量氙（Xe）和汞等金属的卤化物帮助起辉的一种高效光源。特点是发光效率高、功率大、寿命长（12 000～20 000h），但光谱分布范围较窄，以黄橙光为主。是发光效率和有效光合成效率较高的光源，目前在温室人工补光中应用较多。高压钠灯光谱能量分布：红橙光占 39%～40%，绿黄光占 51%～52%，蓝紫光占 9%。由于高压钠灯单位输出功率成本较低，可见光转换效率较高（达 30%以上），早期人工补光主要采用高压钠灯。但由于高压钠灯所发出的光谱缺少植物生长必需的红色和蓝色光谱，而且这种光源还会发出大量的红外热，难以近距离照射，不利于多层立体式栽培。

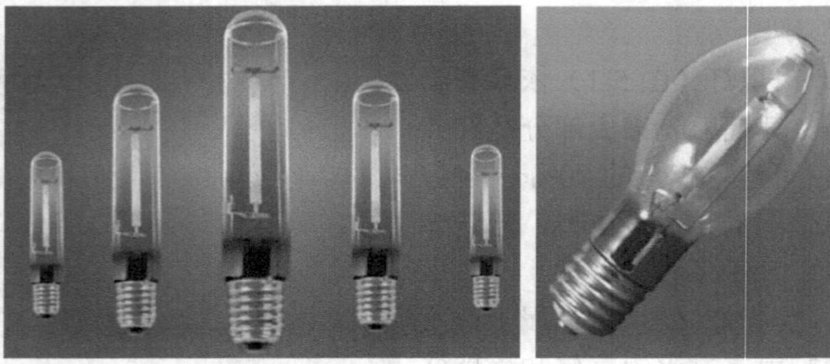

图 5-3　高压钠灯

**4. 日光色镝灯**　日光色镝灯又称为生物效应灯（图 5-4），是新型的金属卤化物放电灯。其光谱能量分布为：红橙光占 22%～23%，绿黄光占 38%～39%，蓝紫光占 38%～39%。光谱能量分布近似日光，具有光效高、显色性好、寿命长等特点，是较理想的人工补光光源。

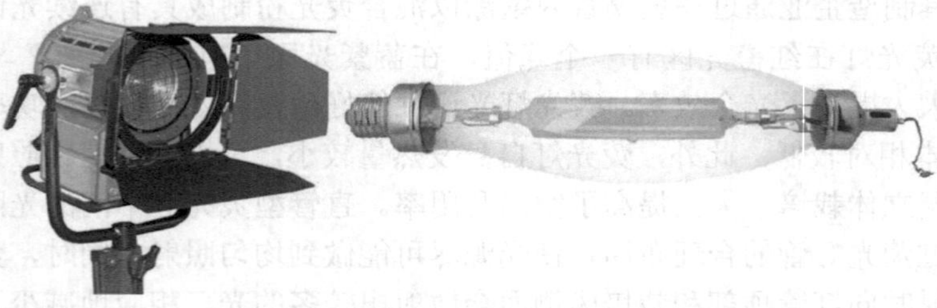

图 5-4　日光色镝灯

**5. 氖灯和氦灯**　氖灯和氦灯（图 5-5）均属于气体放电灯。氖灯的辐射主要是红橙光，其光谱能量分布主要集中在 600～700nm，最具有光生物学的光谱活性。氦灯主要辐射红橙光和紫光，各占总辐射的 50%左右，叶片内色素可吸收的辐射能占总辐射能的 90%，其中 80%为叶绿素所吸收，这对于植物生理过程的正常进行极为有利。

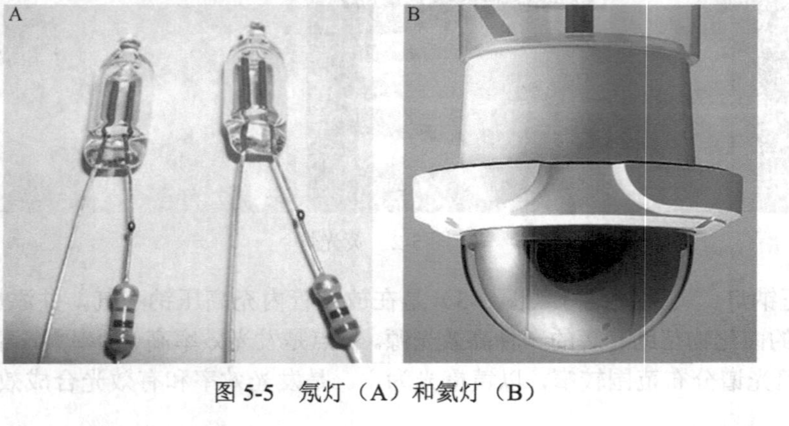


图 5-5　氖灯（A）和氦灯（B）

**6. 微波灯**　用微波（微波炉所用）照射封入真空管的物质，促使其发光，可以获得很高的照度。微波灯（图 5-6）强度大，光合有效辐射比例高达 85%，比太阳辐射还高，而且辐射强度可以连续控制，寿命也长，是今后最具推广价值的新光源。

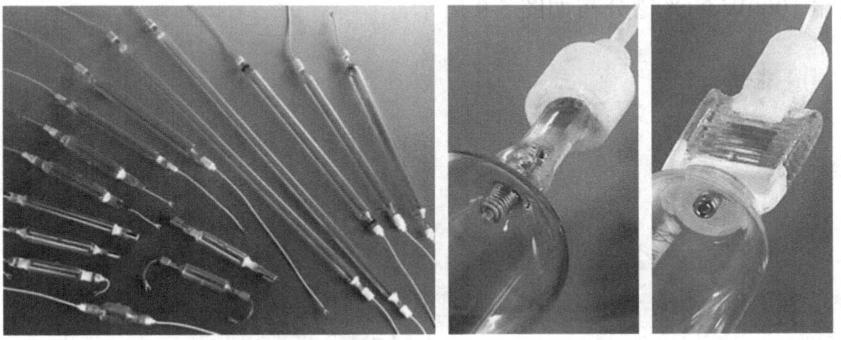

图 5-6　微波灯

**7. 发光二极管**　发光二极管（light-emitting diode，LED）发光核心是由Ⅲ～Ⅳ族化合物如 GaAs（砷化镓）、GaP（磷化镓）、GaAsP（磷砷化镓）等半导体材料制成的 PN 结（图 5-7）。它是利用固体半导体芯片作为发光材料，当两端加上正向电压，使半导体中的载流子发生复合，放出过剩的能量而引起光子发射，产生可见光。LED 能够发出植物生长所需要的单色光（如波峰为 450nm 的蓝光、波峰为 660nm 的红光等），光谱域宽仅为±20nm，而且红、蓝光 LED 组合后，还能形成与植物光合作用需求吻合的光谱。LED 的开发与应用为人工光蔬菜工厂的发展提供了良好的契机，可以克服现有人工光源的许多不足，使人工光蔬菜工厂的普及应用成为可能。

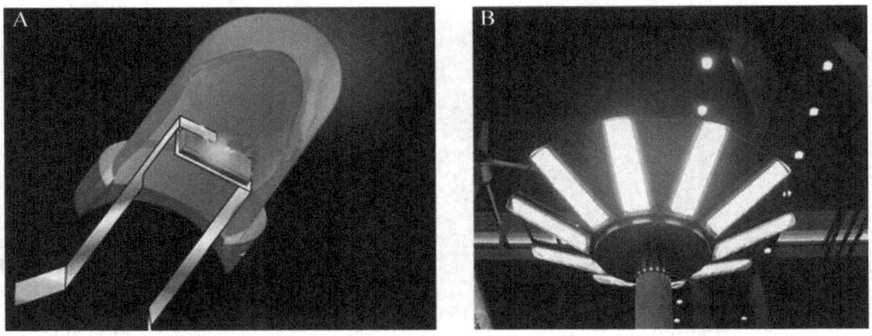


图 5-7　LED 光源

A. 灯珠；B. 灯具

## （二）常用光源的主要功能与特点

目前，在温室中实现规模化生产应用最成功光源种类的是高压钠灯和 LED。

**1. 常用高压钠灯**　高压钠灯是现有高强度气体放电灯中较高效的光源，需要配合反光罩或反光板使用，高压钠灯光谱全、综合性价比高，并且高压钠灯系统的辐射热可以有效减少冬季温室加温的能源成本，因此是温室中常用的人工补光光源。

（1）常规高压钠灯　高压钠灯因核心配件镇流器的不同又分为电感高压钠灯和电子高压钠灯，不同功率灯需适配相应规格镇流器。电感高压钠灯配套电感式镇流器、启动器、灯泡和灯头灯罩 4 件套使用。电子高压钠灯配套电子式镇流器，具有低能耗、安装轻便、高功率因数和防腐防水等优点。双端高压钠灯常用的有 600W、750W、1000W 等规格，单端高压钠灯的常用规格则有 150W、250W、400W 及 600W（图 5-8）。通常具有开路、短路、高温、低温、过压、欠压等保护功能，工作温度一般为－20～40℃，储存温度为－40～70℃。单端 600W 和双端 1000W 的光谱分布如图 5-9 所示。

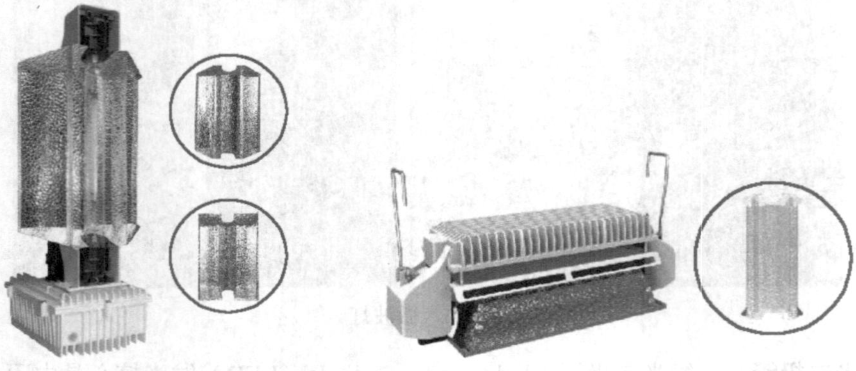


图 5-8　高压钠灯结构

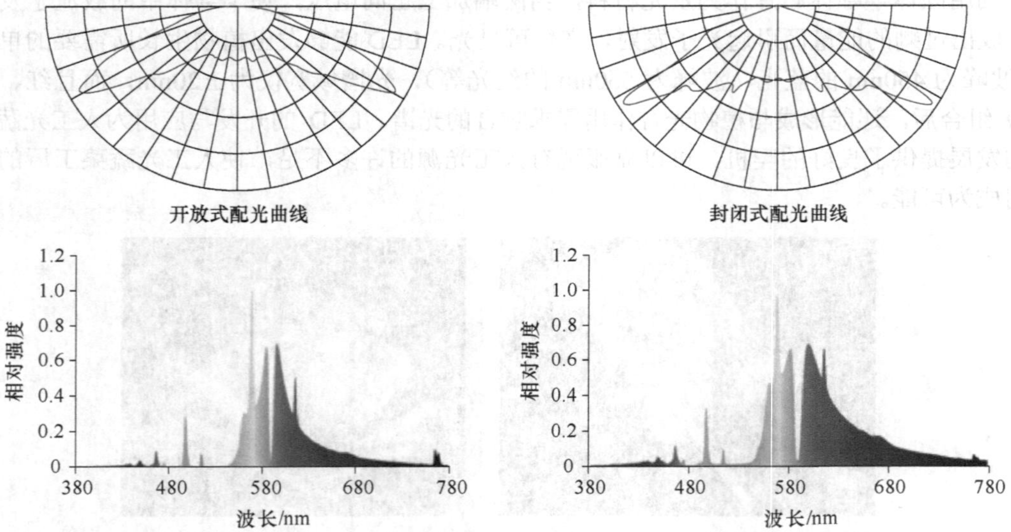


图 5-9　单端 600W（左）和双端 1000W（右）高压钠灯的光谱分布

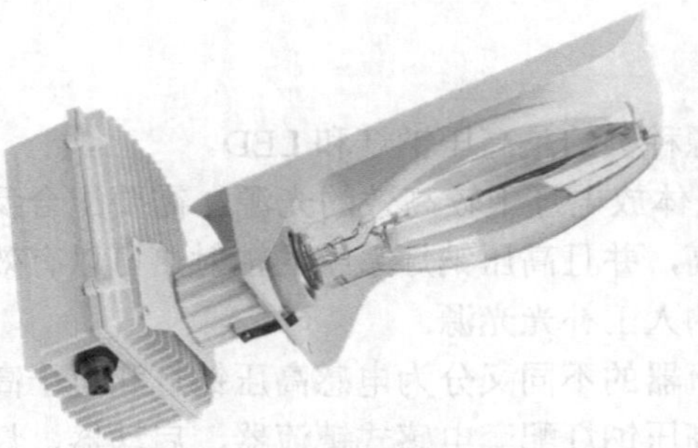

图 5-10　内反射钠灯一体机

（2）内反射钠灯一体机　　内反射钠灯一体机（图 5-10）可调节发光角度，内反射光源采用银作为反射材料，反射效率高达 99%；反光层内置于光源中，防止与空气接触，避免氧化，寿命更长；独特的宽反射角设计，提高光照均匀度；比普通农用钠灯的反射效率高 10%～15%。蝙蝠翼配光，更宽的照射范围使得光照分布均匀。1000W 内反射钠灯的光合有效辐射（PAR）输出光合量子通量（PPF）可达 2100μmol/s（经典值），10 000h 后光通维持率不低于 95%（图 5-11）。

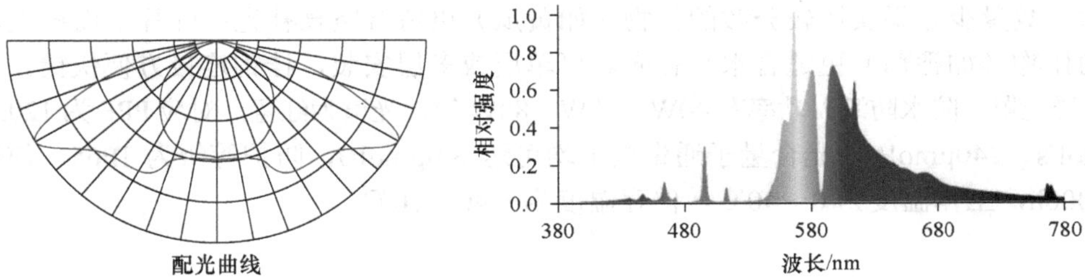


图 5-11　1000W 内反射钠灯一体机的光谱分布

（3）钠灯一体机　钠灯一体机具有反光器，反射效率高，不低于 95%；抗氧化；压铸外壳拥有更好的散热和防水性能；电器防水等级为 IP65。以 600W 钠灯为例，PAR 输出 PPF 为 1100μmol/s（图 5-12）。

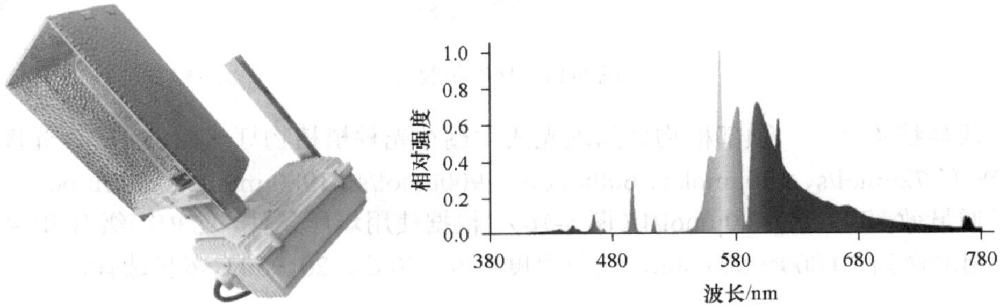


图 5-12　钠灯一体机（左）及光谱分布（600W，右）

**2．常用 LED 植物灯类型**

（1）花期灯　花期灯为高效、节能的温室补光产品，可延长温室照明时间及优化作物生长（图 5-13）。采用标准 E27 或 E26 灯头，不适用于封闭式灯具，可用于开放式灯具。以功率 35W 为例，光合光量子通量密度（PPFD）为 50μmol/（$m^2$·s）（距离 50cm），峰值波长为 450nm 和 660nm，寿命可达 50 000h（25℃），防护等级为 IP44，开关次数为 35 000 次。

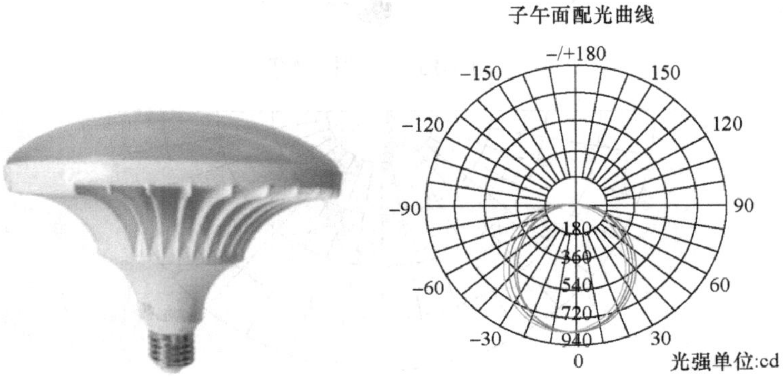


图 5-13　花期灯

（2）株间植物灯　增加株间补光，有效促进植物生长。并可根据作物品种选取最合适的安装方向，实现全方位补光（图 5-14）。内置散热器，灯具工作时，外表面温度低，避免灼烧叶片，可以更近距离接触植株，提高补光效率。不同的作物有不同的安装需求，叶片大、数量少且果实比较分散的作物（如黄瓜）更适合竖直补光；叶片小而密集、果实集中的作物（如番茄）更适合水平补光。可单层或多层安装，挂钩连接方便快捷。快接端子，高透光罩，防水防潮。功率有40W、50W、80W等，光谱为红蓝，对应PPF为120μmol/s、150μmol/s、240μmol/s，光合量子通量效率均可达3.0μmol/J，防护等级为IP65，使用寿命为50 000h，工作温度为0～40℃，储存温度为－40～70℃。

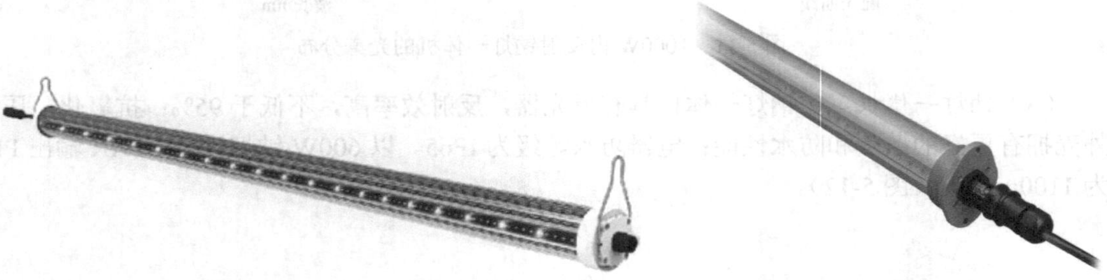

图 5-14　株间植物灯

（3）顶部植物灯　　顶部植物灯为顶光式大棚补光种植植物灯（图5-15），光度角常为120°；PPF有72μmol/s、130μmol/s、600μmol/s、900μmol/s、1980μmol/s、2240μmol/s等多种，光合量子通量效率在1.8～3.0μmol/J（图5-16）；根据使用场所条件，防护等级有IP54、IP65、IP66；使用寿命为30 000～50 000h，工作温度有0～40℃、20～50℃多种选择。

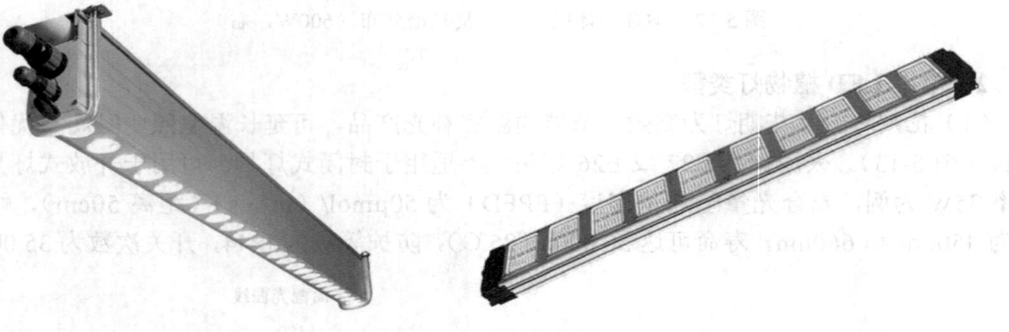

图 5-15　顶部植物灯

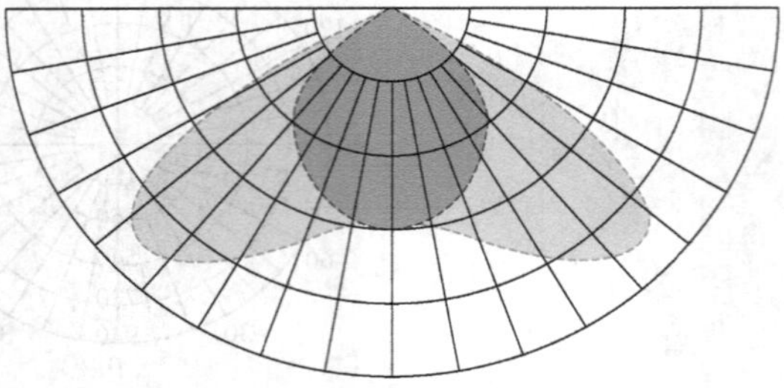

图 5-16　顶部植物灯配光曲线

（4）大功率多组合植物生长灯　　灯具夹角灵活可调，低于60cm时配合调整灯体夹角可更均匀地照射更大的种植面积，保障高效用光、均匀性好（图5-17）。

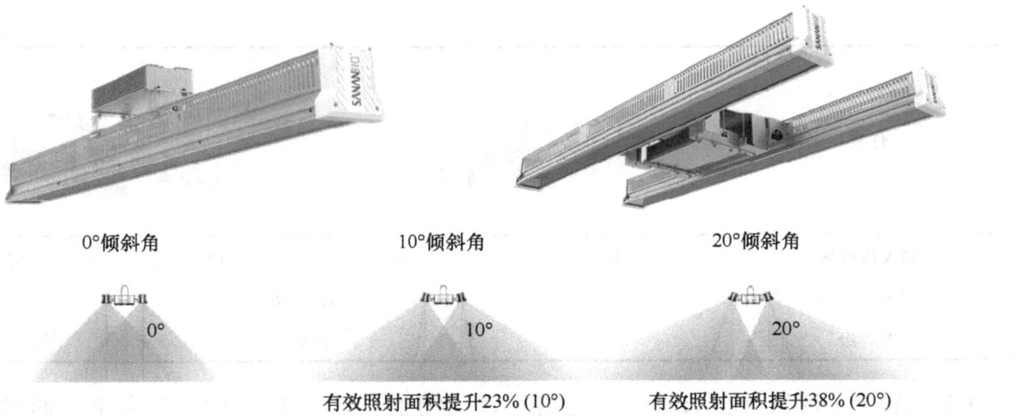


图 5-17　大功率多组合植物生长灯

通过光学反射腔的设计，将逸散到植物区域以外的光反射回植物冠层，提升植物灯目标照射区域的 PPFD 10%～30%（图 5-18）。

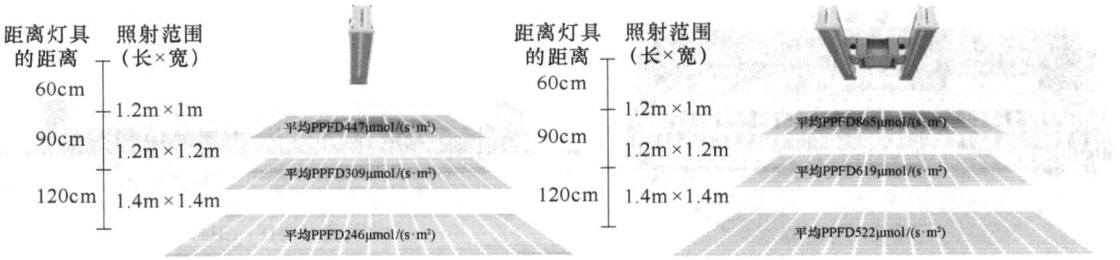


图 5-18　大功率多组合植物生长灯光学设计效果

灯体采用航空级阳极铝合金一体化设计，良好的导热性能结合鳍片散热设计，大幅度提升被动式散热效率，低壳温、更耐用。大功率植物生长灯性能参数见表 5-1。

**表 5-1　大功率植物生长灯性能参数**

| 灯具 |  | |  | |
|---|---|---|---|---|
| PPF/（μmol/s） | 710（三挡调节） | 750 | 1500 | 2030 |
| 光合量子通量效率/（μmol/J） | 2.45 | 2.2 | 2.2 | 3.2 |
| 灯体尺寸（长×宽×高）/mm | 1200×98×178.5 | 1200×90×155 | 1200×228×178.5 | 1200×505×110 |
| 灯体重量/kg | 3.5 | 2.9 | 5.8 | 6.95 |
| 电源盒尺寸（长×宽×高）/mm | 251×98×44.8 | 252×90×44 | 252×90×44 | 275×144×48.5 |
| 电源盒重量/kg | 1.9 | 1.6 | 3.2 | 3.5 |
| 总重量/kg | 5.6（含配件） | 4.8（含配件） | 9.8（含配件） | 12.55（含配件） |
| 灯具悬挂距离/cm | ≥60 | | | |
| 最高环境温度/℃ | 40 | | | |

续表

| | | | | |
|---|---|---|---|---|
| 灯具 |  | | 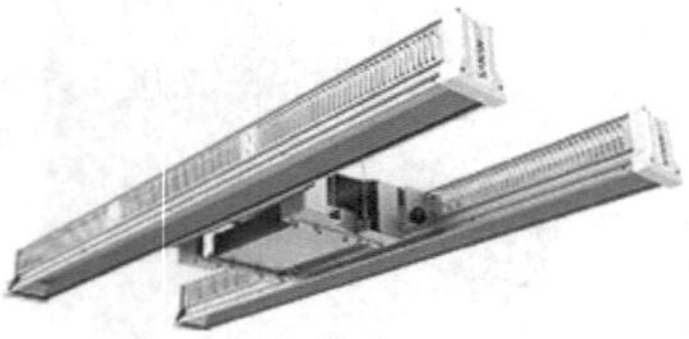 | |
| 输入功率/W | 300 | 340 | 680 | 635 |
| 输入电压/V | 100～240 | | | |
| IP 等级 | IP65 | | | |

（5）光谱可调植物生长灯　光谱可调植物生长灯（图 5-19）光合量子通量效率为 2.8μmol/J。4 通道可调光谱，单独的紫外线 A 段（UVA）和远红通道，CH1：6500K，CH2：3000K＋660nm，CH3：UV 400nm，CH4：远红 730nm。RJ45 网线调光插座；高导热大尺寸铝基板，散热快，可靠性高；防护等级为 IP65。

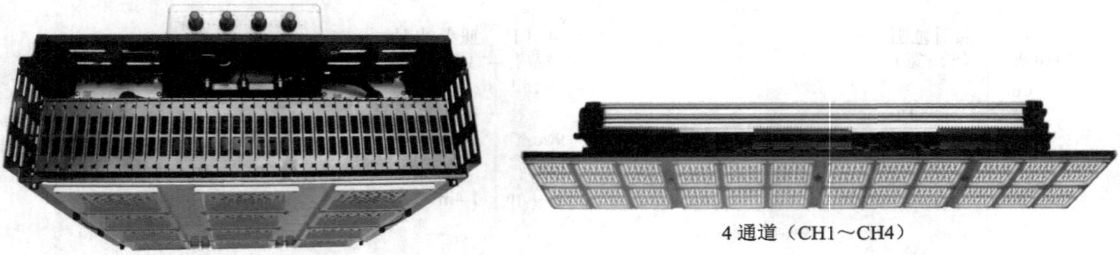


图 5-19　光谱可调植物生长灯

（6）可折叠植物生长灯　灯具可折叠，优选植物光谱，优化光照均匀度，使每一棵植物生长更快更健康，无热点，不会灼伤植物（图 5-20）。高光合量子通量效率，达 2.6μmol/J；超高 PAR 输出，适合高密度层架种植；多条阵列，光谱辐射均匀；额定功率：640W/AC120V，630W/AC230V，630W/AC277V。工作温度为−30～40℃；使用寿命为 50 000h，发光角度为 120°，推荐安装高度为距离植物冠层高度 0.3～0.9m。

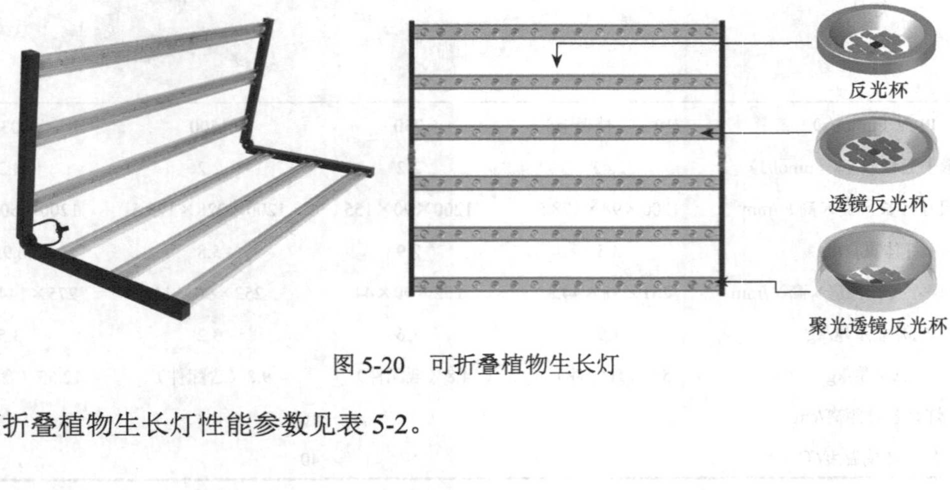


图 5-20　可折叠植物生长灯

可折叠植物生长灯性能参数见表 5-2。

表 5-2　可折叠植物生长灯性能参数

| 产品型号 | ZW810-320W-CX | | | ZW1128-800W-CX | | |
|---|---|---|---|---|---|---|
| 产品图片 |  | | |  | | |
| 光源 | LED SMD3030 | | | LED SMD3030 | | |
| PPF/（μmol/s） | 848 | | | 1590 | | |
| 光合量子通量功率/（μmol/J） | 2.65（AC220V） | | | 2.65（AC220V） | | |
| 输入功率/W | 320 | | | 800 | | |
| 输入电压/V | AC110 | AC220 | AC277 | AC110 | AC220 | AC277 |
| 输入电流/A | 2.9 | 1.45 | 1.15 | 5.55 | 2.73 | 2.17 |
| 寿命/h | 50 000 | | | 50 000 | | |
| 可选功能 | 有线调光器（PWM/0-10V）/蓝牙调光控制器 | | | 有线调光器（PWM/0-10V）/蓝牙调光控制器 | | |
| 色温/℃ | 3000K＋5000K＋660nm | | | 3000K＋5000K＋660nm | | |
| 光束角度 | 120° | | | 120° | | |
| 防水等级 | IP65 | | | IP65 | | |
| 灯体尺寸（长×宽×高）/mm | 810×690×34 | | | 1128×1104×34 | | |
| 工作温度/℃ | －10～50 | | | －10～50 | | |
| 主要部件材料 | 6063 铝合金 | | | 6063 铝合金 | | |

**3．植物照明控制器**　植物照明控制器（图 5-21）可以提供精确的光周期控制；可以控制从一个集中的位置到两个独立控制种植区域的最大 160 个固定灯具；用于 LED 灯具的亮度控制，通过结合编程与光谱灯具还可实现对灯具的调光调色。可以实现：定制光谱参数；任意设定定时运行、规范化种植；通过独立控制增强环境光照的统一性；温度超过设定值自动调光。

图 5-21　植物照明控制器

**4．植物照明调光器**　植物照明调光器（图 5-22）有可调光谱三通道、双通道及单通道，输入电压为 DC 1～10V，输出电流为 10V/40mA，兼容所有 0/1～10V 接口的可调光电子 LED 驱动器和电源调光器，工作湿度为相对湿度 20%～90%，寿命为 50 000h。最大群控灯具数量为 12 个，最大连接到驱动器的负载为 10V/40mA。适用于大多数 DC 0/1～10V 电源调光，不需要额外的电源，可实现并联调光（图 5-23）。

## （三）补光方式与方法

**1．补光方式**　温室目前常用的补光方式有顶部补光和侧面补光两种。顶部补光的灯具布置在作物的正上方，使光强均匀地照射在植物的叶冠层部分，以便提高植物的光合效率

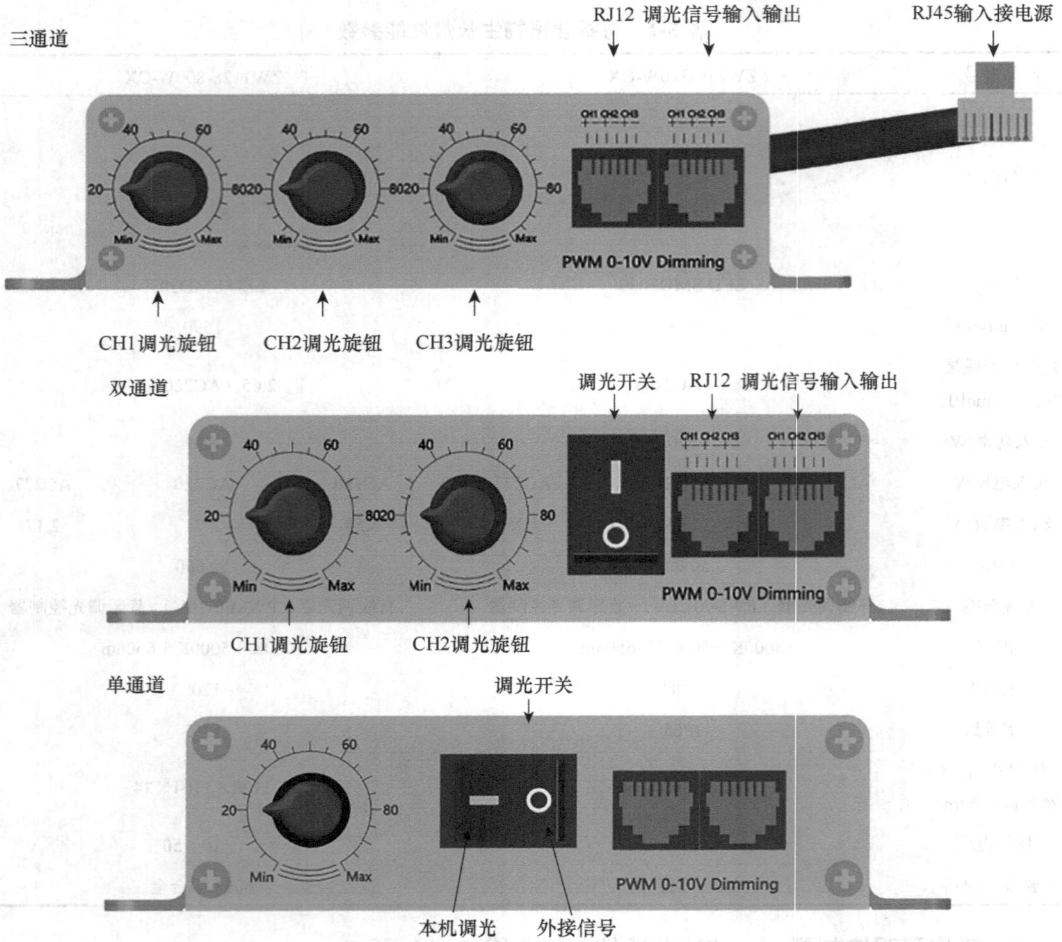


图 5-22　植物照明调光器

或延长照射时间等。这类补光对于低矮的叶菜类、根菜类、花菜类及茄果类植物是非常有效的。但对于瓜果类等高大的藤蔓类植物而言，由于大部分光线被最上层叶片拦截，且光照强度随着距离的增大而衰减，植物低矮位置部分的叶片接收到的光照较少，这时宜采用侧面补光的方式。这种方式可以使上下部的冠层叶面都能均匀受光，每个叶片获得的光能量都在光补偿点和饱和点之间，有助于增加光能利用率，提高作物的产量和品质。

顶端高压钠灯系统是稳定的人工光系统。目前，超过 90%的规模化种植人工光系统使用顶端高压钠灯作为补光的光源。目前，高压钠灯人工光系统超过 2/3 的光需要使用反光器来反射到作物表面。反光器的反射效率衰减很严重，这导致高压钠灯系统的实际输出效率只有 50%～70%。而且由于光源和反光器的位置没有固定，很多光线在反射的过程中通过了高压钠灯的光芯，这就使得高压钠灯的实际使用寿命大大缩短。

顶端高压钠灯和株间 LED 是目前最高效的人工光系统解决方案。试验表明在顶部高压钠灯人工光系统中增加光合有效辐射为 70μmol/（$m^2$·s）的 LED 株间补光，可以使总产量提高超过 20%。

顶端和株间 LED 可能会成为最高效的人工光系统解决方案。通过顶端和株间 LED 人工光系统，能够为植物提供定制化的光谱和光合有效辐射强度，但也是成本最高的人工光系统。

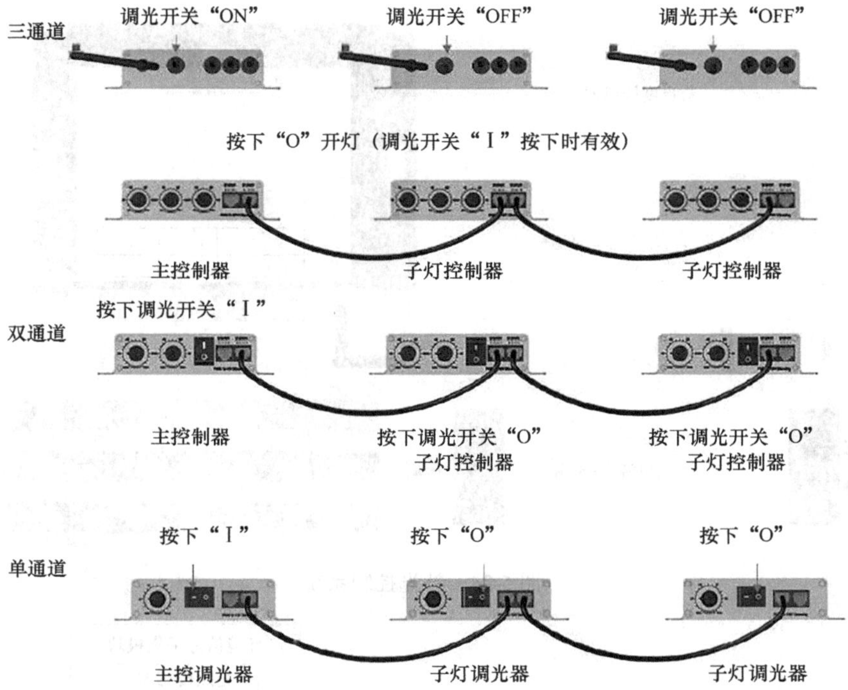


图 5-23　植物照明调光器群控调光

在补光灯的放置方面，对于高压钠灯等高热型光源，为避免高温对植株的不良影响，灯具距离植株顶部宜在 1m 以上。但也不能太远，以免降低光源的利用率。由于 LED 灯具有冷光性，既可将其置于冠层上方近距离照射植物，也可将其穿插在植株之间，但 LED 光源也有一定的发热性，不能贴近植物，以免叶片灼伤。

**2．补光方法**　目前的人工补光方法主要有三种：手动补光、自动定时补光和自动监控补光。手动补光和自动定时补光方法设备结构简单，但管理经验和外界环境变化等因素对系统的工作效果影响较大，存在灵活性差和补光效果差异大的缺点；而自动监控补光采用自动监测外界实时光强、自动控制补光的灯组开关，可以实现闭环的自动补光（图 5-24）。如果基于传感器采集温室环境参数和算法，结合传感器技术、嵌入式技术、无线通信技术、数据库技术及移动互联网技术，实现温室环境数据的采集、传输、存储、分析和显示，根据温室实时环境信息来确定补光量及补光最优位置，控制补光灯的开启关闭，能实现定量、精确和按需补光，提高光能利用效率和促进植物生长；并可实现对温室环境远程监控的实时性、便捷性要求，提高温室管理的高效性、智能化和信息化水平。

## （四）补光系统

**1．基于手机的温室环境监测与补光控制系统**　基于手机的温室环境监测与补光控制系统总体架构如图 5-25 所示，主要分为环境信息采集模块、补光灯控制模块、智能决策模块、数据库、远程服务器和手机。

系统的总体网络拓扑采用了无线局域网与无线广域网的多种网络融合方式，其大致工作流程是：环境信息采集模块通过无线传感网络，实时获取各类传感器采集的温室环境信息。智能决策模块接收到来自环境信息采集模块的数据后进行分析，之后通过无线广域网技术将

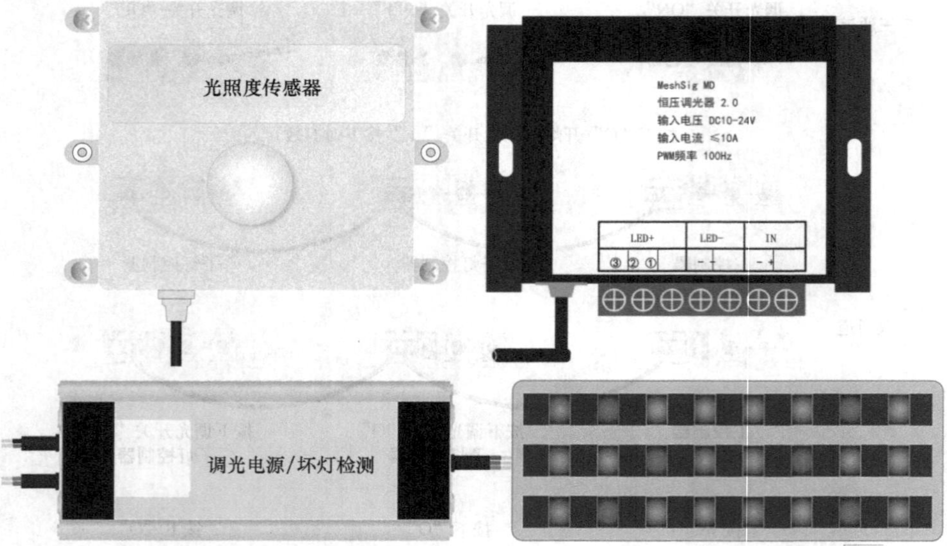


图 5-24　补光控制系统

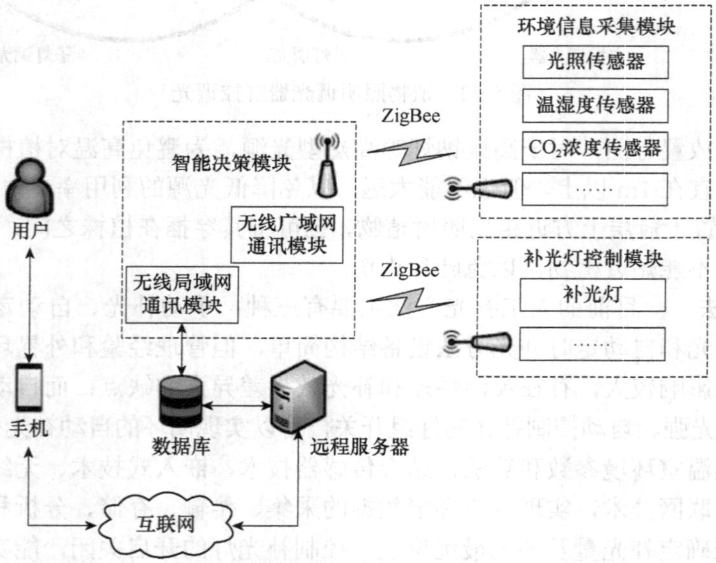


图 5-25　基于手机的温室环境监测与补光控制系统总体架构

其存储到远程监控中心的数据库中。远程服务器从数据库中获取数据，温室管理人员只需通过手机连接远程服务器就可以准确、及时地观测到远程嵌入式终端设备采集到的当前各类环境因子数据，监测数据包括温室的光照、空气温湿度、土壤温湿度、$CO_2$ 浓度等环境参数，并以图表的方式直观展出。

**2．植物灯控制系统（植物光照温度湿度控制器）**　植物灯控制系统（植物光照温度湿度控制器）采用 8 通道光谱光照调节，可以自主编辑植物生长阶段的光照时间与光照强度，满足不同植物、不同生长时期的光照需求，通过调节不同的光谱，能更好地适应植物不同时期不同阶段的光照需求。植物灯控制系统性能参数见表 5-3。

表 5-3　植物灯控制系统性能参数

| 项目 | 特点 |
|---|---|
| 光照控制输出 | 10V PWM RJ45 网线插座 |
| 温度湿度与编程异常输出 | 高电位 |
| 光照传感器输入信号 | RS485 Modbus　ANSI/TIA/EIA-485 |
| 温度湿度传感器输入信号 | RS485 Modbus　ANSI/TIA/EIA-485 |
| APP 操作界面 | Horti-Guru |
| 输入电压及功耗 | DC12～24V 5W |

注：工作温度为－10～40℃，使用寿命为 50 000h（25℃）

**3．自动化配电柜**　随着产业发展，温室的自动化程度越来越高，补光设备等都是由控制系统自动控制开启关闭，因此在配电柜内部的配件设计要求必须实现自动化可控，即控制系统信号接入后即可实现整套系统的自动开启（图 5-26）。除此之外，为了避免补光灯同时开启对电网造成冲击，还需要在回路之间加入自动延时启动设备。在配电柜的回路设计上，应该按照配电柜内回路数量比例的 10%做备用回路的预留，这样就可以在后期试用及维护检修时保证补光系统的正常使用。

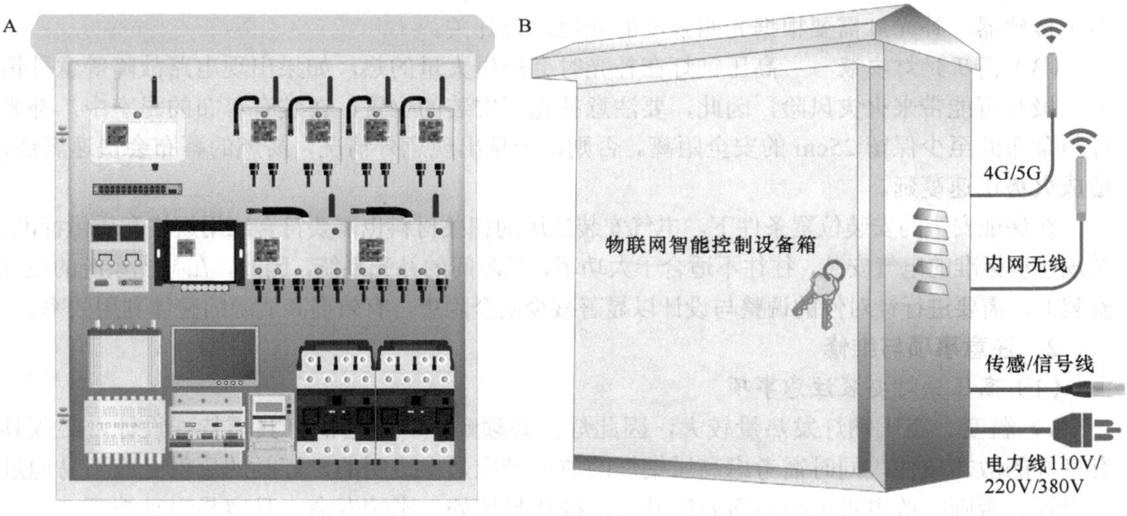


图 5-26　温室补光配电系统

A．设备箱内部示意图；B．设备箱外部示意图

温室人工补光系统安装了大量补光灯具，电源部分含有非线性负载整流器及开关量电源，正弦电压加压于非线性负载，基波电流发生畸变产生谐波。谐波可使电网的电压与电流波形发生畸变，此外相同频率的谐波电压和谐波电流会产生同次谐波的有功功率和无功功率，从而降低电网电压，增加线路损耗，使电力变压器的铜损和铁损增加，直接影响变压器的使用容量和使用效率，还会造成变压器噪声增加，缩短变压器的使用寿命。为保护电能质量及温室系统用电设备，在供电系统设计中，无功补偿设备应该增设 7%电抗率的电抗器，电抗器配合无功补偿电容器达到一定频率可有效抑制低次谐波的作用。

人工补光系统可采用环境控制系统集中智能控制方式，在系统分支配电箱内设置控制模块分组接入环境控制系统。可根据天气情况，实时控制补光系统的分组控制，从而调节对植物作物的补光量，满足植物生长所需要的光照能量。

补光系统的控制设计是根据实际光强需求进行工作的，因此同一个温室内应该采用多组光源，每一组可以通过继电器分别控制。补光系统应该可以实现手动控制和智能控制两种工作状态。手动控制时，补光灯工作的数量和时间都是需要人为控制和干预；智能控制则可以根据光强传感器采集的数据进行控制，系统通过对比数据库中的参数选择性地控制工作光源的数量和工作时间，在满足植物生长最适光强的同时又可以实现智能控制，节约能源。

## （五）安装与使用方法

**1．安装**

（1）温室大棚内补光光源的布置　为使被照面的光照分布尽可能均匀，布置光源时，应充分考虑光源的光度分布特性及合理的安装位置。不同的光源，其光度分布特性不相同。安装位置包括安装高度及灯的布局，一般光源安装在距作物1～2m处，而布局方式有单行均匀布局、双行网格均匀布局等，具体采用哪种布局方式，应以被照面的几何形状，通过一定的计算、试验选定。同一补照面，不同的布置方式，所得到的光照分布将是不同的。

（2）光照传感器安装位置　光照传感器用于监测温室内光照强度，在温室内该传感器安装高度与植物植株高度接近，由于光照强度会随位置发生变化，因此每个温室内需要安装多个传感器，补光灯需要根据光照强度的变化进行开关。

（3）高压钠灯安装　高压钠灯在补光时会产生大量的热，如果出现电路故障等意外情况，极有可能带来火灾风险，因此，要注意补光灯安装的位置，在装有幕布的温室中，补光灯与幕布间至少保留25cm的安全距离。否则，一旦出现意外情况，易燃的幕布会快速燃烧，造成火势迅速蔓延。

在保证安全的安装位置条件下，电气安装应用的相关材料也需要符合应用规格和质量标准。常规建筑标准的电气安装，往往不适合于大功率、长时间的补光系统，因此，在补光系统的电气安装上，需要进行针对性的调整与设计以显著减少安全隐患，有效提高能源的整体利用效率。

**2．注意事项与维修**

（1）高压钠灯安装注意事项

1）温度。高压钠灯发热量较大，因此灯具必须耐热。配套的灯具需特殊设计，必须具有良好的散热条件，同时需考虑高压钠灯的放电管应是半透明的，灯具的反射光应不易通过放电管。否则，放电管因吸热而温度升高，破坏封接处，影响寿命，且容易自动熄灭。

2）电压。高压钠灯对电压依赖性较强，高压钠灯的管压降、功率及光通量随电源电压的变化而引起的变化较大。电源电压上升，管压降增大，易引起灯的自动熄灭；电源电压降低，光通量减少，光色变差。电源电压的变化不宜大于5%。

3）镇流器。高压钠灯气体放电的负阻特性，决定其需配接镇流器才能正常工作；而电子镇流器因具有节能、可调光、输出功率恒定的特点已取代传统电感镇流器，成为高压钠灯配套电器的首选。实际应用中，高频工作状态下，高压钠灯需要专门设计，以实现灯与电子镇流器的匹配，从而获得较好的照明效果。

4）功率因数。高压钠灯的功率因数较低，只有0.44左右，为提高功率因数，可配上合适的电容器。

5）电源线。高压钠灯功率较大，灯泡发热的温度高，因此电源线应有足够的截面。

温室蔬菜生产过程中，室内湿度大、温度高，开关、电源线、灯具等设备易腐蚀、损坏。

要定期进行巡查，发现损坏应及时进行维修保养，损坏严重的应立即更换，以确保安全生产和补光灯的正常使用。

高压钠灯故障判断与检修：①先看明显故障点，排除后灯仍不亮，以从电源侧顺查为原则。②以镇流器为分界点，分前后故障查找。③在镇流器是好的情况下，烧保险只能在镇流器之前短路，镇流器之后（灯头、灯线）的短路会造成镇流器出线端低电压的现象。④镇流器、电源正常时，断开灯头零线，灯头零线应不带电（或显示感应电）；断开触发器零线接头，触发器零线带电。⑤镇流器出线端电压很低，主要原因是灯泡不亮而使触发器不停地触发，引发灯线、灯头薄弱处短路。⑥灯泡在电源正常情况下经常烧毁，在排除灯泡质量的前提下，很有可能是镇流器质量或线圈匝间有短路现象。

（2）LED 补光灯安装注意事项

1）LED 补光灯（专有型号除外）不能防水，需避免日晒雨淋，如安装在户外，请用防水箱。

2）良好的散热条件会延长产品的使用寿命，应把产品安装在通风良好的环境。

3）请检查使用的工作电压是否符合产品的参数要求。

4）使用的电线直径大小必须能足够负载连接的 LED 灯具，并确保接线牢固。

5）通电调试前，应确保所有接线正确，以避免因接线错误而导致灯具损坏。

## （六）存在问题及未来发展趋势局势

植物人工补光的目的是在自然条件不利情况下，改变光环境使其满足植物生长需求，获得更高产量和经济效益，需要考虑低投入、低能耗、高输出。补光系统是现代温室栽培的核心要素。应用于人工补光系统中的光源有很多种，如荧光灯、等离子灯、金属卤化物灯（包括金卤灯和陶瓷金卤灯）、高压钠灯、LED 等。探索适宜、高效、节能和绿色环保的光源一直是设施栽培补光技术应用研究的重要内容。目前，温室中规模化生产应用最成功的是高压钠灯和 LED。

高压钠灯在植物温室补光领域应用了几十年，用户熟悉高压钠灯的性能和使用方法，相关配套设施很全面，且有一整套的使用流程，用户能够准确预期应用高压钠灯温室补光的效果。因此，在全球范围内高压钠灯的应用范围最广、使用最普遍。

LED 的显著优势是能根据不同植物的光合特性、形态建成、品质及产量的需求光谱进行智能组合调整。不同种类作物、同一作物的不同生长期对光质、光强及光周期的要求不同，因此光配方研究需进一步发展和完善，结合专业灯具的研发，才能更好地实现 LED 在农业应用上节省能耗、提升生产效率及经济效益。LED 在设施农业的应用已经显示出优势与活力，但目前 LED 价格较高，一次性投入较大，各种作物在不同环境条件下的补光要求不明确，补光光谱、强度和补光时间不太合理造成补光灯应用时导致各种问题产生。随着技术的进步和完善，LED 的生产成本降低，LED 补光在设施园艺上将得到更广泛的应用。

LED 特别适宜于室内紧凑空间的栽培植物，适用于植物的全生育期栽培。但 LED 造价比较昂贵，性价比低，限制其广泛应用。高压钠灯的功率大、光密度输出值高、功率与重量的比值小、性价比高，特别适用于大型空间的植物栽培补光，但在紧凑空间的植物栽培补光应用有其局限性。两种光源有各自固有的性能特性和应用特点，可互为补充。因此，一定时期内 LED 光源和高压钠灯均会应用于设施农业补光。

设施补光将植物补光灯类型的选择和植物品种、植物需求特性、投入成本、预期产量和经济目标综合起来考虑，进行合理选择与配置，结合物联网和智能控制系统发挥植物补光的最佳效能。

## 第二节　遮阳设备

现代设施中的遮阳系统主要有三个方面的功能，即按照所种植物对光照的要求，选择适宜遮阳率的遮阳网，使作物得到适宜的光照；夏季通过遮阳达到降温的作用；冬季具有加强保温降低能耗的作用。

在温室中夏季使用遮阳网系统具有遮阳和降温的双重作用。夏季白天室内光照强度超过作物光合作用的光饱和点后，多余的光照将会灼伤作物叶片或转化为热能使室内温度升高，当温度超过作物生长的适宜温度范围后，将会影响作物的正常生长和发育，严重的甚至会导致作物生育障碍。关闭遮阳幕后，进入温室的光照受到遮阳网的阻隔，根据遮阳网遮光率的大小调控照射到作物冠层的光照强度，多余的光照被阻隔在遮阳网的上部，或被遮阳网反射直接排出温室。

在温室中冬季夜间温度较低时，关闭遮阳网，将温室分隔为两个不同的温度空间，就像在作物冠层增加了一层保温被，使作物免受低温的侵害。此外，关闭遮阳网后还缩小了温室的加温空间，就等于节约了加温能量消耗。由此可见，遮阳网冬季使用也具有加强温室保温和降低温室供热负荷，节约能源的双重作用。

### （一）基本构成与工作原理

温室遮阳系统的设计原则是：系统运行安全可靠，投入经济实用。主要考虑系统的驱动方式、网架结构、遮阳网的选择、遮阳网的布置与固定方式。

**1. 遮阳系统安装位置**　温室遮阳系统根据安装位置可分为外遮阳和内遮阳，安装在温室屋面之上的称为外遮阳，安装在温室屋面以下的称为内遮阳。用于支撑遮阳网及其收张机构的是遮阳网架。外遮阳网架安装在温室立柱部位的天沟上方，也可在温室外另设立柱。内遮阳网架则可以利用温室内立柱和横梁构成一体。从降温原理看，外遮阳是直接将太阳辐射阻隔在温室外，而内遮阳则是安装在温室覆盖材料下面，太阳辐射有相当一部分被遮阳网自身循环吸收，遮阳网温度升高后再传给室内空气。因此外遮阳降温效果要比内遮阳好，但内遮阳与湿帘风机降温系统配合使用时，可以减少温室内需降温的有效气体体积，提高湿帘风机降温系统功效。同时内遮阳采用铝箔遮阳网可使温室具有保温节能作用。

外遮阳系统：遮阳网采用遮光率为70%的黑色针织网。遮阳系统由减速电机、传动轴、驱动齿轮齿条、推拉杆、遮阳网导杆、托幕线、压幕线、遮阳网、电控箱等组成。减速电机带动传动轴转动，经齿轮转动使齿条及推拉杆沿桁架方向往复运动。固定在推拉杆上的遮阳网导杆随推拉杆运动带动遮阳网开启或关闭。减速电机有正常限位加紧急制动双重保护自停装置，并配备热继电器保护。外遮阳系统的优点是直接将太阳能阻隔在温室外，降温效果良好，缺点是需加一套遮阳骨架，同时对遮阳系统和遮阳网的强度要求高。

内遮阳系统：内遮阳系统由控制箱、三相减速电机、自驱动联轴器、传动机构及内用遮阳幕线、幕布组成，安装在温室内部距屋脊 0.5m 处。一般设在天沟以下，通常将遮阳系统与保温幕帘系统共设，夏季使用遮阳系统，降低室温；冬季将遮阳网换成保温幕，用以保温；当内遮阳系统紧闭时，室内形成上下独立的两个空间，能有效阻止温室内雾气形成及滴露。

**2. 遮阳网拉幕方式**　目前，温室遮阳系统普遍采用的是钢索拉幕和齿条拉幕（图 5-27）。钢索拉幕遮阳系统：工作时由减速电机带动传动轴转动，钢索和换向轮将电机旋转运动转化为钢索的直线运动，实现遮阳网的收合。齿条拉幕遮阳系统：减速电机带动驱动轴转动，带动齿轮转动，齿轮带动与其啮合的齿条运动，齿条做往复运动，由于齿条与推拉杆连成一体，所以在推拉杆的带动下，实现遮阳系统的开合。

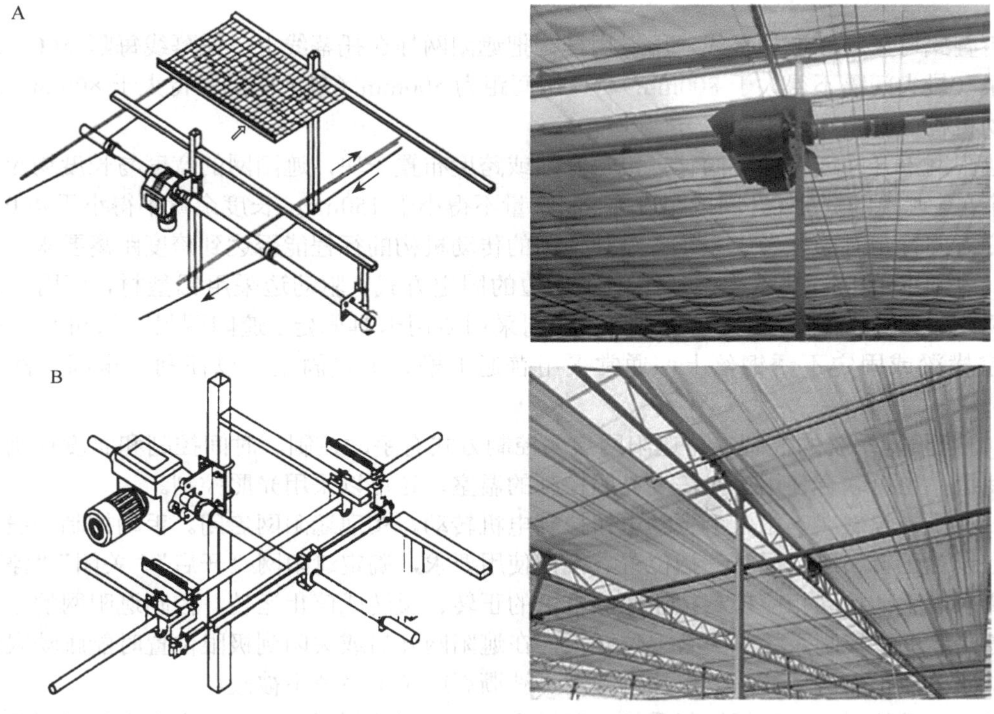


图 5-27　遮阳网拉幕方式

A．钢索拉幕遮阳系统；B．齿条拉幕遮阳系统

**3. 驱动方式**　根据所用齿轮的不同，常用的有两种类型：A 型齿轮齿条传动机构和 B 型齿轮齿条传动机构（图 5-28）。两者运行机理相似：减速电机带动传动轴，传动轴与齿轮相连，齿轮与齿条啮合，再由齿条带动推杆，推杆与驱动边相连，驱动边固定遮阳网。运动传递路线：减速电机旋转→传动轴→齿轮齿条→推杆往复运动→驱动边→遮阳网。在考虑运行平稳、降低造价的前提下，一般以间隔 3～4m（A 型）或 2.5～3.5m（B 型）布置一套。

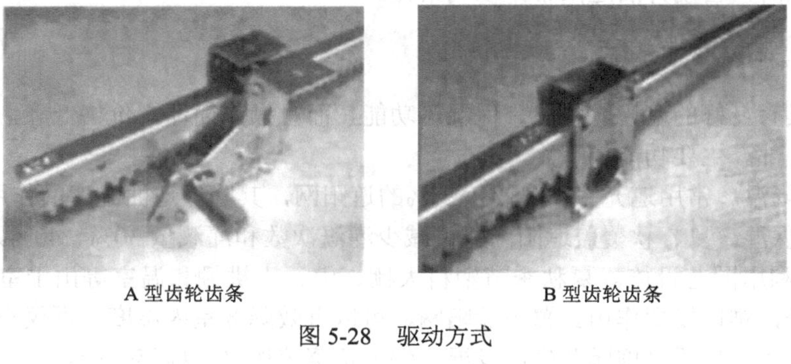

A 型齿轮齿条　　B 型齿轮齿条

图 5-28　驱动方式

**4. 遮阳网的布置方式**　温室遮阳网的布置方式有两类：平铺式与折叠式。平铺式采用上下两道托幕线，下道托幕线托住遮阳网，保证遮阳网收拢与拉开时平稳运行。布置要求：托幕线每隔 500mm 布置一条（最大间隔不得大于 800mm），与温室框架（立柱、横梁）交接的地方采用专用卡具固定，支撑托幕线，支撑最大间距不得大于 6000mm。上道托幕线也称为压幕线，压住遮阳网，保证遮阳网整体平正，不被风吹起，同时也可限制遮阳网收拢时的体积。

折叠式可采用一道托幕线，用专用挂钩把遮阳网挂在托幕线上，托幕线每隔 500mm 布置一条（最大间隔不得大于 800mm），挂钩间距为 500mm（最大间隔不得大于 800mm），此时驱动机构应安装在遮阳网上方。

遮阳网沿开间或跨度方向行走，每开间或跨度布置一块，遮阳网的宽度与长度均应有一定的余量。遮阳网宽度（开间或跨度方向）余量不得小于 150mm，长度余量不得小于 400mm。沿跨度方向行走时必须考虑系统中设计使用的传动机构的行程能否达到跨度距离要求。

**5. 遮阳网的固定方式**　遮阳网驱动边的固定方式：驱动边采用铝型材，可用卡簧将遮阳网卡在型材槽内。驱动边采用圆管的则采用专用卡具固定。遮阳网另一边可直接固定在温室横梁或固定不锈钢丝上，通常采用普通卡槽、卡簧固定，以便利、牢固、密封为原则。

**6. 遮阳网系统的控制**　遮阳网启闭控制方式有手动控制、时间控制和温度控制，可单独使用，也可联合使用。对需要光照控制的温室，还可以采用光照控制。

（1）手动控制　由人手按动电钮控制电机转动，实现遮阳网启闭。手动控制一般在电控箱上设置正转、停、反转三挡位置，根据使用要求，确定遮阳网“开启”“关闭”“停”的位置要求，手动按动相应控制按钮操纵电机的正转、反转或停止运转，控制遮阳网的运动方向或停止运动。控制系统中配有限位开关，在遮阳网开启或关闭到极限位置时能触动限位开关自动断电停止电机运行，以保护遮阳网不被撕裂或拉幕系统不被破坏。

（2）时间控制　时间控制系统一般采用 24h 时间控制器，人为预先设定遮阳网开启或关闭的时间，到时就自动实现开启或关闭。

（3）温度控制　温度控制系统是根据温室内气温的高低，自动控制遮阳幕的开启或关闭。预先设定在室内温度超过设定高温时，自动关闭遮阳幕，以遮阳降温；当室内温度低于设定低温时，自动开启遮阳幕，以利温室采光。

（4）光照控制　对于一些花卉等对光照敏感的作物，根据需要，可以采用光照控制。在室内光照强度超过光饱和点时，自动关闭遮阳幕，以利保护或控制作物生长；当光照强度低于光饱和点时，自动开启遮阳幕，以利采光。

## （二）主要功能与特点

遮阳网具有良好的遮光、降温、保湿等功能，而且操作简便，价格低廉，通常安装在温室的内部和外部。主要功能如下。

1）遮光降温。常用遮光率在 45%～65%的遮阳网，其降低地面温度的作用非常显著。

2）保水保湿。夏、秋覆盖遮阳网，可减少灌溉次数和灌溉量 30%～40%。

3）充分利用园艺设施。夏秋季节塑料大棚、中、小拱棚和温室等由于室内温度过高，影响作物生长，难以发挥作用。覆盖遮阳网，可以有效降低室内温度，不仅充分利用了温室设施，而且有利于夏季设施园艺生产发展，保证蔬菜等作物的周年生产。

## （三）安装与使用方法

**1. 托（压）幕线的布置** 托（压）幕线沿幕布方向均匀布置，托幕线每 500mm 一道，内遮阳压幕线每 1000mm 一道，外遮阳托压幕线每 500mm 一道，沿幕布运动方向从一端拉幕梁通长拉到另一端拉幕梁，中间在桁架弦杆或中间横梁上支撑并固定。

**2. 驱动机构的安装** 驱动机构由减速电机、驱动轴、齿轮齿条、推杆、支撑滚轮和活动边及各种连接件构成。

1）减速电机的安装。电机安装于温室拉幕机平面临近中心的立柱上，采用电机支座通过螺栓固定于立柱上。安装高度按设计功能确定。

2）驱动轴的安装。驱动轴使用热镀锌国标焊接钢管，一端和减速电机通过链式联轴器相连，中间用轴支座支撑。驱动轴连接采用套管式螺栓固定轴接头，以加强驱动轴的刚度和同步性。在安装驱动轴时必须在有齿条的位置事先将齿轮套在驱动轴上。

3）齿轮齿条及推杆的布置安装。推杆的间距应控制在 3m 左右，推杆与拉幕齿条连接；推杆穿过支撑滚轮，采用内套管方式连接，在接头两端水平方向用电钻打 2 个孔，用弹簧圆柱销固定。

4）拉幕支撑滚轮的安装。拉幕支撑滚轮安装于温室横梁或桁架，用支撑滚轮抱箍用螺栓或 ST5.5mm×25mm 自钻自攻钉固定于温室横梁或桁架弦杆。

**3. 遮阳幕布的安装** 将遮阳幕布平铺在托（压）幕线之间，对缀铝遮阳网要注意铝箔反光面朝外。拉铺幕布过程中要随时注意观察，避免幕布刮到尖锐物体上。拉平遮阳幕，保持两端的下垂长度基本相同。

遮阳幕固定边的安装根据骨架的结构不同而不同。温室骨架有横梁时，应先将幕布缠绕在横梁上，然后再用不锈钢丝将其绑扎在横梁上；温室结构没有横梁时，可以使用钢丝绳、边线固定架及塑料膜夹等安装幕布固定边。

**4. 连接配电控制箱运行调试** 在幕布处于展开状态时，用扳手打开电机限位盖，将处于关闭的限位轴与触点开关接触，松开开启限位轴，打开电源收拢幕布，当幕布宽度收拢到还有 50mm 时关闭电源，将限位轴移动到触点开关后拧紧。反复开启，观察幕布的情况，视情况重复上述动作。

## （四）注意事项与维修

1）温室遮阳系统的传动结构依附于温室的整体结构，两者密不可分，因此遮阳系统的安装及平稳运行在温室的整体安全中占有重要的比重。齿条安装一定要与齿轮完全啮合，以免啮合不完全，而造成齿轮打齿，甚至造成骨架变形。传动轴与推杆安装中一定要保证直线度，否则运行中推杆会与支撑滚轮发生干涉摩擦，传动轴与推杆不直都会对系统增加运行载荷，影响系统运行。

2）外遮阳或内遮阳系统展开到终点位置时，驱动边型材与横梁缝隙应匹配。如果贴合过于紧密，横梁不直或驱动边不直，都会造成系统荷载增加，易导致系统配件的不平稳运行。当缝隙过大，外遮阳造成遮光不完全，内遮阳密封不严，使热量流失。收回时也要尽量严密，减小遮阳网的遮光带。遮阳网的材质不同，回收宽度也不同，一般外遮阳网回收宽度为 300mm，内遮阳网回收宽度为 250mm，内保温网回收宽度为 200mm。

3）安装 A 型齿轮时，需要安装大垫片以保护温室桁架。因其横梁均为薄壁管，容易变形，从而引起齿轮受力不均而导致荷载加大，影响系统运行。每套B型齿轮附近都应有对应的轴承座来支撑传动机构，但是齿轮与轴承座间距不易过大，否则会影响系统的平稳运行。A型齿轮与电机的相对位置不应太近，否则不利于安装。

安装A型齿轮与传动轴须配备相应的钢夹和焊合接头，钢夹便于驱动轴的安装与拆卸，如果不安装会对日后系统维修造成不便，更换驱动轴只能进行现场切割。

4）温室内部配有水平斜撑，如果未考虑到水平斜撑与内遮阳的位置，会使内遮阳驱动边在运行中与温室的水平斜撑有干涉，造成系统运行时异响。如果电机是水平安装，电机的限位盒和接线盒朝下安装，方便后期接线及调整限位。

5）在遮阳网安装的时候，聚氯乙烯遮阳网干燥时会发生收缩，覆盖时要适当留出收缩的余地，收缩率在2%～6%。

# 第六章　温室灌溉水处理设备与灌溉设备

## 第一节　温室灌溉水处理设备

### 一、温室灌溉水的来源

近年来，随着设施农业发展逐渐向干旱半干旱区域扩展，区域性缺水与低效用水并存逐渐成为温室灌溉水利用中的显著问题，缓解温室灌溉水资源短缺的重要出路就是大力推行高效节水灌溉，实施水资源高效利用，采用微、滴灌技术可以明显提高温室灌溉水的利用系数。温室灌溉水的前处理技术与灌溉水源的水质密切相关，灌溉水的来源主要包括地表水、地下水和再生水。

#### （一）地表水

地表水是陆地表面动态水和静态水的总称，是人类生活用水的重要来源之一，也是我国水资源的主要组成部分。地表水主要包括河流、冰川、湖泊和沼泽 4 种水体，其中河流和湖泊是地表灌溉水的主要来源。地表水作为灌溉水，最大的优势是来源丰富，可不断得到大气降水的补给，但是水质情况比较复杂，富含泥沙、水藻、微生物和化学沉积物等。

#### （二）地下水

地下水是指埋藏在地表以下各种形式的重力水，是水资源的重要组成部分，与大气水资源和地表水资源密切联系、互相转化，具有流动性与可恢复性。由于水量稳定、水质好，是农业灌溉、工矿和城市的重要水源之一。在雨量充沛的地方，在适宜的地质条件下，地下水能获得大量的入渗补给。在干旱地区，雨量稀少，地下水资源相对贫乏些。地下水的特点是含盐量通常较高，但含砂量很小。

#### （三）再生水

再生水就是生活与生产中排放的污水经过一定的技术手段处理后，满足了相应的水质指标，能被再次用于某种使用途径的水。再生水成为可被人类再次有益利用的一类非饮用类水资源，是国际公认的"第二水源"。随着工业的发展，污水问题日益突出，发展污水灌溉逐步引起重视，一方面可将其作为一种灌溉水源，另一方面可避免其他水体受到污染，因此发展污水灌溉具有很重要的现实意义。目前，我国再生水已经逐渐开始用于冲厕、洗车等非直接饮用途径，但是直接用于灌溉水还存在诸多问题。一方面再生水的主要源头城市污水中病原微生物种类丰富、数量多，化学污染物种类复杂，浓度变化范围大，并且由于经济原因不可能做到污染物的完全去除，另一方面再生水系统各个环节的技术故障或人为错误可能会造成化学污染物和微生物进入再生水利用过程中。这些因素给城市污水的再生利用带来两种潜在风险：一种是病原微生物引发的健康风险，另一种是化学污染物引发的生态风险。目前我国养殖业正处于快速发展状态，畜禽养殖过程中所产生的养殖废水量也持续上升，应用养殖废水进行农业灌溉已成为养殖废水再利用作为节约用水、解决废水出路的有效途径。利用养殖废水进行农业灌溉具有以下几个方面的优点：第一，提供灌溉的水源，缓解水资源的紧缺；第二，为农作物的生长提供必要养分（有机物、N、P、K 等），减少农业投入；第三，养殖废水中微生物含量高，能显著提高土壤微生物的多样性。养殖废水作为一种农业用水的重要来源，符合我国农业用水的现状和水资源利用的发展需求，养殖废水灌溉能将资源利用和环境保护有机结合在一起，在提高经济效益的同时还产生很大的生态效益。然而，养殖废水是高浓度的有机废水，没有经过处理的养殖废水中的氮、磷等含量非常高，化学需氧量（COD）高达 10 000mg/L 以上，生物需氧量（BOD）也有 0.6 万～0.7 万 mg/kg，总悬浮物达到 0.8 万～0.9 万 mg/L。没有经过处理的养殖废水对土壤和农作物也会产生污染，甚至对农作物有毒害作用，使农作物大面积腐烂，甚至会严重影响到作物品质。养殖废水灌溉处理难度很大，近年来国内外专家开发出了经济、高效的养殖废水处理工艺技术，为养殖废水的再利用提供了科学依据，养殖废水经过处理后再适度地应用于农田成为一种新的趋势。

## 二、温室灌溉系统堵塞的形成原因

滴灌技术被认为是现阶段最适合温室使用的一种灌溉技术，近年来在温室中发展很快，面积增长迅速，以色列是世界上温室滴灌技术发展最好的国家，几乎在所有的温室中都采用微灌技术。我国以应用滴灌技术为主的微灌面积在 2016 年已达到 $527\times10^4hm^2$，近 10 年增加了近 10 倍，成为全球滴灌技术应用最广泛的国家。我国滴灌技术的推广始终被堵塞问题困扰，滴灌系统的堵塞主要发生在滴头、滴灌带、滴灌管、微喷头等部分。造成这一障碍的主要原因是水质、施肥、根系入侵等，其中水质是最重要的原因。滴灌系统的设计、运行和管理依赖水质分析，但目前国内对滴灌技术的水质分析重视不够，大多数滴灌工程设计没有做详细的水质分析。措施方面还停留在采用过滤器或沉淀池去除灌溉水中的物理杂质，究其原因：一是还没有真正了解滴灌水质分析各项指标对滴管系统的设计和运行管理所带来的潜在影响；二是我国还没有较为完善的滴灌水质标准，也没有更多地开展滴灌水质与堵塞机理等方面的研究。

国内外专家在对灌水器堵塞因素分析（表 6-1）的基础上，进行了堵塞灌水器的水质评价，提出灌水器堵塞的水质分类（表 6-2）标准，逐渐被国内广泛应用（Bucks et al.，1979；翟国亮等，1999）。

**表 6-1　灌水器堵塞的物理、化学和生物因素**

| 物理因素 | 化学因素 | 生物因素 |
|---|---|---|
| 无机物质颗粒 | 碱性氧化物 | 藻类 |
| 沙（50～250μm） | 重金属离子 | 细菌 |
| 淤泥（2～50μm） | 钙、镁、铁、锰酸盐 | 丝状物 |
| 黏土（＜2μm） | 阴离子 | 粒状物 |
| 有机物质 | 碳酸盐、氢氧化物 | 微生物分解物 |
| 水生植物 | 硅酸盐、硫酸盐 | 铁菌、锰菌、硫菌 |
| 浮游植物 | 肥料 | |
| 藻类 | 氨水、铁、铜 | |
| 水生动物 | 锌、锰、磷 | |

续表

| 物理因素 | 化学因素 | 生物因素 |
|---|---|---|
| 浮游动物 | | |
| 蜗牛 | | |
| 细菌 | | |
| 塑料碎末 | | |
| 润滑油 | | |

**表 6-2　灌水器堵塞的水质分类**

| 堵塞因素 | 堵塞程度 | | |
|---|---|---|---|
| | 轻度 | 中度 | 重度 |
| **物理因素** | | | |
| 悬浮颗粒/（mg/kg） | <50 | 50～100 | >100 |
| **化学因素** | | | |
| pH | <7.0 | 7.0～8.0 | >8.0 |
| 不溶固体/（mg/kg） | <500 | 500～2 000 | >2 000 |
| 锰/（mg/kg） | <0.1 | 0.1～1.5 | >1.5 |
| 含铁量/（mg/kg） | <0.2 | 0.2～1.5 | >1.5 |
| 硫化氢/（mg/kg） | <0.5 | 0.5～2.0 | >2.0 |
| **生物因素** | | | |
| 细菌数/（个/L） | <10 000 | 10 000～50 000 | >50 000 |

滴灌系统堵塞可分为物理堵塞、化学堵塞和生物堵塞。

1）物理堵塞主要是指水中悬浮物引起的堵塞，如淤泥、砂粒和植物颗粒等一些非溶解性物质。悬浮固体物含量为物理堵塞水质分析参数，滴灌水中悬浮固体物大于 100mg/kg 会增加堵塞的概率，小于 50mg/kg 则相反。

2）化学堵塞通常是指水中矿物质沉淀引起的堵塞。例如，Ca、Mg、Mn、Fe 等既可与氧气、硫酸盐、磷酸盐和硅酸盐发生化学反应产生沉淀，也可与水中的有机物如腐殖质、糖类、氨基酸或降解的植物和细菌发生反应产生沉淀。大量的可溶性化学物质进入滴灌系统后，经化学反应，不断产生化学沉淀。这些沉淀在系统内不断堆积，难以清除，造成堵塞。

3）生物堵塞主要是指由细菌产生的沉淀引起的堵塞。富营养化水体容易引起微生物的大量生长，而且微生物在灌溉系统中会生成一种可以吸附矿物质的黏质，并不断聚集而引起堵塞，某些黏质还会引起铁、硫、锰的沉淀。研究表明可溶性的铁离子是某些微生物的能量来源，这种微生物可以将其氧化成不可溶的 $Fe(OH)_3$。一些纤维状微生物可以氧化 $H_2S$ 产生不溶性的硫形成硫黏质。除细菌外，藻类也能在管道中形成软泥，由于藻类体积小、繁殖快，所以难以滤出和控制，这些“软泥”在管道水体中大多成凝胶状团块。

随着相关研究的增多，越来越多的学者将滴头堵塞发生的启动因素归结为水流中的微生物在流道边壁形成生物膜的黏附作用。要准确得到滴头堵塞的诱发过程，必须针对滴头进行详细的物理、化学和生物测定。在河水滴灌条件下，通过分析水质对滴灌系统堵塞的影响及堵塞物质组成，物理颗粒与生物物质相结合的方式成为流道堵塞的主要因素。类似的研究结果发现，绝大部分滴头堵塞成分为生物膜黏附的无机颗粒，微生物膜形成后，与细颗粒形成的凝胶状的团块，一旦富集，在短时间内将很难剥离。另外有研究发现悬浮颗粒并不是引起堵塞过程的启动因素，颗粒的累积是随着流道表面上生物膜和菌群黏液的形成而开始的，对于迷宫型流道，杂质颗粒易在最适于微生物滋生的锯齿根部集中沉积。

有科研人员在实验室从堵塞滴头中提取了生物膜，发现其中含有大量的铁细菌和硫细菌（Cararo et al.，2006）。铁细菌和硫细菌等具有很强的分泌细胞外化合物能力，细菌细胞常被厚厚的黏性外鞘包被，其上沉积无机铁和硫黄颗粒等，从而形成致密的膜结构（罗岳平等，1997）。自养和异养微生物如藻类、细菌和真菌等一直被认为是堵塞的主要物质（Ravina et al.，1997；Gillber et al.，1982），其在流道壁面上紧邻，相互交换代谢产物，尤其藻类分泌的可溶性有机物被异养细菌等利用，导致微生物滋生，微生物群落之间的互补性在一定程度上加快了生物膜的形成。

## 三、温室灌溉水处理技术

水质处理是防堵塞的基础，堵塞处理的方法主要包括物理处理和化学处理。

### （一）物理处理

滴灌水的物理处理主要包括过滤和沉淀。过滤对任何水质都是必不可少的，而沉淀则用于水质较差的水源。有研究发现，利用 200 目过滤器可以清除直径大于 75μm 的细小颗粒，而通过过滤器的小颗粒和胶质黏粒，则可能在毛管和滴头中沉淀下来，通过细菌参与的活动形成黏液块状物，极易堵塞滴头，也会使过滤器的网眼堵塞而降低过滤器的过滤能力。从杂质粒径方面考虑，过滤只能去除部分悬浮杂质。单颗粒固体颗粒不可能堵塞灌水器，但悬浮在水中的固体颗粒在沉积到灌水器附近时，会受到附壁应力及颗粒之间的范德瓦耳斯力、氢键及物理、化学的吸附作用，从而在颗粒之间出现吸附架桥现象，彼此黏结形成较大的链状絮体结构，并在沉积过程中不断长大和压实，从而堵塞灌水器。可以说，过滤也并不能彻底解决堵塞问题，极小的颗粒能够穿越过滤介质进入系统，这些颗粒与微生物的代谢物相互吸引形成大体积的聚合体产生堵塞；同时，部分颗粒的沉积产生缓慢堵塞，这两种堵塞普遍存在且难以清除，所以采用化学处理杀灭微生物，减少沉淀离子浓度是必要的。

### （二）化学处理

滴灌工程使用的化学处理技术有下列几种：加氯处理控制微生物污染；加硫酸或其他酸控制碳酸盐沉淀；加入专门的化合物控制碳酸盐沉淀；水中加入水玻璃或氧气可综合溶解铁离子；有针对地将化学制剂添加到灌水器生产原料中可控制虫、草根对灌水器的堵塞。在农业应用中，周期性进行氯处理是控制滴灌系统生物堵塞的最常用方法。但氯的可溶性离子会很快与水中的非溶解性 $Fe_2O_3$ 发生化学反应产生新的沉淀，这种沉淀又会成为别的细菌生长和繁殖的食物源，而在一定程度上增加了堵塞的可能性。因此，若氯使用不当，系统就会因消毒而加快堵塞进程。

另一种常用的杀菌剂是铜化合物。通常的做法是在灌水周期过半后将它们注入滴灌系统，使其在系统内留下有效的残余以阻止细菌生长，使矿物质沉淀减慢，缓解系统堵塞。酸化处理主要用来消除滴灌系统内存在的化学沉淀，有时也用来降低系统内水的 pH 以增强氯的杀菌作用。在酸化处理时，通常将系统内水的 pH 降到 2.0～3.0，以取得最好的酸化效果。在滴灌系统酸化处理中，常用的酸有磷酸、盐酸和硫酸。

如果对系统进行化学处理时操作不当，将对土壤、作物甚至人类产生一定的破坏和毒害作用，必须严格按规程操作：加氯处理中，氯的用量主要以管道末端氯的含量为依据。一般管道末端排出的自由氯含量不应低于0.5mg/L，不应高于1mg/L。酸用量取决于所使用的酸的种类、浓度及水中的pH、需要处理水量的多少等，必须经过计算确定，具体应用时参考更详细的资料。目前我国对滴灌系统化学防治堵塞方面研究较少。

臭氧是一种强氧化剂，可以将无机有色离子如铁和锰氧化成难溶性物质，然后沉淀并除去它们；臭氧还具有微絮凝效应，可以帮助有机胶体和颗粒物的混凝，并通过过滤去除致色物。臭氧可将水中部分有机物直接分解氧化，还可将难生物降解的有机物转化为易于生物降解的小分子，减弱或消除它们的毒性，从而提高水的可生物降解性（蔡璇，2015）。含有大量藻类的水源的处理中，可采用臭氧抑制藻类的生长，从而防止藻类在滤料孔隙中繁殖而造成阻塞。生物活性炭滤池通常用于去除水中溶解的有机物，滤池不仅具有吸附作用，滤池内还有生物活动。生物活动主要是指附着在活性炭表面的水中原有细菌以水中天然有机物为营养物增殖形成的一薄层厚度不均的生物膜。为了防止水中悬浮固体物堵塞活性炭的孔隙结构，活性炭吸附滤池一般都设在滤池后面。臭氧-生物活性炭技术是臭氧氧化、生物氧化、活性炭吸附协同作用的结果，是水深度处理中应用最广泛的一种技术。其去除有机物的能力优于普通生物活性炭。水中有多种杂质，一种方法往往难以解决所有问题，这时需要由几个处理单元组成的处理系统处理，以满足用水要求。采用哪种方法或组合方法取决于原水的水质和水量、用水标准、处理方法的特点、处理成本等，在调查、分析、比较后才能决定。处理滴灌系统堵塞问题时，需要针对堵塞产生的原因，采用相应的处理方法。

化学反应和吸附都是一些水处理领域里常用的技术，如果将这些工艺与先进的硅藻土预涂膜精密过滤技术结合起来形成一体化吸附（反应）/预涂膜分离技术，并且设计出适合养殖废水和微污染水处理的一体化设备，将使这一技术具有广阔的应用前景。

### （三）一体化处理

一体化技术是指废水处理时，生化处理过程和沉淀过程在同一个反应装置内完成的工艺技术。一体化技术处理水中污染物的原理是将物理、化学、生物技术与其他技术联用，或者相互之间耦合实现水处理工艺的一体化。一体化技术能将一些目前水处理领域中广泛使用的化学和物理法与先进的固液分离技术耦合，集成在一套一体化处理装置中实现一体化操作，降低水处理成本，对于一体化技术的推广应用显得非常重要。目前较成熟的一体化水处理技术主要有一体化生化反应技术和一体化膜生物反应技术。

**1．一体化生化反应技术**　一体化生化反应技术是指进行水处理时，生化处理过程和沉淀过程在同一个反应装置内完成的工艺技术。目前国内研制开发的一体化生化反应装置按生化与其他不同工艺的组合可分为与物理化学组合和与传统城市污水二级处理组合。

一体化生化与物理化学方法组合，主要采用物理方法对污水中的固体杂质进行分离，同时也兼顾对污水中有机物的降解。例如，江小林等（1999）研制的以“离心-气浮”复合过程为主要处理工艺的污水快速处理装置，主要针对营业性餐厅厨房内可利用空间有限、悬浮性有机物占污水中全部有机物量的比例较大等特点，将溶气的污水引入高速旋转的离心分离器内进行“离心-气浮”的复合处理。当进水COD在300～500mg/L、悬浮物（SS）约500mg/L、停留时间不超过20min的条件下COD去除率达60%左右，SS去除率达80%以上。

近年来，高效絮凝剂的不断发展促进了物理化学工艺在污水处理中的应用，污水处理趋

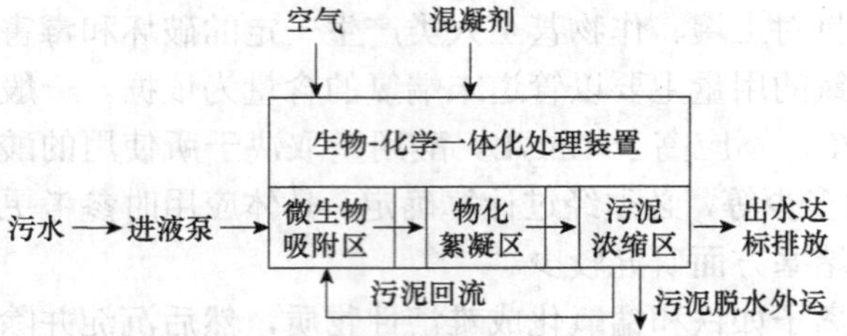


图 6-1　一体化混凝-生化工艺流程

于物化与生化工艺相结合。化学絮凝剂可以强烈吸附水中的悬浮物与胶体，可以进一步减少生化处理时间（0.5～2h），从而更大限度地减少占地面积。有学者用混凝处理工艺与生化工艺一体化的处理工艺（图 6-1）来处理城市生活污水（曹妹文，2003）。其主要工艺原理是利用活性污泥有很强的吸附能力，可在很短的时间内将污水中的悬浮物、胶体等有机物进行吸附，同时也将易生化的有机物进行分解；在活性污泥处理流程的基础上，增加絮凝剂的混凝作用，利用化学絮凝剂形成的化学絮凝体的强烈吸附作用吸附污水中的悬浮物、胶体等有机物，利用短停留时间（30～120min）的活性污泥曝气处理，配以高效的絮凝剂，使生物氧化处理与化学混凝强化处理相结合，生物与化学的絮凝体一起沉淀，将固液分离，达到净化污水的目的。该处理装置使生化与物化处理工艺取长补短，达到最佳的处理效果，同时明显降低药剂消耗量，减少污泥产生量，降低处理成本。

有研究用絮凝、厌氧酸化、生物接触氧化一体化反应装置来处理造纸制浆含氯漂白废水，一体化反应装置集絮凝、生化为一体，其实验装置如图 6-2 所示（陈元彩等，2000）。

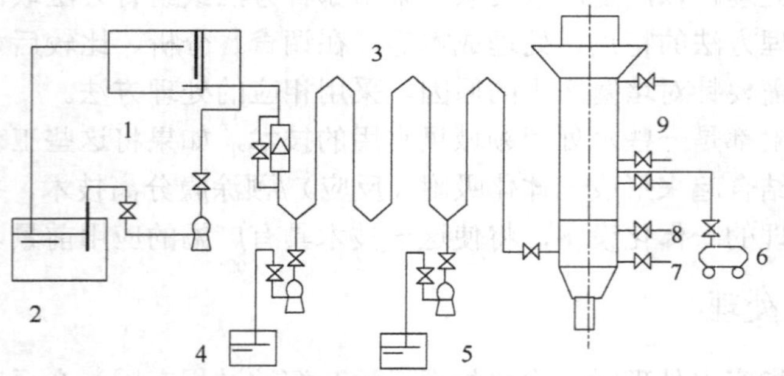


图 6-2　一体化絮凝-生化实验装置结构示意图

1．高位槽；2．配水池；3．管道絮凝器；4．PAC（聚铝）；5．CGA（有机絮凝剂）药池；
6．风机；7．沉淀单元；8．厌氧发酵单元；9．好氧发酵单元

混凝沉淀主要去除分子质量大于 3ku 的有机物，而好氧生物处理的有效作用区域为分子质量小于 500u 的物质，因此针对造纸漂白废水含有大量难以生物降解有机物的特征，废水先通过絮凝沉淀去除一部分污染物，再通过厌氧水解进一步改变漂白废水中难降解物质的分子结构，将大分子的难降解有机物转化为易降解的小分子有机物，提高废水的可生化性，最终通过生物接触氧化去除大部分的有机污染物，使废水达标排放。絮凝反应部分利用装有螺旋阻流板的管道絮凝器和侧向进水产生涡旋，促使胶体粒子的相互碰撞产生微絮体，再依靠悬浮层接触絮凝，即依靠上向水流使成熟的絮凝体处于悬浮状态，当微絮体通过悬浮成熟絮凝体层时产生接触碰撞絮凝。絮凝污泥层的废水经废水分配板依次进入厌氧酸化区、好氧曝气区、沉淀区。厌氧、好氧区都装有弹性立体填料阶梯环，保证了微生物能与废水充分接触，好氧区填料上老化的生物膜在上升气、水流的冲刷下落入厌氧区进一步消化分解，最终落入絮凝区，随着絮凝污泥一起排放。

一体化生化与传统城市污水二级处理组合工艺主要是将传统的城市污水二级处理工艺组合在一个设备里。其中关键的生化处理部分采用接触氧化法，根据接触好氧池的数目又可

分为单级和多级，接触好氧池的容积负荷率为 1.0～1.5kg/（$m^3$·d），污水在反应器内总停留时间为 8h 左右，研究表明多级比单级反应器处理效果稳定（曹瑞钰等，1997）。为了达到既能去除 COD、BOD，也能除磷脱氮的目的，也可将单级好氧生化反应器的初沉池用一个厌氧池取代，或者在厌氧池与好氧池之间再加一个缺氧池（王凯军等，1997；杨秀山等，1991）。反应总停留时间在 10h 左右，厌氧段的 BOD 负荷＜0.18kg/（kg·d），凯氏氮（TKN）负荷＜0.05kg/（kg·d）；缺氧段 BOD 负荷一般在 0.10kg/（kg·d）以上。这一类反应装置还有污水、污泥一体化处理的特点，设备构造简单，节省材料，造价低，污水、污泥处理效果好。周琪等的“厌氧-好氧一体化净化器”便是此类反应器的典型代表。该反应器装置为圆筒形，内筒为上流式厌氧污泥床，外筒为好氧接触氧化池（内置立体弹性填料）及沉淀池，二者用隔板分隔。在水力停留时间（HR）＞6.2h、COD＜400mg/L、OBD＜150mg/L、SS＜150mg/L、$NH_3$-N 为 50mg/L 左右时，其处理效果为 COD 去除率＞85.2%，BOD 去除率＞88.6%，$NH_3$-N 为 10.6mg/L 左右，出水优于《国家污水综合排放标准》（GB 8978—1996）。但是有些废水由于水质波动大、种类复杂、毒性高等特点，可生化性较差，难以用一体化生化反应器来处理。

**2．一体化膜生物反应技术**　一体化膜生物反应技术（MRB）是膜分离与生物反应器相组合的一种处理新工艺，膜分离性能好，反应装置占地面积小，处理废水效果好，在处理废水中具有独特的技术优势，特别在中水回用场合下更是一项极具潜力的技术。一体化膜生物反应装置是将膜组件直接安放在生物反应器中，通过泵的负压抽吸作用得到膜过滤出水。由于膜浸没在反应器的混合液中，称为浸没式或淹没式。由于减少了膜面污染，而且反应器装置占地省、能耗少，近年来有关它的应用研究在国外受到关注。一体化膜生物反应装置处理污水的工艺流程如图 6-3 所示。

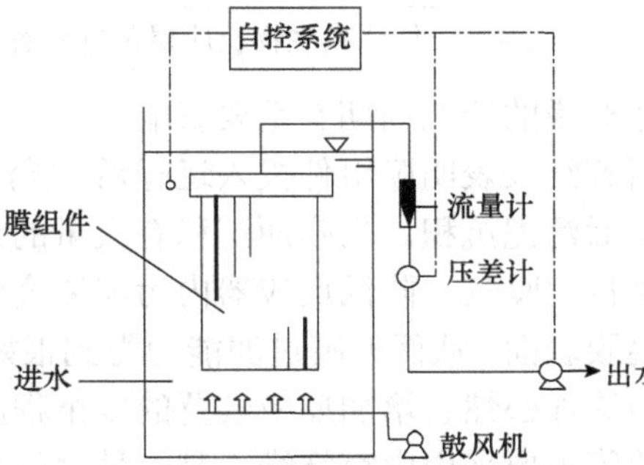

图 6-3　一体化膜生物反应装置处理污水的工艺流程图

在一体化膜生物反应装置中，膜组件直接置入反应器内，通过真空泵或其他类型泵的抽吸，得到过滤液；空气搅动在膜的表面产生错流，曝气器设置在膜的正下方，混合液随气流向上流动，在膜表面产生剪切力，在这种剪切力的作用下，胶体颗粒被迫离开膜表面，让水透过，得到出水。

一体化膜生物反应装置对有机物去除的强化机理有两个方面，一是生物反应器对有机物的降解作用，由于膜组件浸没在生物反应器内，膜表面积聚了高浓度的活性污泥絮体，生物降解作用相对于传统的活性污泥法大大增强。二是膜对有机大分子物质的截留作用，即膜的筛滤作用对溶解性有机物的去除。溶解性 COD 的去除效果取决于膜的截留作用、膜孔和膜表面的吸附作用及膜面沉积层的筛滤和吸附作用，常用于 MRB 的膜有微滤膜和超滤膜，其孔径为 0.1～0.4μm，可以截留大部分微生物絮体。

在传统的活性污泥法中，由于受二沉池对污泥沉降特性的影响，当生物处理达到一定程度时，要继续提高系统的处理效率很困难，往往需要延长水力停留时间，而在 MBR 中，由于膜分离作用延长了生物反应器的固体停留时间，降低了污泥产率，提高了容积硝化及有机物去除能力，因此在一体化膜生物反应器中可以在比传统的活性污泥法更短的时间内达到更好的去除效果。但是过长的污泥停留时间（STR）和过高的污泥浓度会导致污泥负荷（F/M）太低，进水 COD 不足以维持反应器中污泥微生物的生长需要，使细菌比活性降低，种类单一，甚至大量微生物死亡，而死亡微生物细胞壁的某些组分和黏液物质很难降解，这样就会导致生物处理效果降低。同时，膜分离过程中的物理作用如机械剪切、温度升高等也对生物性状产生很大的影响，降低了生物活性，破坏了污泥结构。研究正采用不同类型的泵和阀门进行实验，发现使用正压移动泵（如蠕动泵、叶片泵等）要比离心泵相对影响较小，而使用管阀要比滑阀、球阀效果好一些，低压操作也有利于保持污泥活性。国内也有学者开始开展一体化膜生物反应技术的应用研究，研究中开展了一体化膜生物反应器处理生活污水的中试研究，一体化膜生物反应器装置见图 6-4。研究发现，一体式好氧中空纤维膜-生物膜反应器处理生活污水用于回用在技术和经济上都是可行的。在不人为排泥的条件下，该系统连续运行 110 多天没有洗膜。系统出水稳定优质（COD＜30mg/L，$NH_3$-N＜1.0mg/L，无色无味透明，未检出大肠杆菌）；基建费用低，运行费用和传统污水深度处理工艺相差不多。而且还发现，空曝气和在线药洗是进行膜日常维护的有效方法，反应器水力循环条件和启动阶段的运行操作对膜的清洗周期有重要影响。有学者对一体化膜生物反应器中膜污染过程做了动态分析，研究结果表明膜组件投入运行后，膜污染过程开始，膜表面首先发生水中溶解性物质的附着，随后污泥沉积。当膜面沉积有大量的悬浮污泥时，膜过滤压差表现出快速上升。停止进出水维持空曝气、降低反应器内污泥浓度或延长膜的停抽时间可以使沉积在膜表面的悬浮污泥脱离膜表面，从而使膜过滤能力得到很好的恢复。虽然膜污染可以通过一些措施得到一定缓解，但这样必然会增加反应装置的复杂程度和维护运行的成本。目前一体化膜生物反应技术使用的膜主要采用中空纤维，是一种“静态”膜，因此，处理过程膜会逐渐污染，造成通量衰减等问题，因而严重阻碍了一体化膜生物技术的推广应用。

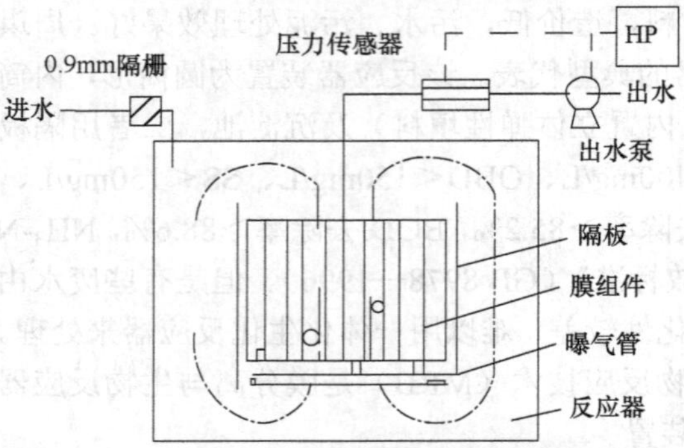


图 6-4　一体化膜生物反应器装置示意图

一体化生化反应技术和一体化膜生物反应技术是水处理工艺单元化、一体化具有典型意义的代表。因为这些新型装置不仅提高和改善了原有单一工艺的性能和效果，而且大大简化了操作过程，节省投资，减少用地，缩小体积，是温室灌溉水处理装置变革的大趋势。

## 四、温室灌溉水处理装备及应用

### （一）砂石过滤器

砂石过滤器是通过均匀分布且具备相同粒径或具有特定级配粒径的石英砂形成的过滤层对灌溉水源进行全方位过滤的设备，具有较强的截获污物能力，在所有过滤器中，借助砂石过滤器过滤水中多种类型杂质（无机或有机杂质）效果最佳，其将杂质截留和排出的性能均较高，且不影响水流的持续供应。其结构如图 6-5 所示，主要包括进水口、布水器、污水腔、砂滤层、集水器、出水口、检查口和进砂口等。

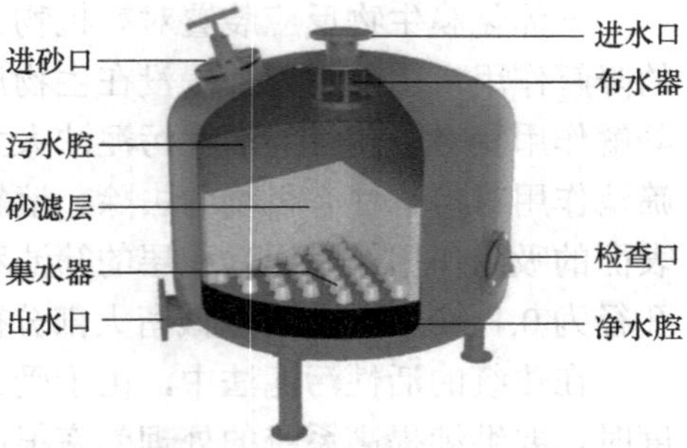


图 6-5　砂石过滤器结构示意图

砂石过滤器可由一个或多个标准过滤砂缸单元组成，如图 6-6 所示，需过滤的污水通过

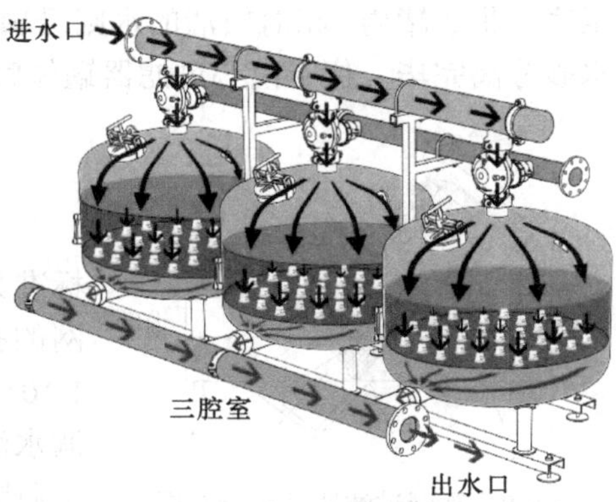


图 6-6　多个砂石过滤器组合示意图

进水口，经过布水器，均匀到达砂滤层，此时大部分水中的杂质无法随水流进入砂滤层而被截留在其表面，剩余相对较小的杂质被截留在砂滤内部，进而实现对污水的深层过滤。经过石英砂滤层过滤后水流通过罐体底部的滤水帽后，经过出水口通过系统管道进入下级过滤器。随着过滤器过滤过程的进行，当滤层截留的杂质达到一定水平时，需要对过滤器的滤层进行反冲洗。反冲洗过程分为自动和手动两种形式。自动反冲洗的过滤器可以实现对滤料反冲洗过程的自动控制，过滤器装有能随时感应过滤器内部压差的控制装置，当过滤器因滤层截留杂质而导致出现的压差达到预设值时，其压差控制装置随即发送信号，使得控制过滤过程的阀门自动关闭，控制反冲洗过程的阀门及杂质排出通道等自动打开，此时经其他单个砂石过滤器罐体过滤后的相对干净的水会经过该反冲洗单元的出水口流进，并对该反冲洗单元的滤层进行冲洗，直至将滤层内部和表面附着的污物冲洗干净。冲洗后携带被截留杂质的水流由排污口经排污管道排出，完成一次排污过程。反冲洗结束后，被反冲洗的过滤器重新回到过滤状态，同其余过滤单元一起继续对污水进行过滤。除此之外，也有部分过滤器产品反冲洗时采用定时控制，即当过滤器过滤过程得到预先设定的时长后，系统自动转入反冲洗阶段，具体反冲洗过程与压差控制条件下一致。对于非自动反冲洗过滤器来说，借助阀门的开启和关闭将同组过滤器的一个或多个过滤器罐体的过滤状态转换至反冲洗状态，经同组过滤器中处于过滤状态的罐体过滤后的水流对进行反冲洗的一个或多个过滤器的滤料进行冲洗，反冲洗后携带被反冲洗罐体滤料内部的杂质的水流经反冲洗排水口排出罐外。当反冲洗出水的水流为干净状态后，该轮反冲洗节水，调整阀门使被反冲洗过滤器罐体恢复过滤状态，重复上述操作直至同组内需被反冲洗罐体均被冲洗干净。手动反冲洗的砂石过滤器需对滤料进行冲洗时，停止过滤器的运行，打开检修口，手动将罐体内部全部石英砂滤料掏出，用清水清洗干净后重新由加沙口加入罐体内，再次开启过滤模式。

砂石过滤器适用于来自水库、塘坝、渠道、河流、下水道的污水及其他污染水的初级过滤。其主要优点是三维过滤，具有较强的截获污物的能力，但过滤器罐体材料要求高，要求耐压、耐腐蚀。如果沙太粗，过滤不充分会引起灌水器的堵塞，沙过细，又会引起过滤器冲洗次数过多，给管理带来不便。反冲洗时，如果反冲洗水流量大，则会把过滤沙冲出罐外，如果流量过小，则冲洗速度慢。

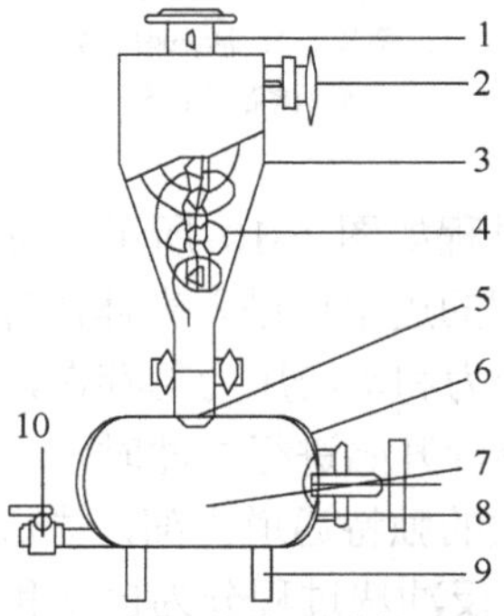


图 6-7　离心过滤器结构示意图

1. 出水口；2. 进水口；3. 钢体；4. 水流方向；5. 出砂口；6. 接砂罐；7. 砂石；8. 排砂口；9. 支架；10. 冲洗口

## （二）离心过滤器

离心过滤器主要用于分离去除原水中较重的粗颗粒泥砂等物质，它可用于井水和河水中的泥砂过滤，具体结构组成如图 6-7 所示。需被过滤的水源经过水泵加压后，由连接管道沿切线方向进入离心过滤器罐体内部，并在罐体内部发生旋转运动产生较大的离心力，砂石及其他相对较重的固体在离心力的作用下运动至罐体的内壁，并沿着内壁向下运动至底部集砂罐内，相对较清的水则沿罐体中心向上运动至出水口，随后进入下一级过滤设备，水砂分离完毕。位于离心过滤器罐体底部的集砂罐应定期检查与排砂。

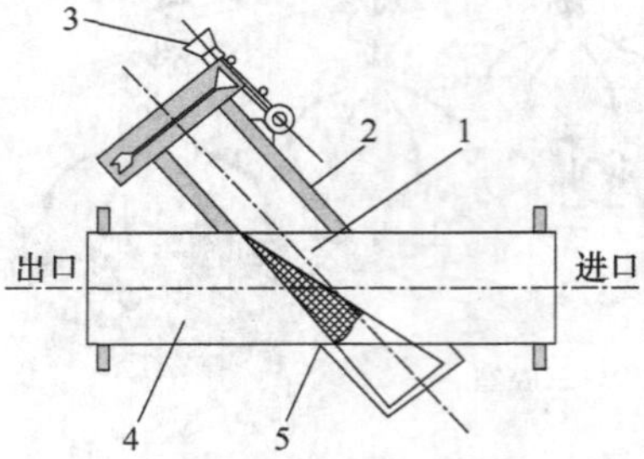


图 6-8 筛网过滤器结构示意图

1. 弧形挡板；2. 手孔；3. 螺母；4. 管道；5. 过滤网

## （三）筛网过滤器

筛网过滤器按照安装类型、生产材质、冲洗方式等不同标准具有多种不同的类型。众多研究表明，筛网过滤器中筛网的孔口直径应为所在滴灌系统应用的滴头出水口直径的1/10～1/7。筛网过滤器具体代表性结构如图 6-8 所示。需过滤水流由进水口进入筛网过滤器，粒径大于筛网孔径大小的杂质颗粒被截留在滤网一侧，过滤干净的水流流过滤网后由出水口排出。在自动反冲洗网式过滤器的过滤进程中，杂质颗粒在滤网表面的沉积量逐渐增多，导致过滤器本体内部的压力差也随之增加，当压力差达到运行前先行设定的数值时，过滤器控制装置将自动开启自动反冲洗过程，将滤网内表面截留的全部杂质颗粒清洗干净，反冲洗过程持续数十秒。手动反冲洗工作过程为：当过滤器过滤一段时间后，将滤网从过滤器外壳中取出，借助刷子手动将滤网表面杂物剥离，从而完成清洗过程。

## （四）叠片过滤器

叠片过滤器利用独特涡轮水流设计和多层叠片弹簧设计，对含有杂质的水流进行充分过滤。叠片的材质大多选择优质的工程塑料，一般厚度较薄且根据产品过滤精度不同而具有特性颜色。在叠片的两面分别分布一定尺寸的细小凹槽，凹槽的尺寸大小决定了叠片的过滤精度。很多片相同的叠片叠加在一起并且安装在具备独特设计的内撑上，叠加在一起的叠片在弹簧的弹力和水流的压力共同作用下被压紧，相邻叠片接触面间由于上面叠片的下底面和下面叠片的上表面的凹槽接触交叉形成多个过滤通道，待过滤水流流经这些独特的通道，较大杂质被截留在凹槽交叉点，进而对水流进行过滤。一般将此过滤体安装于具备较强性能的工程塑料滤筒中形成完整的叠片过滤器。叠片过滤器主要由叠片、滤芯柱、活塞等组成，代表性结构如图 6-9 所示。

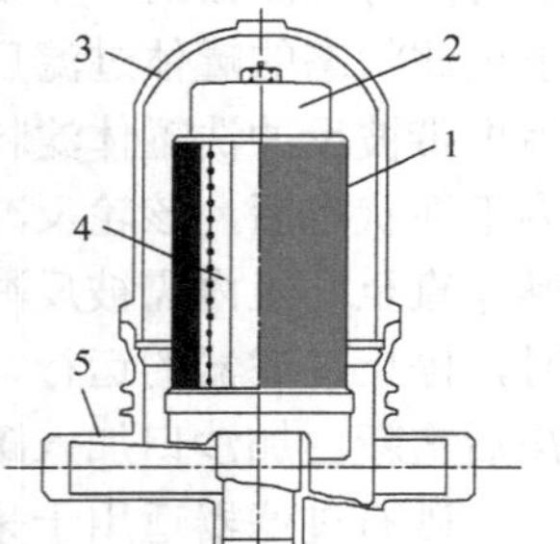


图 6-9 叠片过滤器结构示意图

1. 叠片；2. 活塞帽；3. 壳体；4. 滤芯柱；5. 底座

图 6-10 叠片过滤器工作过程示意图

叠片过滤器工作过程如图 6-10 所示，待过滤的水流由壳体底部一侧的进水口进入壳体内部，此时，叠片由于弹簧的弹力和水流压力的存在，处于压紧状态，水流经过叠片开始进行过滤时，水中的杂质被截留在叠片组成的独特通道内部，过滤后的净水通过出水口流出。反冲洗过程分为自动和手动两类。对于自动反冲洗叠片过滤器来说，随着截留在叠片内部的杂质增加，过滤器内部的压差也随之增加，当压差达到预设值时，或者过滤时长达到预设值时，控制装置通过信息传输，使得系统由过滤状态自动切换至反冲洗状态，过滤器内部的活塞克服弹簧的弹力向壳体顶部运动，使得压紧的叠片变为松散状态，与此同时反冲洗的水流沿着叠片径向以较高的速度喷射在旋转的叠片上，叠片表面被截留的杂质随着高速水流被甩离。当叠片被喷洗干净后，改变水流方向，叠片再次在水流压力和弹簧弹力的共同作用下处于压紧状态，系统从而再次进入过滤过程。手动反冲洗时，从壳体中取出过滤叠片主体，借助刷子等进行手动清除截留在叠片表面的杂质，并手动用水冲洗干净后，重新组装还原过滤器。叠片过滤器可广泛用于冶金、化工、石油、造纸、医药、食品、采矿、电力、城市给水领域。

### （五）一体化污水处理设备

一体化污水处理设备是集污水处理、沉淀、污泥浓缩为一体的复合污水处理设备。一体化污水处理系统于20世纪60年代逐渐发展，主要是用于欧美等发达国家非中心区域居民分散式污水处理，非常适合应用于处理养殖废水，其处理后的清水可作为温室灌溉水源。一体化污水处理工艺主要包括活性污泥法、生物膜法、泥膜混合处理法等，部分一体化污水处理设备采用过滤、超滤等物理处理工艺，也有部分一体化污水处理设备采用絮凝、沉淀、络合等化学处理工艺。一体化污水处理设备的迅速发展，形成了工艺繁多的设备，其中最常用的一体化厌氧膜生物反应处理设备结构如图6-11所示，主要是包括调节池、厌氧池、膜生物反应池、污泥池及清水池等污水处理单元。

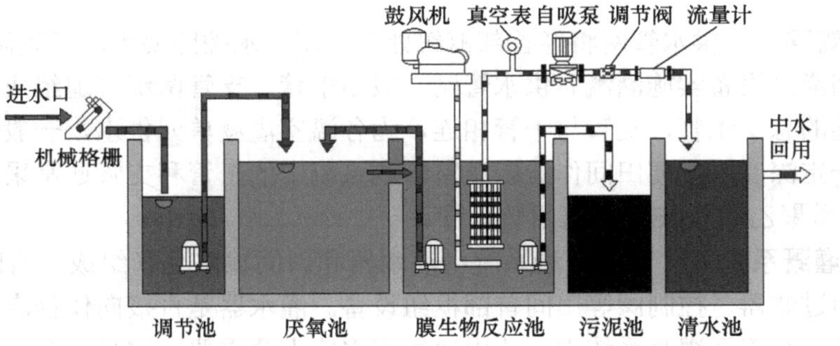


图6-11　一体化厌氧膜生物反应处理设备结构示意图

一体化厌氧膜生物反应处理将厌氧消化与膜分离技术融合起来，废水有机物被转化为沼气，形成了能源型污水处理模式，这种方式操作的空间及单元数量大大降低，可以更好地实现选择回收、资源分离。厌氧池将污水处理与沼气的开发使用综合起来，利用兼性厌氧和厌氧微生物群体将有机物转化为$CH_4$和$CO_2$，可用于发电和供应燃气，实现能源生产和资源回收。厌氧消化不需要搅拌和供氧，能耗低，比好氧技术污泥产生量少。膜生物反应池即好氧膜生物反应池，通过曝气冲刷，有效处理了活性泥膨胀、浓度低等问题，在废水处理中具备推广价值。厌氧膜生物反应器是立足污水处理实现能源及水资源回收的技术，膜材料、结构及孔径不同，处理效果也不同，但是各种设置都可以达到回用水质标准。

## 第二节　温室灌溉设备

### 一、温室灌溉系统的组成

为实现对温室作物的灌溉，需要采用可行的方式将灌溉用水从水源处运送到温室中作物处才能对作物浇灌。目前，我国温室已开始普及推广以管道输水灌溉为基础的各种灌溉方式，包括直接利用管道进行的管道输水灌溉，以及具有节水、省工等优点的滴灌、微喷灌、渗灌等先进的灌溉方式。此外，为满足温室环境或作物特殊栽培的需要，喷雾、潮汐灌、水培灌溉等灌溉方式也开始应用在温室中。

### （一）温室灌溉系统的组成

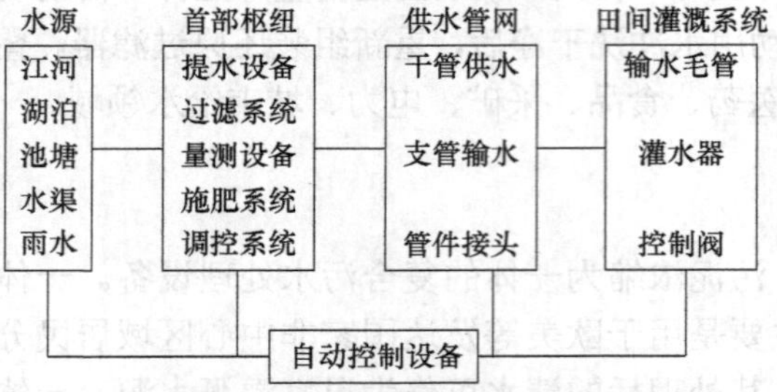

图 6-12　温室灌溉系统组成

采用灌溉设备对温室进行灌溉的过程，就是将灌溉用水从水源提取，经适当加压、净化、过滤等处理后，由输水管道送入田间灌溉设备，由温室田间灌溉设备对作物实施灌溉。一套完整的温室灌溉系统通常包括首部枢纽、供水管网、田间灌溉系统、自动控制设备五部分，如图 6-12 所示。

**1．首部枢纽**　温室灌溉系统中的首部枢纽由多种水处理设备组成，用于将水源中的水处理成符合田间灌溉系统要求的灌溉用水，并将这些灌溉用水送入供水管网中，以便实施田间灌溉。完整的首部枢纽设备包括水泵及动力机、净化过滤设备、施肥（加药）设备、测量和保护设备、控制阀门等，有些温室灌溉可能还需要配置水软化设备或水加温设备等。

**2．供水管网**　供水管网将经首部枢纽处理的压力水按照要求输送到温室各灌溉单元，以便通过田间灌溉设备实施灌溉。供水管网一般由干管、支管两级管道组成，干管是与首部枢纽直接相连的总供水管，支管与干管相连，为各温室灌溉单元供水，一般干管和支管应埋入地面以下一定深度以方便田间作业。温室灌溉系统中的干管和支管通常采用硬质聚氯乙烯（UPVC）、软质聚乙烯（PE）等农用塑料管。

**3．田间灌溉系统**　田间灌溉系统由灌水器和田间输水毛管组成，有时还包括田间施肥设备、田间过滤器、控制阀等田间首部枢纽设备。灌水器是直接向作物浇水的设备，如滴头、微喷头等。在田间灌溉系统中，选用何种灌水器十分重要，它是决定整套温室灌溉系统性能和价格的关键，也是区分不同温室灌溉系统的依据。根据系统所用灌水器的不同，温室中常用的灌溉系统有管道灌溉、滴灌、微喷灌、喷雾灌溉、潮汐灌溉和水培灌溉等多种。

**4．自动控制设备**　现代温室灌溉系统中已开始普及应用各种灌溉自动控制设备，如利用压力罐自动供水系统或变频恒压供水系统控制水泵的运行状态，使温室灌溉系统能获得稳定压力和流量的灌溉用水，极大地方便了田间灌溉系统的操作和管理；又如采用时间控制器配合电动阀或电磁阀，能够对温室内的各灌溉单元按照预先设定的程序，自动定时定量地进行灌溉；还有利用土壤湿度计配合电动阀或电磁阀及其控制器，能够根据土壤含水情况进行实时灌溉。自动控制设备极大地提高了温室灌溉系统的工作效率和管理水平，已逐渐成为温室灌溉系统中的基本配套设备。

### （二）温室常用灌溉系统

温室中使用的灌溉系统有多种，可依据温室灌溉系统中所用灌水器的形式进行区分。每种灌溉系统有自身的性能和特点，只有全面了解和掌握温室各种灌溉系统的性能和特点，才能根据温室生产的需要合理选择使用。

**1．管道灌溉**　管道灌溉是直接在田间供水管道上安装一定数量的控制阀门和灌水软管，手动打开阀门用灌水软管进行灌溉的系统。这是目前温室中最常用的灌溉方法之一，多数情况下，一根灌水软管可以在几个控制阀门之间移动使用以节约投资。灌水软管一般采用软质塑料管或橡胶管，如 PE 软管、PVC 软管、橡胶软管、涂塑软管等。

管道灌溉具有适应性强、安装使用简单、管理方便、投资低等突出优点，而且几乎不存在灌溉系统堵塞问题，只需要采用简单的净化过滤措施即可，对水源的物理水质要求不高，因此在温室中被广泛采用。但单纯依靠管道灌溉存在着劳动强度大、灌溉效率低、难以准确控制灌水量、无法随灌溉施肥和加药等不足，因此温室生产中常将管道灌溉与滴灌等其他灌溉系统结合使用，以获得更好的灌溉效果。

**2．滴灌**　滴灌是指所用灌水器以点滴状或连续细小水流等滴灌形式出流浇灌作物的灌溉系统（图 6-13）。滴灌的灌水器常见的有滴头、滴箭、滴灌管、滴灌带、多孔管等。选用滴灌应根据水质情况配置完善的水源净化过滤设备，并在使用中注意采取必要的维修保养措施，防止系统堵塞。滴灌因堵塞问题造成灌溉质量下降甚至系统报废是当前温室滴灌系统中的最主要问题。

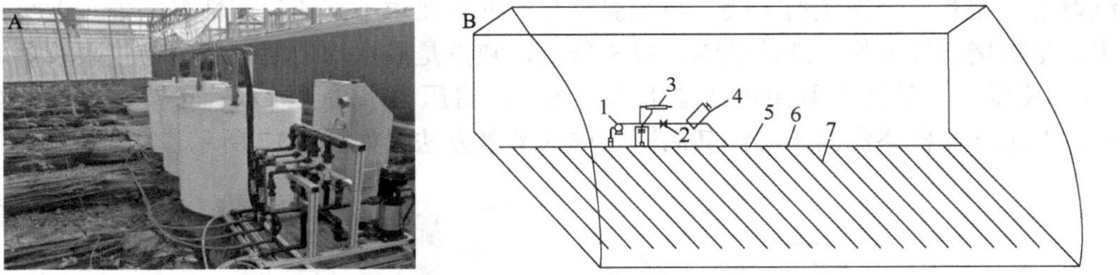


图 6-13　温室滴灌系统

A．温室滴灌系统实物照片；B．温室滴灌系统结构示意图

1．水泵；2．阀门；3．施肥器；4．过滤器；5．供水管；6．接头；7．滴灌带

**3．微喷灌**　微喷灌是指所用灌水器以喷洒水流状浇灌作物的灌溉系统（图 6-14）。常见微喷灌系统的灌水器有各种微喷头、多孔管、喷枪等。温室中采用微喷头的微喷灌，一般将微喷头倒挂在温室骨架上实施灌溉，以避免微喷灌系统对田间其他作业的影响。

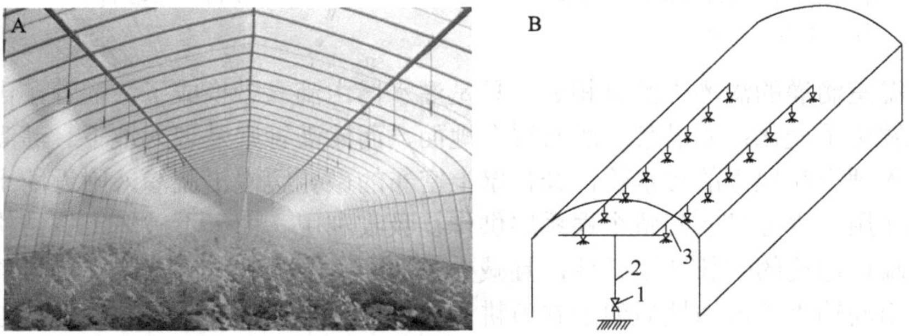


图 6-14　温室微喷灌系统

A．温室微喷灌系统实物照片；B．温室微喷灌系统结构示意图

1．控制阀；2．供水管；3．微喷头

由于温室是一个封闭的生产环境，完全依靠微喷灌进行温室作物的灌溉，在低温潮湿季节则容易导致温室内空气湿度过高而使作物病害机会增加，由于微喷灌的降温作用，冬季使

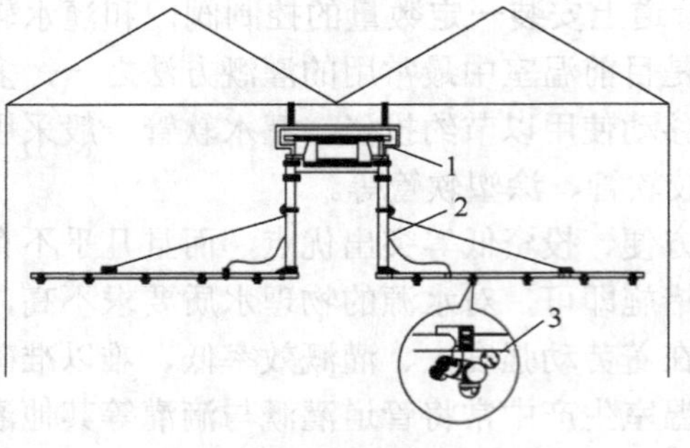


图 6-15　温室行走式喷灌机

1．喷灌机行走轨道；2．喷灌机主机；3．三喷嘴微喷头

用会大幅度降低室内温度，不利于作物生长，因此应该有限制地使用温室微喷灌系统。

**4．行走式喷灌机**　温室用行走式喷灌机实质上也是一种微喷灌系统，但它是一种灌水均匀度很高、可移动使用的微喷灌系统。工作时，行走式喷灌机沿悬挂在温室骨架上的行走轨道运行，通过安装在喷灌机两侧喷灌管上的多个微喷头实施灌溉作业（图 6-15）。

**5．微喷带微灌**　微喷带微灌是采用薄壁多孔管作为灌水器的灌溉系统。多孔管是一种直接在可压扁的薄壁塑料软管上加工出水小孔进直水器。这种微灌技术的特点之一是可用作滴灌，也可用作微喷灌。将其覆盖在地膜下，利用地膜对水流折射可使多孔管出水形成类似滴灌的效果；将其直接铺设在地面，多孔管出水可形成类似细雨的微喷灌效果（图 6-16）。低温季节将其覆盖在地膜下作为滴灌用，高温季节揭开地膜就可作微喷灌，是一种经济实用的温室灌溉设备，尤其适合在塑料大棚、日光温室等对灌溉要求不高的生产性温室中。微喷带微灌的优点是抗堵塞性能好、能滴能喷、投资低等，缺点是灌水均匀度较低、使年限较短。

**6．渗灌**　渗灌是利用埋在地下的渗水管，将压力水通过渗水管管壁上肉眼看不见的微孔，像出汗一样渗流出来湿润其周围土壤的灌溉方法，如图 6-17 所示。

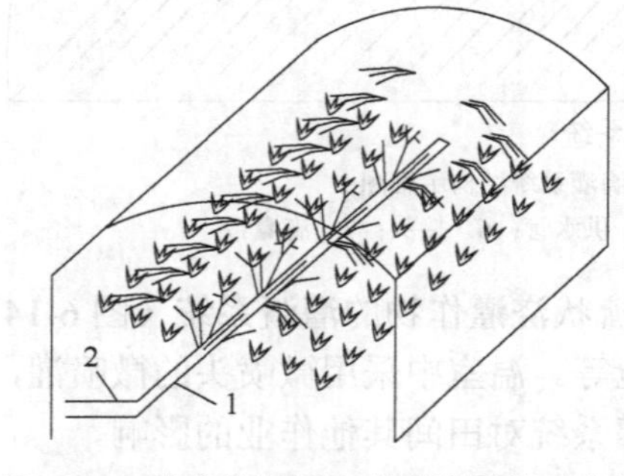


图 6-16　薄壁塑料微喷带微灌结构示意图

1．多孔管；2．供水管

图 6-17　渗灌管

渗灌与温室滴灌的滴灌带灌溉相近，只是灌水器由滴灌带换成了渗灌管，由此在灌水器的布置上也发生了变化：滴灌带一般布置在地面，而渗灌管则是埋入地下。灌溉时，水流通过输水管进入埋设在地下的渗水管，经管壁上密布的微孔缓慢出流渗入附近的土壤，再借助土壤的毛细作用将水分扩散到整个根系层供作物吸收利用。由于不破坏土壤结构，保持了作物根系层内疏松通透的生长环境条件，且减少了地面蒸发损失，因而具有明显的节水增产效益。此外，田间输水管道地埋后便于农田耕作和作物栽培管理，同时，管材抗老化性也大大增强。

温室采用渗灌系统具有省工、节水、易于实现自动控制、田间作业方便、设备使用年限长等优点，但因种植作物必须准确地与地下灌溉系统相对应，且灌溉均匀度低、系统抗堵塞能力差、检查和维护困难等原因限制了这一系统在温室灌溉领域内的应用。

**7．水培灌溉**　水培灌溉是温室中特有的一种灌溉方式，是温室无土栽培中水培生产方式的一种配套灌溉方式。植物根系吸收水分不再通过土壤或基质的毛细孔隙供水，而是直接浸泡在水或营养液中，作物根系吸收水分需要的水势几乎为零。从灌溉形式上看，水培灌溉近似大田中的畦灌和沟灌，只是将天然土壤改换成固根设备，灌溉水改换成了人工配制的营养液，同时配置盛装营养液的水池或水槽，并增加了营养液回收系统（图6-18）。

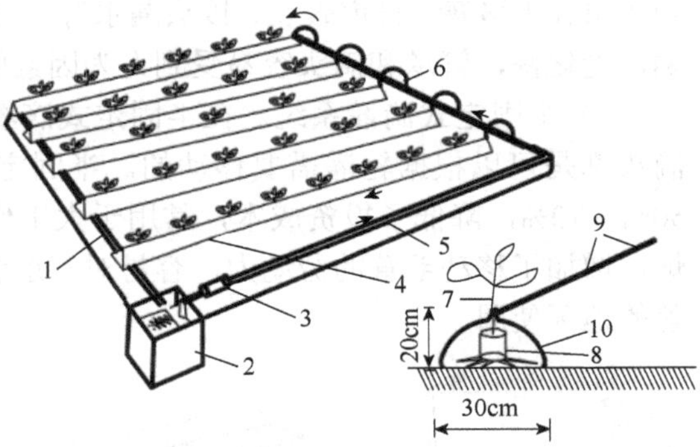


图 6-18　水培灌溉示意图

1. 回流管；2. 储液池；3. 水泵；4. 种植槽；5. 供液主管；6. 供液支管；7. 苗；8. 育苗钵；9. 夹子；10. 塑料薄膜

水培灌溉主要设备包括种植槽、储液池、供液及排液管路、供氧系统、加温/冷却及自动化控制系统。其控制系统除了常规水循环的加压、过滤等过程控制外，还需对营养液的成分、浓度、温度、含氧量等指标进行监控。

**8. 潮汐灌溉**　潮汐灌溉是将灌溉水像“潮起潮落”一样循环往复地不断向作物根系供水的一种方法。“潮起”时栽培基质部分淹没，作物根系吸水，“潮落”时栽培基质排水，作物根系更多地吸收空气。这种方法很好地解决了灌溉与供氧的矛盾，而且灌溉基本不破坏基质的“三相”构成。

潮汐灌溉适用于具有防水功能的水泥地面上地面盆花栽培或具有防水功能的栽培床或栽培槽栽培。潮汐灌溉如同大水漫灌一样，在地面或栽培床（槽）的一端供水，水流经过整个栽培面后从末端排出。常规的潮汐灌溉水面基本为平面，水流从供水端开始向排水端流动的过程中，靠近供水端的花盆接触灌溉水的时间较长，而接近排水端的花盆接触灌溉水的时间相对较短，客观上形成了前后花盆灌溉水量的不同。为了克服潮汐灌的这一缺点，工程师对栽培床做了改进，即在栽培床或地面上增加纵横交错的凹槽，使灌溉水先进入凹槽流动，待所有凹槽都充满灌溉水后，所有花盆同时接受灌溉。

## 二、温室主要灌溉技术及设备

以上对温室常用灌溉技术做了简要介绍，下面对温室中使用较多的滴灌、微喷灌和行走式喷灌机等做进一步介绍。

### （一）滴灌

滴灌是通过安装在毛管上的滴头、孔口或滴灌带等灌水器将水一滴一滴、均匀而又缓慢地滴入作物根区附近土壤中对作物进行灌水。由于滴水流量小，水滴缓慢入土，因而在滴灌条件下除紧靠滴头下面的土壤水分处于饱和状态外，其他部位的土壤水分均处于非饱和状态，土壤水分主要借助毛细张力作用入渗和扩散。滴灌时土壤表面湿润面积小，有效减少了土面蒸发损失，节水效果非常明显。通常将毛管和灌水器放在地面，也可以把毛管放在地面，上面覆薄膜，前者称为地表滴灌，后者称为膜下滴灌。

按管道的固定程度，也可将滴灌系统分为固定式和半固定式两种类型。

1）固定式滴灌系统。在固定式滴灌系统中，各级管道和滴头的位置在灌溉季节是固定的，干管、支管一般都埋在地下，毛管和滴头则固定布置在地面。这种管道布置方式的优点是操作方便，省时、省工，灌水效果好；管道和滴头安设在地面，便于施工，可及时发现问题（如滴头堵塞、管道破裂、接头漏水等）。其不足之处在于毛管用量大，毛管直接受太阳暴晒，老化快，管道和滴头容易受到人为因素的破坏，同时影响其他农事操作。

2）半固定式滴灌系统。在半固定式滴灌系统中，其干管、支管固定埋在田间，毛管和滴头都是可以根据轮灌需要移动的。半固定式滴灌系统的投资仅为固定式滴灌系统投资的50%～70%，降低了投资成本，常用于大田作物和灌溉次数较少的作物，但操作管理比较麻烦，增加了移动毛管的劳动力，容易对管道和作物造成损坏，适合于干旱缺水、经济条件较差的地区使用。

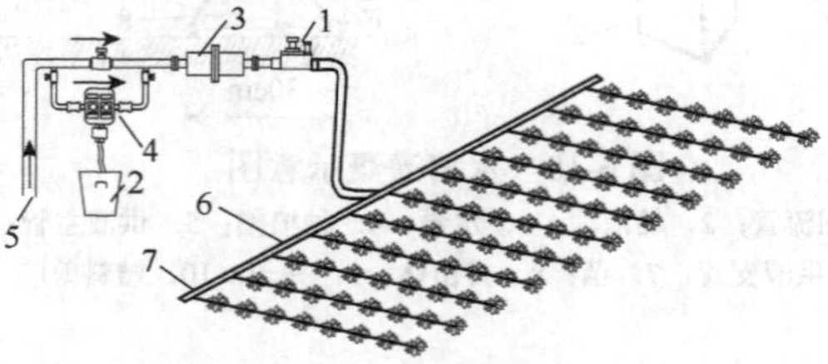

图 6-19　滴灌系统示意图

1．电磁阀；2．施肥罐；3．过滤器；4．施肥泵；5．有压水源；6．支管；7．滴灌带

**1．基本构成与工作原理**

（1）系统基本构成　一套完整的滴灌系统一般包括压力水源、首部枢纽、输配水管网和灌水器四部分，如图 6-19 所示。对于滴灌系统，灌水器是它的核心部件，主要有滴头和滴灌带两大类。

（2）滴头消能方式　国内外各种滴头的消能减压设计有很多种，但它们的基本工作原理都是通过流道的变化来消能，保证在一定范围内出水均匀。

迷宫流道具有扰动作用，一般较长，其水头损失包括边壁摩擦、尖端弯曲、收缩和放大。一些迷宫式滴头外观和长流道滴头相同，但其流道短，流通截面积在相同压力和流量下比长流道滴头大。迷宫式滴头内流态为紊流，不随温度的变化而变化。内镶迷宫贴片式滴灌管的滴头有过滤窗，一个滴头只有一个出水口，适合于需水量较小的作物灌溉。内镶管式迷宫滴灌管四周有几个流道，流道是波浪线式，有较大的出水量和压力补偿效果，一般有 2～6 个出水口，发生堵塞的可能性较小，可靠性高，适用于需水量较大、生长期长的作物灌溉。内镶式压力补偿型滴头与管上式滴头一样，也是利用水流压力对滴头内的弹性体的作用，使流道形状改变或过水断面面积发生变化，即当压力减小时，增大过水断面面积；压力增大时，减小过水断面面积，从而使滴头流量自动保持在一个变化幅度很小的范围内，同时还具有自清洗功能。

滴头流量取决于工作压力和其流道的几何尺寸，流量与压力的基本方程为

$$Q=Kh^x$$

式中，$Q$ 为滴头流量；$K$ 为流量系数，与滴头的几何尺寸有关；$h$ 为工作压力；$x$ 为流态指数。

滴头流态指数 $x$ 表示流量对压力发生变化的敏感程度，是压力流量关系曲线的斜率。由于流态指数在水的均匀流应用中起重要作用，所以流态指数 $x$ 值是非常重要的水力学参数。$x$ 的值为 0～1，$x=1$ 时表示流量变化与压力以相同的百分比变化，$x=0$ 时表示流量不随压力的变化而变化。水在滴头的流道中的流态可能出现层流、光滑紊流和完全紊流三种状况，在层流时 $x=1$，在光滑紊流时 $x=0.75$，在完全紊流时 $x=0.5$，在滴头压力完全补偿时 $x=0$。

（3）滴灌土壤水分运动与水量分布

1）水分运动方程。滴灌条件下的土壤水分运动属于点源入渗，其土壤水动力学方程为

$$\frac{\partial\theta}{\partial t}=-\left(\frac{\partial q_x}{\partial x}+\frac{\partial q_y}{\partial y}+\frac{\partial q_z}{\partial z}\right)$$

式中，$\theta$ 为土壤含水率；$t$ 为时间；$q_x$、$q_y$、$q_z$ 为三维土壤水分通量。

根据非饱和土壤水流动的达西定律，各方向土壤水分通量表达式为

$$q_x=-D(\theta)\frac{\partial\theta}{\partial x},\quad q_y=-D(\theta)\frac{\partial\theta}{\partial y},\quad q_z=-D(\theta)\frac{\partial\theta}{\partial z}-K(\theta)$$

式中，$D(\theta)$ 为土壤水分扩散率；$K(\theta)$ 为土壤水力传导率。

水分在土壤中的运动与土壤的水分扩散率和水分梯度及土壤水力传导率有关。在土壤水分扩散率一定时，水分梯度的绝对值越大水分通量也越大，水流速度越快。但土壤水分扩散率和水力传导率要随着含水率的增加而增加。一般情况下，砂土的水力传导率比黏土增长得快，所以，随着含水量的增加，砂土水分垂直方向的运动要将比黏土快得多。

2）滴灌水量分布。滴灌系统灌水控制与传统的漫灌和喷灌方式差距非常大，不能简单靠观察土壤地表湿润情况来判别灌溉程度。因为滴灌与传统的地面灌溉不同，由于滴头的布置是有一定间距的，滴头的流量一般较小，因而在地面几乎没有积水，滴出的水在土壤中不仅受到重力作用，还受到各方向的毛细管力作用，所以灌溉水在沿垂直运动的同时，还沿水平方向运动，形成一个梨状湿润球。

A．不同的土壤具有不同渗水速率。在相同的滴头流量下，黏性土壤和砂性土壤中所形成的湿润球的形状是不相同的，在黏性土壤中形成浅而宽的湿润球，而砂性土壤中形成窄而深的湿润球，如图 6-20 所示。一般将湿润球按含水量划分为 3 个区域，即饱和区、湿润区和湿润前锋区。

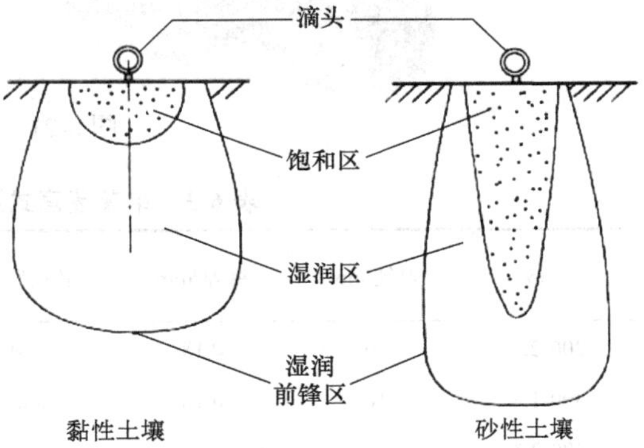

图 6-20　滴灌湿润区域示意图

灌溉时滴头附近地表处形成一个小水洼，在水洼下面有一个水运动主要受重力影响的饱和区，饱和区的直径随滴头流量的增加而加大；深度随灌水时间的延长而增加。导水率较高的土壤饱和区直径和深度较小，相反导水率较低土壤的饱和区直径和深度较大。

水流在重力和毛细管力的作用下沿水平方向和垂直方向同时流动，在饱和区周围形成湿润区。在湿润区内土壤含水量一般不大于土壤持水量，随着距滴头距离增加含水量降低，而含气量增加。在这个区域内由于透气性良好，土壤微生物十分活跃，作物根系主要在这个区域内生长。

B．湿润面积。通常滴头下地表的湿润面积比较小，在地表下渐渐变大。湿润面积指地面下 200～300mm 处的湿润面积，其大小取决于滴头流量、灌水量，同时取决于土壤的结构、均匀程度等。有很多数学模型用来计算土壤的湿润面积，但由于许多参数要设定及求解复杂，在实际应用中，最为有效和可靠的办法是田间实验。观测湿润区域的最好办法是在滴头下一直到湿润峰底挖一个纵剖面，测量几个高程的湿润直径。也可用土钻来确定深度。湿润面积也可参考生产厂家提供的有关技术数据。

C．湿润比。微灌条件下，湿润土体体积与整个计划层土体的比值称为湿润比。湿润比取决于作物、灌水器流量、灌水量、灌水器间距和所灌溉的土壤特性。在实际应用中，湿润比常以地面下 200～300mm 处的平均湿润面积与作物种植面积的百分比表示。在滴灌条件下，由于点水源所形成的湿润范围过小，湿润比的合理确定对作物的影响较大。湿润比的确定不仅受到作物品种、土壤状况和当地气候条件等的影响，还受到系统投资的限制。

**2．滴灌灌水器的种类及其性能特点** 滴灌灌水器是滴灌系统中最重要的部件，它的作用是将毛管中具有一定压力的水通过各种类型流道进行消能，最后将水成滴状均匀而稳定地灌到作物根部附近的土壤中，满足作物生长对水肥的需要。灌水器质量的好坏直接影响到系统的运行可靠性、寿命的长短和灌水质量的高低。了解不同灌水器的功能和性能，对于正确选用滴灌灌水器尤为必要。

（1）滴灌带 最常用的滴灌带为单翼迷宫式滴灌带，如图6-21所示。表6-3为国产单翼迷宫式滴灌带产品系列的主要规格性能，这些滴灌带的变异系数一般都小于0.05，且大多滴头流态指数为0.50～0.60，有个别滴灌带流态指数为0.40。

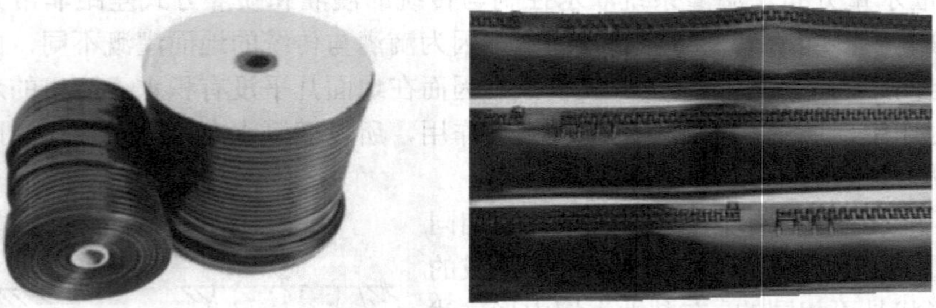

图6-21 单翼迷宫式滴灌带

表6-3 单翼迷宫式滴灌带产品系列主要规格性能

| 规格 | 内径/mm | 壁厚/mm | 滴孔间距/mm | 公称流量/（L/h） | 工作压力/MPa | 流量公式/（L/h） | 每卷滴灌带长度/m |
|---|---|---|---|---|---|---|---|
| 200-2.5 | 16 | 0.18 | 200 | 2.5 | 0.05～0.1 | $Q=0.658H^{0.58}$ | 2000 |
| 300-1.8 | 16 | 0.18 | 300 | 1.8 | 0.05～0.1 | $Q=0.452H^{0.60}$ | 2000 |
| 300-2.1 | | | | 2.1 | | $Q=0.528H^{0.60}$ | |
| 300-2.4 | | | | 2.4 | | $Q=0.603H^{0.60}$ | |
| 300-2.6 | | | | 2.6 | | $Q=0.653H^{0.60}$ | |
| 300-2.8 | | | | 2.8 | | $Q=0.703H^{0.60}$ | |
| 300-3.2 | | | | 3.2 | | $Q=0.780H^{0.60}$ | |
| 400-1.8 | 16 | 0.18 | 400 | 1.8 | 0.05～0.1 | $Q=0.452H^{0.62}$ | 2000 |
| 400-2.5 | | | | 2.5 | | $Q=0.600H^{0.62}$ | |

注：$H$为滴灌带中的水流压力（kPa）

（2）内镶式滴头 内镶式滴头具有长而宽的曲径式密封管道。这种工艺设计使水在管道内形成涡流式水流，从而最大限度地减小了由于管内沉淀物而引起堵塞的可能性（图6-22）。

图6-22 内镶式滴头

每个滴头往往配有两个出水口，当系统关闭时，其中一个出水口就会消除土壤颗粒被吸回堵塞的危险。

按照形状分类，内镶式滴头又可分为条形滴头和圆柱形滴头两类。内镶式滴头一般安装在毛管的内壁，毛管可以是薄壁软管（壁厚在 0.4mm 以下）或厚壁软管（壁厚在 0.4mm 以上），前者称为滴带，后者称为滴灌管。在薄壁软管上直接热压成型的滴灌带和装内镶式滴头的滴灌带对软管的壁厚有不同的要求，前者要求较薄，使用寿命较短，后者则要求较厚，相应地，使用寿命也较长。常用国产内镶式滴灌管的规格见表 6-4。

**表 6-4　国产内镶式滴灌管主要规格性能**

| 管径/mm | 壁厚/mm | 长度/（m/卷） | 滴头间距/m | 工作压力/MPa | 流量/［L/（h·m）］ | 铺设长度/m |
|---|---|---|---|---|---|---|
| 16/14.8 | 0.6 | 500 | 0.3/0.5/1.0 | 0.05/0.10/0.15 | 2.4/3.1/3.6 | ≤100 |
| 15 | — | 400 | 0.3～0.8 | 0.1～0.2 | — | ≤160 |
| 16 | 0.6 | 500 | 0.3/0.4/0.5 | 0.25max | 2.3/3.75 | 70～100 |
| 16 | 0.4 | 1000 | 0.3/0.4/0.5 | 0.2max | 2.3/3.75 | — |
| 16 | 0.2 | 2000 | 0.3/0.4/0.5 | 0.1max | 2.3/3.75 | — |
| 12 | 0.4 | 2000 | 0.3/0.4/0.5 | 0.2max | 2.3/3.75 | — |

注：多个数的表示有不同的管径可供选择；—表示数据欠缺或厂家未提供相关数据；max 表示最大值

（3）管上式滴头　安装施工时在毛管上直接打孔，然后将滴头插在毛管上，如孔口滴头、纽扣管上式滴头、滴箭等均属于管上式滴头（图 6-23）。管上式滴头一般是安装在直径 2～20mm 的 PE 管上，常用规格有 2.3L/h、2.8L/h、3.75L/h 和 8.4L/h 流量，工作压力为 0.06～0.17MPa。其特点是滴头安装间距可按种植作物的栽培株距任意调整位置，滴头可在工厂安装，也可在施工现场安装。

图 6-23　管上式滴头

滴头按流道压力补偿与否，分别为非压力补偿式和压力补偿式两类，非压力补偿式滴头是利用其内部过水流道消能，其滴头流量随工作压力的提高而增加；压力补偿式滴头是在滴头流道中加入一片压力调节橡胶片，借助水流压力使弹性部件或流道变形致使过水断面面积变化，实现不同工作压力下的稳定出流。压力补偿式滴头的优点是能自动调节出水量和自清洗，出水均匀度高，但制造较复杂，投资高于其他形式的滴头，国内外厂商生产的压力补偿式滴头规格见表 6-5。

**表 6-5　国内外厂商生产的压力补偿式滴头规格**

| 制造厂商 | 工作压力/MPa | 滴头流量/（L/h） |
|---|---|---|
| 新疆天业集团公司 | 0.1 | 2，4，6，8 |
| 北京绿源塑料联合有限公司 | 0.1 | 2.3，3.75 |
| 耐特费姆公司 | 0.1 | 1.15，2，3，4，8，8.5 |
| 雨鸟灌溉公司 | 0.1 | 1.9，3.8，7.6 |
| 昂泰克公司 | 0.06 | 1.9，3.8，7.6 |
| 易润农业灌溉公司 | 0.1 | 2，4，6，8，16 |
| 普拉斯托公司 | 0.1 | 2，2.2，2.3，2.8，3.75，4，7.5，8，8.75，11 |
| 詹恩斯灌溉系统公司 | 0.1 | 2.0，4.0，8.0，14 |
| 蒂革灌溉产品公司 | 0.07～0.17 | 1.9，3.8，7.6 |
| 塞勒克产品公司 | 0.1 | 2，2.5，4，6，8 |
| 安格瑞费姆公司 | 0.1 | 2，4，6，8 |

（4）多出口滴头　多出口滴头不同于其他类型的滴头，滴头直接作用于作物的根部，而多出口滴头的每个滴孔连接一管线，水从各分流管线流向作物。多出口滴头多为压力补偿式滴头，主要产品规格见表 6-6。

**表 6-6　国内外厂商生产的多出口滴头规格**

| 制造厂商 | 出口数/个 | 单个出口的流量/（L/h） |
|---|---|---|
| 雨鸟灌溉公司 | 4 | 3.8，22.8，38，76 |
| 维德瑞制造公司 | 6，12 | 0.95，1.9，3.8，7.6 |
| 安格瑞费姆灌溉公司 | 6 | 3.8，22.8，38，76 |
| 维则泰克公司 | 6 | 3.8 |
| 蒂革灌溉产品公司 | 4 | 3.8，22.8，45.6，76 |
| 塞勒克产品公司 | 6 | 1.9，3.8，7.6 |

（5）滴箭型滴头　该类滴头压力消能方式有两种：一种是以很细内径的微管与输水毛管和滴箭插针相连，靠微管流道壁的沿程阻力来消除能量，另一种靠插针头部的迷宫型流道造成的局部水头损失来消能调节流量大小，其出水可沿滴箭插入土壤的地方渗入。有些滴箭可以与压力补偿式接头连接，保证灌溉量不受压力变化和安装位置的影响。滴箭还可以多头出水，一般用于盆栽作物或无土栽培，如图 6-24 所示。微管出水的水流以层流运动的成分较大，层流滴头流量受温度影响，夏季昼夜温差较大的情况下，流量差有时可达 20%以上。

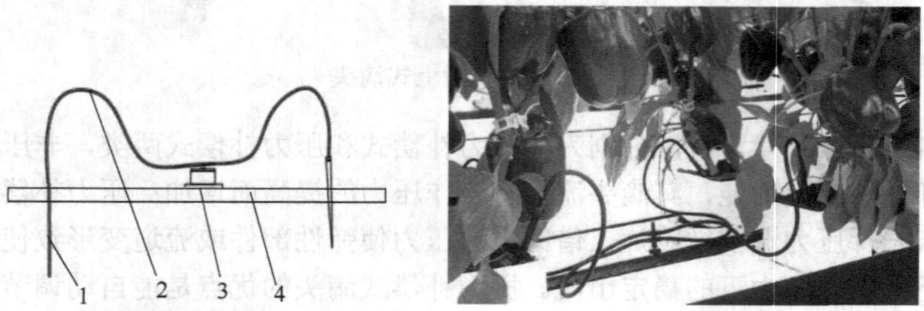


二分头滴箭组件　　四分头滴箭组件

图 6-24　滴箭型滴头示意图及实物图

1．滴箭插件；2．微管；3．压力补偿式接头；4．毛管

（6）发丝管滴头　该类滴头是把一种内孔直径为 0.8～1.5mm 的聚乙烯塑料细管（发丝管），按供水压力和需要截成一定长度出水管（一般长 10～30cm），使用时一端插入打好孔的毛管中，然后将软管缠绕到毛管上，形成螺纹流道，并把软管的另一端固定在毛管上，形成滴头，如图 6-25 所示。当毛管内具有压力的水流通过发丝管时，由于沿程阻力损失，逐渐消耗掉了压力水流所具有的能量，使压力水变成水滴流出灌溉作物。

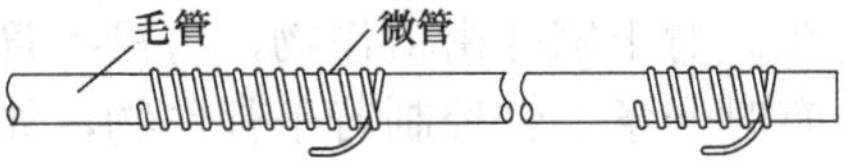

图 6-25　发丝管滴头

**3. 滴灌系统选择与应用**　采用滴灌系统应充分考虑水量分布并根据土壤特性和作物根系分布，以及作物对水分的敏感程度，合理选择滴头流量和滴头布置间距，以便选择合理的系统布置，降低成本、节省投资。

（1）滴头的选择　滴头选择是否恰当，直接影响工程的投资和灌水质量。应在熟悉各种灌水器性能和适用条件基础之上，综合考虑以下因素选择适宜灌水器。

1）作物种类和种植模式。不同作物对灌水的要求不同，相同作物在不同种植模式下对灌水的要求也不同。例如，条播作物要求沿带状湿润土壤，湿润比高，可选用线源滴头；而对于果树等高大的林木，株行距大，需要绕树湿润土壤，可用点源滴头。作物不同的株行距种植模式，对滴头流量、间距等的要求也不同。

2）土壤质地。土壤质地对滴灌入渗的影响很大，对于砂土，可选用大流量滴头，以增大土壤水的横向扩散范围。对于黏性土壤应用流量小的滴头，以免造成地面径流。应用中应根据当地条件，对不同作物进行不同栽培条件下的湿润比实验，从而获得合理的湿润比。一些作物的推荐湿润比见表 6-7。

表 6-7　微灌设计土壤湿润比（%）

| 灌溉形式 | 滴灌 | 微喷灌 | 灌溉形式 | 滴灌 | 微喷灌 |
|---|---|---|---|---|---|
| 果树 | 25～40 | 40～60 | 蔬菜 | 60～90 | 70～100 |
| 瓜类、葡萄 | 30～50 | 30～50 | 粮棉油等作物 | 60～90 | 100 |

3）工作压力及范围。任何滴头都有其适宜的工作压力和范围，应尽可能选用工作压力小、范围大的滴头，以减少能耗，提高系统的适应性。

4）流量压力关系。滴头流量对压力变化的敏感程度直接影响灌水的质量和水的利用率，应尽可能选用流态指数小的滴头。

5）灌水器制造精度。滴灌均匀度与灌水器制造精度密切相关，在许多情况下，灌水器制造偏差所引起的流量变化超过水力学引起的流量变化，应选用制造偏差系数小的滴头。

6）成本与价格。一个滴灌系统有成千上万的滴头（管）灌水器，其价格的高低对工程投资影响很大。在考虑满足使用性能的条件下，应尽可能选择价格低廉的灌水器。考虑成本时要从采购成本和安装使用维护成本两方面考虑。滴头的制造成本由用材、工艺、产量等因素决定；采购成本还要加上储运等费用、批量等因素；安装使用维护成本要考虑安装工时、难易程度及配件等因素，特别要衡量滴头与系统成套的综合成本。

7）使用寿命。滴头的使用寿命与其结构、材料、安装使用情况密切相关。对于长年生长的作物可以考虑一次性和固定滴距的滴头产品，如滴灌带、滴箭、管上式滴头等；对于倒茬频繁的情况，就需要考虑产品的耐受性。一般从管材壁厚来说，内镶式管式滴头滴灌管为厚壁管，寿命相对较长，内镶式贴片式滴头滴灌管次之，单翼式滴管带寿命最短。

（2）滴头的布置

1）单行毛管直线布置。毛管顺作物行布置，一行作物布置一条毛管，滴头安装在毛管上。这种布置方式适用于幼树和窄行密植作物。对于幼树，一棵树安装2～3个单口出水口滴头。对于窄行密植作物，可沿毛管等间距安装滴头。这种情形也可使用多孔毛管作灌水器，有时一条毛管控制若干行作物，如图6-26所示。

2）双行毛管平行布置。当滴灌需水量大或种植高大作物时，可采用双行毛管平行布置的形式，沿树行两侧布置两条毛管，每株树两边各安装2～4个滴头。这种布置形式使用的毛管数量较多（图6-27）。

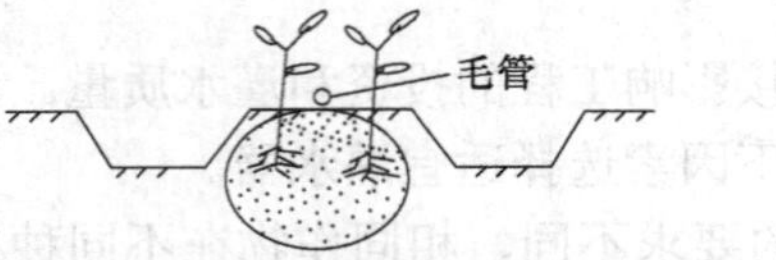


图6-26　田间单行毛管直线布置示意图

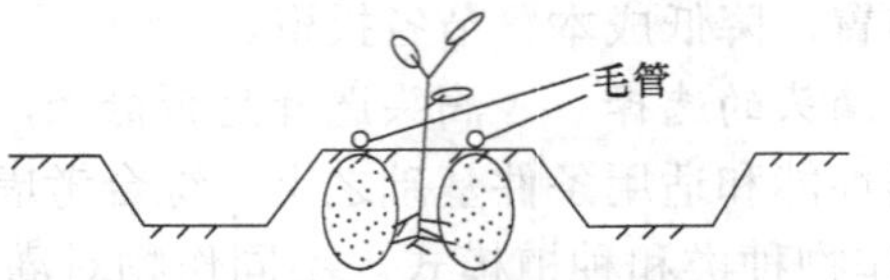


图6-27　田间双行毛管平行布置示意图

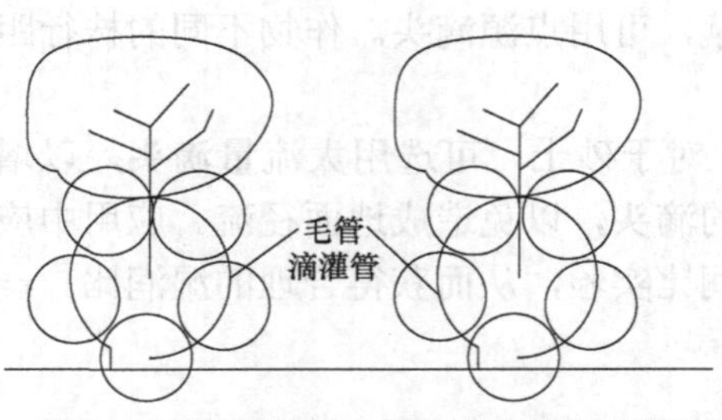


图6-28　田间单行毛管环状布置示意图

3）单行毛管环状布置。当滴灌成龄果树时，可沿一行树布置一条输水毛管，围绕每一棵树布置一条环状灌水管，其上安装5～6个单出水口滴头。对于果树，滴头（或滴水点）与树干的距离通常为树冠半径的2/3。这种布置形式由于增加了环状管，毛管总长度大大增加，因而增加了工程费用（图6-28）。

（3）滴灌管网布置　滴灌管网布置的原则是获得最大的灌水均匀度和最小的管网设备投资。布置方法是从末级微灌带开始，逐级向上铺设各级管道直至水源。

1）日光温室中滴灌管网布置。日光温室面积一般在667～1200m$^2$，多为独立灌溉系统，其管网布置较为简单，一般只有输水主管，由输水主管将水直接输送到各滴灌带（或滴灌管）中。日光温室内常见的滴灌系统布置包括南北垄种植和东西垄种植，水源出水口可设在温室中央或温室端，依照滴灌管的最大铺设长度，采取S形铺设，减少旁通接头，降低费用。

2）连栋温室中滴灌管网布置。连栋温室应用滴灌系统的栽培模式一般分为土壤栽培和无土栽培，按栽培床高低分类有地面床和移动床。地面栽培床一般为长条状，一垄种植一行或两行作物，根据作物品种的生育发展情况，一般选用毛管沿作物种植行向铺设，如图6-29A所示，滴灌带（管）灌溉湿润整个栽培槽或选用管上式滴头、滴箭将水肥引到每一棵作物根部。如果是盆栽作物，一般选用滴箭将水肥引到每一棵作物根部，如图6-29B所示。

图6-29　连栋温室滴灌系统布置

温室花卉移动苗床操作方便，能高效利用有限的温室面积，所以得到了较广泛的应用。但由于其位置较高，又能移动，因而滴灌系统的布置是一个难题。可采用滴箭滴灌系统：滴灌管道固定在苗床下面，滴头通过微管放在苗床上面，滴灌管道随苗床的移动而移动，与苗床成为一个整体，既实用又美观，如图6-30所示。

**4. 滴灌的优缺点**

（1）滴灌的优点

图 6-30　移动苗床滴灌系统布置

1）节约用水，提高水分生产效率。滴灌是局部灌溉方法，它可根据作物的需要精确地进行灌溉。一般比地面灌溉节约用水 30%～50%，有些作物可节水达 80%左右，比喷灌省水 10%～20%，比地面畦灌可减少灌水量 50%～70%。

2）降低室内空气相对湿度，减少病虫害的发生。由于滴灌除作物根部湿润外，其他地方始终保持干燥，因而大大减小了地面蒸发。一般情况下室内空气相对湿度下降 20%左右，使与湿度有关的病虫害得以大幅度下降，同时降低了防治病虫害的农药使用量，减少农药残留量，提高了温室作物品质。

3）节省劳力。滴灌是管网供水，操作方便，而且便于自动控制，因而可明显节省劳力。同时滴灌是局部灌溉，大部分地表保持干燥，减少了杂草的生长，也就减少了用于除草的劳力。

4）提高肥料利用率。滴灌系统可以在灌水的同时进行施肥，而且可根据作物的需肥规律与土壤养分状况进行精确施肥和平衡施肥，同时滴灌施肥能够直接将肥液输送至作物主要根系活动层范围内，作物吸收养分快又不产生淋洗损失，减少了对地下水的污染。因此，滴灌系统不仅能够提高作物产量，而且可以大大减少施肥量，提高肥效，比常规施肥节省 50%以上的肥料。

5）地温降幅很小。滴灌的运行采用浅灌、勤灌的方式，每次灌水量很少，因而几乎不会引起地温下降。

6）降低能耗。滴灌比地面畦灌可减少灌水量 50%～70%，比喷灌节水 10%～20%，因而可降低抽水的能耗；同时滴灌时地温下降小，可减少或免去提高地温所需的能耗，一般能耗可下降 30%左右。

（2）滴灌的缺点

1）滴头堵塞。使用过程中若管理不当，极易引起滴头的堵塞，滴头堵塞主要是由悬浮物、不溶解盐、铁锈、其他氧化物和有机物引起的。滴头堵塞主要影响灌水的均匀性，堵塞严重时可能使整个系统报废。

2）盐分积累。当采用含盐量较高的水灌溉时，盐分会在滴头湿润区域周边产生积累。这些盐分易于被淋洗到作物根系区域，当种子在高浓度盐分区域发芽时，会带来不良后果。

3）影响作物的根系分布。对于多年生果树来说，滴头位置附近根系密度增加，而非湿润区根系因得不到充足的水分供应其生长会受到影响。少灌、勤灌的灌水方式会导致植株根系分布变浅。

4）投资相对较大。与地面灌溉相比，滴灌一次性投资和运行费用相对较大，其投资与作物种植密度和自动化程度有关，作物种植密度越大，则投资越大，反之越小；自动化控制增加了投资，但可降低运行管理费用。

## （二）微喷灌

微喷灌是通过管道系统利用微喷头将水及可溶性化肥或化学药剂以微流量喷洒在枝叶上或地面上的一种灌水形式。微喷灌和滴灌的不同之处在于灌水器由滴头改为微喷头，滴头是靠自身结构消耗掉毛管的剩余压力，而微喷头则是用喷洒方式消耗能量。微喷灌的湿润面积比滴灌大，这样有利于消除含水饱和区，使水分能被土壤随时吸收，改善了根区通气条件，同时会使土壤表面增加蒸腾，降低室内温度。这样可以调节田间小气候，但在温室、大棚中使用又会造成湿度增加，若不能及时通风，则易发生病虫害。

根据微喷灌系统的可移动性与否，可将微喷灌系统分为固定式和移动式两种类型。固定式微喷灌系统的水源、水泵及动力机械、各级管道和微喷头均固定不动，管道埋入地下。其特点是操作管理方便，设备使用年限长，但其一次性投资成本相对较高。移动式微喷灌系统是指与轻型机组配套的小型微喷灌系统，它的机组、管道均可移动，具有体积小、质量轻、使用灵活、设备利用率高、投资少等优点。但设备使用寿命较短、运行费用相对较高。

**1. 系统基本构成** 一套完整的温室微喷灌系统通常包括水源、首部枢纽、供水管网、微喷头和自动控制设备五部分（图 6-31）。其中，微喷头是微喷灌系统的专用设备，其作用主要是将管道内的连续水流喷射到空中，形成众多细小水滴，洒落到空气或地面的一定范围内，补充土壤和作物水分需求。

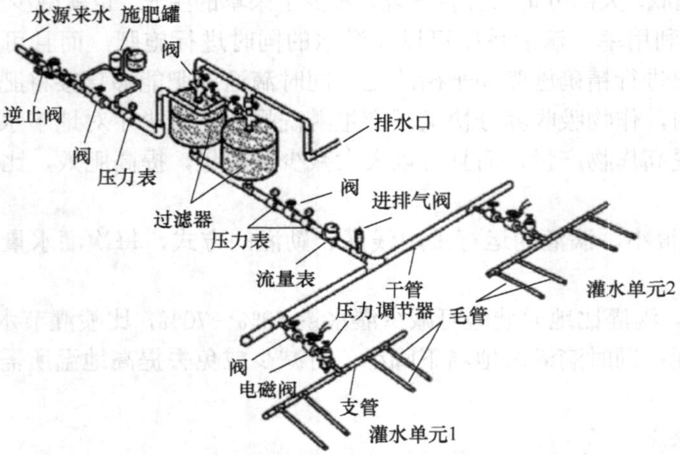


图 6-31 典型微喷灌系统组成示意图

**2. 微喷头的种类** 微喷头的结构形式、制造质量的好坏及对它的使用是否得当，将直接影响灌溉的质量、经济性和工作可靠性，所以要建设一个运行良好、灌水效益高的微喷灌系统，首先必须对微喷头有深入的了解。微喷头的种类较丰富，以水源压力来分，可将微喷头分为高压（＞0.5MPa）、中压（0.2～0.5MPa）、低压（0.1～0.2MPa）和微压（0.05～0.1MPa）四类，温室中常用的微喷头以微压和低压为主。按照结构形式和喷洒特征，微喷头可分为折射式、缝隙式、离心式和旋转式四类。

（1）折射式微喷头 折射式微喷头主要由喷嘴、折射破碎机构和支架 3 部分构成。其工作原理是水流由喷嘴垂直向上喷出，在折射破碎机构的作用下，水流受阻改变方向，被分散成薄水层向四周射出，在空气阻力作用下形成细小水滴喷洒到土壤表面，喷洒图形有全圆、扇形、条带状、放射状水束或呈雾化状态等。折射式微喷头又称为雾化微喷头，其工作压力一般为 100～350kPa，射程为 1.0～7.0m，流量为 30～250L/h。折射式微喷头的优点是结构简单，没有运动部件，工作可靠，价格便宜；缺点是由于水滴太小，在空气十分干燥、温度高、风力较大且多风的地区，蒸发飘移损失较大，应慎重选用。折射式微喷头按其结构与功能可分为外支架折射式、内支架圆锥折射式、弧形扇面折射式等形式（图 6-32）。

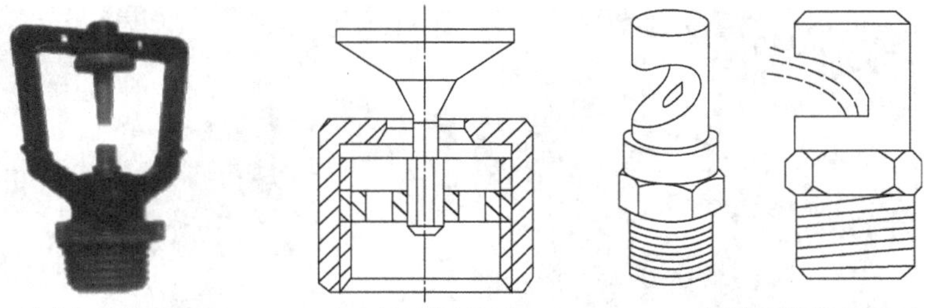

外支架折射式　　内支架圆锥折射式　　弧形扇面折射式

图 6-32　不同类型的折射式微喷头

（2）缝隙式微喷头　　缝隙式微喷头是在封闭的管端附近开出一定形状的缝圈（其宽度为 2～6mm），另一端为管螺纹接头，如图 6-33 所示。其工作原理是有压水流从缝隙中喷出时在空气阻力的作用下即裂散成水滴的喷头，为了使水舌喷洒得较远，缝隙一般与水平面成 30°角。缝隙式微喷头的喷洒形式为扇形喷洒，由于缝隙较小而易被污物堵塞，因而在使用此类喷头时对过滤器的要求比较高。缝隙式微喷头从结构上来说实际上也是折射式微喷头，只是折射破碎机构与喷嘴距离非常近，形成一个缝隙。

图 6-33　缝隙式微喷头

（3）离心式微喷头　　离心式微喷头主要由喷嘴、离心室和进水口接头构成，如图 6-34 所示。其工作原理是压力水流从切线方向进入离心室，绕垂直轴产生涡流运动，使经过离心室中心的喷嘴射出的水流在离心力的作用下呈水膜状向四周散开，在空气阻力的作用下水膜被粉碎成水滴散落在喷头四周。离心式微喷头具有结构简单、体积小、工作压力低、雾化程度高、流量小等特点，而且在压力不太高的情况下也可以获得较好的雾化程度。喷洒形式一般为全圆喷洒，水源压力为高压设计时，雾化效果很好，主要用于进行喷灌、增加湿度和温室降温。

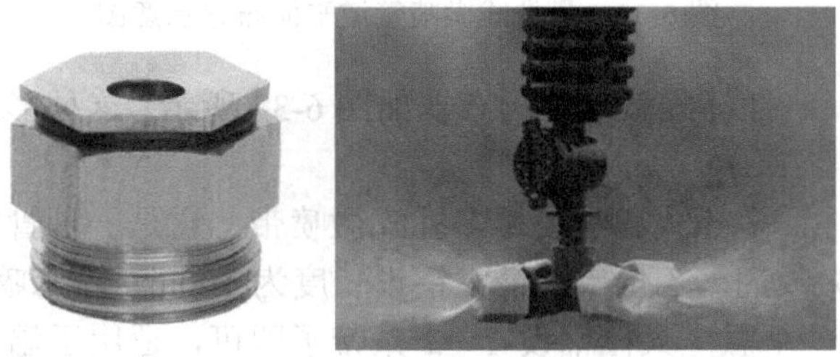

图 6-34　离心式微喷头

（4）旋转式微喷头　　旋转式微喷头的主要特征是微喷头中设有运动部件，辅助水流呈束状喷出并产生旋转（图 6-35）。旋转式微喷头的喷洒图形一般为圆形或扇形。依据不同的原理，旋转式微喷头的结构有许多种，但均是利用水的反作用力，即水流流经可转动的弯曲流道或可产生反作用效果的专用部件，由水的反作用力使喷嘴产生转动，喷洒出的水束随之做周向运动。由于旋转式微喷头的出流流道相对较长，因此可有较远的射程。另外，由于水束做周向运动，降水强度大大降低。通过对出流流道的专门设计，可以获得不同的降水曲线和满足不同的用途，从而获得较高的均匀度。由于旋转式微喷头有旋转运动部件，对喷嘴尺寸与精度要求高，从而对旋转轴及与其配合的固定部件材料的抗磨性能提出较高的要求。此类微喷头的主要缺点是使用寿命较短。

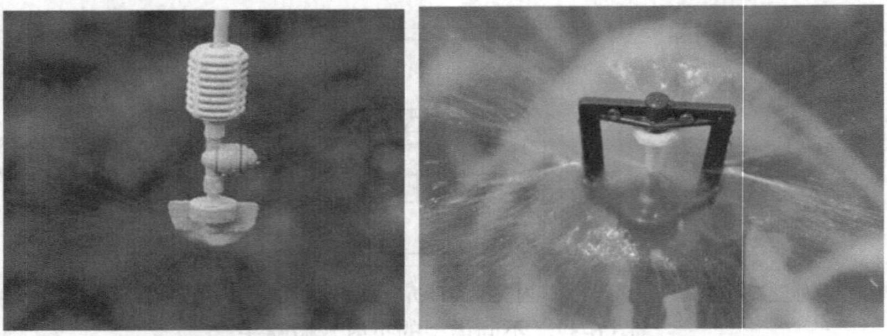


图 6-35　旋转式微喷头

**3. 微喷头的使用安装形式**　上述是按照微喷头工作原理划分的微喷头形式，这些微喷头可以按照不同的使用方法进行安装，常见的形式有以下 3 种。

（1）悬挂式微喷　在温室内布置的悬挂式微喷管道平面布置如图 6-36 所示，这种形式的微喷灌适合于蔬菜、花卉、食用菌、扦插育苗、热带雨林植物，如铁树、发财树、芭蕉等。苗考虑施肥，则需增加施肥装置。

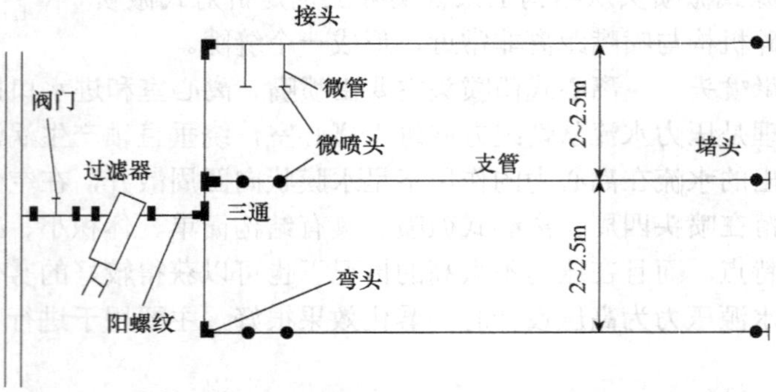


图 6-36　悬挂式微喷管道平面布置示意图

（2）插杆式微喷　插杆式微喷结构布置如图 6-37 所示。这种形式的微喷灌适合于食用菌类、育苗、果树。

（3）多孔式微喷　多孔式微喷使用多孔式微喷带，它是一种管状的雾化微喷设备，是一种激光打孔的多孔微喷灌聚乙烯带，最大铺设长度为 100m，百米喷水量为 3～10m$^3$/h，喷水宽度为 3.5～10m。一个温室大棚铺设 1～2 条带子即可，适用于温室大棚及露地草坪、花卉、果树、蔬菜、粮食作物等。其特点是：①使用压力低，激光打孔雾化强度高，水滴小，打击强度小，更适宜作物生长；②安装使用简便，仅用一个直通即可连接带子，减少了配套设备成本；③可 1 条带子独立使用，也可以加三通、四通、6～8m 间距设长管，增加带子，按单元轮灌使用。结构形式如图 6-38 和图 6-39 所示。

**4. 微喷头的性能特点**　微喷头工作性能主要参数有工作压力、流量、喷洒直径等。

（1）工作压力　微喷头的工作压力是指微喷头入口处的压力，由于此处距喷嘴很近，使用中往往可以反映喷嘴处的压力大小。微喷头的工作压力可分为以下 3 种。

1）最小压力水头。水量分布能达到一定均匀度的最低工作压力，一般为 0.1～0.12MPa（在喷嘴处测量），在此压力下，水滴相对较大。

2）标准压力。微喷头的最优运行压力，微喷头普遍采用的标准压力为 0.2MPa，有些折

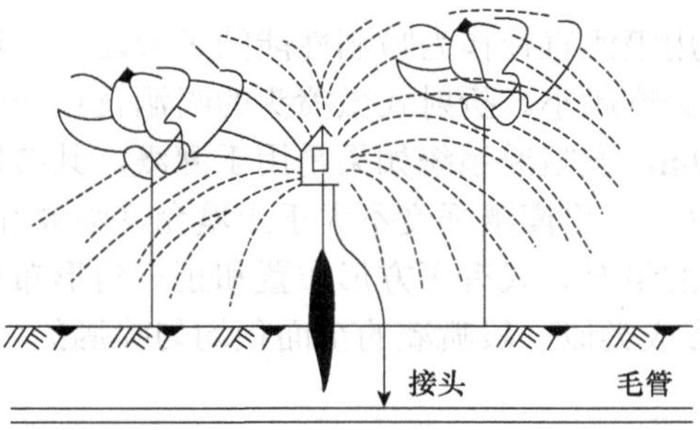


图 6-37　插杆式微喷结构布置示意图

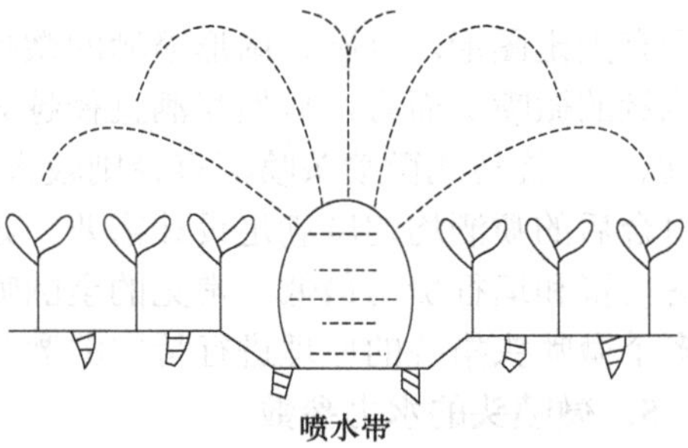


图 6-38　多孔式微喷带示意图

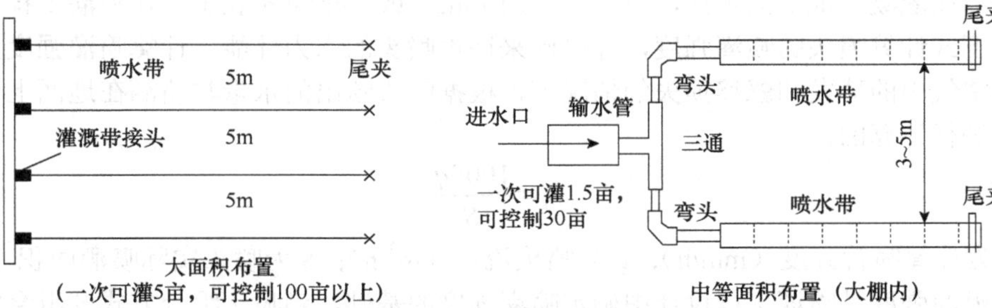


图 6-39　温室内多孔式微喷带布置示意图

射式微喷头的最优运行压力为 0.15MPa。

3）最大压力。保持有效的水滴尺寸和湿润直径条件下的最大压力，不同类型的微喷头可以有不同的最大压力。工作压力大，则喷洒水的粉碎性好，但射程小，可能使水量分布图形发生极大的变化。低压微喷灌是低能耗灌溉系统，微喷头的最大压力一般不应超过 0.3MPa，虽然有时调压式微喷头可采用较高的压力，但此时高压力对管道的影响远大于对喷头的影响。

压力是影响微喷头性能的一个关键参数，一般当工作压力变化时，微喷头的流量将发生变化，当微喷头低于标准压力工作时，喷洒直径随压力变化而改变的幅度较大，而当超过标准压力工作时，因水滴直径变小，喷洒直径变化不明显。喷洒强度在标准压力以下时，与压力成正比，超过标准压力后则保持不变。

（2）流量　流量一般在 20～240L/h。当流量过小时，微喷头流道特别是喷嘴的直径很小（<0.8m），运行中容易产生堵塞，对系统的过滤设备要求较严格。微喷头在流量上也分为以下三个档次。

1）小流量微喷头。流量在 20～40L/h，一般用于喷洒直径较小、作物种植密集的情况。

2）中流量微喷头。流量在 50～90L/h，这一档次往往代表着微喷头的最佳效果和性能，其中以 70L/h 最有代表性。

3）大流量微喷头。流量在 100～240L/h，在需要较大的灌溉强度种植时采用。微喷头流量的合理确定不仅对灌溉作业本身很重要，同时与系统的投资密切相关。增大流量使得在同等条件下毛管的长度减小、支管的间隔变密、系统的投资上升。

（3）喷洒直径　按严格的定义，喷洒直径分为两种。一是湿润直径，即喷洒水滴能够达到的最大距离；另一种是有效喷洒直径，指单位面积洒水量达到洒水量平均值的某一百分比处的直径，这个百分比一般至少为 10%。有效喷洒直径在设计微喷灌系统和评价微喷头喷洒特性时更有意义。

微喷头的喷洒图形是多种多样的，有全圆、扇形、长条带形、放射水束形等。雾化喷头则没有固定图形。全圆、扇形喷洒的微喷头，常用喷洒直径作为喷洒性能的参数之一。对于同流量的微喷头而言，显然喷洒直径越大，喷洒强度越小。折射式微喷头的喷洒直径一般在2m以下，旋转式微喷头喷洒直径则较大，可达9m。微喷灌系统如果是用于灌溉，其布置要使组合后的喷洒均匀度满足设计需要，喷洒无漏喷，平均灌溉强度不大于土壤允许喷灌强度，设备投资和运行费用最低。常见的全圆喷洒喷头的组合方式有正方形布置和正三角形布置，按多个微喷头搭叠的原理进行特定的灌溉作业，形成类似一般喷灌的全面积均匀喷洒的效果。

**5. 微喷头的水力参数**

（1）喷灌强度　喷灌强度 $\rho$ 是指喷头单位时间内喷洒在单位面积上水的体积，或单位时间内喷洒在灌溉土地上的水深，单位一般用 mm/h 或 mm/min 表示。在喷灌工程设计中，一般采用下式计算喷头的喷灌强度，并以此来评价喷头的水力性能。计算喷灌强度是在不考虑水滴在空气中的蒸发和飘移损失的情况下，根据喷头喷出的水量与喷洒在地面上的水量相等的原理进行计算的。

$$\rho_s = \frac{1000q}{S}$$

式中，$\rho_s$ 为计算喷管强度（mm/h）；$q$ 为喷头流量（$m^3$/h）；$S$ 为喷头实际喷洒面积（$m^2$）。

喷头喷灌强度是喷灌工程设计中确定喷灌强度的基础，当喷头组合方式及组合间距一定时，喷头喷灌强度越大，组合喷灌强度也越大，但喷灌设计时，组合喷灌强度不应大于土壤的允许喷灌强度。

（2）水量分布　喷头喷洒的水量在地面的分布特征体现了喷头喷水质量的好坏，是影响喷灌均匀度的主要因素，通常用水量分布图来表示。在理想的情况下，旋转式喷头在无风的条件下水量分布等值线图应是一组以喷头为圆心的同心圆，但实际的水量分布等值线图只是一组近似的同心圆，即在离喷头距离相等的位置其水量是近似相等的，如图 6-40A 的圆形所示。但水量沿径向的分布是不均匀的，如图 6-40A 中圆形右方和下方的喷头径向水量分布曲线图所示。

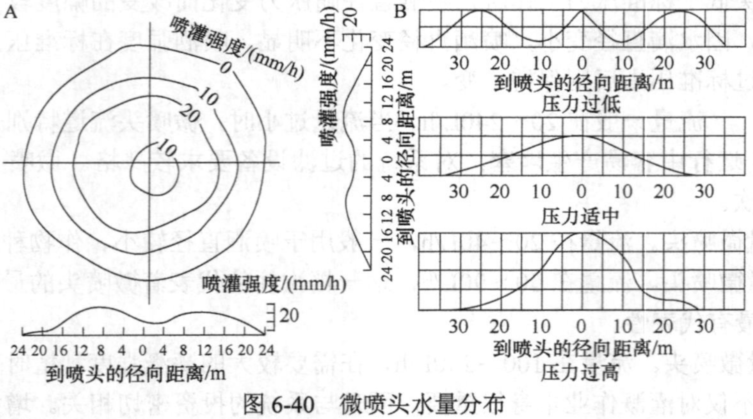


图 6-40　微喷头水量分布

A. 微喷头水量分布，圆形表示微喷头水量空间分布示意图；圆形右侧和下方的曲线表示不同方向沿喷头径向的水量分布示意图；B. 工作压力对水量分布的影响

影响喷头水量分布的因素很多，工作压力、风、喷头的类型和结构等都会对喷头水量分布产生较大的影响，因而在进行喷灌系统设计时要充分考虑这些因素。工作压力对水量分布的影响主要是工作压力越高，喷头对水的雾化程度越高，因而射程不远，喷头附近水量过多，远处水量不足；压力过低，水流分散雾化不足，大部分水量射到远处，中间水量少，呈“马

鞍形”分布；压力适中时，水量分布曲线基本上为一个近似的等腰三角形（图 6-40B）。因此，在设计和使用中，必须保证微喷头在其规定的工作状态下。

（3）水滴打击强度　　水滴打击强度是指在喷头喷洒范围内，喷洒水滴对作物或土壤的打击动能。一般来说，水滴的直径和密度越大，则越容易破坏土壤表层结构，造成板结，而且还会打伤作物叶片或幼苗。因此，水滴直径是喷灌设计中应充分考虑的因素，水滴直径在实践中实测仍然有一定难度，而且它与工作压力和喷嘴直径都有关系，所以在设计中常用喷头雾化指标 $\rho_d$ 来表示喷洒水滴的打击强度。

$$\rho_d = \frac{1000H}{d}$$

式中，$H$ 为喷头工作压力（m）；$d$ 为喷嘴直径（mm）。

对同一喷头来说，$\rho_d$ 值越大，说明其雾化程度越高，水滴直径就越小，打击强度也越小。但如果 $\rho_d$ 值过大，蒸发损失增大，而且压力水头损失急剧增加，能源消耗加大，对节水节能不利，喷头 $\rho_d$ 值应以不打伤作物叶片或幼苗及不破坏土壤结构为宜。

**6. 微喷灌的优缺点**

（1）微喷灌的优点

1）水分利用率高，节约用水。微喷灌属于小流量高频灌溉，因而实际灌溉面积要小于地面灌溉，减少了灌水量，同时微喷灌具有较大的灌水均匀度，不会造成局部的渗漏损失，且灌水量和灌水深度容易控制，可根据作物不同生长期需求规律和土壤含水量状况适时灌水，提高水分利用率，管理较好的微喷灌系统比喷灌系统用水可减少 20%～30%。

2）适时适量供水供肥，作物产量高、品质好。微喷灌可按作物需求适时适量地向作物根区供水供肥等。微喷灌可实现自动化灌溉施肥，使作物根系活动层土壤一直处于良好的水、热、气和养分供给状态，改善作物生长环境，为作物增产和改善品质提供有利条件，一般可提高产量 20%以上。

3）节省能源。微喷头也属于低压灌溉，设计工作压力一般在 150～200kPa，同时微喷灌系统流量要比喷灌小，因而对加压设施的要求要比喷灌小得多，可节省大量能源，发展自压灌溉对地势高度差的要求也比喷灌小。

4）可调节田间小气候。由于微喷灌水滴雾化程度大，可有效增加近地面空气相对湿度，在炎热天气可有效降低温室内的温度，甚至还可将微喷头移至树冠上，以防止霜冻灾害等。

5）灵活性大，使用方便。微喷灌的喷灌强度由单喷头控制，不受邻近喷头的影响，相邻两微喷头间喷洒水量不相互叠加，这样可以在作物不同生长阶段通过更换喷嘴来改变喷洒直径和喷灌强度，以满足作物生长需水量。微喷头可移动性强，根据条件的变化可随时调整其工作位置。在有些情况下微喷灌系统还可以与滴灌系统相互转化。

（2）微喷灌的缺点

1）对水质要求较高。微喷头的喷嘴直径小，堵塞也是在应用中面临的主要问题，严重时会使整个系统无法正常工作，甚至报废。

2）在作物未封行前，微喷灌结合喷肥会造成杂草大量生长。

3）造价一般较高。微喷灌需要大量设备、管材、灌水器，造价较高。

## （三）行走式喷灌机

温室用行走式喷灌机实质上也是一种微喷灌系统，它是将微喷头安装在可移动喷灌机的喷灌管上，并随喷灌机的行走进行微喷灌的一种灌溉设备。温室中采用行走式喷灌机可以大大减少输水管道和微喷头的数量，从而降低设备成本，同时能够通过喷灌机上微喷头的密集排列使喷洒水在地面分布得更均匀，获得更好的灌溉效果。

目前行走式喷灌机主要用于温室中要求灌溉喷洒均匀度很高的盆栽和袋栽作物、穴盘育苗等。通常固定式微喷灌系统的喷洒水滴落在地表面时分布并不足够均匀，还需要通过这些滴落水在土壤中的进一步扩散，才能达到喷洒水均匀分布灌溉各处作物的效果。但在盆栽和袋栽作物、穴盘育苗等生产中，由于盆、袋、穴盘等栽培容器的限制，固定式微喷灌系统中滴落在地面的喷洒水无法进一步扩散使灌溉水均匀分布，因此这些采用容器栽培的温室生产中，无法依靠普通的固定式微喷灌系统进行灌溉。

行走式喷灌机（图 6-41）能够通过微喷头的密集排列使滴落在地面上的喷洒水达到理想的分布均匀度，直接喷洒就能获得良好的灌溉效果，因此特别适合采用容器栽培及需要高喷洒均匀度的温室生产使用。温室行走式喷灌机一般采用喷洒水能均匀分布，且水滴大小基本一致的低射程微喷头，如缝隙式微喷头、离心式微喷头、涡流式微喷头等，性能优良的温室行走式喷灌机喷洒水在地面分布的均匀度应在 90%以上。此外，由于行走式喷灌机可以获得很高的喷洒均匀度，在温室生产中还可以通过配备注肥或加药装置，利用行走式喷灌机对温室作物进行均匀的施肥或喷药作业，不仅可以大大减轻劳动强度，还可以提高肥药的利用率，减轻温室的环境污染。

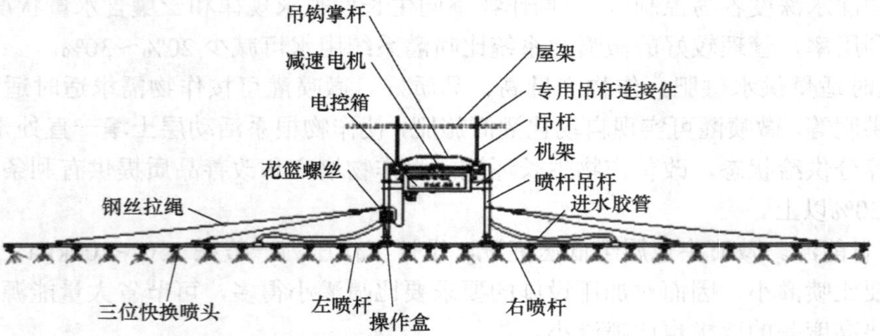


图 6-41　行走式喷灌机结构示意图

**1. 分类及特点**　温室中行走式喷灌机通常在专用的移动轨道上行走进行喷洒作业，这样可以避免喷灌机运行过程中发生偏移而与温室结构发生碰撞。依据喷灌机轨道的安装位置可将温室行走式喷灌机分成地面行走式喷灌机和悬挂行走式喷灌机两种。地面行走式喷灌机的移动轨道安装在地面，具有投资低、遮光少、安装方便等优点，但存在占地面积大、影响温室其他作业等缺点。悬挂行走式喷灌机的移动轨道固定在温室桁架的双轨道上，利用可编程逻辑模块控制喷灌机的自动行走、灌水位置、灌水重复次数。虽然采用这种喷灌机要求温室本身强度高，且安装复杂、投资较高，但因其不占用温室有效生产面积、不影响温室其他作业等优点，已经成为生产水平较高的连栋温室中首选的行走式喷灌机。

温室悬挂行走式喷灌机有单轨道悬挂行走式和双轨道悬挂行走式之分。采用单轨道悬挂行走式喷灌机投资更低，但因单轨道悬挂行走稳定性的限制，喷灌机的喷洒宽度一般只能控制在 8m 以下，限制了其使用场合。双轨道悬挂行走式喷灌机工作更加平稳可靠，喷灌机的最大喷洒宽度可达 15m 或更多。

行走式喷灌机的行走驱动方式有手推行走式、水动行走式、电动行走式等多种。手推行走式喷灌机结构简单、投资低廉，但工作效率低、劳动强度大，多用于日光温室、塑料大棚等普及型温室生产中。水动行走式喷灌机一般只用于电力供应不能保证的地方。电动行走式喷灌机工作灵活方便、可靠性高，且易于实现自动控制，因此是目前在各种温室中应用最多的一种温室喷灌机。

温室中行走式喷灌机停止工作时，由于其供水管道内残留水及水压的存在，微喷头中有可能产生持续滴水现象，这对处于开花授粉期的作物生长存在一定威胁，因此温室行走式喷灌机一般应选用有防滴漏功能的微喷头。此外，为适应作物不同生长期的灌溉要求、满足利用喷灌机施肥或喷药的要求，通常为温室中使用的喷灌机配备多种不同喷洒效果的微喷头。

**2．温室行走式喷灌机的技术性能**

（1）*地面电动行走式喷灌机*　图 6-42 为西北农林科技大学生产的一种地面电动行走式喷灌机。该喷灌机的移动轨道固定在地面上，喷灌管通过支架固定在移动小车上，工作时接通水源，喷灌机即可自动行走并进行灌溉。该喷灌机的喷灌管高度可在一定范围内调整，两边喷灌管设有单独的控制开关，可分别进行灌溉，同时选用流量可调式喷头，以满足不同生长期的作物灌溉要求。

（2）*单轨道悬挂行走式喷灌机*　图 6-43 为一种单轨道悬挂行走式喷灌机。供水管和行走机构悬挂在单根轨道上。该喷灌机直接在喷灌管上加工喷水微孔进行喷洒作业，其喷洒水柔若细雨，可广泛应用于温室中的育苗和作物栽培，具有节约能源、造价低、使用方便等特点。工作时接通供水水流，喷灌机就开始行走和灌溉；喷灌机运行到温室端头时，可自动转换移动方向反方向运行；需要喷灌机停止灌溉时，关闭供水水流即可；同时在喷灌机运行中，也可以人工改变喷灌机的运行方向。

图 6-42　地面电动行走式喷灌机

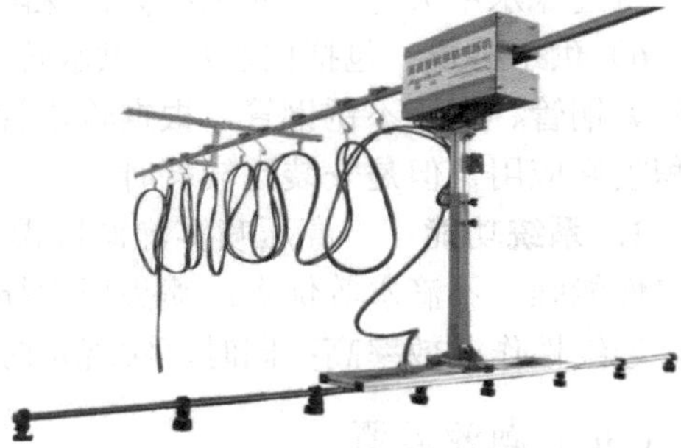

图 6-43　单轨道悬挂行走式喷灌机

（3）*双轨道悬挂行走式喷灌机*　图 6-44 为一种双轨道悬挂行走式喷灌机，采用减速电机驱动，并可通过变频控制系统调整喷灌机的运行速度。喷灌机悬挂在温室上部由两条镀锌钢管组成的运行轨道上，供水管和供电电缆通过轨道上的悬挂滑轮垂吊在运行轨道上，并可随喷灌机的前后移动而伸展或收拢。喷灌管上每个喷头均采用含 3 个不同流量和雾化程度的喷嘴，可根据灌溉要求选用合适喷嘴。

图 6-44　双轨道悬挂行走式喷灌机

每次启动喷灌机自动往返运行一次后自动停止运行，等待下一次的启动。喷灌机前进和返回速度可分别设定。喷灌机左右两侧的喷灌管分开控制，可预先设定两侧喷灌管在喷灌机运行时是否进行喷灌作业，也可在喷灌机运行时人工通过控制按钮转换喷灌管的工作状态，从而达到精确灌溉、节约用水的目的。连栋温室中使用这种喷灌机时，可在温室一端增设转移轨道，使喷灌机连同供水管和供电电缆一起转移到下一跨温室中进行灌溉，这样利用一台喷灌机就可实现多跨温室的灌溉，从而降低设备的投资。

### （四）高压喷雾灌溉

**1. 工作原理**　水在蒸发时可以吸收大量的热量，使周围环境的温度降低。高压喷雾系统即采用此原理，利用造雾机组，将水经耐高压管线由专业喷头产生 1～15μm 水滴，由此激发成的雾滴能长时间悬浮、飘浮在空气中，直至吸收足够的热量蒸发。

**2. 系统组成**　高压喷雾系统是利用水高压通过专用雾化喷头雾化形成，由泵站单元、雾化喷头、高压分路阀单元、自动控制系统、净水系统、供水装置 6 部分组成。

1）泵站单元：高压喷雾系统的高水压是利用柱塞泵的升压功能提供高水压，可将水升压到 3～8MPa 的工作压力。

2）雾化喷头：高压雾化喷头的雾化工作压力在 3MPa 以上，常见的种类有红宝石顶针雾化喷头、滤芯式离心喷头、防滴漏喷头等，根据材质区分有黄铜和不锈钢两种材质。

3）高压分路阀单元：高压分路阀可按需主动实现高压水向多路微喷嘴单元供水或泄水，从而进行设计安装，有电控系统控制高压管路的分流或截流。可实现分路管线按要求喷雾或停止喷雾。

4）自动控制系统：控制单元可实现手动或自动控制喷雾系统。可实现每天定时启停，定时间断循环启停，精确到秒。

5）净水系统：高压喷雾系统水源一般采用市政用水，在接入 1～5μm 过滤级别的过滤系统，可过滤水中大部分杂质和细菌，保障了雾效的干净卫生。

6）供水装置：包括储水箱、供水管等。目前高压输水管普遍采用的材质有高压尼龙管、高压紫铜管、高压不锈钢管，根据输水管道的长度和喷头的数量选择管道，金属管道适合大面积喷雾应用，但是安装比较耗时。

**3. 系统功能**　高压喷雾灌溉降温、增湿、除尘效果明显，均匀度高；具有喷雾细、抗堵性能强、不滴水等优点；喷头压力损失小，具有节能、低碳等优点；性能稳定，可靠耐用，连续性作业效率高；同时可实现定时自动控制，运行管理方便。

### （五）潮汐灌溉

潮汐灌溉系统由比例施肥器、供/回水阀门管线、过滤器等组成。应用时，灌溉水或营养液由出水孔漫出，使整个苗床中的水位缓慢上升，并达到合适的液位高度，将栽培床淹没 2～3cm 的厚度；几分钟后，营养液因毛细作用而上升至盆中介质的表面，使植物能充分吸收营养液及水分，此时回水口自动打开，将营养液排出，待另一栽培床需水时再将营养液送出（图 6-45）。

通过使用潮汐式灌溉苗盘，可根据生产需求，精准实现灌溉营养液的灌溉，避免作物根部长期浸泡在营养液中，确保每株作物能够吸收相同的养分和水分，实现标准化、专业化、规模化生产。

**1. 涨潮与退潮**

涨潮：在每一个植床的两侧边都有输送管道，管道的前端设置一台水泵，由自动灌溉控制器控制营养液从施肥系统通过送到植床上（图 6-46），保证在一定时间内完成涨潮。

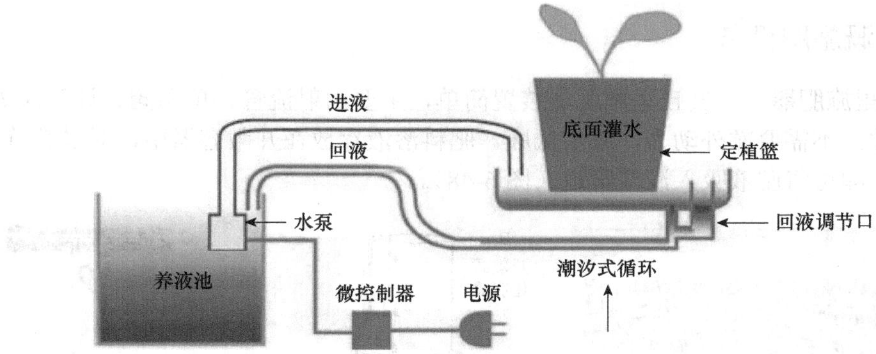


图 6-45　潮汐灌溉技术流程示意图

图 6-46　潮汐苗盘示意图

退潮：当涨潮水泵停止工作时，植物经过灌溉后，由自动灌溉控制器控制回水泵启动将营养液送回到回液箱中。

该系统使得植物保持干爽状态，降低了温室湿度，可减少病菌滋生；大量氧气随着营养液被输送到作物根部，这使得根部系统发育更有活力，减少了根部疾病，可以促进植物生长；作物可以同时同步地均匀灌溉，便于精确控制，提高作物品质；灌溉可以实现全自动操作，提高灌溉效率，降低人工成本，降低人工劳动强度；灌溉用水可被收集并循环利用，能把水肥浪费降到最低。

**2．系统配置**　包括特制植床、比例施肥器、自动灌溉控制器、电磁阀、网式过滤器、沙石过滤器、臭氧消毒器、进水泵、回水泵、PVC 管件、专用防溅装置、电控箱等。

**3．系统特点**　该系统使得植物保持干爽状态，降低了温室湿度，可减少病菌滋生；大量氧气随着营养液被输送到作物根部，这使得根部系统发育更有活力，减少了根部疾病，可以促进植物生长；作物可以同时同步地均匀灌溉，便于精确控制，提高作物品质；灌溉可以实现全自动操作，提高灌溉效率，降低人工成本，降低人工劳动强度；灌溉用水可被收集并循环利用，能把水肥浪费降到最低。通过使用潮汐式灌溉苗盘，可根据生产需求，精准实现灌溉营养液的灌溉，避免作物根部长期浸泡在营养液中，确保每株作物能够吸收相同的养分和水分，实现标准化、专业化、规模化生产。

营养液栽培对水质要求较高，目前地下水普遍存在钙、镁元素含量高、电导率（EC）值偏高等问题，为保证工厂化作物正常生产，需对原水进行处理。反渗透水处理机采用以压力差为推动力的一种高新膜分离技术，具有一次分离度高、无相变、简单高效的特点，一般自来水或地下水经反渗透水处理机处理后（图 6-47），EC 值＜10μS/cm，能够达到营养液栽培需求。

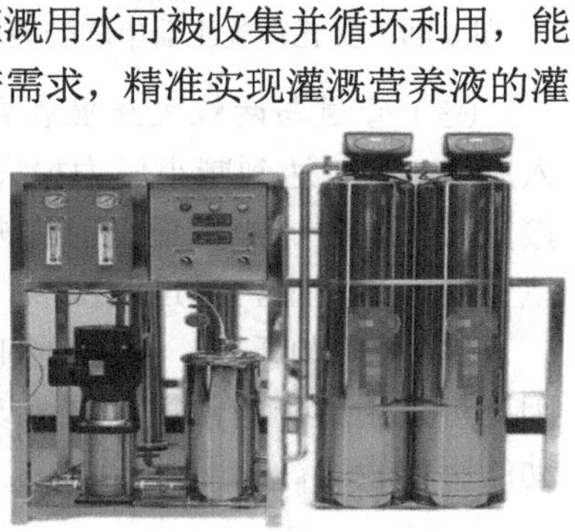

图 6-47　反渗透水处理机

## 三、温室灌溉施肥设备

**1. 文丘里施肥器**　文丘里施肥器装置简单，主要由射流管、单向阀、计量阀等组成，没有运动部件，不需要额外动力，成本低廉。肥料溶液存放在开敞容器中，通过软管与文丘里喉部连接，即可将肥液吸入滴灌管道（图 6-48）。

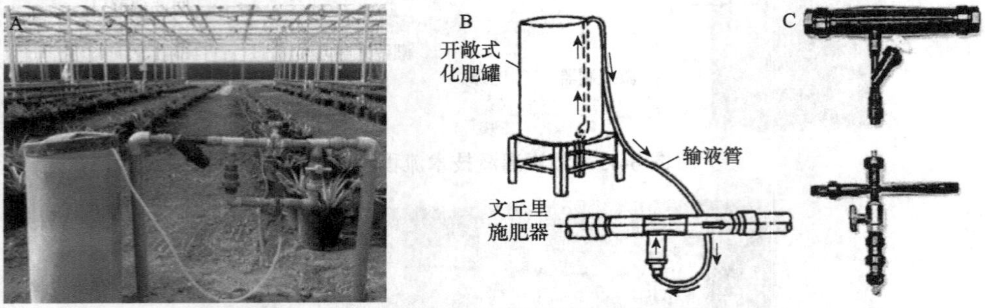


图 6-48　文丘里施肥器及其安装示意图

A．文丘里施肥系统实物图；B．文丘里施肥装置示意图；C．文丘里装置

（1）文丘里注肥装置与主管道串联　灌溉管网内的压力变化可能会干扰施肥过程的正常运行或引起事故。为防止这些情况发生，在单段射流管的基础上，增设单向阀和真空破坏阀。当产生抽吸作用的压力过小或进口压力过低时，水会从主管道流进储肥罐以至产生溢流。在抽吸管前安装一个单向阀，或在管道上装一球阀均可解决这一问题。当文丘里施肥器的吸入室为负压时，单向阀阀芯在水压作用下关闭，防止水从吸入口流出（图 6-49）。

（2）文丘里注肥装置与主管道并联　串联连接方式一般需要人为制造至少 7m 的水头损失，才能把肥液吸入滴灌管道系统。由于滴灌系统工作压力较低，单单为了吸入肥液损失这么大的水头，在经济上不合算。为了克服这一缺点，可采用并联方式（图 6-50）。

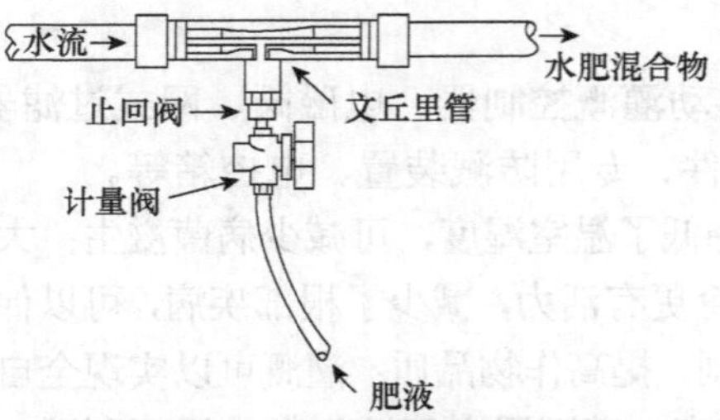


图 6-49　文丘里施肥器串联安装示意图

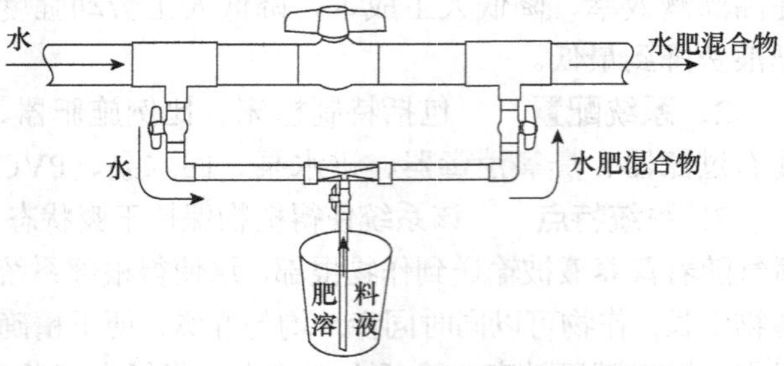


图 6-50　文丘里施肥器并联安装示意图

（3）管道与两级文丘里装置并联　滴灌系统运行压力较低，只能使用较小的压差来吸入肥料。为了达到减小压力损失的目的，可采用图 6-51 所示的管道与两级文丘里管并联的连接方式。这时二级文丘里管的进口连接在一级文丘里管的进水管上，其出口连接到一级文丘里管的喉口段上，经过两次喉口的加强吸力作用，将肥液吸入主管道。

（4）并联加压泵　连接如图 6-52 所示，这时文丘里注肥装置吸入的肥料不通过加压泵，因此可选用廉价的常规水泵。该方法可保持较恒定的压差和注入流量，且受灌溉管道流量波动的影响较小。

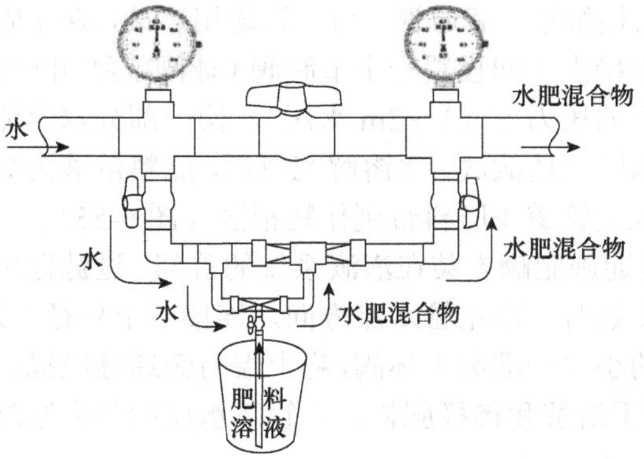


图 6-51　管道与两级文丘里管并联安装示意图

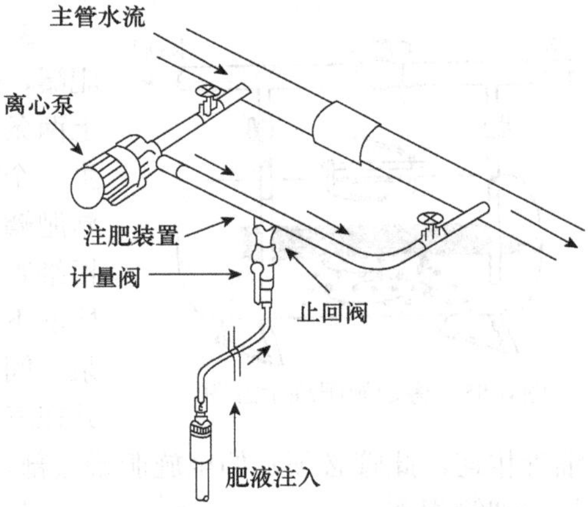


图 6-52　使用并联水泵提供文丘里注肥装置的压力驱动示意图

（5）文丘里施肥器的优缺点

1）优点：设备成本低，维护费用低。施肥过程可维持均一的肥液浓度，不需要外部动力。设备重量轻，便于移动和用于自动化系统。施肥时肥料罐为敞开环境，便于观察施肥进程。

2）缺点：施肥时系统水头压力损失大，为补偿水头损失，系统中要求较高的压力。施肥过程中的压力波动变化大，为使系统获得稳压，需配备增压泵。不能直接施用固体肥料，需把固体肥料溶解后施用。

**2．泵吸式施肥系统**　泵吸式施肥系统主要是利用离心泵直接将肥料溶液吸入灌溉系统，根据离心泵安装的部位又可分为单泵吸式和双泵吸式两种。单泵吸式将离心泵安装于供水管和肥液管汇合后的管道上，水泵工作后，水肥混合物便徐徐流入滴灌器（图 6-53）。通过调节肥液管上的阀门，可以调控施肥速度，精确掌握施肥浓度。当肥液快完时立即关闭吸肥管上的阀门，否则会吸入空气，影响泵的运行。双泵吸式又称泵注肥法，将离心泵分别安装于供水管和肥液管上，利用加压泵将肥料溶液注入有压管道，通常泵产生的压力必须大于输水管道的压力，否则肥料注不进去（图 6-54）。

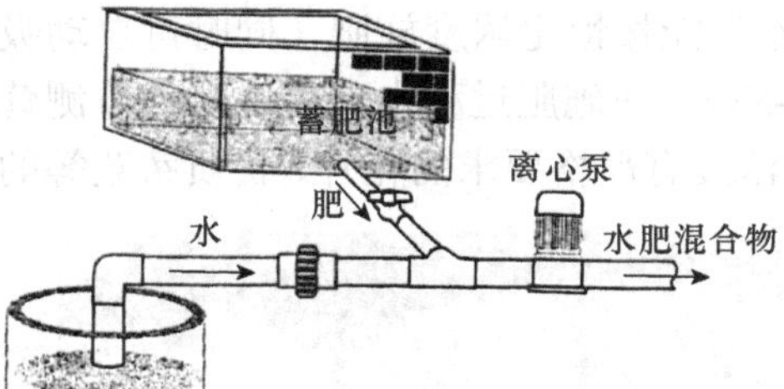


图 6-53　单泵吸式施肥法示意图

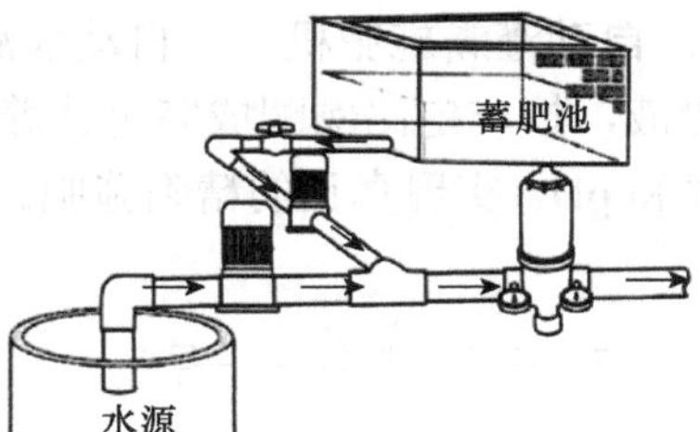


图 6-54　双泵吸式施肥法示意图

泵吸式施肥的优点是结构简单，操作方便，可用敞口容器盛肥溶液，施肥时通过调节肥料溶液上阀门，可以控制施肥速度，精确调节施肥浓度。施肥结束后，便于清水洗机，一般不生锈，使用寿命长。缺点是施肥时要有人照看，当肥液快完时需立即关闭吸肥管上的阀门，否则会吸入空气，影响泵的运行。泵吸式施肥适用于数百亩以内的施肥，是潜水泵抽水直接灌溉地区水肥一体化最佳选择，适用于时针式喷灌机、喷水带、卷盘喷灌机、滴灌、微灌等灌溉施肥系统。

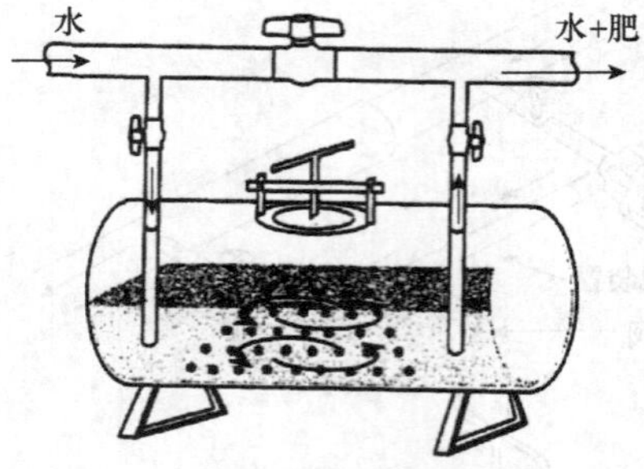


图 6-55　旁通施肥罐示意图

**3．旁通施肥罐装置**　旁通施肥罐也称为压差式施肥罐，由两根细管（旁通管）与主管道相连接，在主管道上两条细管接点之间设置一个节制阀（球阀或闸阀）以产生一个较好的压力差（1～2m 水压），使一部分水流流入施肥罐进水管直达罐底，水溶解肥料后，肥料溶液由另一根细管进入主管道将肥料带到作物根区（图 6-55）。一般情况下，旁通施肥罐安装在灌溉系统的首部，过滤器和水泵之间。安装时，沿主管水流方向，连接 2 个异径三通，并在三通的小口径端装上环阀，将上端与旁通施肥罐的一条细管相连，此管必须延伸至施肥罐底部，便于溶解和稀释肥料，主管下水口端与旁通施肥罐另一细管相连。

旁通施肥罐的优点是设备成本低，操作简单，维护方便。适合施用液体肥料和水溶性固体肥料，施肥时不需要外加动力。设备体积小，占地少。缺点为定量化施肥方式，施肥过程中的肥液浓度不均一。易受水压变化的影响。存在一定的水头损失，移动性差，不适用于自动化作业。锈蚀严重，耐用性差。由于罐口小，倒肥不方便，特别是轮灌区面积大时，每次的肥料用量大，而罐的体积有限，需要多次倒肥，降低了工作效率。旁通施肥罐适用于包括温室大棚（图 6-56）、大田种植等多种形式的水肥一体化灌溉施肥系统。对于不同压力范围的系统，应选用不同材质的施肥罐，因不同材质的施肥罐其耐压能力不同。

图 6-56　温室大棚中应用的立式低压施肥罐

**4．活塞式施肥器**　活塞式施肥器是一种靠水力驱动的施肥装置（图 6-57），将进出水口串联或并联在供水管路中，当水流通过施肥器时，驱动主活塞，与之相连的注入器跟随上下运动，从而吸入肥液并注入混合室，混合液直接进入出口端管路中。活塞式施肥器流量为 1～10m$^3$/h，调整浓度主要有 0.2%～1%和 0.4%～5%两种。

**5．自动灌溉施肥机**　自动灌溉施肥机不但能按恒定浓度施肥，同时可自动吸取几种营养母液，按一定比例配成完全营养液（图 6-58）。在施肥过程中，可以自动监测营养液的电导率和 pH，实现真正的精确施肥。在对养分浓度有严格要求的花卉、优质蔬菜等的温室栽

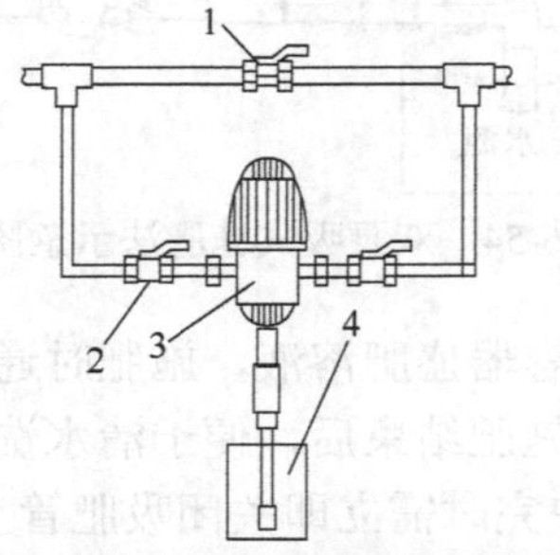


图 6-57　活塞式施肥器结构示意图

1．调压阀；2．施肥泵；
3．活塞式施肥器；4．储液罐

图 6-58　自动灌溉施肥机

培中，应用施肥机能够将水与营养物质在混合器中充分混合而配制成作物生长所需的营养液，然后根据用户设定的灌溉施肥程序通过灌溉系统适时适量地供给作物，保证作物生长的需要，做到精确施肥并实现施肥自动化，特别适用于无土栽培。

**6. 水肥一体化系统**　通过计算灌溉管网及其分配水量和输水压力，可增加灌溉肥水分布的均匀性；通过精准控制灌溉供水量与肥料营养成分，可促进产量提高和品质的改善，并减少水分和肥料的消耗，提高水肥利用率。整套系统可自动化智能控制，可以通过控制器控制灌溉、施肥，设定定时、定点、定量控制。

（1）水处理装置　通常根据设计流量、当地水质条件选择适当设备。主要设备有水处理净化装置（图 6-59），用于将水调成纯净水，呈中性（该项目用户可根据水质条件决定是否添加净化水设备）；过滤器主要用于灌溉后循环回水中的大颗粒物过滤，配套进口消毒机使用（图 6-60 和图 6-61）。

图 6-59　水处理净化装置

图 6-60　离心过滤器

图 6-61　自动反冲洗叠片过滤器

（2）施肥机　根据具体的灌溉流量、配方种类等信息，选择定制合适的施肥设备，该设备实现肥料自动配比，自动灌溉。设备能够同时从多个肥料罐吸取肥料液，按需配比。

（3）消毒机　对肥水循环利用的过程中，消毒环节至关重要。消毒机可以利用紫外线有效地消除肥水中微生物对作物的潜在危险。紫外线消毒设备对作物提供了最大保护，非常适合采用种植基质，尤其应用于潮汐灌溉时，效益显著。

（4）园艺储水罐　灌溉过程中，处理后的净水和灌溉后待回收的废液等都需要储水装置。通常，如果温室有足够的预留空间，选择储水罐（图 6-62）储存液体最为安全。如果空间受限，也可以挖建水池来代替。园艺专用储水罐安装施工简单方便，可作为临时或永久式储水设施，适用于各种灌溉、生活用水，如温室灌溉、温室雨水回收、建设工地临时储水等。储水罐采用波纹状钢板组合而成，内胆材质为 PVC 热熔接，内衬采用 240g 无纺布，具有耐腐蚀、抗辐射、持久耐用等特点。

图 6-62　园艺储水罐

## 四、温室灌溉用管道与管件

温室灌溉系统输配水管网由各种管道和连接件按设计要求组装，是系统的重要组成部分，起着向田间和作物输水和配水的作用。管道和连接件在系统中用量大、规格多，所占投资比例较大，所用的管道和连接件规格是否适合、质量好坏等，直接关系到工程费用的大小及工程质量和使用寿命。必须了解各种管道和连接件的作用、种类、型号、规格及性能，才能正确合理地设计和管理好灌溉工程。

适用于温室灌溉系统的管道种类很多，可按不同的方法进行分类，按材料可将设施灌溉管道分为金属管道和非金属管道两类。各种管道采用的制造材料不同，其物理力学性能和化学性能也不相同，如耐压性、韧性、耐腐蚀性、抗老化性等，所以各自适用的范围也不相同。

**1．灌溉系统对管材和连接件的基本要求**

1）能承受一定的水压。输配水管网为压力管网，各级管道必须能承受设计工作压力，才能保证安全输水和配水。管道的承压能力与管材及连接件的材质、规格、型号及连接方式等有关。

2）耐腐蚀抗老化性能好。管道和连接件在输水和配水过程中应能不发生或极少发生锈蚀、沉淀和微生物繁殖等，避免灌水器和系统产生堵塞现象。对于塑料管和塑料连接件，必须添加炭黑等抗老化剂提高抗老化能力，延长使用寿命。

3）参数必须符合技术标准。管径偏差与壁厚及偏差应在技术标准允许范围内，管道内壁要光滑平整清洁以减少水头损失。管壁外观光滑、无凹陷、裂纹和气泡，连接件无飞边和毛刺。

4）价格便宜。管道和连接件在系统投资中所占比例较大，应选择既能满足系统要求，价格又便宜的管道和连接件。

5）施工安装简单。各种连接件之间及管道与连接件之间的连接要简单、方便且在要求压力下密封不漏水。

**2．管道的种类**　微灌系统中一般采用塑料管，对于大型工程中的骨干输水管道，当塑料管及连接件不能满足设计要求时，可采用其他材料的管道和连接件，如铸铁管、钢管、钢筋混凝土管、石棉水泥管等，但要防止锈蚀堵塞灌水器和系统。对于过滤器以后的管道最好全部采用塑料管。

1）聚乙烯（PE）管。聚乙烯管分为低密度聚乙烯管（LDPE）和高密度聚乙烯管（HDPE）两种。低密度聚乙烯管为半软管，管壁较厚，对地形的适应性强。高密度聚乙烯管为硬管，管壁较薄，对地形适应性不如高密度聚乙烯管好。低密度聚乙烯管材是由低密度聚乙烯树脂加稳定剂、润滑剂和一定比例的炭黑等制成的，它具有很高的抗冲击能力、重量轻、韧性好、耐低温性能强等特点，抗老化性能比聚氯乙烯管好，但不耐磨，耐高温性能差，抗张强度低。

为了防止光线透过管壁进入管内，引起藻类等微生物在管道内繁殖，以及为了吸收紫外线，减缓老化的进程，增强抗老化性能，聚乙烯管一般选择为黑色。低密度聚乙烯管材规格标准有内径标准和外径标准两种，与它们配套的管接件也不同，设计选用时一定要注意。

2）聚氯乙烯（PVC）管。聚氯乙烯管是目前设施灌溉工程使用最多的管道，它是以聚氯乙烯树脂为主要原料，加入符合标准的、必要的添加剂，经挤出成型的管材（图 6-63）。它具有良好的抗冲击和承压能力，刚性好。但耐高温性能差，在 50℃以上时即会发生软化变形。聚氯乙烯管属硬质管，韧性强，对地形的适应性不如半软性高压聚乙烯管道。

聚氯乙烯管的承压能力按管壁厚度和管径不同而异，喷灌系统常用的为 0.6MPa、1.0MPa、1.6MPa、2.5MPa，而微喷灌系统则根据系统压力一般选择压力较低的管道，主要用输水骨干管道。聚氯乙烯管的优点是耐腐蚀，使用寿命长，在地埋条件下一般可用 20 年以上；重量小，搬运容易；内壁光滑、水力性能好，过水能力稳定；有一定的韧性，能适应较小的不均匀沉陷。缺点是材质受温度影响大，高温发生变形，低温变脆，易受光、热老化，工作压力不稳定，膨胀系数大等。

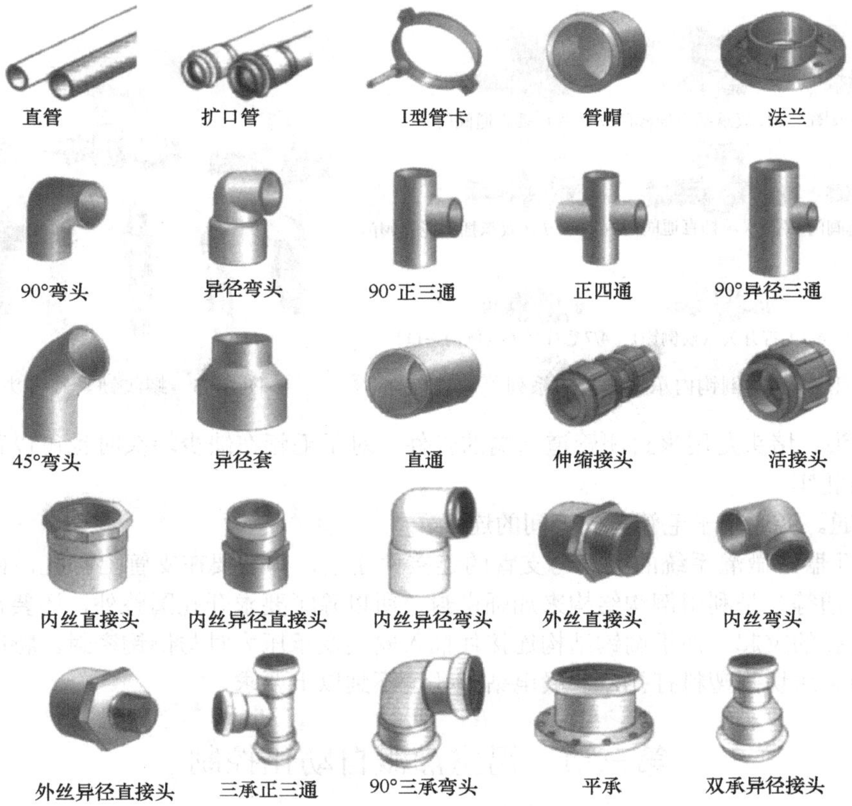

图 6-63　PVC 管材及部分管件

微喷灌中常用的聚氯乙烯管一般为白色和灰色。聚氯乙烯管按使用压力分为轻型和重型两类。微灌系统中多数使用轻型管，每节管的长度一般为 4～6m，在常温下承受的内水压力不超过 0.6MPa。

3）连接件及附件。连接件是连接管道的部件。管道种类及连接方式不同，连接件也不同。例如，铸铁管和钢管可以焊接、螺纹连接和法兰连接；铸铁管可以用承插方式连接；钢筋混凝土管和石棉水泥管可以用承插方式、套管方式及浇注方式连接；塑料管可用焊接、螺纹、套管黏接或承插等方式连接。由于系统中的管材绝大多数都用聚乙烯管，此处仅介绍聚乙烯管的连接件。

A．接头。接头的作用是连接管道，根据两个被连接管道的管径大小，分为同径和异径接头；根据连接方式不同，聚乙烯管接头分为倒钩内承插式接头（图 6-64）、螺纹接头和螺纹锁紧式接头（图 6-65）三种。

倒钩内承插式接头适用于 32mm 以内的管径的管材连接，有时水压大时还需要卡箍配合使用；螺纹锁紧式接头适用于 65mm 以内的管径的管材连接，具有连接、拆卸方便的优点，但成本比倒钩内承插式接头高。

B．三通。三通是用于管道分叉时的连接件，与接头一样，三通有等径和异径三通两种，每种型号的连接方式又有倒钩内承插式、螺纹和螺纹锁紧式三种。

C．弯头。在管道转弯和地形坡度变化较大之处就需要使用弯头连接，其结构也有倒钩内承插式螺纹和螺纹锁紧式三种。

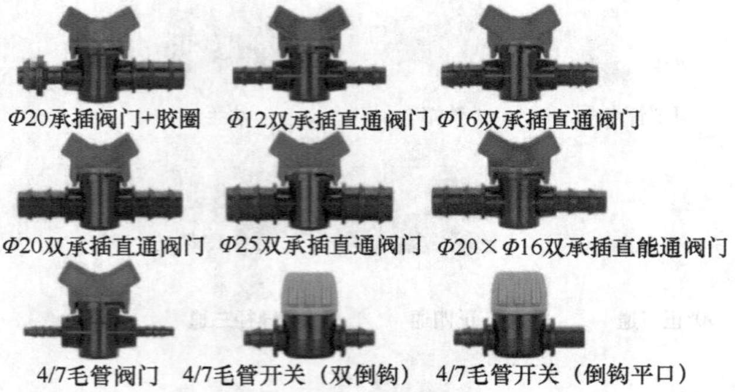


图 6-64　倒钩内承插式接头系列

图 6-65　螺纹锁紧式接头系列

D．堵头。堵头是用来封闭管道末端的管件。对于毛管在缺少堵头时也可以直接把毛管末端折转后扎牢。

E．旁通。旁通用于毛管与支管间的连接。

F．打孔器。微灌系统的毛管与支管的连接件连接，都需要在支管上打孔，由于大部分连接件（旁通等）是利用倒钩结构来加强密封，所以除了要求开孔圆整外，还要在支管上形成向管内开孔的突起，便于倒钩结构连接件插入安装及承压力时与倒钩密封。特制的打孔器是利用刃口下压切割塑料打孔，一般电钻打孔达不到以上要求。

## 第三节　温室灌溉自动化控制

### 一、概述

**1．工作原理与系统配置**　温室灌溉自动化控制是通过土壤环境、气象参数、作物生长等类传感器及监测设备将土壤、作物、气象状况等监测数据通过墒情信息采集站传输到计算机中央控制系统，中央控制系统中的对应软件将汇集的数值进行分析，如将含水量与灌溉饱和点与补偿点比较后确定是否应该灌溉或停止灌水，然后将开启或关闭阀门的信号通过中央控制系统传输到阀门控制系统，再由阀门控制系统实施某轮灌区的闸门开启或关闭，以此来实现灌溉自动化控制。

自动化控制系统（简称自控系统）可根据用户不同层次的实际需求，由灌溉自动控制子系统、农田墒情监测子系统、作物生长图像采集子系统、水肥智能决策子系统、作物网络化管理平台等多个子系统配置，为用户提供多种管理选择方式。依据工程基础条件、管理水平、项目投资等因素来确定子系统类型的配置及灌溉方式的选择。灌溉自动化控制原理如图 6-66 所示。

**2．灌溉自控系统的功能**　灌溉自控系统在保证技术功能先进性、扩展性和可靠性的基础上，充分考虑系统的便于操作和经济实用。一般情况下应具备如下功能。

1）信息自动采集：具有对与作物生长有关的环境因素如温度、湿度、蒸发、降水及土壤含水量等信息自动采集、传输的功能。

2）灌溉决策支持功能：根据采集传输的信息进行综合分析判断，确定出土壤含水量的实时值，然后与作物生长所需适宜含水量的上限比较，当小于或等于设定的土壤含水量上限时，发出使机泵自动开启的指令，并且根据预先制订的灌水计划，按灌溉顺序、灌溉时间自动执行，直至水泵自行关闭。

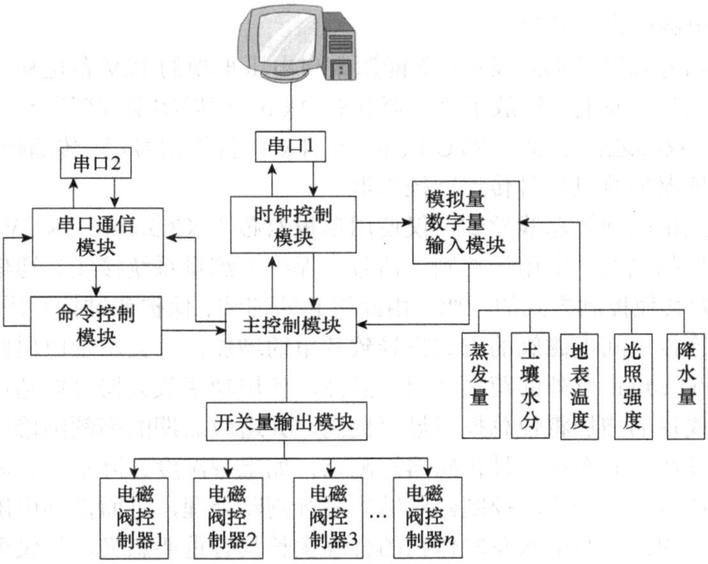


图 6-66　灌溉自动化控制原理图

3）自动监控功能：系统运行时，控制中心可自动显示水泵与阀门的实时工作状态，如工作压力、灌水流量、水位、土壤含水量及气象参数等信息的实时数据。

4）预置修改功能：具有对运行参数进行预置和实时修改的功能，即在每一个灌溉过程之后，根据下次作物生长阶段所需的适宜含水量的上限修改有关数据，并重新预置灌水顺序及灌水时间。

5）查询功能：对运行时的工作压力、灌水量、土壤实时含水量及气象实时信息等进行查询。

6）远程监控功能：可以通过全球移动通信系统（GSM）无线网络和通信设备远距离发送信息，对灌水的过程进行人工控制，关闭水泵和电磁阀。

7）灌溉预报功能：根据当日土壤含水量及气象信息分析随后数日内的土壤墒情，逐段进行灌溉预报。

8）预警保护功能：对机泵电流过限、管道工作压力超限及水泵等设备故障在发生前进行预警保护直至自动修正运行等。

## 二、有线式灌溉自动化控制系统

有线式灌溉自动化控制系统主要包括水源、首部控制装置、采集传感器、配水管网、现场控制站和电磁阀、控制电缆、相关软件等。有线电信号传输的执行机构为电磁阀，实现对现场给水栓电磁阀开关的控制，从而确定出灌溉的时间、水量及灌溉周期。

### （一）工作原理

一般采集控制器等于采集器＋控制器，选择安装在滴灌系统首部比较合适，按照铺设导线的距离选择导线的截面大小，以电缆线为通信载体。使用双芯通信电缆，由控制器 RTU（地址解码器）与所有田间电磁阀连接组成闭合电路。控制器发出编码指令信号，按照预先编制的地址码通过 RTU 正确解码后，控制所要打开或关闭的电磁阀。当达到预定灌溉时间时，控制器给 A 号电磁阀发出关闭指令信号，A 号电磁阀自动关闭，控制器给 B 号电磁阀发出开启指令信号，B 号电磁阀自动开启。

产生的编码信号以脉冲形式发送，其能源来自电压平稳的 12V 蓄电瓶。RTU 借助电容间歇放电进行解码工作，使电缆铺放距离长至 0.5～1km，可以实现管理所有在此范围之内的田间阀门及传感器。双芯通信电缆为 RTU 供电，并且双向传递信号，既传递控制器的输出信号，同时也将田间传感器的测量信号传递回控制器。

电缆铺设方式采取地址总线控制，仅使用单根双芯 2×2.5mm、2KVV（KVV 电缆是一种聚氯乙烯绝缘控制电缆，多用于控制、信号、保护及测量系统接线）通信电缆。电缆的长度降至最低，仅为其他控制方式的 10%，由此引起的铺装、保护和维护费用几乎可忽略不计。而直接由控制器连接田间电磁阀的方式将导致耗电的增加，并且由于电磁阀开关的控制距离有限，无法直接在 500m 以外的距离使用。当然，使用功率放大器可以超过此距离，但放大器的投入及电缆线径的增加将使总投资显著提高，并造成后期的高额维修成本。

系统采样通过在田间布设各种传感器检测点，如土壤湿度、降水量、风速、作物蒸腾量等，将检测结果传送给控制器，控制器对结果进行判断处理，进而控制电磁阀的开关，达到适时适量灌水的目的。这对节水及农作物的合理生长具有重要意义，不仅可以减少水资源的浪费、提高水资源利用率，还可以增加农作物的产量，降低农产品的成本，为节水灌溉的实现提供技术支持。

### （二）基本功能

1）可根据用户选择由连接的土壤湿度、风速、风向、降水量传感器等与灌溉关联环境因子，控制开启、关闭电磁阀系统。

2）根据需要选择流量传感器，并通过流量传感器自动监测、记录、警示由于输水管断裂引起的漏水及电磁阀故障，最大限度地利用管网输水能力。

3）灌溉运行程序参数可在现场人工修订，同时不启动灌溉系统，可模拟测试程序的可靠性。

4）系统可自动记录、显示、储存各灌溉站的运行时间，自动记录、显示、储存传感器反馈数据，以积累平均值和数据供查询。

5）手动干涉灌溉系统：可在阀门上手动启、闭系统，可在灌区控制器上手动控制系统，也可在计算机上手动启、闭任何一站、任何一个电磁阀。

### （三）系统操作及维护

由于控制器位于田间的灌溉系统首部，环境比较恶劣，因此监测系统采用了性能较好的工控机，工控机可以提供可视化的界面，非常方便地显示与处理数据。系统将能实现各种控制之间的互锁功能，使误操作的可能性降为零。同时，根据当地实际灌溉情况和采集进来的数据，操作人员可选择不同的控制方式，如预测控制、实时控制等。

自控系统软件可提供良好的可视化界面，具备实时报警记录、报警窗口与报警确认的功能。各参数用历史数据保存，可进行历史趋势分析。其中，可对轮灌区各种流量进行实时数据显示，还可生成日报表、月报表和年报表，统计报表可即时打印。

### （四）有线式灌溉自控系统常见问题与对策

1）滴灌自动化控制系统还需要在灌溉制度上改进，掌握作物的需水规律，完善对作物的监测手段，如增加作物需水丰缺指标、土壤含水量等监测仪器，充分利用计算机系统为灌溉提供决策依据。

2）由于线缆是与地下干管道同步埋设，深度距地面 80cm 左右，线缆长期浸泡在潮湿的盐碱水中，对电缆腐蚀很大。加上新上系统灌水过程中多处出现爆管等现象，挖掘管道时线路多处损伤，致使通信信号时断时续，影响数据的传输。

3）对建设后的管理要求比较高，使用者在系统出现问题时往往束手无策，影响系统正常运行，问题排除速度慢，自动化控制系统要尽量适应使用者的知识层次和技术水平。

## 三、无线式灌溉自动化控制系统

无线式灌溉自动化控制系统由水源、12V 电源、采集控制器、按照用户所需的传感器计量装置、网式过滤器、分干管、无线通信模块、支管（电磁阀）、附管滴灌带等器件组成。在同等条件下，有线式和无线式最大的区别就是控制器与电磁阀之间的连接方式不同，其他几乎相同。

### （一）无线式灌溉自动化控制系统工作原理

有线式系统中，控制器与电磁阀之间的连接方式是以电缆线为通信载体，而无线式以无线通信模块为通信载体，自动化控制系统通过对土壤、作物、气象等状态进行监测，收集数据，然后由无线通信模块传输到计算机中央控制系统，中央控制系统对收集的各类数据进行分析，如将地址码所提供的含水量与灌溉饱和点、补偿点比较后确定是否应该灌溉或停止灌溉，然后将田间控制器开启或关闭阀门的信号通过中央控制系统传输到阀门控制系统，再由阀门控制系统实施某个轮灌区的任意一组阀门的开启或关闭，以此实现灌溉的自动化控制。

### （二）有线式和无线式技术手段比较

在同等采集条件下，有线式和无线式技术手段比较的关键点在于：有线式除控制器内采用总线制，外部信号传输导线也采取总线制方式。总线就好像“公交车”，公交车走的路线是固定的，而我们任何人都可以坐公交车去该条公交车路线的任意站点。电子信号就好比坐公交车的人，可以按照我们设定的站点下车。从专业上来说，总线是一种描述电子信号传输线路的结构形式，是一类信号线的集合，是子系统间传输信息的公共通道。灌溉自控系统就是通过总线，使整个系统内各部件之间的信息进行传输、交换、共享，并控制电磁阀开启或关闭。在灌溉自控系统中，由单片机（MCU）、内外存储器、输入、输出设备作为传递信息的公用通道，控制器的各个部件通过微控制器相连接，外部控制电磁阀的设备通过相应的接口电路再与导线（总线制）相连接，实现两线控制 1～$n$ 电磁阀组。

地址编码就好像楼盘栋号、单元号、门牌号一样，在某一个城市要找到某一个家庭，除知道省、市区、县以外，还必须知道小区的名称、楼盘栋号、单元号和门牌号。在灌溉自控系统中，地址编码也是这样，小区的楼盘栋号就好像条田地块号，楼栋单元号就好像条田轮灌区，家庭门牌号就好像条轮灌区开启或电磁阀组。所不同的是，在现实生活中我们是通过文字描述某个家庭地址编码，而在信息技术中我们用二进制，用 0 和 1 来表示地址编码，实现开启或关闭电磁阀。

### （三）混合式灌溉自控系统工作原理

在实际无线式运行模式中，由于条田面积、灌溉模式和铺设管网等因素制约，一般采取混合式（无线加有线），其工作原理简述如下。

中央控制系统把轮灌区所采集到的各类数据进行处理、分析、判断，由采集控制器用无线通信方式向支路 a 站点 A-a1 控制箱地址码发出开启或关闭指令，同时 a1 控制箱用有线方式向上连接 a2 控制箱、向下连接 a3 控制箱。根据 A-a1 控制箱程序设计要求，可以设定为 a1 控制箱连接电磁阀同时开启或关闭，也可以设定为 a1 控制箱连接电磁阀开启动作相反，要根据现场实际情况而定。支路 b 与支路 n 工作原理与上相同，以此类推，用无线加有线混合模式实现滴灌的自动化控制。

### （四）无线式灌溉自控技术模式

由于技术手段不同，可以有多种不同的方法和途径，但任何灌溉自控系统必然由三大部分组成：采集端、通信模块、客户端。由于现有应用技术的多样性，在一种基础工作机制下，可组合多种灌溉自控技术模式。下面就现阶段比较流行的几种组合模式予以介绍。

**1. 现场自控模式**

（1）采集端　自控系统主要采集：与作物生长环境有关的参数，如土壤水分、养分、空气温湿度等数据信息；田间气象有关参数，如光照、蒸发、风速、降水量等数据信息；灌溉所需有关参数，如水压、阀门状态、流量、水质等数据信息。控制系统主要控制水泵电机、溉支管电磁阀组开启或关闭。预警系统主要包括两部分：①预警采集，如采集板温控装置、设备防盗采集装置等都属于预警采集装置。②预警发布，如土壤水分体积含水量上限值达到 80%以上、下限值达到 20%就会发布报警信号，或者说如果若干个土壤水分传感器的体积含水量平均值接近水分专家模型值，系统就会发出报警信号。

（2）通信模块　现场自控模式所指的通信模块主要指混合式（无线＋有线控制器与电磁阀的连接）开启或关闭电磁。有线的较好理解，此处不再赘述。关键是无线控制技术，方案很多，有的用数传电台，有的用 ZigBee 技术，有的用时分多址（TDMA）/频分多址（FDMA）点对多点微波技术等，这些技术必须满足两个条件：一是运行可靠；二是较低的运行费用。

（3）客户端　现场自控模式客户端与采集端属于二合一，即采集端也可以叫客户端，只是在现场操作方式不同而已，一般情况有三种操作方式：①将灌溉自控系统安装在个人计算机（PC）内，所采集的数据信息经过处理可以在液晶显示器上发布，便于现场直接观测。②单片机模拟板，也叫积木式控制，操作具有“傻瓜型”的特点，在一块模拟板上有多种运行模式组合，供用户根据实际情况选择。③触摸屏控制，重点在于可以通过模拟直观地显示当前灌溉运行状态。

**2. 网络自控模式**

（1）采集端　网络自控模式采集端与现场自控模式采集端没有本质区别，只是在通信模块出现两级，即网络通信模块 GPRS（通用分组无线电服务）/CDMA（码分多址）为一级，无线＋有线式控制器与电磁阀的连接开启或关闭电磁阀为二级。在同等条件下，采集技术手段上没有根本性区别，唯一区别是网络通信模块必须与公网连接，通过公网与网络连接实现网络化远程监控。

（2）网络通信模块　在实际应用中，采集端与网络通信模块组合在一起，这里只是为了描述更加清楚，按照不同功能进行区分。

（3）客户端　网络自控模式客户端与现场自控模式客户端的关键不同点就是系统浏览

客户数量不同，浏览地址不同，适应大面积集约化管理，而现场自控模式只适应小面积分散性管理。网络自控模式可以兼容现场自控模式客户端的任意模式。

### （五）无线式灌溉自控系统常见问题与对策

1）无线式由于信号无线传送，若遇到阻抗不连续的情况，会出现反射现象使信号扭曲，在无线控制器中往往会出现其他信号干扰，导致中央控制系统接收信号时断时续，接送信号无法完成，从而影响信号的远距离传送，因此必须采用电阻匹配的方法来消除反射和安装滤波器消除外界干扰。为了降低滴灌自控系统的投入，UFH 公共频段（一种用于高速短距离无线通信的频段）被更多地应用于温室自动化灌溉系统，急需解决在应用后期信号减弱的问题、开发 RTU 各部件性能可靠的产品，并且具有掉电保持功能，防止意外停电造成的轮灌混乱。

2）信号反馈问题。水动阀无信号反馈，自动运行时，如电磁头断电，计算机发出水动指令信号时，电磁阀未必开闭，存在不滴水或不关闭的问题。

3）阀门控制要选用适合当地水质要求的电磁阀或液力阀，如采用地面灌溉或管道灌溉时，由于水质等因素的影响，阀门启闭失控，无法从现场显示屏上看到真实电磁阀开启或关闭状态，使用者还要依靠人工对电磁阀逐个观察。

## 四、网络式灌溉自动化控制方式

网络监控系统是以互联网为基础，对农田灌溉信息进行自动采集、处理和实时发布，并能对农田现场进行远程控制的计算机应用系统，它将农田的各个“自动化孤岛”连接起来，实现农田灌溉、控制、管理一体化。它既具有控制系统的实时性、可靠性，又具有信息系统的开放性和广泛性。作为控制系统与信息系统的综合，远程监控系统除具有一般监控系统的功能外，还具有较强的信息存储、处理功能。图 6-67 所示为无线控制的网络式灌溉自动化控制系统组成示意图，系统通过物联网技术和移动互联网技术，实现对灌溉设备的统一管理和远程控制，结合自动气象站，可在手机端、电脑端查看灌溉数据和环境信息，具有节水、高效、节省人工等特点，可显著提高水资源利用率。

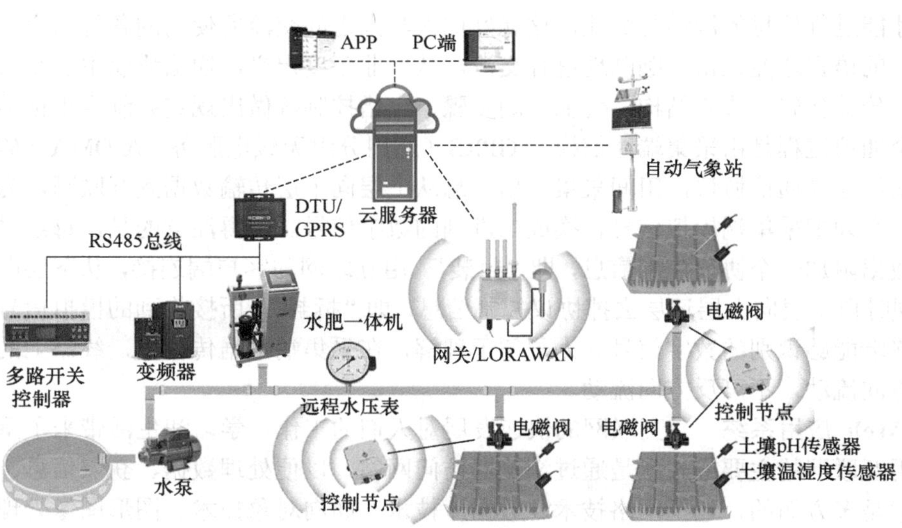


图 6-67　网络式灌溉自动化控制系统组成示意图

## （一）网络式灌溉自动化控制系统组成

网络式灌溉自动化控制系统可分为现场监控（采集终端）、监控中心（包括通信模块、数据库服务器、Web 服务器）和客户端（浏览器）3 个子系统。采集终端一方面负责采集现场各设备的运行状况数据，并传送给监控中心，另一方面接收监控中心的控制指令，并采取相应的动作。监控中心通信模块完成与现场控制器的数据传送任务，Web 服务器完成与客户子系统及现场子系统的交互，数据库则用于存储现场得到的实时数据。客户子系统由浏览器实现，是用户直接与其交互的部分，它接收用户的输入，从监控中心获取监测数据或通过监控中心发送控制命令（图 6-68）。

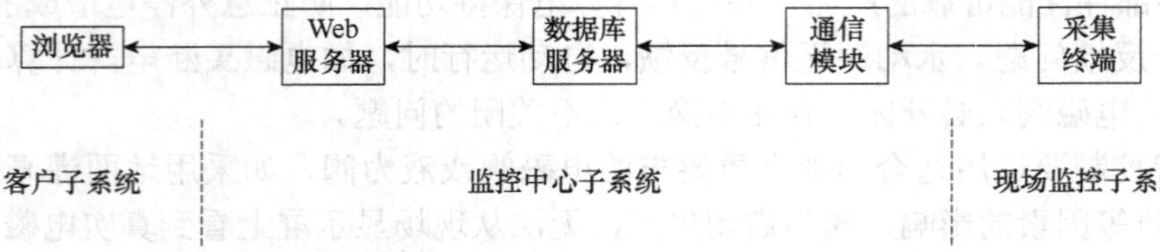


图 6-68　基于 Web 监控方案整体结构

**1．采集器工作原理**　采集器的主要任务就是利用传感器技术将所采集的实时动态数据信息及时发送到监控中心，并接收反馈指令，经处理后发送到管理员手机上，从而实现数据采集监测预警的目的。

**2．网络通信工作原理**　网络式灌溉自控系统的关键是如何实现网络通信，也就是说将采集端的数据信息通过网络传输到客户端，在实现网络通信过程中的每一个功能层中，通信双方都要共同遵守相应的约定，我们把这种约定称为协议。网络协议就像网络通信中的共同语言，保证着通信的顺利进行，我们常用的网络 TCP/IP 协议（传输控制协议/网际协议）（能够在多个不同网络间实现信息传输的协议簇），与多种协议组合在一起成为协议体系，它们负责保证传输的通畅。而且各功能层之间，上一层对下一层提出服务要求，下一层完成上一层提出的要求。通俗地说，网络协议就是网络之间沟通、交流的桥梁，有相同网络协议的计算机才能进行信息的沟通与交流。这就好比人与人之间交流所使用的各种语言一样，只有使用相同的语言才能正常、顺利地进行交流。从专业角度定义，通信协议主要是对信息传输的速率、传输代码、代码结构、传输控制步骤、出错控制等做出规定并制定出标准。

整个通信过程是由采集端通信模块 GPRS（通用分组无线电服务）/CDMA（码分多址）与公网基站建立通信协议，田间采集数据信息从上层向下层传输数据到互联网，为了便于网络通信，必须把采集端模拟信号转换成二进制的数字信号。值得注意的是，每经过一层，都应该对数据附加一个协议控制信息，即“封装”。由互联网与客户端连接，从下层向上层传输数据，同时自下层向上层逐层去掉协议控制信息，即“拆封”。所接收到的模拟信号转换成计算机和终端能够识别的数字信号。为了便于理解，在采集端数据传输中，线路上的数据总是朝一个方向流动，不可反方向流动。

**3．Web 应用系统**　互联网的快速发展对人们的工作、学习和生活带来了重大影响。人们利用互联网的主要方式就是通过浏览器访问网站，以便处理数据、获取信息。这其中涉及的技术是多方面的，包括网络技术、数据库技术、面向对象技术、图形图像处理技术、多媒体技术、网络和信息安全技术 Web 开发技术等。其中 Web 开发技术是互联网应用中最为关键技术之一。

在灌溉自控系统中，一个主工作流程由多任务系统构成，流程中不同任务分布在网络的不同节点上，因此我们采用基于 Web 的分布式管理系统的框架结构。系统由表示层（客户端）、业务逻辑层、数据访问层三层架构组成。

（1）*表示层*　主要表现在客户端是一个可视化的用户接口。浏览器通过 HTTP（超文本传输协议）向服务器发送请求，在接受请求后，Web 服务器 HTTP 协议把所需的主页传送给客户端，客户机接受传来的主页文件，并把它显示在 Web 服务器上。Web 服务器提供基于超文本传输协议传输，它本身不具有信息流管理的功能，是客户端与应用系统之间的桥梁。

（2）*业务逻辑层*　业务逻辑层在体系架构中的位置很关键，它处于数据访问层与表示层中间，起数据交换中承上启下的作用。它的关注点主要集中在业务规则的制订、业务流程的实现等与业务需求有关的系统设计，也就是说它是与系统所应对的领域逻辑有关，很多时候，也将业务逻辑层称为领域层。

（3）*数据访问层*　位于数据库服务端，由数据服务器提供数据处理支持。它的任务是接受 Web 服务器对数据库操作的请求，实现对数据库查询、编辑、修改和更新等功能，把运行结果提交给 Web 服务器数据库。

上述三层体系的应用程序将业务规则、数据访问、合法性校验等工作放到了中间层进行处理。通常情况下，客户端不直接与数据库进行交互，而是通过 COM（组件对象模型）/DCOM（分布式组件对象模型）通信与中间层建立连接，再经由中间层与数据库进行交互。

### （二）网络式灌溉监控的功能特点

**1. 采集与处理功能**　主要是对灌溉自控过程的各种模拟和数字量进行检测、采样和必要的预处理，并且以一定的形式输出，如打印报表、显示屏等，为灌溉技术人员提供翔实的数据，协助其进行灌溉分析。

**2. 监督功能**　将检测到的实时数据及灌溉技术人员在灌溉自控过程中发出的指令和输入的数据进行分析、归纳、整理、计算等二次加工，并分别作为实时数据和历史数据加以存储。

**3. 管理功能**　利用已有的有效数据、图像、报表等对采集点进行分析、故障诊断、险情预测，并以预警的形式对故障和突发事件报警。

**4. 控制功能**　在检测的基础上进行信息加工，根据事先决定的控制策略形成控制输出，直接作用于控制电磁阀开启或关闭。

基于网络的远程实时监控系统不仅可以实现异地控制，也可以实现大范围的资源共享。将实时监控应用系统架构于网络计算环境中，可以从许多方面改善监控系统的性能和扩展增强系统功能。

### （三）网络式灌溉自控系统存在的问题与对策

1）网络式灌溉自控系统大多数采取远程控制方式，就现场采集来看，可以通过太阳能电池板进行供电，保证系统正常运行。但是当通信网络出现意外或停电及出现故障，无法正常运行时，将会造成远方中央监控系统无法与田间通信系统联络，自然终止采集信息和控制指令。遇到这种情况唯一的办法就是选用手动和自动两种功能电磁阀，在网络发生故障的情况下，仍然恢复人工开启或关闭电磁。

2）正常情况下，条田轮灌按一定的次序进行，从前向后或从后向前可根据灌溉经验模式确定，一旦这种模式固定，整个地块的程序也就固定了，如甲组为甲 1、甲 2、甲 3、甲 $n$ 电磁阀控制器，乙组为乙 1、乙 2、乙 3、乙 $n$ 电磁阀控制器，丙组为丙 1、丙 2、丙 3、丙 $n$ 电磁阀控制器，依此类推。当每年灌溉结束需要秋耕时，暴露在地面上的田间电磁阀控制器就会拆除，到第二年开春又要恢复安装。往往问题出现在：甲电磁阀与丙电磁阀控制器安装错位，必然导致原来的固定轮灌顺序甲、乙、丙、丁排列变成丙、乙、甲、丁。克服此类现象唯一的办法，就是在田间电磁阀控制器上增加移动控制面板编程器，每年恢复安装后，可将原田间电磁阀控制器清零，重新输入固定地址码代号。

## 五、智能式灌溉自动化控制方式

随着科学技术的迅猛发展，各个领域对自动控制系统的控制精度、响应速度、系统稳定性与适应能力的要求越来越高，所研究的系统也日益复杂多变。然而由于一系列原因，如被控对象或过程的非线性、时变性、多参数间的强烈耦合、较大的随机干扰、过程机理错综复杂、各种不确定性及现场测量手段不完善等，难以建立被控对象的精确模型。虽然常规自适应控制技术可以解决一些问题，但范围是有限的。对于那些难以建立数学模型的复杂被控对象，采用传统的控制方法，包括基于现代控制理论的控制方法，往往不如一个有实践经验的操作人员所进行的手动控制效果好。因为人脑的重要特点之一就是有能力对模糊事物进行识别与判决，看起来似乎不确切的模糊手段常常可以达到精确的目的。操作人员是通过不断学习、积累操作经验来实现对被控对象的控制的，这些经验包括对被控对象特征的了解、在各种情况下相应的控制策略及性能指标判断。这些信息通常是以自然语言的形式表达的，其特点是定性描述，所以具有模糊性。这种特性使得人们无法用现有的定量控制理论对这些信息进行处理，于是需探索出新的理论与方法。

### （一）智能式灌溉自控系统概述

智能式灌溉自控系统与网络式灌溉自控系统组成相同，均由三部分组成，即首部控制器、采集控制器、监控中心。在采集端所选传感器与网络式自控系统基本相同，为了提高决策精度，采集田间作物生长的各种环境参数（如土壤水分、空气温湿度、光照强度、降水量、作物蒸腾量等），分布于田间的各种传感器监测点较多，可根据条田规模选择采集控制站→中继站→采集控制子站，一般来说规模小于 1000 亩以下，就不需要设计中继站，大于 1000 亩以上可选择中继站。当然是否选择中继站关键在于所选择的采集控制站→采集控制子站之间的通信方式。

**1. 首部控制装置**　首部控制装置包含有水泵、肥料罐、过滤设备、控制阀、进排气阀、压力表、流量、计首部控器、电源系统、控制主站、I/O 模块（输入输出模块）、网络模块、GPRS 终端等。

**2. 采集控制器**　主要包括各 I/O 模块、通信模块、根据所需配置的传感器如土壤水分传感器、电磁阀控制器等，与子站采用无线或有线传输接口，一般来说，采集控制器与首部控制器集成在采集板上，不单独设立。

**3. 智能系统功能**　智能系统的关键点是建立灌溉专家决策模型，通过推理自动决策灌溉时间、灌水量，即灌溉时间依据降水量、土壤入渗情况、土壤水分再分布、植株根系吸水、叶面蒸腾及土壤水分的棵间蒸发等一系列下限值推理转化过程而自动决策电磁开启。同样，灌水量也依据上述一系列上限值理转化过程而自动决策电磁关闭。在同等条件下，智能式灌溉自控系统具备以下基本功能。

（1）实时采集　通过对管道压力、流量、土壤水分、降水量、蒸腾量等传感器，以及阀门状态、运行工况等参数进行采集，并根据实际情况进行数据预处理及报警。

（2）实时控制　可根据农作物的生长情况、土壤含水量等，开启或关闭输水门。采集站的设备结构简单、性能可靠，并有防潮湿、防雷电、抗干扰等措施，所有采集站都能够在无人值守的条件下长期连续正常工作。

（3）数据采集　采集端与监控中心通过GPRS/CDMA通信方式，操作接收田间控制站传送来的数据，并对它们进行判断和处理，实时、动态地在操作站上显示。

（4）过程监视　依据土壤水分等参数值，灌溉专家决策系统决定电磁阀的开启或关闭。

（5）统计与计算功能　操作站可以按任意时段对当月、当年的用水量进行统计，作为资料保存。

（6）报警管理　报警分为系统报警与过程报警。系统报警包括系统软、硬件及通信故障等情况下的报警；过程报警是指当水位、流量等过程变量越限时发出声光报警、动态色变，以提醒管理人员。用户可根据需要设定报警优先级。

（7）趋势显示　提供参数的实时趋势和历史趋势显示。

（8）报表　报表格式由用户在组态时自行决定，以所见即所得的方式生成黑白和彩色的报表过程测量值、图形画面和报警消息系统均可在生产报表中体现。可方便地打印出班日、月报表。

（9）打印功能　打印的格式可选择相应的模板。

### （二）智能式灌溉自控系统工作原理

**1．智能式灌溉自控要素**　智能式灌溉自控技术简单地讲就是采用信息技术对田间土壤温湿度、空气温湿度等技术参数进行采集，输入计算机，按最优方案控制各个阀门的开启及水泵的运行状态，科学有效地控制灌水时间、灌水量、灌水均匀度，为灌溉区作物提供一个良好的地、水、肥、气、热条件，促使其高产、稳产。同时进行控制软件及优化灌溉制度的研究，最终形成灌溉专家决策系统。另外，通过变频器控制改变电机转速，调节管道压力，为管道、滴灌等其他灌溉工程的自动化提供依据。

**2．智能灌溉专家系统简介**　专家系统主要是通过模拟人类专家的思维过程而在计算机上实现的一个应用程序系统。对生活或农业中难以解决的问题，专家系统能以专家的经验和知识库来解决问题。专家系统的运行机理为：通常由传感器采集数据，然后将采集到的数据保存到历史数据库中，将这些数据作为专家系统输入，即灌溉经验被推理应用。专家系统中的类似于人的思维的推理部分对历史数据进行归纳、整理、推理最后得出其结论，将结论存入数据库。从而用户只需要将自己遇到的问题输入数据库中，数据库将自动寻找解决问题的办法。

专家系统的基本思想很简单，它是由能完成特定任务的知识库组成，通常是将人类知识传递到计算机中，这种知识便被存入计算机中，用户可根据自己的需要召唤计算机，使计算机为用户提供特别的建议。计算机可通过推理而得出特定的结论，类似于人的顾问，它提出意见并加以解释。

显然，灌溉专家决策模型（图6-69）从其决策能力或知识经验的角度来讲，都具有根据自然降水量、土壤水分、空气温湿度、土壤蒸发量等做出判断的较强的判断能力，它是一种能够解决灌溉各个方面的问题的控制系统。同时，节水灌溉专家模型结合了先进的计算机技术和现代控制技术、通信技术等现代高科技技术，实现了分布式的反馈式自动控制系统。根据气候情况、土壤墒情、作物生长状态等参数来决策出所需要的灌水量、灌水时长，从而节约劳动成本，提高劳动生产率。

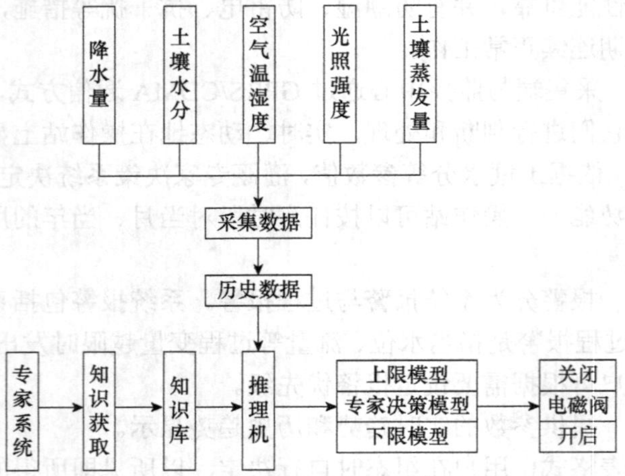


图 6-69　灌溉专家决策模型

## （三）智能式灌溉自控系统存在的问题与对策

在自然条件下，农田土壤水分经常会与作物生长需求不相适应，土壤水分不足或过多现象时有发生。因此在进行农业生产时，灌溉与排水就是必要的调节土壤水分的措施，以保证作物在适宜的土壤环境下生长，从而获得较高的产量。土壤水分调节的目的是增产节水，需要根据作物生理特性及其各生育阶段的需水规律，适时、适量地进行灌溉，提高灌溉水的利用率。灌溉用水管理是一项非常复杂的任务，这是因为作物需水量不仅受生长发育时期的影响，还受温度、湿度、降水、蒸腾等多种环境条件的影响。传统的灌溉决策主要是通过研究土壤-植物-大气连续体（SPAC）的复杂关系，通过农田水量平衡原理预测作物需水量来进行灌溉决策，系统非常复杂，难以大规模地推广应用。

相对于传统的农田水量平衡原理，智能灌溉的控制算法不需要检测大量的气象参数，通常利用已有的历史数据与专家经验来建立相应的模型，灌溉的控制效果也越来越接近采用农田水量平衡原理管理的效果，因此具有重要的研究价值。

# 第七章　气流调控与二氧化碳施肥设备

## 第一节　温室气流环境及其调控设备

与露地相比，温室环境相对封闭，温室内外的气体交换过程受温室维护结构的影响而受到限制，造成温室内的气体组分及气体浓度与露地气体环境相比存在着明显的不同。而良好的气体环境是保障作物正常生长及提高作物产量的关键，通过温室通风可以调节温室内的气体环境，创造作物适宜生长的气体环境。温室通风设备则是实现温室通风的媒介。

### 一、温室气流环境及其调控

#### （一）温室通风的作用

温室通风可促进温室内外气体的交换，加速温室内热量、水汽、二氧化碳及有害气体与外界空气之间的传递和输送，为作物生长创造一个适宜的气体环境。通过对温室通风量进行调节，可使作物冠层温度达到一个适合作物生长的水平，避免温度过高或过低对作物造成伤害。在温室夏季生产时，为减少气温过高对作物造成的伤害，可加大通风量以排除温室内余热；而在冬季生产时，为减少温室内热量的散失及冷风对作物造成的伤害，应减少通风量。通风可为作物生长提供一个适宜生长的空气湿度环境，温室内的湿度水平通常明显高于外界，有时甚至可达100%，而多数植物适宜生长的空气湿度在60%～85%，高湿环境不利于植物的生长。通风可带走温室内潮湿的空气，降低温室内的空气湿度，促进作物的蒸腾作用，提高作物根系对水分和矿质营养的吸收。同样，通风也可对温室内的$CO_2$浓度水平进行调节，以促进植物的生长、提高作物的产量和品质。在不通风的温室中，清晨植物开始进行光合作用后的1～2h内温室内$CO_2$的浓度水平与大气中的水平（400mg/L左右）接近，此后逐渐降低，甚至可降低至50mg/L左右，此时作物对$CO_2$的吸收处于严重亏缺状态，光合作用停止。然而，在温室通风后温室内的$CO_2$浓度水平迅速升高并维持在300～400mg/L。由此可以说明，通风可以补充温室环境中的$CO_2$，改善$CO_2$的亏缺状态，促进作物的光合作用。此外，温室通风还可引入外界的新鲜空气，使温室内外气体发生交换，改善温室内气体的组分和浓度，降低温室内有害气体$NH_3$、$NO_2$、$SO_2$、CO、$Cl_2$、$C_2H_4$和HF等的含量，保证作物的正常生长。

综上，温室通风对作物生长的有利影响主要包括：①温室通风可排除温室内余热和余湿、补充$CO_2$、减少有害气体浓度，以保证作物的正常生长发育；②温室通风可促进作物的蒸腾作用，有利于作物对水分和矿质营养的吸收；③温室通风可提高作物的光合作用，促进作物的生长，提高作物产量和品质。

#### （二）温室通风量的确定

温室通风量是指单位时间进入温室或由温室排出的空气体积，是用来确定通风窗和排气窗面积、通风机械数量、通风时间、通风速率的重要参数。而在生产上，为保证温室作物的良好生长，还需根据不同作物、不同生长阶段的需求，调节室内空气温度、湿度和$CO_2$浓度至适宜水平及限制有害气体浓度来确定所需的必要通风量。此外，在温室通风系统设计时，还应保证通风系统的通风能力（设计通风量）不低于作物生长所需的必要通风量。根据国家农业行业标准 NY/T 1451—2018 中对温室通风设计规范的要求，温室必要通风量的确定方法如下。

**1．按作物需求确定的通风量** 不同的作物及作物的不同生长阶段所需的必要通风量不同，一般按照整个生育阶段所需的最大通风量进行考虑。其计算公式如下：

$$G=\frac{nV\rho}{3600} \tag{7-1}$$

式中，$G$ 为温室通风量（kg/s）；$V$ 为温室的外围体积（$m^3$）；$\rho$ 为空气密度（$kg/m^3$），一般取气温在 31℃下的空气密度 $\rho=1.16kg/m^3$；$n$ 为温室换气次数，一般为每小时 3～5 次。

**2．按消除温室内余热所需的通风量** 根据温室内热量收支关系、温室内外空气温度及作物生长上限空气温度，计算温室排除余热所需的通风量。其计算公式如下：

$$G=\frac{a\tau E(1-\beta)A_s-\sum_{k=1}^{n}K_k A_{gk}(t_i-t_o)}{C\rho(t_p-t_j)} \tag{7-2}$$

式中，$G$ 为温室通风量（$m^3/s$）；$a$ 为温室受热面积的修正系数，一般连栋温室取 1.0～1.3，日光温室取 1.0～1.5；$\tau$ 为覆盖层的太阳辐射透射率；$E$ 为室外太阳辐射总辐射照度，一般取温室所在地区最热月的太阳总辐射照度（$W/m^2$）；$\beta$ 为蒸腾蒸发热量的损失系数，一般为 0.65～1.15；$A_s$ 为温室地面面积（$m^2$）；$K_k$ 为温室各覆盖层的传热系数［W/（$m^2$·℃）］，其中 $k=1$，2，…，$n$；$A_{gk}$ 为温室围护结构覆盖层的面积（$m^2$）；$C$ 为排出温室空气质量定压比热容［J/（kg·℃）］；$\rho$ 为空气密度（$kg/m^3$）；$t_i$、$t_o$ 分别为温室内外的空气温度（℃）；$t_p$、$t_j$ 分别为排出室外的空气温度和进入温室内的空气温度（℃）。

**3．按消除温室内余湿所需的通风量** 根据温室内水汽产生的速率以及室内外空气湿度，计算消除温室中余湿所需的必要通风量。其计算公式如下：

$$G=\frac{\beta a\tau EA_s}{r\rho_a(d_i-d_o)} \tag{7-3}$$

式中，$A_s$ 为温室地面面积（$m^2$）；$r$ 为水的蒸发潜热（kJ/kg），一般取 2442kJ/kg；$\rho_a$ 为温室内干空气的密度（$kg/m^3$）；$d_i$、$d_o$ 分别为温室内外的空气含湿量（g/kg）；公式中其余变量与式（7-2）中的相同。

**4．按维持温室内一定二氧化碳浓度所需的通风量** 根据作物对 $CO_2$ 的吸收强度、温室土壤中释放的 $CO_2$ 强度、温室外的 $CO_2$ 浓度及温室内设定的 $CO_2$ 浓度阈值，计算维持温室内一定 $CO_2$ 浓度所需的必要通风量。其计算公式如下：

$$G=\frac{A_p\cdot \mathrm{LAI}\cdot I_p-I_s\cdot A_s}{\rho_{Co}-\rho_{Ci}} \tag{7-4}$$

式中，$G$ 为温室通风量（$m^3/s$）；$A_p$ 为温室内作物栽培面积（$m^2$）；LAI 为叶面积指数，一般取 2～4；$I_p$ 为作物单位叶面积对 $CO_2$ 的平均吸收强度［$g^3$/（$m^2$·s）］；$I_s$ 为温室内土壤 $CO_2$ 的释放强度［$g^3$/（$m^2$·s）］；$A_s$ 为温室内地面面积（$m^2$）；$\rho_{Co}$ 和 $\rho_{Ci}$ 分别为室外空气 $CO_2$ 浓度和温室内设定的 $CO_2$ 浓度（$g/m^3$）。

**5．按排出温室内有害气体所需的通风量** 为保证温室内作物免受有害气体的伤害，根据作物忍受有害气体浓度的阈值（表 7-1）、温室中单位时间内有害气体的散发量以及室外空气中有害气体的浓度，计算排出温室内有害气体所必需的通风量。其计算公式如下：

$$G=\frac{m}{3600(\rho_{my}-\rho_{mj})} \tag{7-5}$$

式中，$G$ 为温室通风量（$m^3/s$）；$m$ 为温室内有害气体的散发量（mg/h）；$\rho_{my}$ 为温室内有害气体浓度的阈值（$mg/m^3$），常见的有害气体浓度阈值见表 7-1；$\rho_{mj}$ 为进入温室内空气中有害气体的浓度（$mg/m^3$）。

**表 7-1　对作物生长有害的气体及其浓度阈值**

| 有害气体 | $NH_4$ | $NO_2$ | $SO_2$ | $C_2H_4$ | $Cl_2$ |
|---|---|---|---|---|---|
| 体积浓度阈值/（μL/L） | 5 | 2 | 0.5 | 0.05 | 0.1 |

## 二、温室气流调控设备

温室气流调控设备是指在温室生产中辅助生产者通过改变温室内气体水平对温室环境进行调控的一系列设备的总称。目前，生产上气流调控设备按其通风原理主要分为两大类：自然通风设备和强制通风设备。自然通风主要依靠通风口内外的“热压差”和“风压差”进行通风，而强制通风则依靠风机带动空气流动，二者通风时对能量的消耗存在很大的差别。自然通风多应用于塑料大棚和日光温室中，而机械通风则多应用于连栋温室中。

温室自然通风设备按照通风装置可分为卷膜通风设备、齿条通风设备。强制通风类型的设备主要为风机通风设备。无论何种通风设备，其安装位置、通风口面积、通风的速率、通风的时间及通风的方式等均会影响到温室环境调控的效果，最终影响到温室内作物的生长和产量。因此，在本节中不仅会对目前生产上常用的通风设备类型进行介绍，也会对不同类型设备的基本构成、工作原理、主要功能和特点及安装和使用方法等进行介绍。

### （一）自然通风设备

**1．卷膜通风设备**　在我国早期的温室生产中，通风主要采用“人工扒缝”的方式进行，即在温室的上下部靠人工“扒开”或“合拢”棚膜来进行温室的通风。这种通风方式不仅耗时、耗力，还极易造成通风处棚膜的损伤。为解决上述问题，人们发现将棚膜卷到一根根首尾相接的长杆上，通过“卷起”和“舒展”就可达到“通风”和“关闭通风”的目的，这种方式与“人工扒缝”方式相比，虽然缩短了操作时间，也在一定程度上减少了棚膜的损伤，但依然存在耗时耗力的问题。在此之后，随着农业机械装备技术和钢材生产工艺的发展，由卷膜器和卷膜轴为主的卷膜通风设备被研发了出来，并成为目前日光温室中应用最为普遍的通风设备类型。

*（1）卷膜通风设备的基本构成与工作原理*　在日光温室中，一般会在前屋面底部及温室顶部与后墙衔接处安装两套卷膜通风设备，以实现温室底部通风和顶部通风。两套通风设备的组成基本相同，都主要由卷膜器、卷膜轴、防虫网、压膜卡槽、卡簧或卡片等几部分组成，如图 7-1 所示。

卷膜通风设备的基本工作原理是：将棚膜一端固定在卷膜轴上，通过卷膜器的动力传输轴给卷膜轴提供动力，随着卷膜轴转动将棚膜卷起或者展开，实现对通风面积的调节。其中卷膜器是卷膜通风系统中的核心部件，为通风设备提供动力。生产上将卷膜器按照输入动力的方式分为手动卷膜器和电动卷膜器，如图 7-2 所示。手动卷膜器靠操作者手动提供动力，

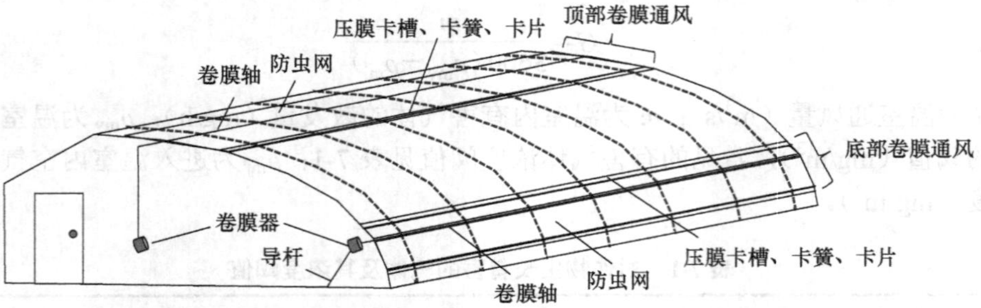


图 7-1　温室卷膜通风设备的构造示意图

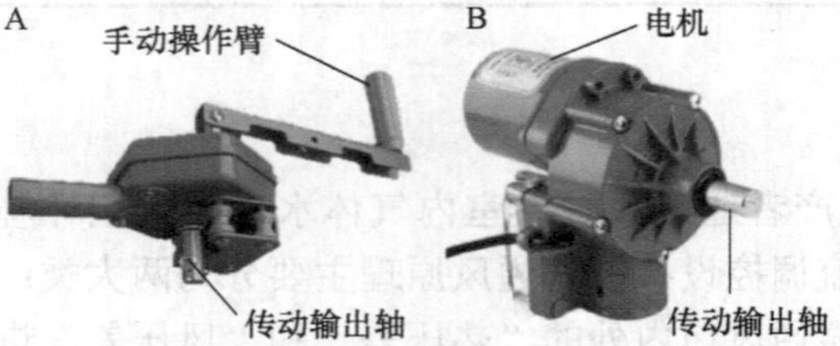


图 7-2　手动卷膜器（A）和电动卷膜器（B）

因此一般包含一个动力输入操作臂。按照动力操作臂的长短又可将手动卷膜器分为长臂杆卷膜器和短臂杆卷膜器。电动卷膜器的动力输出装置是电机，电机的扭矩和功率影响着棚膜卷起和展开的速度。生产上，短臂杆卷膜器和电动卷膜器均需设置导向杆，用于固定卷膜器，而长臂杆卷膜器不需要设置导向杆。在温室的通风管理过程中，要实现对通风口大小的调节，所有的卷膜器一般都要求具有换向功能和自锁功能，以保证将卷膜轴停放在通风口的任意位置上。

卷膜通风设备中，卷膜轴的作用是带动通风口一端的塑料棚膜活动边的卷起或展开。生产上普遍使用热镀锌钢管制作卷膜轴，这种钢管具有强度高、耐腐蚀、使用寿命长、造价低廉等特点。在设备安装过程中，使用配套的箍膜卡扣可将棚膜紧紧地固定在卷轴上，防止在棚膜卷动过程中出现松动和滑落。但生产上常用的箍膜卡扣为塑料材质，在使用过程中易出现老化和损坏。近年来，市场上出现了一种新型带卡槽的铝合金卷膜轴，通过配套卡簧可以将棚膜固定在卷膜轴上。这种新型卷膜轴与热镀锌卷膜轴相比，自身重量轻，运行耗能少，固定棚膜时棚膜受力更均匀且安装更简便。

卷膜通风设备中的固定支撑装置主要是指导向杆（或导杆）。导向杆一般安装在日光温室的山墙外侧及连栋塑料薄膜温室的外墙边，为卷膜器提供运动的导轨和起支撑卷膜器的作用。日光温室中卷膜轴连接卷膜器停靠在两侧山墙上，卷膜器的运动轨迹受两侧山墙曲度的控制。在日光温室中，导向杆一端被插入固定在地基上的可旋转式底座上，卷膜器工作时导向杆与地面的夹角也会随之发生改变。而在连栋塑料薄膜温室的侧墙通风时，卷膜通风设备被安装在温室的侧墙上。此时，支撑卷膜器的导向杆一端被固定在地基中，另一端则被固定在温室的骨架上，其与地面的夹角是固定不变的。

卷膜通风设备中的防虫网、压膜卡槽和卡簧等部件结合，在温室打开风口后主要起防虫的作用。温室通风设备安装时防虫纱网被压膜卡槽和压膜卡簧紧密地固定在通风口四周，起到防止害虫及动物进入温室的目的。通风系统中的防虫网网纱的选择应同时具备：①网纱目数合理，以此既能保证有效地隔绝大多数的昆虫，又能减少风阻利于通风；②具备一定的强度，可抵抗风阻产生的压力；③具备一定的耐热、耐老化和耐腐蚀的能力。

（2）*卷膜通风设备的主要功能与特点*　温室卷膜通风设备为温室创造了自然通风的环境，借助热压和风压的作用加速室内外空气通过通风口进行交换，达到降低空气温度和湿度、补充 $CO_2$ 的目的，为温室内作物的生长创造一个更适宜的环境。日光温室内的气温一般高于外界的空气温度，温室内的热空气向上运动，室外的冷空气向下运动。因此，在日光温室中，一般会在前屋面底部和顶部安装两套卷膜通风设备（图 7-1），顶部通风口向上排出热空气，底部通风口向内输入室外较低的冷空气，以实现室内外空气的交换、提高温室通风降温除湿的效果。与单一位置安装卷膜通风设备的方式相比，这种在温室底部和顶部联合通风的方式通风降温、除湿的效果更优。

生产上，卷膜通风设备与其他通风设备相比，具有设备简单、造价低廉、能耗小、安装方便、维修维护容易等特点。然而其应用也有一定的局限性，如仅能在塑料棚膜覆盖的通风窗中使用，在玻璃、板材等刚性材质的通风窗中不可使用；此外，卷膜通风设备中通风口的棚膜具有一定的使用年限，棚膜易老化，需定期更换。

（3）*卷膜通风设备的安装与使用方法*　卷膜通风设备利用了自然通风的原理进行通风，设备安装时应考虑如何创造更好的室内外“风压差”和“热压差”。因此，卷膜通风设备在安装前，应先确定安装的位置及朝向。在日光温室中，可安装在温室前屋面的底部及前屋面顶部与后墙的交接处，以底部和顶部联合通风的方式为宜。这种联合通风系统，温室通风总量大、通风效率高。在小型连栋温室中，卷膜通风设备可安装在温室的侧面和顶部，另外也可在温室的侧面安装卷膜通风设备，而在顶部安装齿条通风设备。在选择通风口朝向时，应注意将通风口正对当地夏季的主导风向，以更好地利用“风压差”，促进温室通风。

温室通风时通风口的最大通风面积直接影响着温室的通风效率和通风量。在温室安装通风设备前，应先确定好通风口的最大通风面积。尤其是需要冬季通风的温室，其通风面积的大小至关重要。在通风口设计时，既要减少冬季通风口的热损耗，又要达到快速通风除湿的目的。孟少春等根据多年研究提出了日光温室最大通风面积的计算公式，可用于指导北方日光温室通风口的建造。

$$A_s=\frac{T\times V}{3600\times V_a} \tag{7-6}$$

式中，$A_s$为通风口面积（$m^2$），为在不考虑风压的情况下，温室所必须预留的最大通风面积；$T$为通风时间，为假定冬季最冷日每天至少需要通风换气的时间，常取 60min；$V$为温室体积（$m^3$）；$V_a$为空气对流速度（m/s），一般取无风日正午气温最高时温室通风的最低空气对流速度。

安装卷膜通风设备时，不仅需要事先确定通风口面积的大小，还需根据通风口的长度选择合适的卷膜器和卷膜轴。卷膜轴固定通风口棚膜，为动力传输装置，实现通风口的开启和闭合。当通风口长度过长时，卷膜轴自身的重量及在卷动过程中由卷膜器施予的扭矩，会使卷膜轴出现不同程度的弯曲。这种弯曲不仅影响卷膜的效率，还会对棚膜及卷膜器中的电机造成损伤。因此，在安装卷膜轴时，应根据通风口的长度，适当调整卷膜器的安装方式。生产上，卷膜轴的长度一般在 60m 左右，卷膜器安装在卷膜轴的一端，另一端安装配重或不安装配重。当通风口长度过长时，可将卷膜器安装在卷膜轴的中部，或者安装两台卷膜器进行驱动。此外，在选择卷膜轴时还应考虑钢管的抗扭刚度、钢管厚度和钢管重量。而在选择卷膜器时，也应注意卷膜器的额定扭矩、输出轴转速、卷膜高度、卷膜长度和自身重量等参数。

在温室通风管理过程中，温室通风量不仅取决于通风速率（受“热压差”和“风压差”的影响）和通风面积，也取决于通风时间。在夏季高温季节生产时，为了去除温室内太阳辐射的余热，需加大通风量，可适当延长通风时间。而在寒冷的冬季，温室以保温为主，通风的主要目的是降低温室内的空气湿度，因此在保证最低通风量的基础上，可通过卷膜通风设备减少通风面积和通风时间。

（4）卷膜通风设备使用注意事项与维修　卷膜通风设备使用过程中易发生损坏的部件主要为卷膜器、通风口棚膜、塑料箍膜卡扣和防虫网。电动卷膜器是卷膜轴动力的提供者，生产中其比手动卷膜器更易发生故障。因此，管理者在使用电动卷膜器时应随时观察卷轴的运动，避免“收卷”和“展开”过度，损坏卷膜器的电机。另外，在卷轴转动发生异常时，应及时查明原因，排除故障，避免盲目地强制卷轴转动，损坏电机。通风口棚膜和箍膜卡扣同为塑料制品，在使用中易出现老化的问题。因此温室管理者应定期检查二者的使用状态，及时更换破损的元件。通风口处的防虫网也是通风设备中易发生损坏的部件，防虫网安装在通风口处，起防止外界害虫进入温室内部的作用，温室生产过程中管理者应定期检查防虫网是否受到破坏，及时修补漏洞，以保证温室通风安全。

**2. 齿条通风设备**　齿条通风设备主要应用于以“刚性”材质为围护材料的温室中，如在玻璃温室和 PC 板材温室中应用。齿条通风设备按照设备安装的位置分为侧窗齿条通风设备和天窗齿条通风设备。在温室侧窗通风系统中，按照开窗方式将侧窗通风主要分为外翻式侧窗通风、上下推拉式侧窗通风和水平推拉式侧窗通风三种；而温室天窗通风按照开窗面积则主要分为屋顶全开式天窗通风、屋顶部分外开式天窗通风。虽然上述侧窗及天窗通风系统均是利用自然通风的原理进行通风，但其通风设备的基本构成、工作原理、主要功能与特点、安装方式及使用方式等均存在一定的差异。

（1）齿条通风设备的基本构成与工作原理

1）外翻式侧窗齿条通风设备基本构成及工作原理。外翻式侧窗齿条通风设备主要由电机、传动轴、齿条及铝合金窗户等部件组成。在控制侧窗开启和闭合时，由限位电机通过联轴器带动传动轴转动。齿轮及齿轮座固定在传动轴上，传动轴转动时齿轮随其转动，同时控制与齿轮啮合的齿条移动，而齿条的一端连接着铝合金窗户的外框，通过齿条实现窗户的启闭。此外，由于电机上带有限位装置，因此不仅可实现窗户的“开合”，也可使窗户的开合角度停止在最大开合角度范围内的任意角度上。

生产上常用的外翻式侧窗齿条通风设备主要采用“直形”的齿条进行传动，如图 7-3 所示。近年来，一种新型“弧形”齿条开窗装置被研发了出来，如图 7-4 所示。这种在齿条曲度上发生的改变，使得外翻式侧窗的开启角度明显加大，开窗角度可大于 90°，增大了温室通风的面积，提高了温室的通风量。此外，传统齿条开窗设备需要在温室外设置固定支撑支架，用于支撑电机、传动轴、齿条、齿轮等设备。而这种新型弧形齿条开窗设备与传统齿条开窗设备相比，不需要设置支撑支架，可将开窗系统直接安装在温室的主体骨架上，不仅可以在温室墙面任意位置进行布置，也减少了建造的成本。

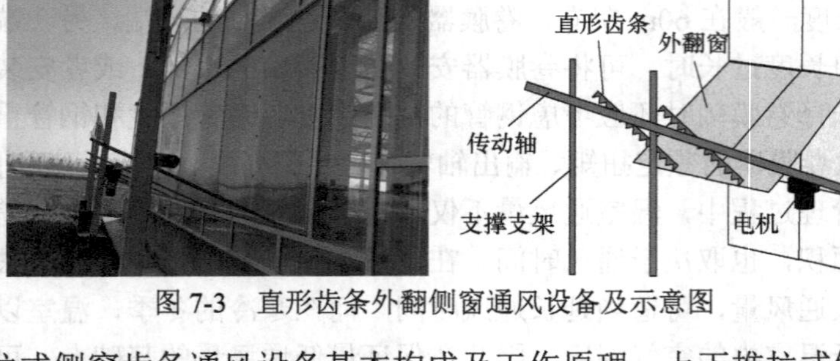


图 7-3　直形齿条外翻侧窗通风设备及示意图

2）上下推拉式侧窗齿条通风设备基本构成及工作原理。上下推拉式侧窗齿条通风设备（图 7-5）与外翻式侧窗齿条通风设备的构成基本相同，也主要由电机、电机座、联轴器、传

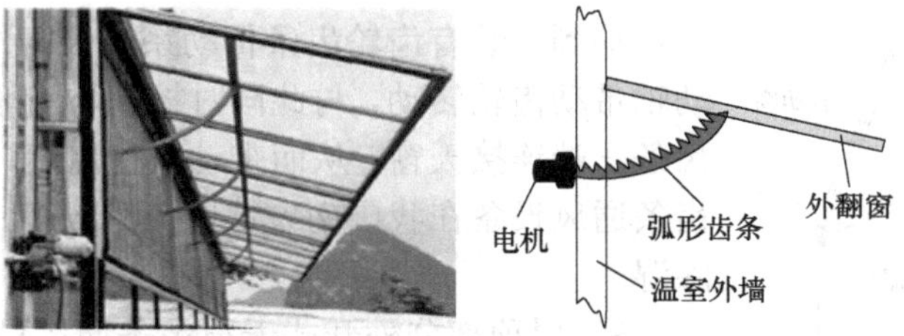

图 7-4 弧形齿条外翻侧窗通风设备及示意图（左图来自胡玫瑶）

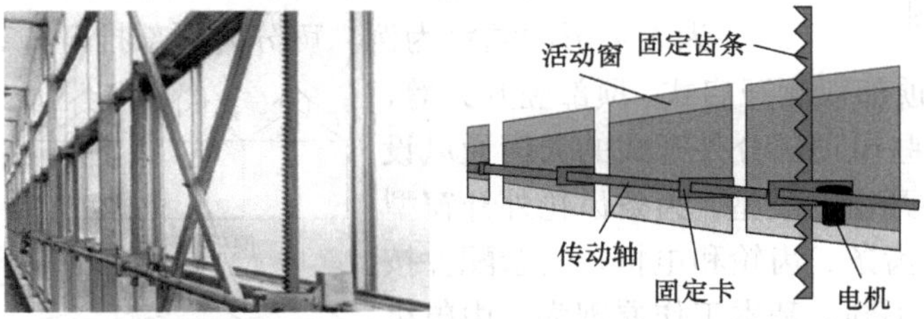

图 7-5 上下推拉式侧窗齿条通风设备及示意图（左图来自胡玫瑶）

动轴、齿条、齿轮座及铝合金窗户等组成。但安装方式和开窗方式与外翻式侧窗存在明显的不同。在上下推拉式侧窗齿条通风设备中，铝合金窗户整体是挂在传动齿条齿轮上的。这与以铝合金窗户活动边与齿条一端相铰接的外翻式侧窗齿条通风设备中的安装方式存在明显的差异。上下推拉式设备的工作原理为：电机带动传动轴和传动齿轮转动，传动齿轮带动铝合金窗户沿齿条进行“爬升”或“降落”，以实现窗户的开启和闭合。这套通风设备中电机同样带有限位特性，可实现窗户在平行于通风口方向上的任意位置停靠。

上下推拉式侧窗齿条通风设备与外翻式侧窗齿条通风设备相比，其开窗面积更大，通风效率更高。然而，由于上下推拉式侧窗齿条通风设备中，所有窗户、电机、传动轴及齿轮等部件的重量都靠齿轮条支撑，齿轮条的磨损大，设备稳定性差，因此在生产上应用较少。

3）水平推拉式侧窗齿条通风设备基本构成及工作原理。水平推拉式侧窗齿条通风设备按照驱动方式可分为电动和手动两大类，其中电动推拉式开窗通风设备基本构成主要包括铝合金窗户、滑动导轨、电机、齿轮、齿条、推杆及固定装置等，而手动推拉式开窗通风设备除不含电机、传动轴等动力驱动传输装置外，其他部件与电动推拉式开窗通风设备的基本相同。电动推拉式设备的工作原理为：通过在窗户的边框上安装推杆，并将推杆连接在电机带动的齿轮齿条上，通过电机进行驱动，来实现窗户的开合。而手动推拉式则是由温室管理者进行手动操作。

手动推拉式设备与电动推拉式设备相比，投资少、安装简单，适宜在小型连栋温室中使用。但无论哪种推拉方式设备，其最大开窗面积均受其开窗特点的影响，使得最大开窗的面积只能达到窗户总面积的一半（双层推拉窗户）或 2/3（三层推拉窗户）。此外，两种推拉式侧窗通风设备还存在窗户密封性差的问题，在温室冬季生产中热损耗较大。生产中，水平推拉式侧窗通风设备在温室中的推广应用面积较小。

4）屋顶全开式天窗齿条通风设备基本构成及工作原理。屋顶全开式天窗齿条通风多应用于 Venlo 型连栋玻璃温室中，温室中齿形顶部的两个侧面（天窗）可分别绕温室水槽转动实现顶部的全开启或全闭合。这套通风设备主要由电机、齿轮、齿条、传动轴、蜗轮蜗杆减速器、扭矩分配器及万向节等部件构成，如图 7-6 所示。其工作原理为：电机将动力传输给传动轴，通过扭矩分配器和万向节将动力传输到蜗轮蜗杆减速器上，蜗轮蜗杆减速器又将动

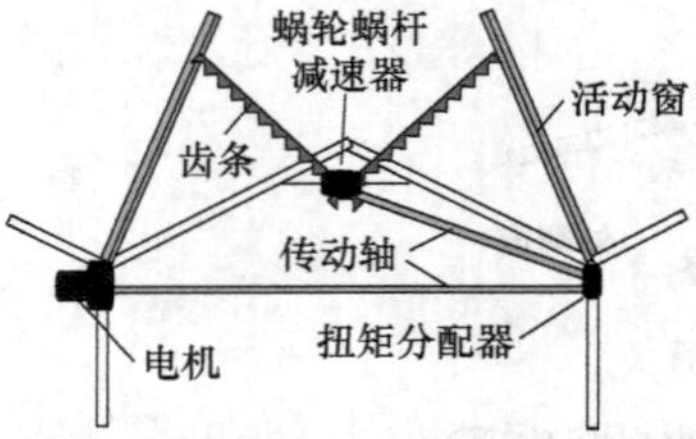


图 7-6　屋顶全开式天窗齿条通风设备示意图

力传输到安装有齿轮齿条传动系统天窗传动轴上，最终天窗传动轴带动齿轮转动，与此同时控制与齿轮啮合的齿条移动，而齿条一端连接天窗，从而带动天窗启闭。这种屋顶全开式天窗齿条通风设备在我国南方地区应用较多，主要用于夏季降温、除湿。

5）屋顶部分外开式天窗齿条通风设备基本构成及工作原理。生产上，温室顶部部分开窗的型式多种多样，以屋面形状为人字形的温室为例，可分为顶部推开式、顶部单侧开启式、改良单侧开启式、顶部双侧开启式、顶部竖开式等，如图 7-7 所示。这些屋顶部分外开式的天窗通风设备均是齿条齿轮外开窗的类型。齿条齿轮外开窗型设备的核心部件为齿条、齿轮和电机，其余配件按照开窗的型式略有不同。基本工作原理为：由电机为开窗系统提供动力，传动轴将动力传输到齿轮和齿条上，齿条带动天窗进行运动，实现天窗的开启和闭合。

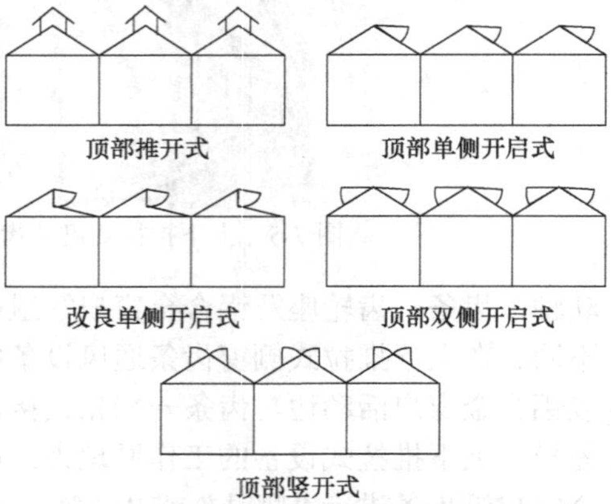


图 7-7　温室顶部部分外开式天窗通风类型

（2）**齿条通风设备的主要功能和特点**　上述侧窗及天窗齿条通风设备通风均是利用自然通风的原理，通过通风设备实现温室内外气体的交换，达到降温、除湿、增加环境 $CO_2$ 浓度的目的。不同的侧窗及天窗齿条通风设备，其通风效率、通风量、通风成本各有不同，在生产上的应用普及程度也不同。

就侧窗齿条通风设备而言。水平推拉式侧窗通风设备因其设备简单、安装容易，在早期建造的温室中有所应用。但在应用过程中，其最大通风面积只能达到通风窗口面积的 1/2 或者 2/3，通风面积折损大。此外，该设备还存在窗户密封性差、冬季热耗损大的问题。在手动水平推拉式侧窗通风设备中还存在耗费人力、启闭风口时间长、通风效率低等问题。上下推拉式侧窗通风设备克服了水平推拉式通风设备在通风面积上的折损，将侧窗悬挂在侧墙上，最大通风面积与通风窗口面积接近，通风面积增大。但由于设备中所有窗户、电机、传动轴及齿轮等部件都悬挂在温室的侧墙上，所有部件重量都依靠齿条支撑，对齿条的磨损大，设备运行稳定性差，因此在生产上应用得较少。随着温室建造技术的发展，外翻窗式侧窗通风设备被研发出来，其不仅克服了水平推拉式侧窗通风设备中通风面积折损问题，也克服了上下推拉式侧窗通风设备中齿条载重过大的问题。但早期的外翻窗式侧窗通风设备，受铝合金铰链的影响，开窗的角度受限。此外，受“直形”驱动齿条的影响，需要在温室内或者温室外安装立柱支撑架，用于支撑电机、驱动轴、齿条和齿轮等部件，不仅增加了建造成本，还占用了空间。近年来由于“弧形”驱动齿条在外翻窗式侧窗通风设备中的应用，不需要单独安装立柱支撑架，不仅节约了成本，还增加了温室的可利用面积。此外，“弧形”驱动齿条的应用，增大了外翻窗的开窗角度，增加了通风面积，改善了温室的通风效果。目前，“弧形”齿条外翻窗式通风设备在生产上具有较好的应用前景。

就天窗齿条通风设备而言。不同的屋顶部分外开式天窗通风设备，因其开窗方式和开窗位置的不同，其通风效果也存在明显的差异。图 7-7A 的顶推开式天窗通风系统，由于开窗口的形状类似于“烟囱”，当顶部开启时温室内的气流运动会形成“烟囱效应”，热空气向上排出时不易形成气流死角，从而使温室内通风更均匀。此外，该装置开启时的独特结构，使得下雨天雨水不易从通风口流入温室内部，因此该通风设备可在多雨地区的温室中使用。顶部单侧开启式天窗通风设备（图 7-7B）与顶推开式相比，其控制通风口开启的设备相对简单，单侧开启时也能起到通风降温的效果，但降温效果弱于顶推开式的。改良单侧开启式（图 7-7C）和顶部双侧开启式（图 7-7D）是在单侧开启式基础上的改进，改进后的设备比单侧开启式设备通风面积更大、通风更均匀，通风降温、除湿及增加室内 $CO_2$ 浓度的效果更好，但其建造成本也更高。顶部竖开式天窗通风设备（图 7-7E）通风效果与顶推开式天窗通风设备基本相同，但其天窗开启的动力传输装置比顶推开式的更为复杂。实际温室建造过程中，在选择屋顶部分外开式天窗通风设备时，应综合考虑通风效果、温室保温效果、建造成本、地理环境等多种因素。

屋顶全开式天窗齿条通风系统与屋顶部分外开式天窗齿条通风系统相比，屋顶开窗通风面积更大、通风降温、除湿效果更好。但在生产应用过程中，由于全开式系统中天窗的开合面积较大，温室窗户密封性弱于部分外开式的，冬季热损耗大，因此屋顶全开式天窗齿条通风设备更适宜在夏季高温高湿的南方应用。

（3）齿条通风设备的安装与使用注意事项　侧窗及天窗齿条通风设备的安装与使用过程中，通风窗的面积、安装高度、安装方向、开窗角度等因素均会影响到温室的通风效果。

在设备安装时，侧窗及天窗的面积大小直接影响温室自然通风的换气量和换气速率，通风窗的面积越大，通风效果越好。但在实际生产中，通风窗越大，冬季保温效果越差，温室结构的稳定性越低。因此，在确定开窗面积大小时，应综合考虑温室的通风效果和保温效果。根据国家温室通风设计规范（NY/T 1451—2018）的要求，在连栋温室中天窗的面积应与侧窗的面积基本相等，温室顶部通风面积应不小于温室内地面面积的 20%。

在设备安装时，温室侧窗及天窗通风口距地面的高度，对温室通风量和通风速率也有影响，同时也直接影响温室内空气温度和湿度的变化及分布。在仅开启天窗的温室中，天窗通风速率与天窗高度之间的关系如式（7-7）所示。而在同时开启侧窗和天窗的温室中，天窗通风速率与天窗高度之间的关系如式（7-8）所示。从两个公式中可以看出，随着天窗高度的增加及天窗与侧窗高度差的加大，温室的通风速率不断提高。然而，生产上不能一味地追求通风速率的提高，温室结构安全和温室建造成本也值得考虑。因此，在同一温室中，将天窗设置在屋脊处的通风效果要优于设置在天沟处的。生产上一般通过控制侧窗的安装高度，来满足通风降温、除湿等通风量的需求。在天窗高度一定的情况下，侧窗高度越低，温室通风速率越高。但侧窗高度越低，温室内降温除湿的均匀性就越差。因此在确定侧窗安装高度时，应综合考虑通风速率和通风降温、除湿的效果。生产上侧窗安装高度一般为 60cm 左右。

$$m_v=\frac{\rho A_r}{2}C_d\left(2g\frac{\Delta TH_r}{4T_e}+C_r v^2\right) \tag{7-7}$$

式中，$m_v$ 为仅开启天窗时温室的通风速率（kg/s）；$\rho$ 为室内空气密度（$kg/m^3$）；$A_r$ 为天窗通风面积（$m^2$）；$C_d$ 为通风口流量系数；$g$ 为重力加速度（$m/s^2$）；$\Delta T$ 为温室内外温差（℃）；$T_e$ 为室外空气温度（℃）；$H_r$ 为天窗高度（m）；$C_r$ 为风压系数；$v$ 为室外风速（m/s）。

$$m_v=\rho C_d\left[\left(\frac{A_r A_s}{\sqrt{A_r^2+A_s^2}}\right)^2\left(2g\frac{\Delta T}{T_e}H_{rs}\right)+\left(\frac{A_r+A_s}{2}\right)^2 C_{rs}v^2\right]^{0.5} \tag{7-8}$$

式中，$m_v$为天窗和侧窗开启时温室的通风速率（kg/s）；$A_s$为侧窗通风面积（$m^2$）；$H_{rs}$为天窗与侧窗间的垂直高度（m）；$C_{rs}$为风压系数；其余变量与式（7-7）中的相同。

设备中温室侧窗及天窗的安装方向也直接影响着温室风压通风量的大小。当室外有风时，在温室迎风面形成正压、背风面形成负压，使温室内外形成气压差，从而引起室内空气流动。因此，天窗通风朝向确定时应注意当地夏季的主导风向，使通风口的朝向位于主导风向的下风向，以更好地利用风压差进行通风；同时避免冷风倒灌入温室中，对温室内作物造成伤害。在侧窗朝向的确定上，应注意温室侧窗的朝向应尽量正对当地夏季的主导风向。

在设备安装时，温室侧窗及天窗的开窗角度也直接影响着温室的通风面积，进而影响温室的通风效果。侧窗及天窗的开窗角度越大，温室通风效果越好。温室侧窗及天窗的最大开窗角度受限于开窗机械和开窗铰链。在齿条齿轮开窗机械中，“弧形”齿条齿轮开窗机械的开窗角度远大于“直形”齿条齿轮开窗机械的。此外，通风窗与窗框处的链接铰链也影响着通风窗的最大开窗角度，因此在通风窗的安装时，应尽量选择“弧形”齿条开窗装置，同时也要注意对不同开合角度的铰链进行选择。

在通风设备安装时，在温室侧窗及天窗通风口处均需安装防虫网，以阻止害虫从通风口进入温室。对于普通生产温室而言，在通风口处设置防虫网至少能使进入温室的害虫数量减少70%，这一举措对温室作物安全生产有着重要的意义。然而，在实际应用过程中防虫网自身及防虫网上附着的昆虫、灰尘和飞絮等阻挡物，会对气流产生阻力，影响温室通风。因此在计算实际通风面积时，应将防虫网风阻的因素考虑在内。

在温室通风过程中，侧窗通风与天窗通风的组合方式也对温室通风降温、除湿的效果有影响。在单独侧窗通风、单独天窗通风及侧窗与天窗联合通风的三种方式中，单独天窗通风的温室通风效果最差，侧窗与天窗联合通风的效果最好。此外，双侧侧窗联合天窗通风的方式与单侧侧窗联合天窗通风的方式相比，双侧侧窗联合天窗通风的通风效果更优、通风也更均匀，降温、除湿、补充室内$CO_2$浓度的效果更好。

### （二）强制通风设备

强制通风也称为机械通风，是利用风机等设备产生风压强制温室内外的空气流动，以实现温室内通风换气。与自然通风相比，强制通风设备消耗的能源更多，但其通风降温效果更优、通风风速可控、通风受室外风力和风向的影响小，利于实现温室自动化控制，因此广泛地应用于大中型温室及对环境控制要求较高的温室中。在以降温为主的通风系统中，湿帘-风机联合降温是目前我国大型温室生产中应用最为广泛，且最为经济有效的通风降温措施。

**1. 强制通风设备的基本构成与工作原理** 在利用风机驱动温室内外气体交换过程中，按照温室内外气压差的不同，可将强制通风设备分为正压通风设备和负压通风设备两种。目前，生产上一般采用负压通风设备对温室进行通风换气。

负压通风设备的工作原理为（图7-8）：利用风机从温室内抽出空气，使温室内气压低于外界气压形成负压环境，通过内外气压差的作用，温室外新鲜空气从温室进气口进入温室内实现温室的通风换气。负压强制通风设备主要由风机和进气口组成，而在一些以降温为主的通风降温系统中，在进气口处还配置了湿帘降温系统，室外新鲜空气经湿帘降温后进入温室内，进一步提升温室通风降温的效果。

正压通风设备的工作原理则为（图7-9）：利用风机将温室外的新鲜空气强制吹入温室内，使温室内气压高于外界气压，形成温室内外压差为正压差的环境，而温室内高温高湿气体由

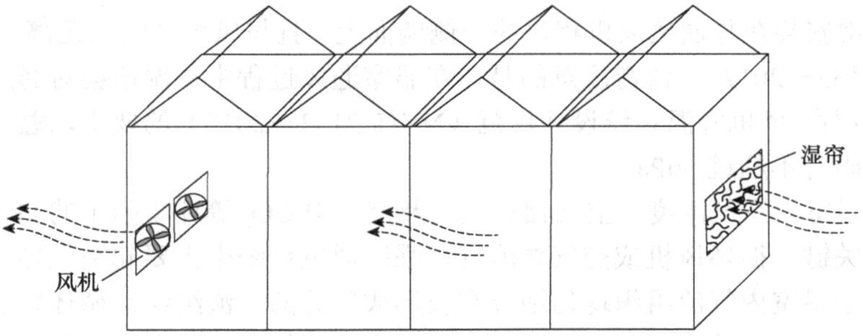


图 7-8　温室负压通风设备示意图

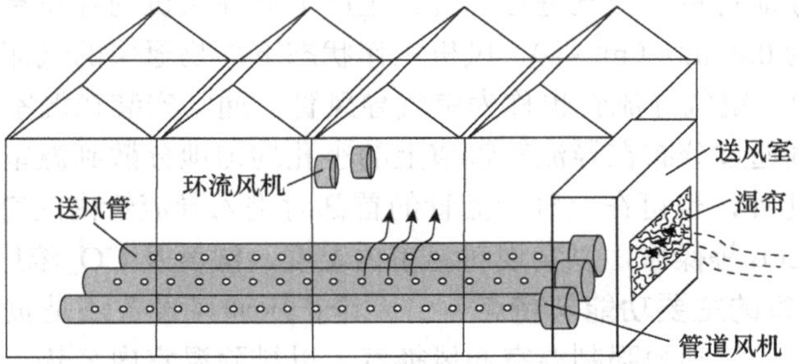


图 7-9　温室正压通风设备示意图

于气压差的作用由顶部风口或天窗排出室外，从而实现温室内外的通风换气。正压通风设备通常由风机和出气口组成。与负压通风设备不同，正压通风设备中湿帘降温设备一般安装在风机的后方，室外新鲜空气由风机鼓入，再经湿帘降温后吹入室内，以提高温室通风降温的效果。此外，为提高整个温室通风的均匀性，在正压通风温室中通常还配置了空气导流管或空气循环风机等装置，以利于室内形成均匀的气流环境。

在正压和负压通风设备中，风机均是动力源，是强制温室内外气体交换的装置。生产上，一般的工业通风风机并不能适用于温室通风中，温室专用通风风机通常为螺旋桨叶片轴流风机，是一种低压大流量风机。风机主要由电动机、传动皮带、扇叶、风筒、机架、百叶窗和防护网等部件组成，如图 7-10 所示。温室专用通风风机其叶轮直径在 56～140cm，工作静压在 10～50Pa，单机风量在 8000～55 000$m^3/h$。

风机正面　　风机反面

图 7-10　温室轴流风机

湿帘在强制通风降温系统中起辅助降低室内空气温度的作用。由风机引起的温室内外空气压差，强制空气通过湿帘进行降温。生产上湿帘一般安装在进风口的内侧。在负压通风系统中，湿帘通常安装在与通风风机相对的一侧墙面上，且与风机之间的距离一般控制在30～45m（NY/T 2133—2012）。值得注意的是，在温室通风过程中，湿帘会对通风产生一定的阻力，根据温室湿帘-风机降温系统设计规范（NY/T 2133—2012）的要求，温室用湿帘应保证对通风产生的阻力不超过60Pa。

生产中，温室内空气温度、空气相对湿度及空气中$CO_2$等环境因子的均匀分布是保证作物生长均匀的关键。循环风机或空气导流管在强制通风系统中主要起空气导流的作用，二者的使用均有助于温室内气流组织均匀地分布及形成理想的气流组织。循环风机通常安装在作物冠层上方0.6～0.9m的水平面上，通过对风机安装位置及安装方向进行调节，使温室内气流形成回路，以充分地将室内空气进行混合。生产上循环风机的叶轮直径一般在30～90cm，风机的总风量至少为$0.01m^3/(m^2 \cdot s)$，风机工作状态下作物冠层的气流速度应不超过1.0m/s（NY/T 1451—2018）。空气导流管也称为空气导风管，通常安装在温室顶部或栽培槽底部，进入室内的新鲜空气通过分布在导流管管道上的小孔均匀地分散到温室内，达到通风降温、补充$CO_2$的目的。此外，也可在空气导流管的首部对进入导流管内的空气进行加温、降温、增湿、除湿及补充$CO_2$等操作，以实现对温室内温度、湿度及$CO_2$浓度等的精确控制。

**2．强制通风设备的主要功能与特点** 无论正压通风设备还是负压通风设备，其主要功能均是利用风机提供的动力强制温室通风换气，以排除温室内余热、余湿和有害气体等。强制通风设备可以根据生产中的实际通风需求，调节风机扇叶的转速和通风量，且在通风过程中受室外风速和风向的影响较小，使得温室通风具有一定的可控性。此外，在空气循环风机或空气导流管的辅助下，可使温室内通风更均匀。另外，由于空气导流管具有可塑性，可以根据需要通过导流管向温室内任何地点送风或排风，进一步增强温室通风的可控性，利于实现温室的自动化控制。但与自然通风设备相比，强制通风设备不仅耗能大，且设备成本及其后续管理和维护费用也较高。

在强制通风设备中，负压通风设备及其配套的湿帘降温系统，在炎热干燥的北方地区和气候湿润的南方地区均具有良好的通风降温效果。然而在生产上该设备也存在一些弊端：①在通风过程中，气流方向上气流组织分布不均匀。负压通风为排气通风，从风机口到进风口气流方向上室内温度、湿度和$CO_2$浓度等环境指标逐渐发生变化。②受风机通风性能的影响，风机通风存在有效通风距离，一般在40m左右，该因素限制了温室面积的扩大。③对温室的密闭性有一定的要求，在门、窗、墙壁裂隙及覆盖连接等处发生的冷风渗透会影响到温室内通风换气的效果。与负压通风设备相比，正压通风设备为温室送风设备，其对温室的密闭性要求低。生产上，通过安装配套的空气循环风机或导流管以提高温室通风换气的均匀性。此外，也可在空气导流管的首端，配套安装温度调控、补施$CO_2$及消毒等装置，为温室作物创造更适宜生长的环境。

**3．强制通风设备的安装与使用方法** 在强制通风设备的安装过程中，应根据温室设计通风量的需要及风机的工作性能，合理地确定温室内通风机的安装数目。避免通风机的过量配置，增加通风成本和通风能耗。在满足设计通风量的前提下，宜优先选择大尺寸、大功率的风机，以降低风机的配置数量，从而提高通风效率，降低风机管理和维护成本。但当温室风机配置数量少于3台时，应保证其中至少包含一台双速调节的风机，或者采用其他通风调节措施，以满足温室作物对不同通风量的需求。

在负压通风系统中，通风机可安装在连栋温室的侧墙、日光温室的山墙或屋面上，而进气口则应设置在远离通风机的侧墙或屋面上。生产中，通风机与进风口间的安装距离应控制在30～60m，一般为40m左右，距离过小不能充分发挥风机的通风效果，距离过大超出风机通风的有效距离后通风效果差。此外，为提高负压通风的效果、减少风机的通风能耗，温室内通风气流方向宜与室外气流方向保持一致。因此，通风机应设置在当地夏季主导风向的下风向上，而温室的进气口则应设置在主导风向的上风向上。温室内作物种植行的方向宜与室内气流方向平行。

在正压通风系统中，风机作用是向温室内送风，因此风机应安装在当地夏季主导风向的上风向上，而排气口则应设置在主导风向的下风向上。在连栋温室中风机的位置一般安装在温室的侧墙上，排气口的位置设置在温室的顶部。而在日光温室中，通风机的位置可设置在前屋面的底部，排气口则应设置在前屋面顶部。为避免通风过程中冷风直接吹向作物，对作物造成冷伤害，在风机的出风口处应安装空气导流管，使进入室内的冷空气通过管道均匀地分散到温室的内部，更有利于温室作物的生长。

**4. 强制通风设备使用注意事项与维修**　强制通风设备在使用过程中的通风效果，不仅取决于通风系统的良好设计，也取决于对通风系统的合理维护。在强制通风设备的使用过程中，强制通风效果受很多因素的影响，如风机使用年限、风机驱动皮带张力、风机的防护网及清洁状况、百叶窗的污垢和腐蚀程度、温室维护结构冷风渗透等。生产中，随着风机使用年限的增加，强制通风设备中风机和风机驱动皮带均会出现不同程度的老化现象，导致风机通风量逐渐降低，生产上应及时检查和更换老化部件保证温室正常通风。风机驱动皮带的张力也是影响风机通风量的重要因素之一，皮带张力过松会导致皮带打滑或电机空转，张力过紧则会缩短皮带使用寿命和造成电机、减速器磨损，生产中调节风机驱动皮带张力至适当的张力可保证风机正常且高效运转。风机安装防护网及防护网和百叶窗上的污垢均会在通风过程中产生风阻，影响风机的通风效率。生产上圆环型风机护罩在通风过程中产生的气流阻力在2.5～5.0Pa，金属网护罩产生的阻力在12.5～37.5Pa，而干净的百叶窗产生的气流阻力在5.0～25.0Pa，沾染污垢的百叶窗产生的气流阻力可达12.5～50.0Pa，因此选择合适的风机防护护罩和定期做好百叶窗的清洁维护，利于风机通风。温室维护结构冷风渗透也是影响温室通风的重要因素之一，通常冷风渗透常发生在门窗、墙体裂缝处及覆盖物的连接处，生产过程中应定期做好检查和修补冷风渗透点，以提高温室通风和形成均匀的气流组织。生产上一个良好的通风系统应保证温室进风口的风速达到3.5～5.0m/s。

## 第二节　二氧化碳施肥技术与施肥设备

### 一、二氧化碳施肥技术

#### （一）二氧化碳施肥在农业上的重要性

所谓二氧化碳施肥，是指通过生物、物理或化学方法，提高设施内$CO_2$浓度，以满足作物光合作用对$CO_2$的需求，从而提高产量、品质的措施。二氧化碳气肥对作物生长起着与水肥同等重要的作用，它可以大大提高光合作用效率，使之产生更多的碳水化合物。

科学增施二氧化碳气肥是增加农作物产量、提高效益的一项重要的基础性技术。首先，增施二氧化碳气肥，可以提高植物的光合效率，使植株生长健壮；提高农产品的内外品质，增加效益。其次，增加产品产量，尤其是果菜类的前期产量，提早上市时间。最后，可增强植株的抗病性，提高产品的耐贮藏性。

在温室生产中，由于温室密闭不与外界进行空气交换，一般存在二氧化碳浓度低影响蔬菜植物正常光合作用的现象。随着温室产业的迅猛发展和研究的不断深入，人们对温室内增施气肥重要性的认识也不断增强。

## （二）二氧化碳气肥的来源

**1. 温室内部二氧化碳的来源**　在温室生产过程，二氧化碳来源主要有三个方面：土壤中有机物分解时释放的二氧化碳、通风换气所产生的二氧化碳、植物体呼吸释放的二氧化碳。

1）空气中的二氧化碳被植物的光合作用固定后，可能直接在土壤中被分解。土壤中的动植物残体等有机质及种类极为繁多的土壤动物与微生物可以分解二氧化碳，但二氧化碳释放浓度不易控制。

2）通风换气可增加温室内部二氧化碳浓度。通风换气是调节二氧化碳浓度的常用方法，但只能在温室内二氧化碳浓度低于 350mg/kg 时奏效，同时只能使二氧化碳浓度增加到 350mg/kg 左右，而且在冬季及早春，通风会引起温度降低。

3）植物体呼吸释放的二氧化碳一般在晚上发生，且量少。

**2. 人工补充二氧化碳的来源**　目前，人工补充二氧化碳来源主要有使用 $CO_2$ 钢瓶气、有机堆肥法、有机物燃烧法、化学反应法等。

（1）$CO_2$ 钢瓶气　利用排放干冰或利用乙醇工业的附加产物，可把气体状态的二氧化碳压缩在钢瓶内，到需要时统一释放来满足植物生长需求。$CO_2$ 钢瓶气安全、洁净且浓度可控，但在冬季使用，$CO_2$ 气化过程中会造成温室内温度降低，同时钢瓶搬运不便且价格高昂。

（2）有机堆肥法　通过增施有机堆肥制取，利用人畜粪便、作物秸秆等，在土壤堆肥过程中产生大量 $CO_2$ 来向温室供给气肥。有机堆肥成本低廉，但对增施过程中的 $CO_2$ 浓度及 $CO_2$ 施放时间等不可控，应用局限性较大。

（3）有机物燃烧法　通过燃烧液化石油气制取，利用点燃液化石油气、天然气等可燃气体来制取 $CO_2$。温室在补充 $CO_2$ 的同时也可补充热量，但在实际应用中还存在燃烧不充分、易产生有毒有害气体等问题，存在安全隐患。

（4）化学反应法　用碳酸盐与酸反应来产生 $CO_2$，目前生产中主要采用碳酸氢铵法和颗粒气肥法。

1）碳酸氢铵法：用硫酸和碳酸氢铵作用产生 $CO_2$，其副产品硫酸铵可作氮肥使用。

2）颗粒气肥法：一般以优质的碳酸钙为基料，以常规化肥为载体，有机酸作为调理剂，无机酸作为载体，在高温高压下挤压成直径 1cm 左右的扁圆形颗粒，于低温干燥条件下存放，将固体颗粒气肥施入地表或浅埋土中施用，借助光温效应自行潮解释放 $CO_2$。

但上述方法涉及使用硫酸等化学药品，硫酸属危化药品且使用中有危险性，推广困难。

## （三）二氧化碳施肥的浓度与时间

**1. 施肥浓度**　在温室光照、温度和湿度等环境较为适宜的条件下，将 $CO_2$ 施肥浓度控制在 600～1000mg/kg，阴天减少施放浓度，雨雪天停止施放；在温度偏低或偏高的亚适宜环境下，将 $CO_2$ 浓度控制在 600～800mg/kg；将叶菜类和根菜类 $CO_2$ 浓度控制在 600～800mg/kg，果菜类 $CO_2$ 浓度控制在 800～1000mg/kg；蔬菜苗期 $CO_2$ 浓度控制在 400～600mg/kg，定植缓苗期将 $CO_2$ 浓度控制在 600～800mg/kg，开花结果期将 $CO_2$ 浓度控制在 800～1000mg/kg。

**2．施肥时间**　一般在秋、冬、春三季施用。叶菜类整个生育期都可以施用；果菜类一般在结果期施用，条件允许时最好苗期也用。晴天在日出后 0.5～1.5h，通风前 0.5～1.0h 结束，晴天提早施放，阴天推迟施放，雨雪天不施放；叶菜类和根菜类在定植缓苗后开始施用，果菜类蔬菜在苗期 3～4 叶时开始施用，开花结果期为最佳施用时期。

### （四）二氧化碳施肥配套管理与注意事项

**1．注意温、光、水、肥相互配合**　二氧化碳肥在其他环境条件适宜，而 $CO_2$ 不足影响作物光合作用时施用，才能发挥良好的作用。如果其他环境条件跟不上，仅仅提高二氧化碳浓度达不到增产增收的效果。因此，人工施用二氧化碳时，要尽量提高保护地内的光照强度，当光照低于 100μmol/（$m^2$·s），如阴、雪天气，不要施用。白天温度应保持在 20～30℃的光合作用适宜温度范围内，夜间 13～18℃、白天温度低于 15℃不宜施用。此外，人工施用二氧化碳后，要加大肥水供应，保证植株对矿质营养和水分的需要。

**2．保证棚室的密封性**　进行二氧化碳施肥时应堵好塑料薄膜空隙，确保棚室的密封性良好，提高施肥效率，施肥后保持一定的闭棚时间，施肥过程中减少 $CO_2$ 浓度的波动。

**3．注意施用安全**　防止 $CO_2$ 施用浓度过高造成作物徒长、植株老化、叶片反卷、叶绿素下降等，并防止高浓度 $CO_2$ 气体中毒。利用化学反应法时，不能使用金属材料容器；操作时应戴防护手套、眼镜，防止操作人员皮肤、衣物被烧破；待反应完全终止，残液充分稀释后再利用，以防余酸对作物产生危害。

## 二、常见二氧化碳施肥设备

根据二氧化碳气肥的来源不同，二氧化碳施肥设备可分为以下几类：大型温室烟气回收装置、小型烟气净化二氧化碳增施机、小型燃烧式二氧化碳发生器、化学反应二氧化碳发生器。本节将分别介绍不同类型的二氧化碳施肥设备。

### （一）大型温室烟气回收装置

**1．基本构成与工作原理**　从燃气锅炉排烟道排出的烟气，是高温、含有硫化物、氮氧化物等有毒有害物混合的二氧化碳气体，无法直接用于生产。因此，大型温室锅炉烟气回收处理系统，一般配置余热回收装置、烟气中有害物质监测设备和烟道减压设备等组成，如图 7-11 所示。

图 7-11　锅炉烟气回收处理系统（周长吉，2020）

（1）*烟气余热回收装置* 余热回收一般采用气-水热交换的方式，经过热交换升温后的水则主要用于调节供暖管道中供热水的温度，或者回流到锅炉进一步升温后用于温室供暖。换热器一般用金属换热材料，主要结构有回转式换热器、焊接板（管）换热器、热管换热器和热媒式换热器等。温室天然气供热系统烟气余热回收大都采用翅片管换热，低温水在翅片管内流动，高温烟气在翅片间流动，从而实现热烟气和低温水之间的高效换热。

（2）*有害物质监测与控制* 经过余热回收降温除湿后的烟气，是否能作为温室光合作用的$CO_2$气体直接输送到温室还要看烟气中硫化物和氮氧化物的含量是否超标。监测有害气体的方法是在余热回收装置烟道的出口端将烟气引入二氧化硫和氮氧化物探测器监测，监测到烟气中有害气体的浓度也同时输送到锅炉的控制系统，随即调节和控制燃烧器喷射天然气流量及天然气与空气混合的比例，使之达到完全燃烧的最佳配比，保证天然气的充分燃烧，进而降低燃烧后烟气中有害物质的浓度。

（3）*烟道减压与$CO_2$主管道加压装置* 由于温室中$CO_2$配送的距离长、面积大，所以从余热回收装置出来经过检验合格的$CO_2$在送入温室前必须在其主管道上加压才能保证$CO_2$在温室内的均匀输送和分布。一般在主管的加压风机前开设一个进气口，将管外空气引入管内并与锅炉燃烧后的烟气混合，形成空气和$CO_2$的混合气体再通过$CO_2$主管送入温室。

**2．主要功能与特点** 大型玻璃温室一般采用天然气热水锅炉，将锅炉燃烧后的烟气回收进行温室$CO_2$施肥，在解决温室供暖的同时也解决了温室$CO_2$供应的问题；有的温室生产企业还采用热电联产技术，将发电、产热和回收利用$CO_2$三者结合，使燃烧天然气的能量和物质得到最大限度的发掘利用，实现能源的高效利用。

**3．安装与使用方法** 大型温室烟气回收装置属于温室加温设施的相关附属设备，应配合温室加温设备开展安装。大型温室应根据温室热负荷的计算方法设计采暖负荷，同时计算可产生的$CO_2$是否满足温室生产。如果烟气回收装置不能满足温室二氧化碳补充，还要配套罐装液态$CO_2$供应系统。

**4．注意事项** 将天然气燃烧后的烟气输送到温室生产中，大量的$CO_2$被作物吸收，但二氧化硫和氮氧化物则可能被富集，因此在实际生产中一是要在适当的时候开窗通风，排除富集的有害物质；二是要尽可能选择使用一类等级的天然气。

室外温度较高的春秋季节和夏季，温室全天候不需要采暖，这时如果还采用燃气锅炉燃烧天然气产生$CO_2$的生产模式，大量的热量无法利用将会造成很大的浪费，从经济上分析也很不合算，为此，对于大规模周年生产温室，应配备液态$CO_2$罐来供应温室所需要的$CO_2$。

### （二）小型烟气净化二氧化碳增施机

我国北方地区冬季生产以日光温室为主，部分区域冬季依靠太阳辐射无法满足热量需求，需要依赖热风炉等加温设施加温。为了有效收集利用热风炉加热所产生的$CO_2$，使用与日光温室热风炉相配套的小型烟气净化二氧化碳增施机进行施肥。

**1．产品概述** YD-660型烟气电净化二氧化碳增施机（图7-12）是以静电除尘、间歇微量供施的原理开发的二氧化碳气肥增施机。本机是一种能从烟气中获得纯净的$CO_2$并将其均匀地供给温室植物进行光合作用的机电一体化装备。本机适用于占地667$m^2$以内的蔬菜、花卉、果树等植物温室使用，特别适用于寒冷季节有人居住的、带有操作间、耳房的生火住人的温室使用或设有集中供暖的温室园区或设有热风炉加温的温室使用。

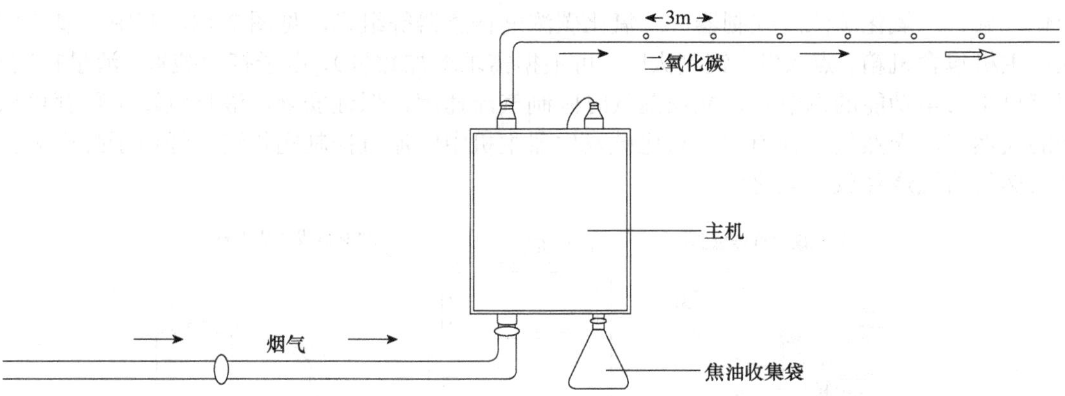


图 7-12　YD-660 型烟气电净化二氧化碳增施机结构示意图

**2．基本构成与工作原理**　本机主要由烟气电净化主机、吸烟管、送气管、焦油肥收集袋组成。其中，烟气电净化主机包含机箱、高压电源、风机、烟气电净化本体、金属过滤丝球、间歇时间控制器。

本机通过内藏引风机将燃烧装置排烟管道中的烟气抽入机内，机内电净化腔可对诸如煤、秸秆、油、液化气等任何可燃物燃烧时产生的烟气进行电净化，可有效地将烟气中的烟尘、焦油、苯并芘等有害于植物生长发育的气体基本脱除，并可将部分二氧化硫和氮氧化物脱除且将剩余二氧化硫和氮氧化物转化为植物生长所需的安全肥料和杀菌剂。

**3．安装与使用方法**　依据吸烟管的长度选择距离燃烧器、煤炉、薪材炉比较近的墙壁作为主机固定的地方，将主机固定在墙上。将吸烟管软头一端和管卡插在主机下端的进烟管上，并拧紧固定好。带有不锈钢钢管（内带有不锈钢丝团）的一端插入燃烧器或煤炉的烟道内。将耳房通往温室内的墙壁或门梁处钻一直径为 40mm 的圆孔；送气管从圆孔中插入温室内沿温室后墙与棚梁交界处布设（防晒防老化）。

本机为自动工作设备，安装好后接通电源即可进入自动循环间歇工作状态。

**4．注意事项与维修**　本机维护简便且不需经常性维护。每月只需关掉电源，拧开主机底盖，使用细棍（直径小于 10mm）轻轻拨扫掉除尘管管壁的灰垢即可。本机可能发生的故障如下。

1）送气管冒黑烟。电净化腔中央电极可能于净化腔壁面发生短路，此时应检查腔内中央电极、腔壁是否有黏液，如有，应拆掉电净化腔下端的管腔，并清洗中央电极与腔壁连接处的黏液。如腔壁和中央电极干燥且较洁净，可判断为高压电源损坏，此时应通知供货商更换、修理。

2）控制器指示灯亮而不变。控制器坏，必须更换控制器。

3）控制器正常工作但不吸烟。风机坏，更换风机。

### （三）小型燃烧式二氧化碳发生器

**1．产品概述**　小型燃烧式二氧化碳发生器是利用点燃液化石油气、天然气等可燃气体来制取二氧化碳的设备。二氧化碳燃烧产生装置使用灵活、方便，可以高效地给植物提供光合作用时所需要的二氧化碳。

**2．基本构成与工作原理**　小型燃烧式二氧化碳发生器主要由二氧化碳发生器主机、液化气罐、二氧化碳浓度控制器、二氧化碳浓度传感器等组成，见图 7-13。其中二氧化碳发生器主机包含机箱、点火针、铜制火嘴（可根据需求增加数量）、电子打火装置、流量控制阀。配有自带安全功能的调节器，能在漏气时限制气流速度，保证安全。液化气罐中贮存可供燃烧的天然气，天然气经管道与二氧化碳发生器主机中的流量控制阀相连，经电子打火装置点燃天然气后燃烧释放二氧化碳。

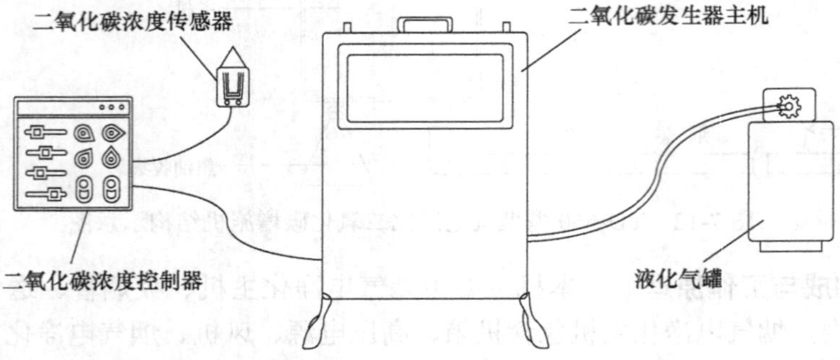


图 7-13 小型燃烧式二氧化碳发生器结构示意图

天然气的主要成分为烷烃，其中甲烷占绝大多数（约占 85%），另有少量的乙烷（9%）、丙烷（3%）和丁烷（1%）。按照标准的组分 $1Nm^3$ 天然气燃烧后除产生 $1.16m^3$ 的 $CO_2$ 气体外，还会放出 8000～8500kcal 热量（显热），如表 7-2 中所示。

**表 7-2 $1Nm^3$ 天然气燃烧后产生的 $CO_2$ 量**

| 组分 | 化学反应式 | 与 $CO_2$ 比例 | 成分含量/% | 生成 $CO_2$ 量/$m^3$ |
|---|---|---|---|---|
| 甲烷 | $CH_4+2O_2=CO_2+2H_2O$ | 1∶1 | 85 | 0.85 |
| 乙烷 | $2C_2H_6+7O_2=4CO_2+6H_2O$ | 2∶4 | 9 | 0.18 |
| 丙烷 | $C_3H_8+5O_2=3CO_2+4H_2O$ | 1∶3 | 3 | 0.09 |
| 丁烷 | $2C_4H_{10}+13O_2=8CO_2+10H_2O$ | 2∶8 | 1 | 0.04 |
| 合计 | | | | 1.16 |

注：$Nm^3$ 是指在 0℃、一个标准大气压下的气体体积

**3. 安装与使用方法**

1）此装置设计为挂于温室内部高处位置。装置上有两个吊环螺栓，并配有两个吊钩和链条。此生成器要求外壳底部气流自由流通，不可将装置放置于如桌面等一些物体之上进行操作，发生器与墙壁或其他障碍物间的最小距离应为 0.5m。

2）使用的橡皮软管连接 $CO_2$ 发生器的弯头接口和气流调节器。固定好连接之后，使用肥皂水喷洒，按压气体管检查是否有气体泄漏。

3）点火启动后，检查确认火焰为蓝色，燃烧稳定。可以根据二氧化碳量的需要，通过开、关控制面板上的 2 个球阀，选择 2 个、4 个或 8 个火嘴。注意该设备在产生二氧化碳的同时会产生较多的热量，需要确认该热量不会影响到周围的环境。

**4. 注意事项与维修**

1）使用时需要检查装置内部，确认无松动的安装材料及其他外物。检查气体连接点，确认无损坏或移位情况。确认电源开关关闭。开启任一封闭的阀门，按压气管线检查是否漏气。

2）点火模块黄铜燃烧嘴盖附近的电极在点火时会产生火花，请勿接触火花电极或在其附近放置外物。

3）该设备一般采用丙烷、天然气两种造气模式。在应用过程中，要定期检查液化气瓶的使用情况，如发现空气中有异味，应立刻停止造气，且不要开启任何的电子设备，并打开排气口、门窗等进行通风，直到异味逐渐消失。通风以后，可通过在所有的气体连接口处喷洒肥皂水的方法来检查是否漏气。

4）确认使用的是正确的燃料（液态丙烷或天然气）。应该将提供的气体调节器装上，否则高气压可能会使燃烧的火焰产生危险。不要在火焰过强或呈黄色时操作发生器。

## （四）化学反应二氧化碳发生器

化学反应二氧化碳发生器即用碳酸盐与酸反应产生二氧化碳，目前生产中采用的主要有碳酸氢铵法，即用硫酸和碳酸氢铵作用产生二氧化碳，其副产品硫酸铵可作氮肥使用。本节介绍一种化学反应法制取二氧化碳的设备——HT-1 型二氧化碳发生器。

**1．产品概述**　采用低压高密度聚乙烯材料制成，具有耐腐蚀、不易变形等特点，反应罐一次贮料 40kg（固体碳酸氢铵），贮酸桶分两次装料反应，可产 $CO_2$ 气体 22kg；输出 $CO_2$ 气体的同时无 $NH_4$ 等有害气体产生；该产品使用寿命一般可达 5 年以上。

**2．基本构成与工作原理**　HT-1 型二氧化碳发生器主要由反应罐、贮酸桶、定量装置、过滤、输气装置等组成。反应罐与贮酸桶上下塔形组合通过塑料桶箍密封相连，反应罐上部设有进酸口，外接输酸管，内部设置有沉降头，以利硫酸与碳酸氢铵更好地接触，提高反应效果，与其对应的 180°处设有排气口，反应产生的气体由此排到过滤桶；下面设有排液口，反应后的残液由此倒出；贮酸桶内设有量斗式定量装置，硫酸被提起后经接酸盆流出，经输酸管流向反应罐内进行反应。HT-1 型二氧化碳发生器结构见图 7-14。

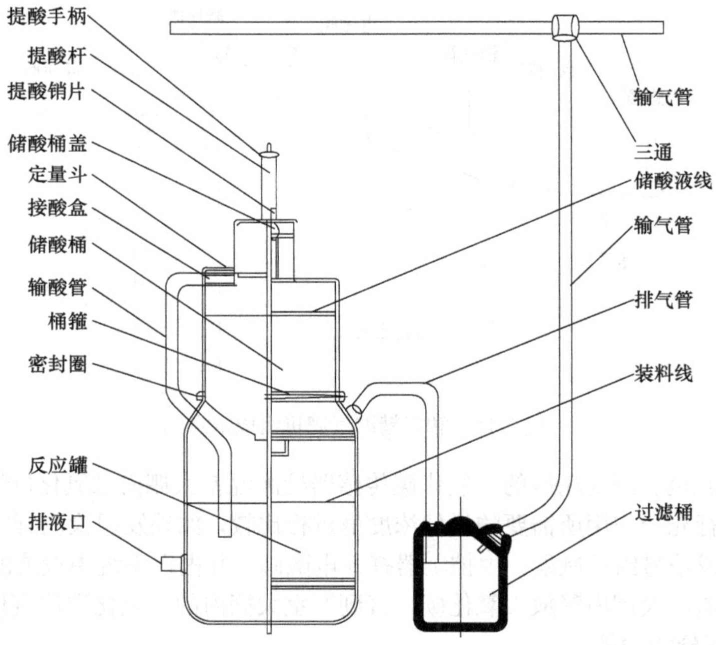


图 7-14　HT-1 型二氧化碳发生器结构示意图

HT-1 型二氧化碳发生器采用固体碳酸氢铵和 62%的硫酸为原料，经化学反应产气，其化学反应式为 $2NH_4HCO_3 + H_2SO_4 = (NH_4)_2SO_4 + 2CO_2 + 2H_2O$，反应后的副产物为 $(NH_4)_2SO_4$，可作为优质肥料。

**3. 安装与使用方法**　产气过程由硫酸定量装置控制，量斗每一次可提起 1kg 硫酸。硫酸液体在重力的作下，由上部通过管道流到反应罐内与碳酸氢铵反应，随着反应的进行，反应桶内的二氧化碳气体增多，内部气体的压强逐步增大，经输出口进入过滤桶的水中，气体与水接触后，有害气体溶于水中，比较纯净的二氧化碳气体由过滤器输出口经塑料管引入温室内，通过一定的压强不断均匀输出。

**4. 注意事项**

1）反应桶与贮酸桶之间容易产生间隙，发生漏气，降低反应桶内压力，影响 $CO_2$ 气体的均匀扩散，使用时应进行检查。

2）硫酸的使用与保管要注意安全，浓硫酸使用时首先按规定稀释，千万不要把水往硫酸里倒，以免发生危险；反应后的残留物是硫酸铵，每天应收集起来，在确定无酸性后方可作肥料使用。

3）因硫酸目前为危险化学药品，该设备目前使用受到限制。

### （五）智能型钢瓶二氧化碳气肥增施机

智能型钢瓶二氧化碳气肥增施机是指利用排放干冰或利用酒精工业的附加产物，可把气体状态的二氧化碳压缩在钢瓶内，到需要时统一释放来满足植物生长需求。二氧化碳钢瓶气安全、洁净且浓度可控。下面介绍一种智能精准气肥机。

**1. 基本构成与工作原理**　智能精准气肥机由传感器、控制器、电磁阀、减压阀、控制线、信号线、输气管、二氧化碳气瓶等部件组成（图 7-15）。

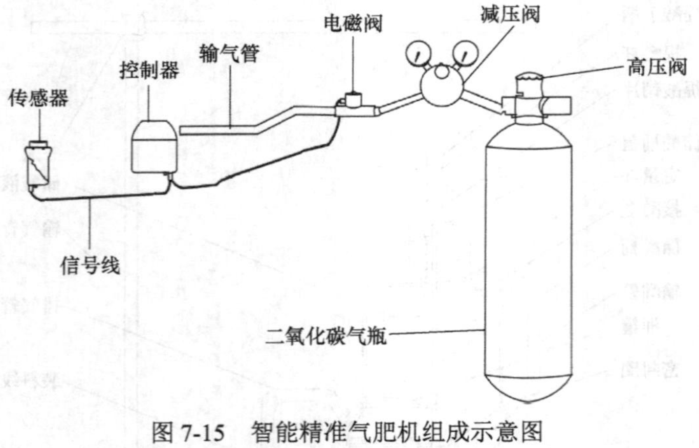


图 7-15　智能精准气肥机组成示意图

智能精准气肥机利用高精度的二氧化碳传感器检测温室大棚内二氧化碳浓度，将检测到的浓度值与植物进行光合作用所需要的最佳浓度值进行比较，如果发现检测到的浓度值不够，则二氧化碳传感器发信号给控制器，由控制器打开电磁阀，并根据系统中设置的放气时间，控制气瓶通过输气管道向大棚内释放二氧化碳，直到温室大棚内的二氧化碳浓度值满足要求为止。

**2. 各组成部分的功能**

1）传感器：检测并显示二氧化碳浓度，和控制器一起控制大棚内二氧化碳的浓度。

2）控制器：控制电磁阀的开关，打开电磁阀时进行放气，关闭电磁阀时停止放气，必须和传感器配合使用。

3）控制线：普通的导线，连接控制器和电磁阀。

4）信号线：传感器和控制器之间的通信。

5）输气管：气瓶中的二氧化碳气体通过输气管可以快而均匀地扩散到整个大棚。

6）电磁阀：把从气瓶输出的高压二氧化碳气体转化为低压二氧化碳气体，以便向输气管输送。

二氧化碳气瓶用于装二氧化碳气体，高压阀是关闭或者开启气瓶的开关。

**3．使用注意事项**

1）在设备使用前一定要检查是否漏气，如果发现漏气现象，则要及时检修，保证不再漏气才可使用。

2）在使用前，请检查传感器、控制器的电源供电是否正常。保持仪器的清洁，传感器的气口不得堵塞，以免影响仪器的正常工作。如果使用的是无线通信，设备在运行过程中，二氧化碳传感器不要拿出大棚，如果需要拿出大棚，请一定要先关闭传感器或控制器的电源，以免发生事故。

3）如果出现一直放气，或者二氧化碳浓度高于控制点还继续放气，需要迅速关闭二氧化碳气瓶的阀门及控制器的电源，并将传感器和控制器送到指定地点进行检修。

4）钢瓶在使用过程中，要轻拿轻放，避免与其他物件发生碰撞。随时留意气瓶中的二氧化碳是否用完，如果打开气瓶的高压阀，减压器上的高压表示数位 0MPa，则说明二氧化碳已经全部用完。

# 第八章　自动控制装备及智能作业

## 第一节　卷帘卷膜及通风自动系统

近年来，设施农业发展迅速，已成为农村经济发展中极具潜力的经济增长点，显示出广阔的发展前景。与此同时，越来越多的卷帘机和通风设施应用到了各类温室大棚上。使用卷膜通风设备，较人工扒缝或机械扒缝通风开启温室通风口更加省力，通风口开口更整齐、均匀，因此温室内的环境也更加均匀和稳定。温室卷帘机和通风设施的广泛应用，对降低劳动强度、缩短劳动时间、延长光照时间、提高作物产量和品质发挥着重要作用。卷帘和通风作为设施生产的必需环节，其装备的机械化自动化水平在一定程度上决定着设施农业的发展水平，为设施农业生产向标准化、规模现代化发展提供必要的技术支撑，有利于设施农业向都市农业和生态农业可持续发展。

### 一、系统机械结构

#### （一）卷帘卷膜系统

近年来，在我国北方的设施农业中，低成本日光温室迅速发展，其保温设备的卷放由卷帘机完成。之前日光温室大棚中所用到的卷帘机在卷帘棉被的运行过程中会有越位和走偏现象发生。因此，近年来限位开关与多层行程开关相结合，有效解决了卷帘棉被走偏和过卷问题。日光温室卷帘系统及卷帘限位开关（SQ1、SQ2）和行程开关（SQ3、SQ4、SQ5、SQ6、SQ7、SQ8、SQ9、SQ10）位置见图 8-1 和图 8-2。

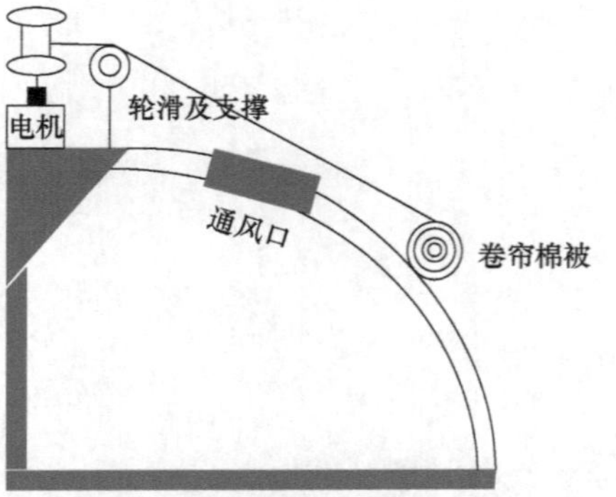


图 8-1　日光温室卷帘系统示意图

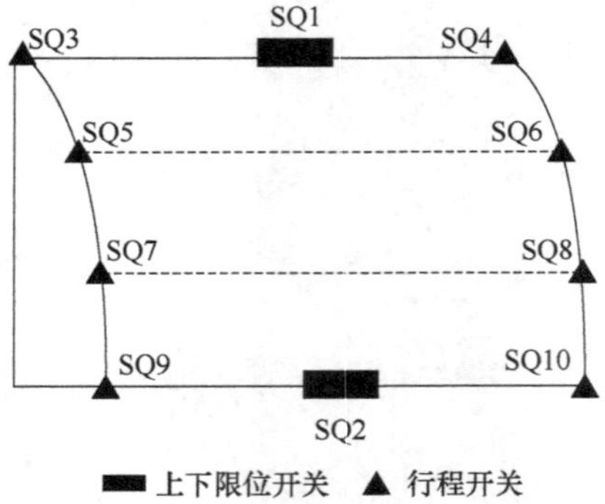


图 8-2　卷帘限位开关、行程开关位置

卷膜通风系统主要由电机、支架、滚轴、卷绳、卷轴组成（图 8-3）。电机安装在支架上，支架与温室底部固定在一起，使电机固定在温室内不能移动。电机的另一端与滚轴通过齿轮和链条实现机械转动。滚轴通过轴承连接在温室两端，并通过轴承与支架进行连接，滚轴可以沿轴心转动，但不能上下移动。卷绳一端顺时针绕在滚轴上，另一端逆时针绕在滚轴上，绕过滑轮，与卷轴固定。根据滚轴的长度，卷绳可以绕多路，使滚轴沿着温室墙体受到的拉力均匀。转动滚轴，在卷绳的带动下，卷轴拉动塑料薄膜前后移动，完成通风口的开和关。电机选用能耗低、性能优越、振动小、噪声低和节能高的交流 220V 减速电机。系统采用齿轮和链条传动的方式带动滚轴旋转，增大了输出扭矩。支架和滚轴、卷轴分别由角铁和无缝钢管焊接而成，为能满足不同尺寸温室通风的需要和方便安装，支架、滚轴和卷轴长度可以依据实际温室尺寸加工。

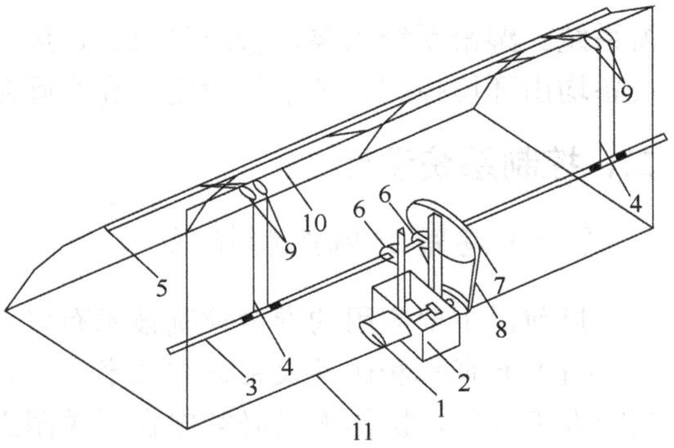


图 8-3　卷膜通风系统结构示意图

1. 电机；2. 支架；3. 滚轴；4. 卷绳；5. 卷轴；6. 轴承；7. 齿轮；8. 链条；9. 滑轮；10. 温室顶部；11. 温室底部

## （二）齿轮齿条电动开窗系统

齿轮齿条电动开窗系统（图 8-4）主要由电机、传动轴、轴承座、齿轮、铝合金窗户组成，电机采用三相异步带限位电机，通过两侧链轮联轴器带动传动轴转动，传动轴带动齿轮转动，齿轮啮合齿条使其往复运动，齿条连接着窗户从而实现温室通风窗的启闭，窗户采用专用铝合金组装而成，同时通过调节电机限位装置，控制电机停止运转，实现窗户准确定位，使通风窗停留在预先设定的位置，温室管理者只要按下按钮，窗户到设定位置可自动停止。此齿轮齿条电动开窗机构，稳定性好，抗风能力强，密封性好，大大减轻了劳动强度。

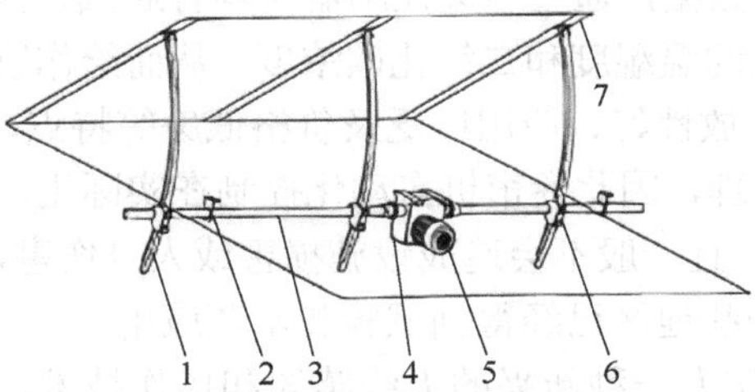


图 8-4　齿轮齿条电动开窗系统结构示意图

1. 弧形齿条；2. 轴承座；3. 传动轴；4. 联轴器；5. 减速电机；6. 齿轮；7. 铝合金窗户

齿轮齿条电动开窗系统的电机一般为三相异步电动机，为温室专用限位电机，扭矩大，行程控制精确，通过链轮联轴器带动传动轴转动。传动轴主要起到传动动力的作用，传动轴一般采用 1 寸[①]镀锌钢管，通过焊接连成一整体，通过链轮与电机相连，通过轴承座固定在温室拱架上，安装时一定要保证传动轴在同一直线上，以保证系统运行的稳定性。开窗齿轮固定在传动轴上，通过传动轴的传动而啮合弧形齿条使其往复运动，从而实现窗户的启闭。

## （三）正压通风系统

正压通风系统主要由湿帘系统、送风室、送风室开窗系统、管道风机、送风管、顶部开窗系统、温室上部环流风机和环境控制系统组成（图 8-5）。湿帘系统安装于温室北端，送风室将湿帘完全包含在内且具备较好的密闭性。送风室立面与栽培槽对应位置装有管道风机及栽培槽下送风管，立面中上部设置有开

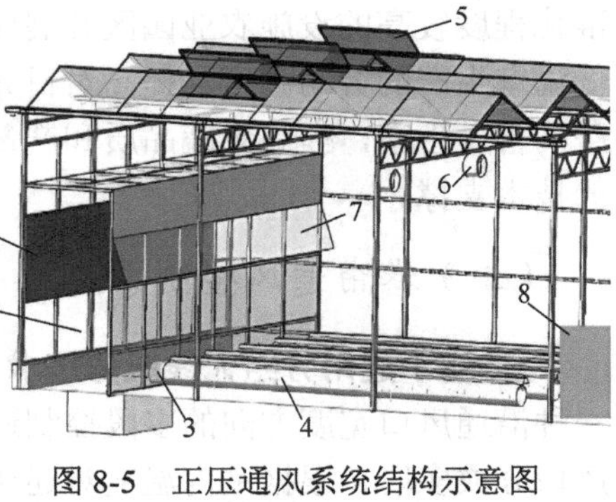


图 8-5　正压通风系统结构示意图

1. 湿帘系统；2. 送风室；3. 管道风机；4. 送风管；5. 顶部开窗系统；6. 温室上部环流风机；7. 送风室开窗系统；8. 环境控制系统

① 1 寸≈3.33cm

窗系统。湿帘系统水泵、管道风机、送风室开窗系统、顶部开窗系统、温室上部环流风机等设备均由环境控制系统根据设定值和实际温度进行自动控制。

## 二、控制系统设计

### （一）卷帘通风控制技术

目前，主要应用的卷帘控制技术有以下几种。

（1）*卷帘机和通风设施遥控技术* 目前，农户使用的卷帘和卷膜机大多是手动开关控制或人工操作，操作人员必须守在开关附近。而自动卷帘遥控仪的应用使温室管理人员不需要走近温室、不需要等待卷帘机到位后才按下停止按钮。只需发出启动或停止的命令，控制箱接收信号后断开或闭合电源，达到控制启闭的目的。此外，由于增加了控制器，行程限位功能也逐步完善，在日光温室屋脊处和前屋面处，设置位置传感器，当机头触碰到行程开关时，电源会自动停机断电，避免了卷帘不到位或越位等问题的出现。

（2）*卷帘机和通风设施现场自动控制技术* 多通道智能测控仪可以通过布置在温室内的各种不同类型的传感器，采集有关温度、湿度、$CO_2$等数据，通过中央控制器对具有通风、保温和降温功能的系统实现监控，适时调整温室内部空气的温湿度和二氧化碳浓度，从而给作物提供一个适宜的生长环境。该方式具有通信效率高、开放性好、应用广泛及价格低廉等特点，但该方式可靠性较差、成本高，不利于卷帘机的安全管理，因此卷帘机自动化控制在实际生产中应用较少；但卷膜机的自动化控制，因其安全性较高，且一般不会造成设施损害或人身伤害，在一些地区已经开始应用，在现有技术条件下，国内一些地区已经得到试验和示范应用。

（3）*卷帘机和通风设施远程控制技术* 物联网作为一种新兴的无线感知和操作技术，具有微功耗、低成本、自组网和节点布置灵活等特点，适用于自动控制和精准控制领域。以卷帘机和通风设施设备自动精准控制为目标，具有卷帘机手动和自动控制功能的基地管理软件平台已经得到开发。系统由无线监控节点和基地管理平台构成。监控节点由光强传感器组成，周期性采集温室内部相关参数，监控节点之间通过形成无线自组织网络，将网络参数上传到基地管理平台。基地管理平台完成数据存储、查询及控制。用户可根据气候特征设置卷帘机自动控制参数，由此实现特定温室的卷帘机精准控制。这种控制方式已经在规模化和标准化程度较高的设施农业园区开展应用。温室卷帘机和通风设施远程控制能够最大限度地降低温室生产的劳动强度，提高对日光温室的管理效率，调整日光温室内温度和湿度，降低果蔬病害发生率，提高果蔬品质和产量，为设施农业生产向标准化、规模现代化发展提供必要的技术支撑。

### （二）卷帘通风控制系统

**1. 基于通用分组无线服务技术（GPRS）的日光温室多段式自动通风控制系统** 这是一种沿通风口宽度方向的多段控制通风方法。多段通风即在日光温室通风口宽度方向上将通风口分成多段，根据室内温度对通风口的开启尺寸进行控制。通风包括后屋面通风和前屋面通风，分别根据不同温度阈值实现分段控制，具体流程见图 8-6。其中后屋面打开通风窗分为两段控制：①当检测到室内温度 $T \geqslant 28$℃时，则后屋面通风窗打开一半；②若室内温度继续上升，当 $T \geqslant 30$℃时，则后屋面通风窗全部打开。由于日光温室空间小，通风窗对室内温度变化幅度影响较大，为了保护开窗电机，后屋面关闭通风窗采用单段式控制，即当室内温

度 $T<30$℃时，后屋面窗户保持状态不变，直至温度 $T<27$℃时，关闭后屋面窗户。前屋面打开和关闭通风窗均为单段式控制，即当室内温度 $T\geqslant32$℃时，完全打开前屋面通风窗；当室内温度 $T<31$℃时，完全关闭前屋面通风窗。

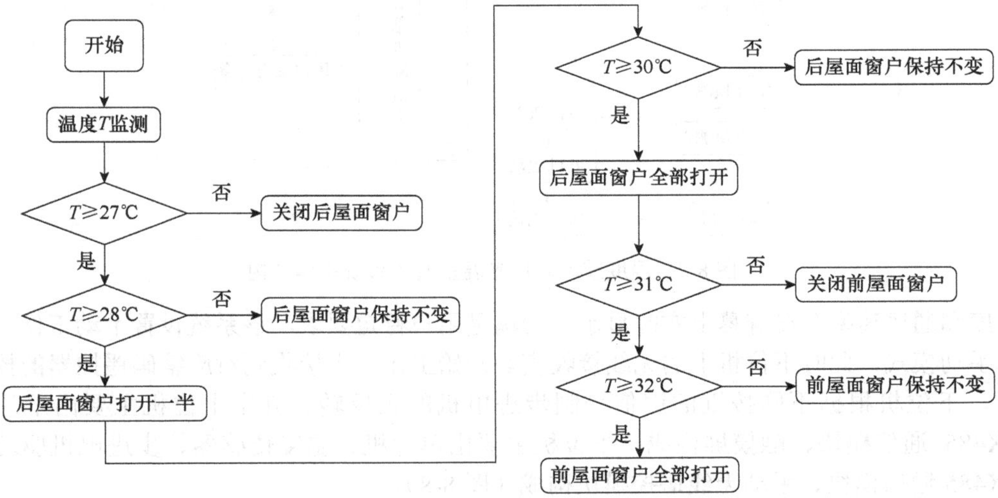


图 8-6　多段式自动通风控制系统流程图

具体控制方式如下。

1）在手机 APP 或 PC 端网页上设定不同通风段的温度阈值，同时设定不同通风段电动机的运行时间。

2）物联网模块采集温度数据后通过 GPRS 网络将数据传输到云平台服务器。

3）云平台软件根据数据分析处理结果发出电动机运行指令，从而实现日光温室通风的自动化控制。

该控制系统的核心模块为北京聚英翱翔电子有限公司的 DAM 模块，该模块基于 GPRS 网络进行通信，管理者可在手机 APP 或 PC 网页上，利用其配套的云平台软件实现温室环境数据实时监测、阈值报警、温室定位、历史数据查询、设备远程手动/自动控制、设备运行状态查询等功能。温度传感器为 4～20mA 模拟量信号，量程为 0～50℃，准确度为±0.5℃，布置在温室隔间中部。基于 GPRS 技术的自动通风控制系统实时进行温度传感器信息的采集及电机的控制，实现单个日光温室通风的分段自动化控制。

**2．温度差动式日光温室通风系统**

（1）系统结构　温度差动式日光温室通风系统由单片机采集温室内部温度和外界环境温度，通过差动分析控制通风口的大小，改进传统通风系统的不足，为现代温室的自动化发展奠定了基础。该通风系统采用总线通信温度差动式控制方式，控制系统包括温湿度采集系统、信息传输系统、用户交互系统和温度差动分析系统等（图 8-7）。

（2）控制方式　温度差动式日光温室通风系统自动工作过程为用户设定上下限温度和最大通风口大小后系统进入正常工作状态。下位机采集温室内温度和温室外环境温度，上位机通过地址扫描方式逐个采集下位机上的信息，地址配对成功的下位机将相应数据上传，综合比较分析温室内外温度差、上下限温度，并判断通风口的位置，再控制下位机驱动对应位置的步进电机动作，带动减速器正反转，从而控制通风口的大小，同时上位机采集的温室内

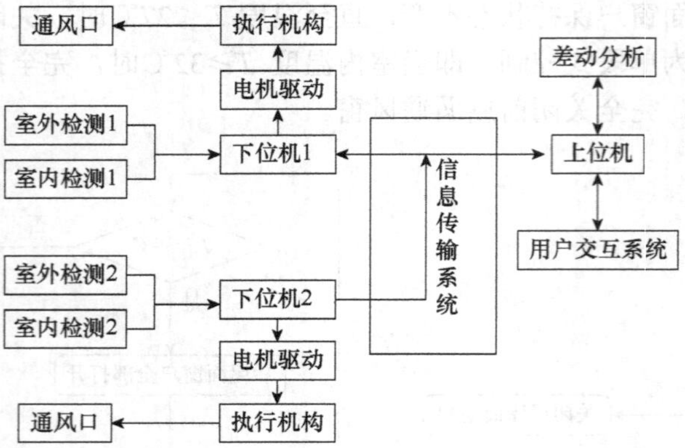


图 8-7　温度差动式日光温室通风系统总体结构

外温度和通风速率会在屏幕上实时显示。为满足用户特定要求，该系统设置手动工作。用户选择手动模式，此时下位机上的无线接收模块开始工作，当接收到对应编码遥控器的控制信号时，下位机根据不同按键的键值控制步进电机的正反转。其中上位机主要由单片机、MAX485 通信模块、触摸屏构成；下位机主要由单片机、温度传感器、步进电机驱动器、MAX485 通信模块、手动无线遥控模块构成（图 8-8）。

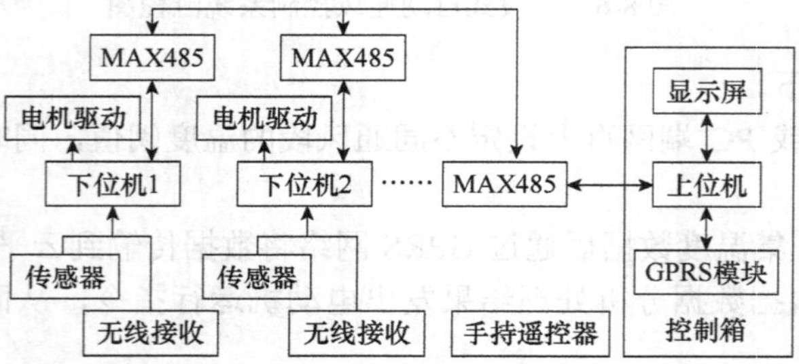


图 8-8　温度差动式日光温室通风系统控制模块

温度差动式日光温室通风系统不但能较好地控制日光温室内温度，减少因通风口开合引起的温度骤升骤降，而且能够优化下午风口的关闭，有利于夜间温室内部保温。相对于过去机械式的开关通风口，温度差动式日光温室通风系统采用闭环智能控制，在综合考虑用户设定值、室内作物生长环境温度和室外环境温度后，通过运算精准控制日光温室通风口的大小，更有助于植物生长，还能节约大量的人力、物力。

**3. 集中式最优化控制通风系统**

（1）总体结构　基于物联网的集中式最优化控制通风系统采用总线通信集中控制方式，主要由机械系统、控制系统和无线通信网络组成。其中，控制系统和机械系统主要负责采集温室内部环境信息，并由下位机驱动通风口的开合，而 GPRS 模块将上位机通过移动网络并入物联网。控制方案如图 8-9 所示，总体结构如图 8-10 所示。

（2）工作原理　该系统自动工作过程如下：设定上下限温度和电机工作时间后进入正常工作状态；上位机通过地址扫描的方式逐个采集下位机上的信息（图 8-11），地址配对成功的下位机将相应数据上传，并与用户提前设定好的温度进行比较，并判断通风口的位置；控制下位机驱动对应位置的电机动作，带动减速器正反转，从而启闭通风口，同时上位机采集到的温湿度会在屏幕上实时显示。为满足用户特定要求，该系统设置手动工作：用户选择

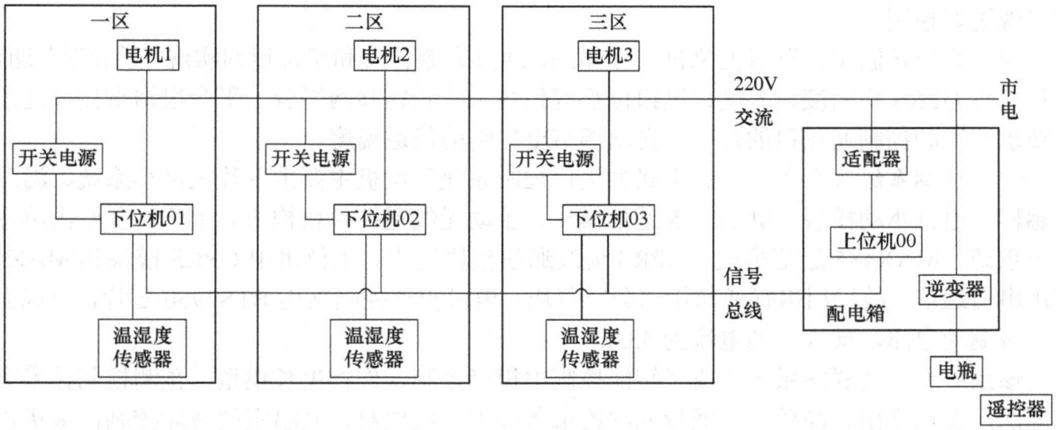


图 8-9　集中式最优化控制通风系统控制方案

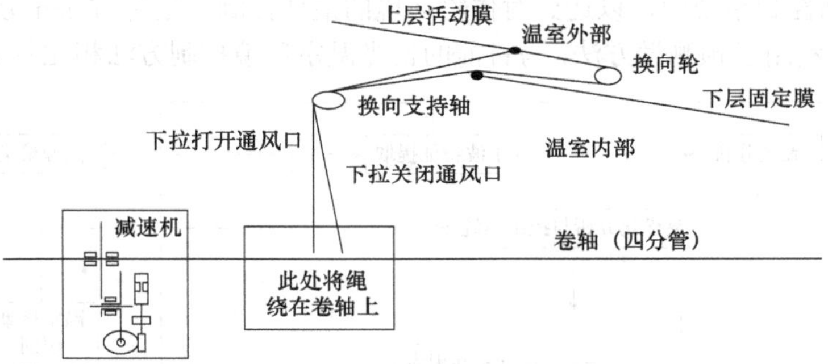


图 8-10　集中式最优化控制通风系统总体结构

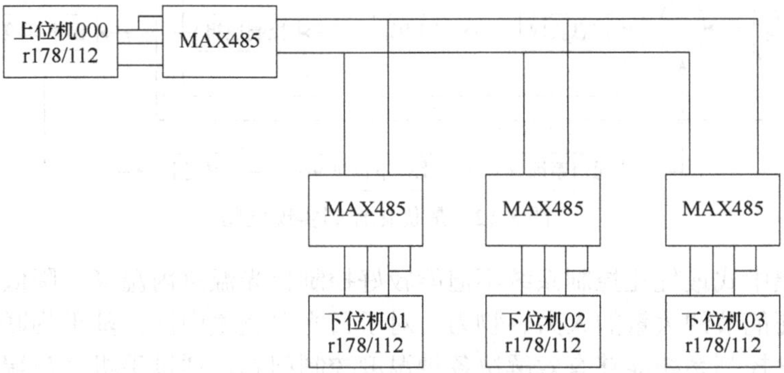


图 8-11　上位机与下位机通信

手动模式，此时下位机上的无线接收模块开始工作，当接收到对应编码遥控器的控制信号时，下位机根据不同按键的键值控制电机的正反转。该系统手机客户端和物联网平台控制过程如下：根据物联网 M2M 设备与平台通信协议，通过平台发送控制信号给对应地址的上位机，或者通过手机客户端发送控制信号给平台，再由平台发送给对应地址的上位机，从而完成通风口的开合。系统也可自动采集图像，通过小波特征提取，依据数据库作物生长模型自动控制日光温室温度。同时，上位机可以通过链路心跳、状态心跳和数据上报实现永不掉线、时钟同步、实时环境数据等功能，用户可通过物联网平台分析各处温室的环境变化趋势，对温室实现更好控制。

通信系统按温室位置对上位机进行编码，通过命令转发和状态返回实现“手拉手”通信；上位机经 GPRS 将温度、湿度、风口位置等信息上传到物联网平台，平台根据事先设定的农艺要求监测和控制通风口的开关，自动调节至作物的最适温度。

（3）控制系统及方式　集中式最优化控制系统下位机主要由单片机最小系统、温湿度传感器、电机驱动模块、MAX485 通信模块、手动无线遥控模块构成。上位机主要由单片机最小系统、MAX485 通信模块、GPRS 无线通信模块构成。上位机中 GPRS 模块和 MAX485 都用串口通信，故采用串行通信接口分时复用。电机驱动控制采用 BTS7960 芯片，组成大电流半桥驱动电路，最大驱动电流为 43A。

该系统通过物联网系统集成了智能控制中模糊控制、作物生长模型、预测控制技术和优化算法，在高产出、高质量、低投入的约束条件下，实现对日光温室的智能控制，最优化控制实现框图如图 8-12 所示。采用作物生长模拟模型和环境预测模型相结合的方法，把该技术嵌入物联网自动控制系统中，以达到对作物环境的最佳控制。这种方法充分利用了作物生长的机理模型，又利用了预测学方法，与目前的日光温室环境控制方法相比具有跨越式的进步。

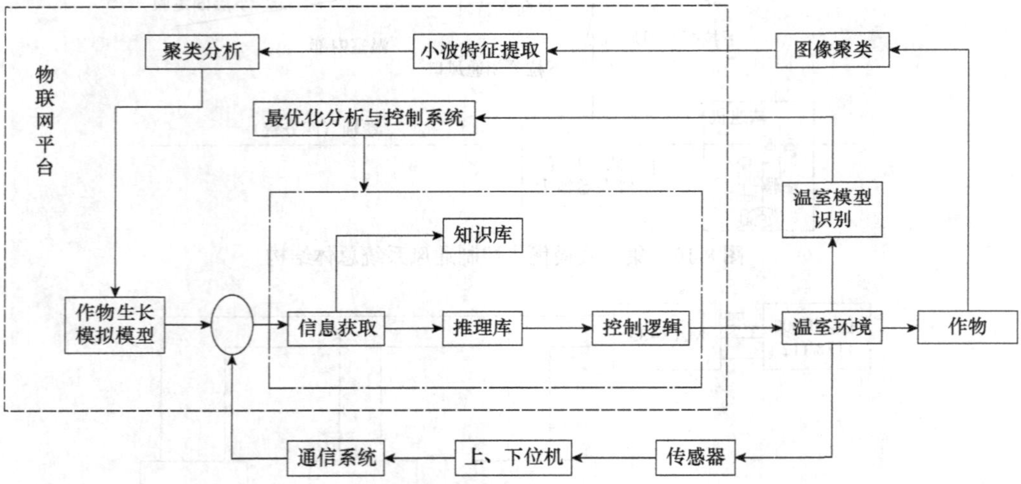


图 8-12　最优化控制实现框图

日光温室集中式最优化控制系统不但能较好控制日光温室内温度、降低温差，更有助于植物的生长，还能节约大量的人力、物力。对于日光温室集中区，基于物联网系统的日光温室集中式最优化控制系统能够有效解决各种温度控制问题，通过手机客户端，更能随时随地掌握日光温室内的情况。同时，该物联网平台还能分析温度变化曲线，便于研究日光温室不同作物的最适温度。

**4. 通风设备状态监测系统**　温室控制系统主要由开关设备和可连续控制但无位置伺服反馈的设备构成，设备（如天窗、风机、湿帘、遮阳网等）状态一般为开关量。由于温室中很多设备无反馈装置，如天窗的位置控制（以时间为基准），其实际位置与预期位置可能存在差别。另外，温室自动控制可能产生错误的操作，导致软件中的设备状态与设备实际状态不符合，造成无法控制或者硬件设备损伤，因此需要对温室内设备状态进行监测。系统由现场监控模块、服务器和客户端组成，如图 8-13 所示。现场监控模块采用 C/S（客户端-服务器）架构，监控软件通过 CANopen 协议［基于分布式控制器局域网络（CAN）总线协议建立的应用层协议］和基于 CAN 的温室数据采集与控制系统通信。输入模块接收传感器采集的温室内外环境因子，将数据发送到 CAN 总线。输出模块通过 CAN 总线接收来自现场监控软件的控制信号，控制继电器的动作调控设备。现场监控模块还具有视频监控等多种实用功能。

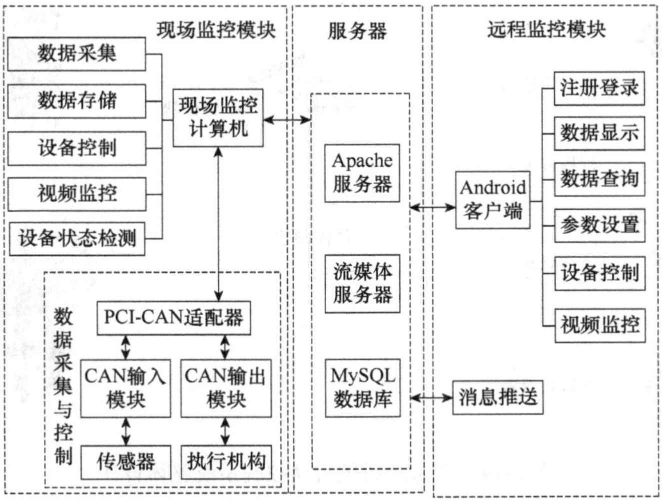


图 8-13　通风设备状态监测系统结构框图

试验温室内安装有海康威视 DS-2CD3212D-I5 型红外网络摄像头，位置固定，根据红外摄像头获取温室内部风机和天窗的视频信息，对采集的视频信息进行处理，获取风机转停状态和天窗开度状态，以防因设备故障等造成对农业生产的影响。根据风机和天窗的特点与实际情况，选用帧间差分法和自相关函数法检测风机状态，用背景差分法和 Canny 边缘检测方法检测天窗状态。解决了无位置伺服反馈设备难以获取其精确状态的问题。具有异常告警机制，当设备出现异常状况或者温室内环境信息异常时，系统自动向用户发送消息。

**5．卷帘及通风自动控制系统**

（1）*系统构成*　系统由传感器、微控制器、执行机构、GPRS 模块等组成（图 8-14）。传感器监测模块由环境因子传感器、执行机构状态监测、驱动机构监测 3 个部分组成。温湿度传感器和光照传感器采集室内外温度、湿度和光照度，微控制器对数据进行分析和处理，对执行机构发出调控指令，以达到作物生长的适宜环境条件。行程开关和限位开关作为执行机构状态监测模块，通过对同一水平线上行程开关状态变化的时间间隔判断执行机构卷帘保温被的运行过程是否出现走偏情况，并通过限位开关判断卷帘棉被是否运行完整，避免卷帘棉被出现过卷现象。若出现走偏现象，微控制器做出调控，若调控次数超过上限，通过 GPRS 的短消息服务（SMS）反馈给用户出现故障信息，若在设定调控次数范围之内，且执行机构运行完整，通过 SMS 将执行机构状态和环境参数反馈给用户；电流互感器用来监测驱动电机是否出现过载现象，电流互感器与继电装置相结合控制继电器，使卷帘机停止工作，从而避免卷帘卡死而使卷帘机烧毁，保护系统安全。

（2）*控制系统硬件*　控制系统主要由核心处理器（STM32MCU）、监测模块、执行机构、人机交互模块组成，总体硬件设计见图 8-15。其中监测模块由环境因子监测模块、执行机构监测模块和驱动机构监测模块 3 个部分组成；执行机构由卷帘机和卷膜机 2 个部分组成；人机交互模块由有机发光二极管（OLED）显示模块和 GPRS 短信通知模块及手机终端组成。

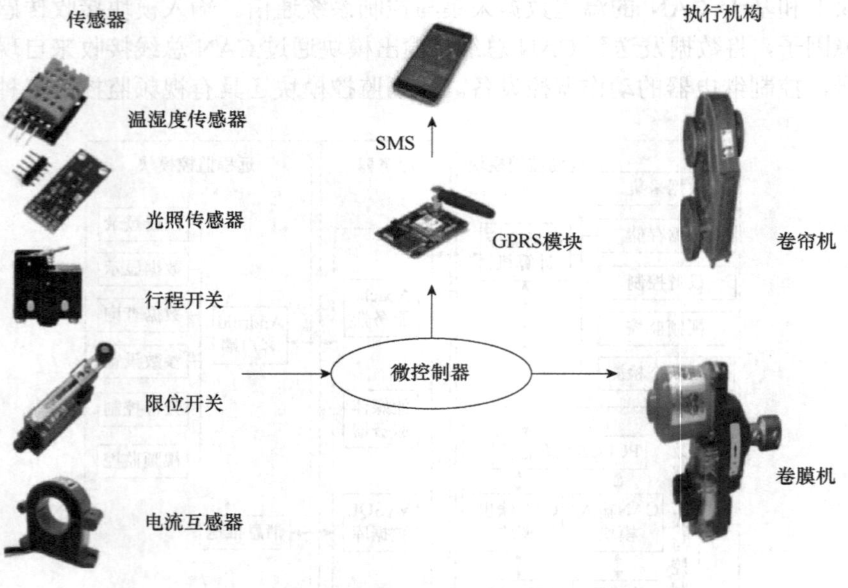


图 8-14　卷帘及通风自动控制系统整体设计

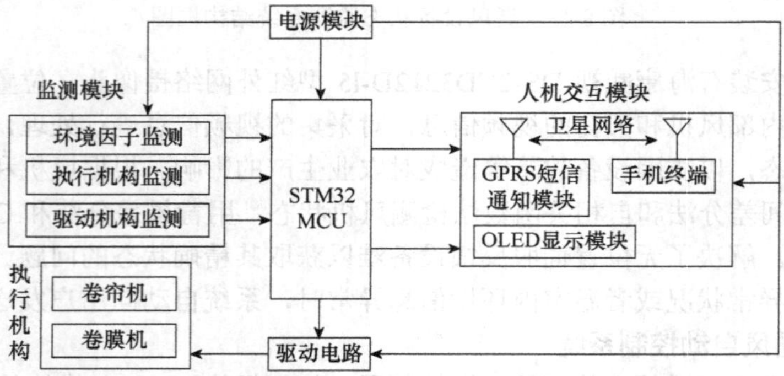


图 8-15　卷帘及通风自动控制系统硬件设计

环境因子监测模块主要通过温湿度传感器 DHT11、光照传感器 GY30 采集室内外环境参数，将信息送入 STM32MCU 并在 OLED 显示屏上进行显示，STM32MCU 输出的控制信号被送入继电器，继电器控制卷帘机和卷膜机工作，并将信息通过 GPRS 短信通知模块以短信形式反馈给用户。执行机构监测模块中的行程开关和限位开关用来对卷帘保温被的运行过程进行监测，若运行过程出现走偏现象，通过 STM32MCU 控制继电器使卷帘机正反转，以保证保温被平行下降或上升；驱动机构监测模块电流互感器与继电装置相结合控制继电器，使卷帘机停止工作，从而避免卷帘卡死而使卷帘机烧毁，保护系统安全。

（3）*控制方式*　当卷帘保温被触碰到限位开关时，电机停止工作，系统通过 SMS 短信通知模块将信息反馈给工作人员。但是，在系统实现过程中，除了考虑执行机构正常停止工作的情况外，还要考虑运行过程中特殊情况的出现。例如，走偏调整次数超过 5 次、电流互感器监测到过载信息时电机紧急制动，此时除了蜂鸣器报警之外，本研究系统会通过短信息形式将数据发送至管理人员的手机上。GPRS 短信通知模块通过 TEXT（纯文本）和 PDU（协议数据单元）2 种方式发送短信，其中以 TEXT 模式发送短信操作简单但只能发送英文消息，考虑用户使用方便性，应采用 PDU 模式。PDU 模式发送信息需要 3 步：①设置短信发送模式为 PDU 模式；②设置信息长度；③发送短信。

卷帘及通风自动控制系统控制流程如图 8-16 所示。

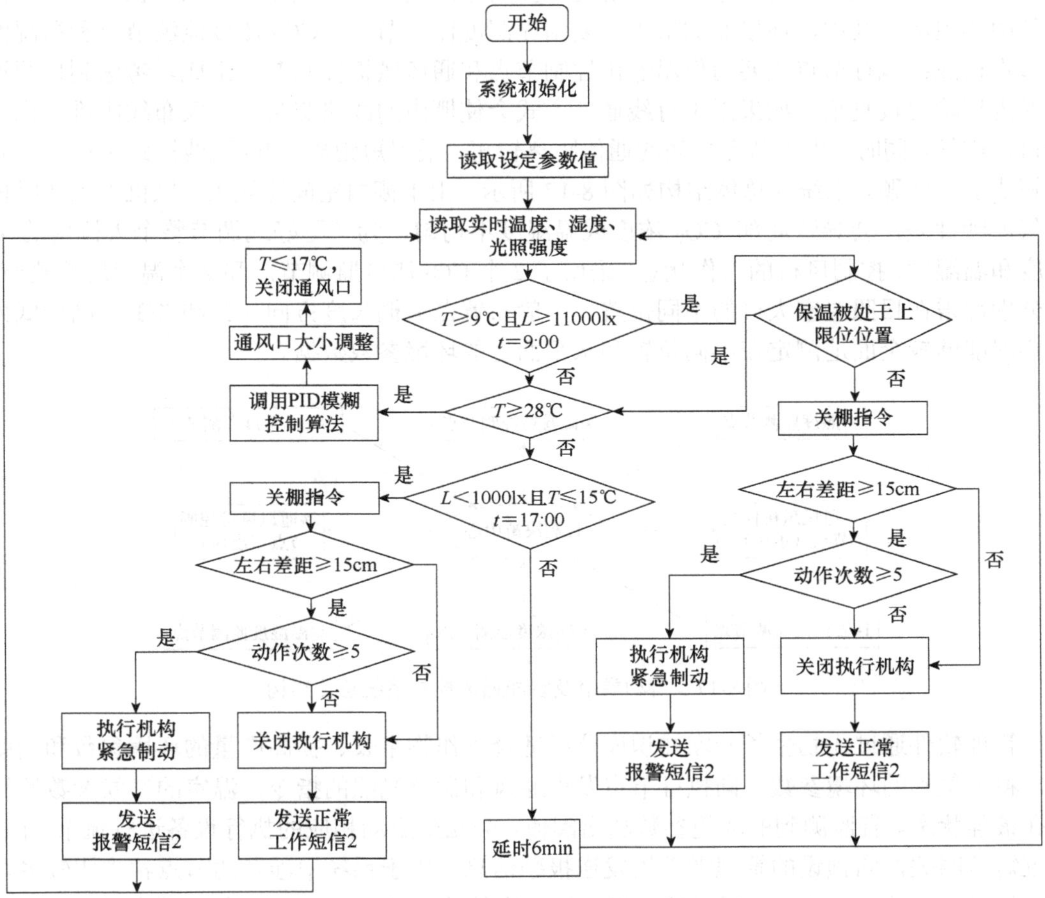


图 8-16 卷帘及通风自动控制系统控制流程

短信通知按卷帘机工作状态分为两种类型，即正常工作短信和报警短信。当开棚或关棚指令下发后，保温被运行过程正常或走偏距离和调整次数都在阈值范围内，则发送正常工作短信，通知用户棚内情况正常，开棚或关棚动作完成后，将环境因子反馈给用户。在开棚或关棚动作过程中，如果保温被运行过程中走偏距离和调整次数超出阈值范围，卷帘机紧急制动，并发送报警短信通知用户。

卷膜通风系统采用模糊 PID 控制算法，该算法将使用最广泛、最稳定的传统 PID 控制算法与模糊控制相结合。模糊控制被添加到传统 PID 控制算法的前端，以调整控制精度。在该控制系统中，调节室内温度，并且将给定的室内温度和所测量的室内温度偏差（ET）与偏差变化率（ETc）作为输入量，输出量为卷膜机动作 U，其中，输入量的模糊子状态均为{NB，NS，ZE，PS，PB}，其中，NB、NS、ZE、PS、PB 分别表示负大、负小、零、正小、正大，结合北方日光温室内作物生长环境，输出变量的模糊子状态为{ZE，PS，PB}，分别代表通风口大小的 3 种状态，即通风口全部关闭、半打开、全部打开。该系统漂移系数小于 5%，执行机构执行准确率和调控准确率都达到 95%以上；对温室内温度调节水平大于 3℃，光照度调节水平大于 1000lx。

**6．自动卷帘与智能通风控制系统**

（1）系统构成　自动卷帘与智能通风控制系统主要由环境监测节点、执行节点和控制决策中心组成。其中，环境监测节点主要由光照度监测节点、$CO_2$ 浓度监测节点和温湿度监测节点构成；执行节点主要由保温卷帘控制节点和通风风机控制节点组成。考虑到日照温室大棚内环境比较复杂，如果采用有线通信方式会使棚内的线路交叉，不仅布线困难，也不便于日常维护。同时，由于节点之间的通信距离较短，采用短距离 2.4G 无线短距离通信方式即能解决这一问题。系统的总体结构如图 8-17 所示。由于棚内空间比较大，风机不工作时内部空气流动性差，会导致局部 $CO_2$ 浓度或温湿度不均匀，为了更好地调节整个大棚内的 $CO_2$ 浓度和温湿度，控制风机的工作状态，采用了 2 个 $CO_2$ 浓度监测节点和 2 个温湿度监测节点，并分别部署在日照温室大棚的不同位置。一般布置在大棚长度方向 1/3 和 2/3 一高一低处，这样就能够较全面地测定在不同位置和水平面上的环境参数数据。

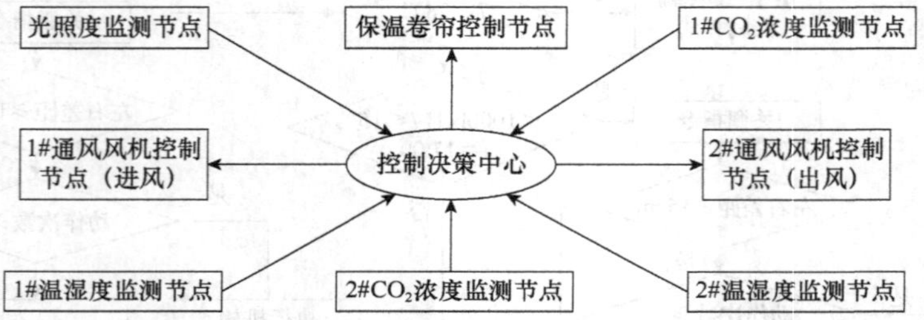


图 8-17　自动卷帘及智能通风控制系统总体结构

管理软件通过作物生长专家知识库分析适合农作物生长、提高产量的环境参数和辅助决策，将采集到的环境参数，向执行节点发出通风和调节光照的指令，温室的气候参数始终保持在最佳状态。若监测到的环境参数超出阈值，会立刻启动相应的执行设备进行调节。同时，通过短信网关，向预设的管理者手机发送报警信息。由于系统中涉及的节点种类比较多，为了方便设计和使用，统一采用了接口资源较丰富的控制器 C8051F020 作为开发硬件平台。其中，需要用的模块主要由温湿度传感器 AM2302、光照度传感器 BH17（置于温室大棚外）、$CO_2$ 浓度监测变送器、FLASH 存储器 K9K2G8U0M、风机控制电路、卷帘机控制电路、通信模块 nRF905、显示屏 12864 和声音报警模块等组成。监测和执行节点硬件平台构成如图 8-18 所示。

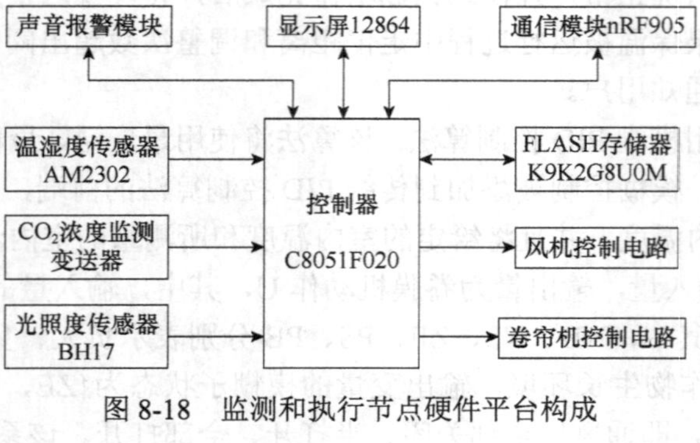


图 8-18　监测和执行节点硬件平台构成

根据不同节点的需要，只要配置对应的模块，并向控制器 C8051F020 写入相应的程序即可。监测节点主要是通过温湿度传感器、光照度传感器和 $CO_2$ 浓度监测变送器采集周围环境参数，由无线通信模块 nRF905 发送至控制决策中心，将这些参数和运行状态显示在显示屏上。当通信出现异常时，会将数据暂时保存在本地 FLASH 存储器 K9K2G8U0M 上，待通信恢复正常后再继续上传，保证了数据的连续性和完成性。当监测到的这些数据超出了适宜作物生长的范围，执行节点就会收到来自控制决策中心的指令，启动/关闭风机来调节日照温室大棚内的温湿度和 $CO_2$ 浓度，直到满足作物生长。光照度监测节点利用传感器 BH17 白天采集温室大棚外的太阳光进行光合作用，夜晚温度下降时，控制决策中心向卷帘机发送启动信号将保温卷帘放下，对大棚进行保温；太阳升起后，光照度增加至作物能够进行光合作用时，控制决策中心向卷帘机发送收起卷帘信号。

（2）控制决策管理软件　控制决策中心的计算机安装了管理软件，管理软件借助数据库 ACCESS2008 在 VC＋＋6.0 环境下开发而成，运行在 Windows 操作系统下。主要由系统配置/登录管理、无线通信配置管理、数据库管理、作物生长专家知识库、历史数据曲线分析、统计/报表打印等组成。控制决策管理软件功能如图 8-19 所示。

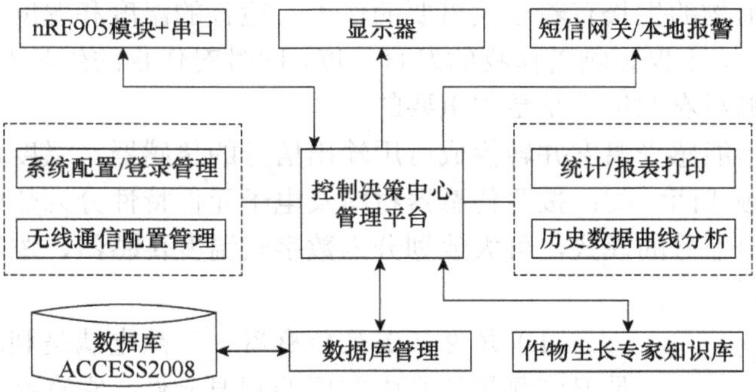


图 8-19　控制决策管理软件功能

作物生长专家知识库内部储存了作物在不同时期生长所需要的最佳气候参数及栽培技术和措施，其中最佳气候参数是用于温室控制最重要、最直接的参数，包括白天、夜晚植物在不同生长期的最佳温湿度、光照度和 $CO_2$ 浓度等。计算机通过串口和通信模块 nRF905 与各节点进行数据通信，采集温室大棚内的温湿度和 $CO_2$ 浓度，并实时显示在控制决策中心的显示屏上，同时将数据保存在数据库 ACCESS2008 中。根据作物生长专家知识库中的数据，再与处在同样生长期内的作物周围环境参数进行比较，若超出了最佳生长范围，就会通过 nRF905 无线模块向风机或者卷帘执行设备发出指令进行调节，同时，将报警信息以短消息的形式发送到预设的手机号码上，并向本地发出报警，提醒周围的工作人员注意观察。

采用 2.4G 短距离无线通信技术设计的日照温室大棚自动卷帘机与智能通风控制系统，通过监测温湿度、$CO_2$ 浓度和光照度，再根据作物生长专家知识库，对棚内的环境进行自动调节。采用两台风机同时进风和排风的方式，大大提高了大棚内外空气的流动效率，引入机械化卷帘技术，降低了人工劳动强度。系统工作稳定可靠，能够准确获取棚内的环境参数信息，并能够自动调节，为温室大棚管理的信息化和智能化提供了强有力的技术支持和保障。

# 第二节　农业信息感知设备

设施农业生产中，环境信息和作物生长信息的感知与获取是环境综合调控的基础，信息的准确可靠获取依赖于传感技术。传感技术同计算机技术、通信技术一起被称为信息技术的三大支柱，其主要通过感知周围环境或者特殊物质，如气体感知、光线感知、温湿度感知、人体感知等，将被测参数转化为计算机可以处理的数字信号。传感技术的核心是各类传感器，包括物理量、化学量或生物量等类型。新的传感器在信息转换的基础上还包括了信号的预处理、后置处理、特征提取与选择等，并日益趋向微型化、数字化、智能化、系统化、网络化、多功能化等方向发展。温湿度传感器、光照度传感器、气体传感器、风速风向传感器等是目前设施农业中几类最常用的传感器。

## 一、气象环境监测传感器

### （一）温湿度传感器

空气温湿度对植物的生长有着至关重要的作用，适宜的温度和湿度是农作物生存及生长发育的重要条件之一，不仅影响着作物的发育速度，同时对作物的生长及产量有着直接影响，因此，温湿度的监测对农业生产是至关重要的。

温度传感器是指能感受温度并转换成可用输出信号的传感器。温度传感器按测量方式可分为接触式和非接触式两大类；按照传感器材料及电子元件特性分为热电偶和热电阻两类；按照温度传感器输出信号的模式，可大致划分为数字式温度传感器、逻辑输出温度传感器、模拟式温度传感器。

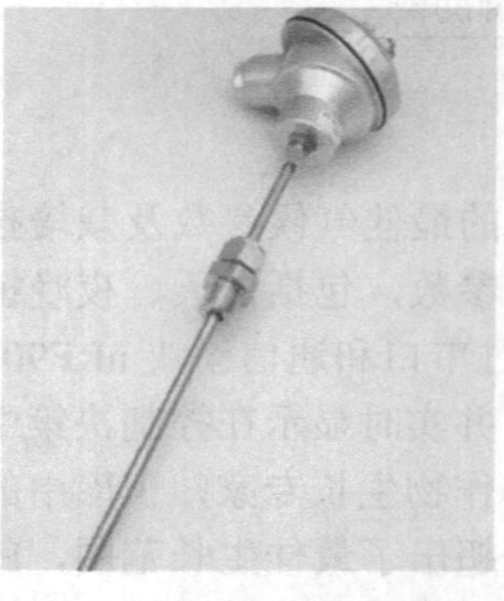

图 8-20　K 型铠装高温热电偶

（1）热电偶温度传感器　　热电偶是利用热电效应制成的，是温度测量仪表中常用的测温元件，它直接测量温度，并把温度信号转换成热电动势信号，通过电气仪表（二次仪表）转换成被测介质的温度。各种热电偶的外形常因需要而极不相同，但是它们的基本结构大致相同，通常由热电极、绝缘套保护管和接线盒等主要部分组成，通常和显示仪表、记录仪表及电子调节器配套使用。图 8-20 为一种 K 型铠装高温热电偶。

热电偶温度传感器的主要优点为：测温范围宽，性能比较稳定；测量精度高，热电偶与被测对象直接接触，不受中间介质的影响；热响应时间短，热电偶对温度变化反响灵活；测量范围大，热电偶在－40～1600℃均可连续测温；热电偶性能牢靠，机械强度好，使用寿命长，安装方便。

（2）热电阻温度传感器　　热电阻（thermal resistor）温度传感器是基于金属导体的电阻值随温度的增加而增加这一特性来进行温度测量的。它的主要特点是测量精度高、性能稳定。其中铂热电阻的测量精确度是最高的，它不仅广泛应用于各领域的温度测量，而且被制成标准的基准仪。热电阻大多由纯金属材料制成，目前应用最多的是铂和铜。此外，现在已开始采用镍、锰和铑等材料制造热电阻。金属热电阻常用的感温材料种类较多，最常用的是铂丝。工业测量中所用金属热电阻材料除铂丝外，还有铜、镍、铁等。图 8-21 为一种装配式热电阻传感器。

（3）红外温度传感器　在自然界中，当物体的温度高于绝对零度时，由于它内部热运动的存在，就会不断地向四周辐射电磁波，其中就包含了波段位于 0.75～100μm 的红外线，红外温度传感器就是利用这一原理制作而成的（图 8-22）。红外温度传感器是非接触感应，具有响应速度快、操作安全、使用寿命长等优点。

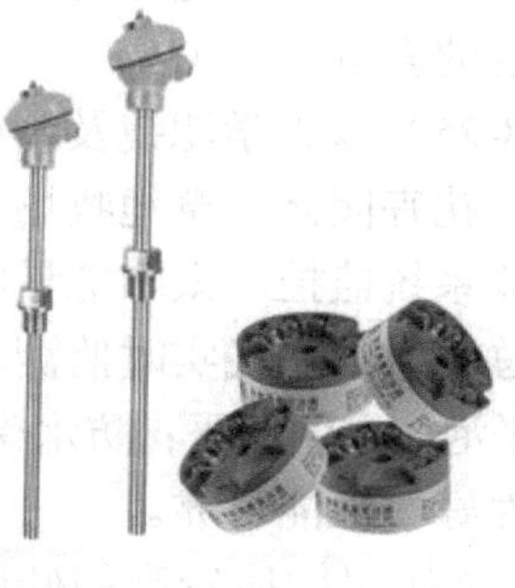

图 8-21　装配式热电阻传感器

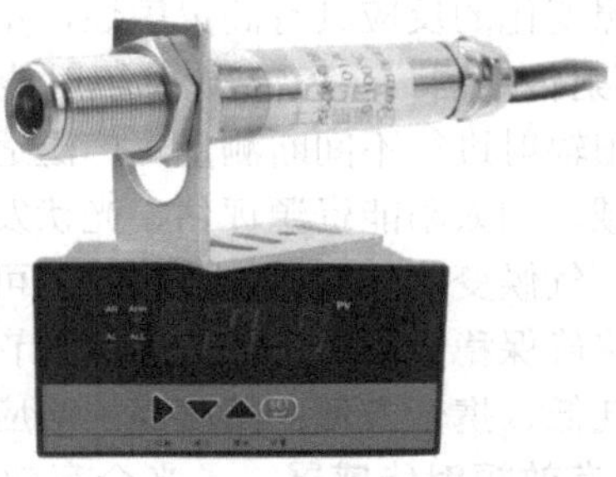

图 8-22　红外温度传感器

（4）温湿度一体传感器　空气温湿度的测量大多采用集成传感器。DHT22 数字温湿度传感器（图 8-23）能同时测量温湿度，该数字温湿度传感器是一款含有已校准数字信号输出功能的温湿度复合传感器。它应用专用的数字模块采集技术和温湿度传感技术，确保产品具有极高的可靠性与长期稳定性。传感器包括一个电容式感湿元件和一个负温度系数（NTC）测温元件，并与一个高性能 8 位单片机相连接。因此该产品具有品质卓越、响应快、抗干扰能力强、性价比极高等优点。系统集成安装简易快捷，且体积小、功耗低，信号传输距离可达 20m 以上，适用于各类场合。产品为 4 针单排引脚封装。

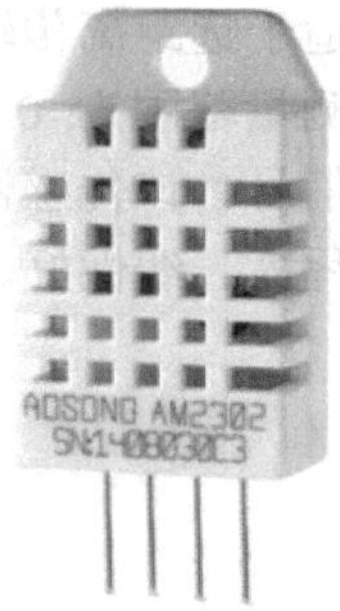


图 8-23　DHT22 数字温湿度传感器

（5）温湿度气压变送器　DigiTHP 温湿度气压变送器可以检测温度、湿度、露点、气压参数（图 8-24）。采用 RS485 和 ModbusRTU 通信协议输出。可选 3.6～24V 或 2.7～16V 宽范围直流供电。墙面壁挂安装或管道插入法兰盘安装。该设备尺寸小、安装简单，具有良好的长期稳定性、高可靠性及高性价比。湿度量程为 0～100%，分辨率为 0.01%，精度为最高±1.8% RH；温度量程为−40～80℃，分辨率为 0.01℃，精度为最高±0.2℃；气压量程为 300～1100mbar[①]，分辨率为 0.1mbar，精度为±0.15mbar（相对精度），±1mbar（绝对精度）。

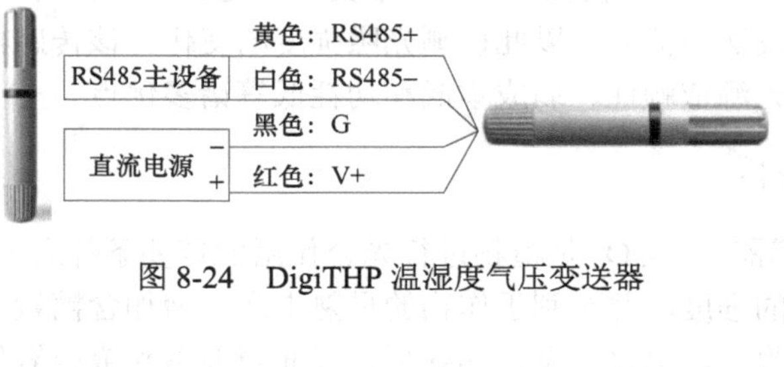


图 8-24　DigiTHP 温湿度气压变送器

① 1mbar＝100Pa

## （二）光照度传感器

光照是植物生长必不可少的条件。光照度是对光照强度的简称，是表示物体表面的光通量与被照面积之间的比值，通常也说物体的照明程度。光电光敏传感器主要利用光照射到敏感材料时其电阻发生变化的原理制作的。光照度传感器可以感知光线明暗程度，在输出时可以转换为可识别的电信号。光照度传感器采用光敏二极管来检测日光照射变化的状况，光敏二极管对日照变化的反应具有高灵敏性，不受自身温度的影响。

**1．总辐射传感器**　PYR20 总辐射传感器（图 8-25）以光学滤镜及精密检测电路为核心，可对太阳辐射进行不间断测量。广泛适用于农业、花卉园艺、草地牧场、植物培养、科学试验等领域，如太阳能资源评估、光伏发电、太阳能系统监控、太阳能量收支平衡研究、热交换研究、气候变化研究等。该传感器可实现太阳总辐射的在线实时监测，精密的光学滤镜及检测电路确保稳定可靠；带有水平调节机构与水平泡，方便调平；防水密封，集成度高、体积小、功耗低、携带方便；精度高，响应快，互换性好，性能可靠。

**2．光合有效辐射传感器**　光合有效辐射传感器采用灵敏度较高的硅蓝光伏探测器。可根据不同测量场所配置不同的量程，具有测量范围宽、线性度好、防水性好、安装方便、适于远距离传输等特点，可广泛用于农业大棚、城市照明等场所。以 SES 系列为例（图 8-26），测量范围为 0～2000W/$m^2$，光谱范围为 400～700nm，信号输出为电压型、电流型、RS485 信号。该传感器具有测试精度高、使用寿命长、抗干扰能力强、安装携带方便等优点，且量程大、线性好、抗雷击能力强、观测方便、稳定可靠。

图 8-25　PYR20 总辐射传感器

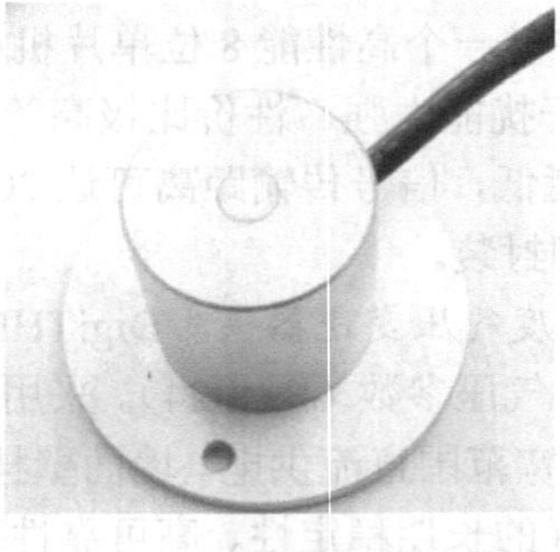

图 8-26　SES 系列光合有效辐射传感器

**3．无线光照传感器**　无线光照传感器由发送器、接收器和检测电路组成。其中，发送器对准目标发射光束，光束不间断地发射或改变脉冲宽度；接收器由光电二极管、光电三极管、光电池等组成；在接收器前面，装有光学元件如透镜和光圈等，在其后面是检测电路，它能滤出有效信号和发送该信号，以此检测光照强度的变化。该传感器具有体积小、感应灵敏度高、稳定性高、光源依赖性、弱成本低和功耗低等诸多优点。

## （三）气体传感器

**1．$CO_2$ 浓度传感器**　$CO_2$ 是植物进行光合作用的重要条件之一，适宜的 $CO_2$ 浓度可以提高植物光合作用的强度，并有利于作物的早熟丰产，增加含糖量，改善品质。$CO_2$ 气体传感器主要有红外吸收型、电化学型、热导型、表面声波型和金属氧化物半导体型，且各有优缺点。

红外式 $CO_2$ 传感器（图 8-27）的原理是利用红外线发生器发射的红外线辐射照射空气中的二氧化碳气体，当气体的浓度发生变化时，$CO_2$ 传感器测量到的红外返回波也就会发生变化。电化学气体传感器是利用气体在电极上发生电化学反应（包括氧化和还原），检测电极上的电压或者电流来感知气体的种类和浓度。电化学气体传感器的特征是有电解质（有液体和固体两种）和与电解质接触的电极。与电化学气体传感器相比，红外式 $CO_2$ 传感器具有温度补偿，可靠性高，且与其他气体不会产生交叉反应。红外传感器长达 10 年的寿命节省了 $CO_2$ 传感器售后维护费用。由于红外传感器测量范围宽，且不受其他背景气体（$CH_4$、$H_2S$、$SO_2$、$N_2$、$O_2$ 等）影响，可广泛用于气象、环境、农业、养殖业、温室、实验室、暖通制冷换风控制等各类需二氧化碳浓度测量的场合。

图 8-27 红外式 $CO_2$ 传感器

**2．氨气含量传感器** 氨气含量传感器（图 8-28）在农业生产中多用于检测畜禽舍环境中的氨气含量，以判断畜禽排泄物的污染程度并决定是否需要通风换气和清除粪便。氨气含量传感器一般可分为催化燃烧式和电化学式，催化燃烧式氨气含量传感器有使用寿命长、响应较快、受温度、湿度、压力影响小、成本低等优点，但对于多种可燃气体的选择识别性较差，且对环境含氧量有一定要求；电化学式氨气含量传感器的优点有工作温度范围大、寿命长、高灵敏度、线性输出、选择性好等，但传感器存放期有限，且环境湿度对精度有影响。

新型的氨气含量传感器可通过 485 模块将数据上传到上位机实时监控，支持多种传输信号（图 8-28）。

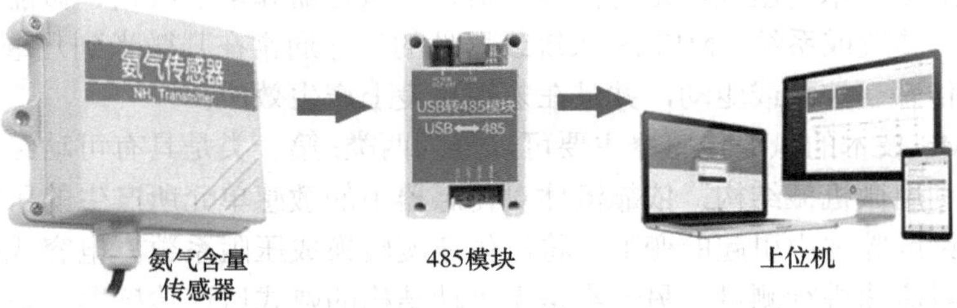


图 8-28 氨气含量传感器

## （四）风速风向传感器

风是作物生长发育的重要生态因子。风速风向传感器属于一种气象应用、测量气流流速和方向的流量传感器。根据不同的测量原理，风速风向的检测方法可以分为力学、声学、传热学等多种方法。

**1．旋转式风速传感器** 旋转式风速传感器是一种机械式的风速检测设备，利用固定在转轴上的感应组件，基于其可动结构的转速与风速的大小成正比的原理来进行测量。常见的旋转式风速传感器有风杯式和螺旋桨叶片式。图 8-29 是一个典型的风杯式风速传感器，感应部分由三个圆锥形的空杯组成。杯壳固定在互相成 120°的三叉星形支架上，当有风吹过时，三个风杯受风影响产生的压力不同，会使得风杯产生旋转运动。当风杯转动时，带动转轴上的磁棒转动，通过电子开关电路得到一个频率与风杯转速成正比的开关输出信号，经进一步的换算后可以得到实际风速值。风杯式风速传感器的原理简单，对风速的测量依赖于机械部件的动作。但由于存在可动结构，随着工作时长的增加，其轴承间的摩擦力会发生变化，从而影响测量精度。除此之外，旋转式风速传感器通常体积比较大，阻碍了它在小型化场景下的推广及应用，并且由于机械式旋转会带来机械磨损，导致其寿命有限，经常需要校准和维护，所以普及程度不高。

**2．超声式风速传感器** 超声式风速传感器基于多普勒效应，利用探头发送声波脉冲，基于超声波在大气中的传播速度与实时的风速有关的原理，通过测量接收端收到信号的时间或频率来计算风速和风向。图 8-30 是一个典型的商用超声式风速传感器，由 4 个超声波收发器组成，可测量的风速为 0～65m/s，工作温度为−40～70℃，分辨率可达 0.01m/s。但由于超声部件的体积尺寸比较大，不适用于在微小型器件中的集成，所以存在应用场景上的限制。

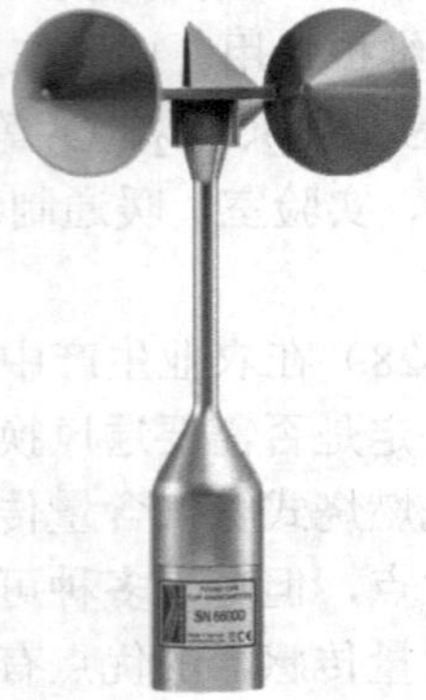

图 8-29 风杯式风速传感器

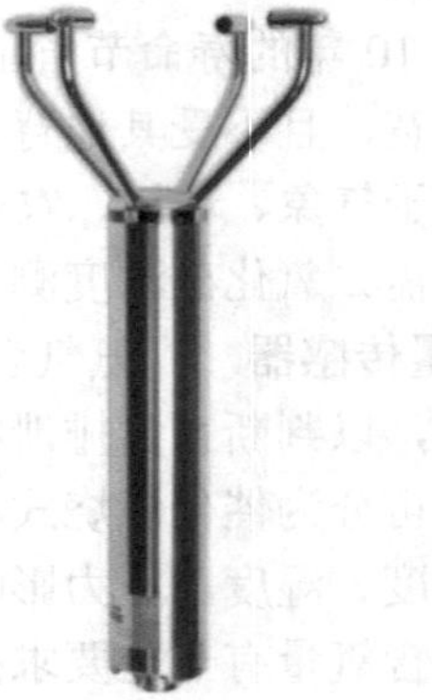

图 8-30 超声式风速传感器

**3．MEMS 热式风速传感器** MEMS（micro electro mechanical system，微电子机械系统）为以微细加工技术为基础，是将微传感器、微执行器和电子线路、微能源等组合在一起的微机电器件、装置或系统。MEMS 系统或器件的尺寸通常在几微米到几毫米，它可以在微观尺度上进行传感、控制或驱动，并且在宏观尺度上产生效应。

基于 MEMS 技术的风速传感器主要可以分为两类：第一类是具有可动结构的非热式风速传感器，通常利用微机械结构，依靠流体对传感器中的敏感单元所产生的压力或升力，检测在器件的悬臂梁或腔体中引起的变形，将流体速度转换成压阻系数、电容或者谐振频率等信号中的一种，对流速进行测量。另一类是无可动结构的热式风速传感器，基于传感器表面和周围环境之间产生的热交换，通过热原理来进行检测。它不需要机械可动结构，在检测性能上有着响应速度快、灵敏度高、测量范围广等特点，所以有着更广阔的应用范围。

### （五）微型气象传感器

微型气象传感器（图 8-31）是可同时测量大气温度、湿度、气压、风向、风速这 5 种气象要素的小型仪器。该设备采用超声波原理测量风速风向，数据协议支持 ascll 码（美国信息互换标准代码）和 Modbus 协议，通信接口采用 RS485。设备具有精度高、响应时间快、抗干扰能力强、故障率低、环境适应性强、寿命长等优点。广泛应用于科研、电力、气象环保、交通、农业等行业。

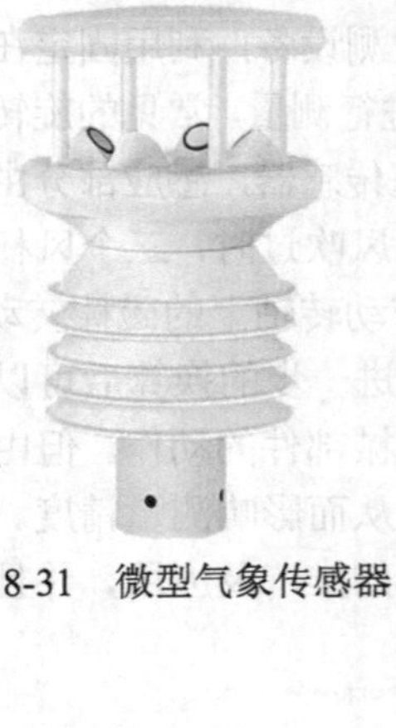

图 8-31 微型气象传感器

## 二、土壤/基质信息传感器

### （一）土壤水分传感器

土壤中的水分含量即土壤墒情，是农业生产中最重要、最基础也是必不可少的土壤信息之一。作物生长与土壤水分含量息息相关，水分过多，一方面作物的根系呼吸受到影响，另一方面水中营养元素和化肥等随水分渗漏会造成地下水污染；水分过少会导致肥料无法被作物充分吸收，严重的可能会使得土壤盐碱化。土壤水分的监测既可以为科学种田、安全生产、抗旱减灾提供科学依据，也可以为政府部门准确地引导和组织农民进行农业结构调整和生产布局的宏观决策提供科学依据。

**1．土壤水分张力计**　土壤水分张力计（图 8-32）可以通过监测与土壤接触的多孔材料中的水的运动来估计土壤水分所包含的能量。基于这种方法的传感器通常由嵌入在土壤中圆柱形粒子矩阵中的两个电极组成。这种颗粒基质通过从周围土壤中转移水分来平衡土壤含水量。传感器中的水分是通过两个嵌入电极之间电阻的变化来测量的。由于成本低，粒子矩阵传感器被广泛用于大规模部署。然而，张力计受其空间变异性小的限制，这是一个缺点，因为在这种情况下，滞后显著，且维护成本高。

图 8-32　土壤水分张力计

**2. 中子土壤水分仪**　中子土壤水分仪是通过测定慢中子云的密度和水分子之间的函数关系来确定土壤中的水分含量。这种方法是将中子源埋入待测土壤中，不断发射快中子，快中子进入土壤介质，与各种原子离子碰撞。随后，快中子失去能量，使原子减速。当快中子与氢原子碰撞时，它们会失去大部分能量，很容易减速。随着土壤含水量的增加，慢中子云的氢含量和密度增加。采用中子探头测量土壤水分含量，不需要挖掘和破坏土壤结构，可在定点连续监测，从而获得采样点土壤水分运动的动态规律，快速、准确、无滞后。而在使用中子土壤水分仪时，室内和室外曲线相对不同，野外土壤不同的物理性质，如容重、土壤质地等，会引发较大的曲线偏移。研究表明，中子土壤水分仪的垂直分辨率较差，获得表层的测量数据是一个挑战。此外，中子土壤水分仪价格昂贵，特别是由于辐射对健康的危害，不能被广泛采用。图 8-33 为一种智能中子土壤水分仪。

图 8-33　智能中子土壤水分仪

**3．基于介电原理的土壤水分传感器**　不同的材料有不同的介电常数。土壤介电常数由电磁频率、温度、盐度、土壤体积含水量、土壤束缚水与土壤总含水量之比、土壤密度、土壤颗粒形状和含水量形式等因素决定。水在土壤中的介电常数比其他基质和空气的介电常数更显著，它主要取决于土壤的含水量。因此，测定土壤的介电常数就可以达到测定土壤含水量的目的。由于湿土的介电常数主要由土壤含水量决定，利用土壤的介电特性确定其含水量是一种有效、快速、简单、可靠的方法。具体可分为基于电容原理、电阻原理、时域反射（TDR）原理、频率反射（FDR）原理和驻波（SWR）原理的测量方法。

（1）TDR 型土壤水分传感器　该类方法测量土壤水分含量具有很高的精确度。以 QUA-TEL-TDR 型土壤水分传感器为例（图 8-34），该传感器能对土壤 EC 进行测量，修正土壤水分读数。通过测量表层土壤水分温度电导率状况来判断土壤的干旱程度，指导农业、草坪、牧区等领域的灌溉。设备有 3.8cm、7.6cm、12cm 和 20cm 4 种不同长度的探针可选。用于测量不同深度土壤层的土壤水分和电导率。广泛应用于土壤墒情、农田温室等领域的监测和研究。

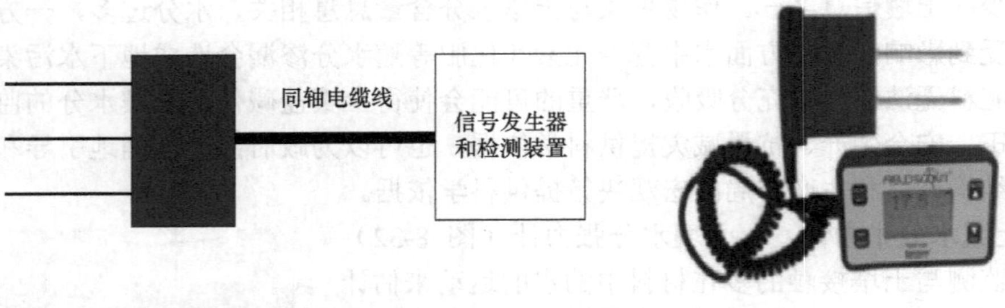


图 8-34　QUA-TEL-TDR 型土壤水分传感器

（2）FDR 型土壤水分传感器　FDR 在探针的几何长度和工作频率的选择上比 TDR 更加自由。测量时，土壤充当电介质，传感器的探针与其一起等效为一个电容，同外接的振荡器可组成一个调谐电路，传感器电容量与两极间被测介质的介电常数呈正比关系，土壤中水分增加使得传感器等效的电容值增大，从而影响到传感器的工作频率（谐振频率）。高频振荡器可发出几十兆到几百兆赫兹的高频信号，通过高频检测电路可检测出谐振频率。FDR-100 土壤水分速测仪（图 8-35）能够快速测量土壤及多孔介质容积含水量，广泛应用于农业、林业、土壤墒情监测系统、标准良田项目、智能灌溉控制项目、土壤墒情卫星遥感监测系统及苗情监测系统、土壤墒情实时监测系统、地质勘探、植物培育等领域。

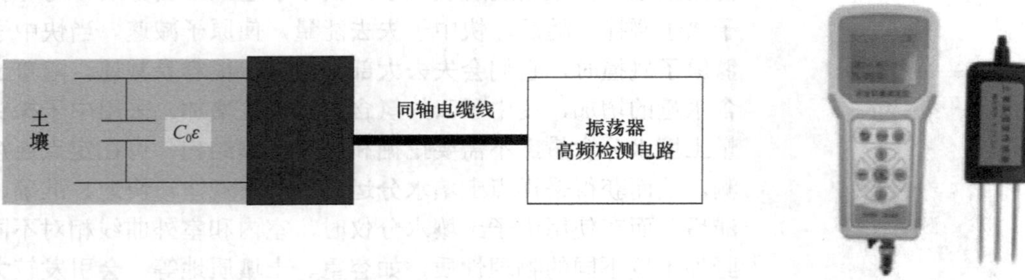


图 8-35　FDR-100 土壤水分速测仪

$C_0$. 电容；$\varepsilon$. 介电常数

（3）SWR 型土壤水分传感器　测量原理与 TDR 相似，是测量驻波的驻波比。由于在技术实现上较前两种更加容易，所以该类型传感器的价格比前两种都有不同程度的降低，但在测量精度和传感器的互换性上稍差一点。SWR 型土壤水分自动采集仪由 SWR 型土壤水分传感器、采集仪仪表、GPS 接收机及上位机软件四部分组成，全部在一只仪器箱中（图 8-36）。仪器箱中还配有 4 根探针（其中一根探针已安装在传感器上）、扳手一个、充电电源线一根、通信线一根、安装光盘一张。该土壤水分自动采集仪主要功能为通过 SWR 型土壤水分传感器测量各个指定点的土壤水分值；通过 GPS 接收机采集各个指定点的具体经度、纬度位置；

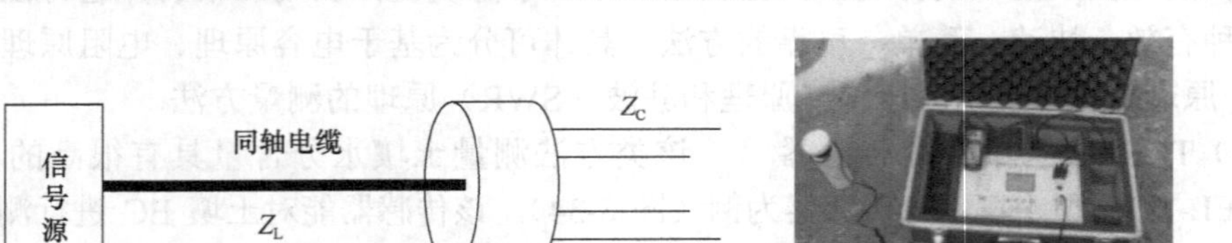


图 8-36　SWR 型土壤水分自动采集仪

$Z_L$. 线路阻抗；$Z_C$. 探针阻抗

能够存储所测各个指定点的土壤水分值、经度、纬度位置值，并可通过 RS-232 串行口传送给计算机保存与处理。一般有 6cm、10cm、15cm 和 20cm 4 种不同长度的探针。

### （二）土壤养分传感器

土壤养分制约着作物生长发育，土壤养分的实时监测是作物良好生长的先决条件，而土壤养分传感器是获取土壤成分的主要途径。土壤养分测定的主要是氮、磷、钾 3 种元素，它们是作物生长的必需营养元素。目前，测定土壤养分的传感器主要分为化学分析土壤养分传感器、比色土壤养分传感器、分光光度计土壤养分传感器、离子选择性电极土壤养分传感器、离子敏场效应管土壤养分传感器、近红外光谱分析土壤养分传感器。各种土壤养分传感器优缺点的比较见表 8-1。

**表 8-1 土壤养分传感器优缺点的比较**

| 土壤养分传感器类型 | 优点 | 缺点 |
| --- | --- | --- |
| 化学分析土壤养分传感器 | 成本低 | 操作复杂，准确度低，易受干扰，通用范围小 |
| 比色土壤养分传感器 | 设计简单，成本低 | 具有重复性，精确度低，应用范围有限 |
| 分光光度计土壤养分传感器 | 灵敏度高，响应速度快，应用范围广 | 价格偏品，样本前处理复杂 |
| 离子选择性电极土壤养分传感器 | 结构简单，灵敏度高，响应速度快，样本前处理方法简单，抗干扰能力强 | 测定组分单一，检测效率低 |
| 离子敏场效应管土壤养分传感器 | 取样少，检测速度快，自动化程度高，操作简单 | 检测范围比较窄，检测精度低，重复性，成本太高 |
| 近红外光谱分析土壤养分传感器 | 测试简单、速度快，无污染，使用范围广 | 难以获得较高的相关系数 |

土壤氮磷钾传感器（图 8-37）采用一体化设计，将传感器、通信模块、采集模块高度集成到产品内部，适用于温室大棚内的土壤养分速测及埋地测量。速测时，选定合适的测量地点，避开石块及类似坚硬物体，按照所需测量深度刨开表层土，保持下面土壤原有的松弛度，紧握传感器，垂直插入土壤，插入时不可左右摇晃，一个测点的小范围内建议多次求平均。埋地测量时，垂直挖直径大约 20cm 的坑，深度按照测量需要，将传感器钢针插入坑内，将

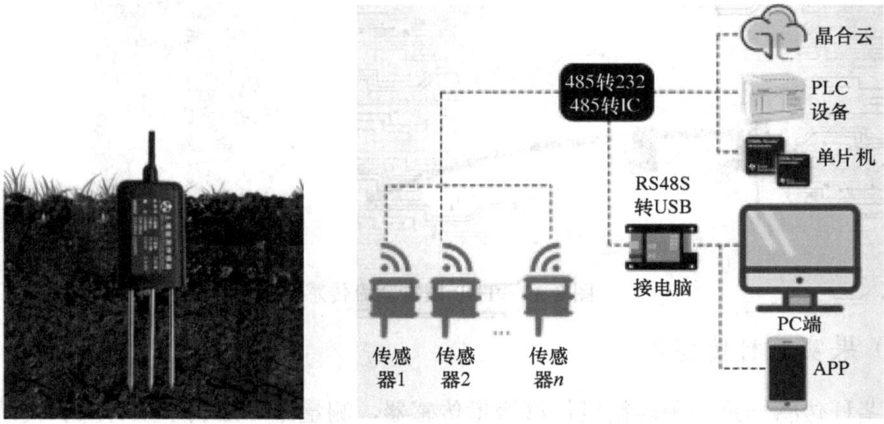


图 8-37 土壤氮磷钾传感器

坑内填埋压实，确保钢针与土壤紧密接触，待传感器稳定一段时间后，即可进行连续长时间测量和记录。该传感器配套有监控软件及远程通信，可直接由 PC 端或手机 APP 获取数据。

### （三）土壤多参数集成传感器

图 8-38　SIS10 土壤综合传感器

目前，土壤传感器向多参数集成化发展，以 SIS10 土壤综合传感器为例（图 8-38），可以检测土壤氮磷钾、水分、电导率、温度、盐分等多个参数，传感器性能稳定、灵敏度高，适用于土壤墒情监测、科学试验、节水灌溉、温室大棚、花卉蔬菜、草地牧场、土壤速测、植物培养、污水处理、精细农业等场合。该电极采用特殊处理的合金材料，可承受较强的外力冲击，不易损坏。完全密封，耐酸碱腐蚀，可埋入土壤或直接投入水中进行长期动态检测。精度高，响应快，互换性好，探针插入式设计保证测量精确、性能可靠。完善的保护电路与多种信号输出接口可选。

## 三、作物生长传感器

### （一）植物茎流传感器

茎流（sap flow）是指植物茎内部由于蒸腾作用而上升的液流。植物根部土壤内的水分通过根压被植物吸收进入根部后，由于蒸腾作用产生的压差，水分会从植物根部向植物的冠部移动，于是在植物的体内会形成一股液流，此液流负责提供植物的蒸腾作用的水分消耗及植物进行生理活动所必要的元素。对植物茎流速率的准确获得，一方面能够建立完备的土壤-植物-大气的生态系统蒸散模型，对于探究水分生理活动规律，研究区域性水分供需规律具有重要意义；另一方面可以探究植物本身的生理活动特征，便于植物表型研究，指导农业智慧化精细化灌溉提供参考与指导。

茎流检测的原理是通过给茎秆内运输的水分添加探测示踪物，通过示踪物的相对位移计算出植物茎秆内液体的流速，而该示踪物通常为温度。到目前为止，植物茎流的检测方法可以分为三种，分别为热脉冲法、热平衡法和热扩散法。图 8-39 为一种 TDP 植物茎流传感器。

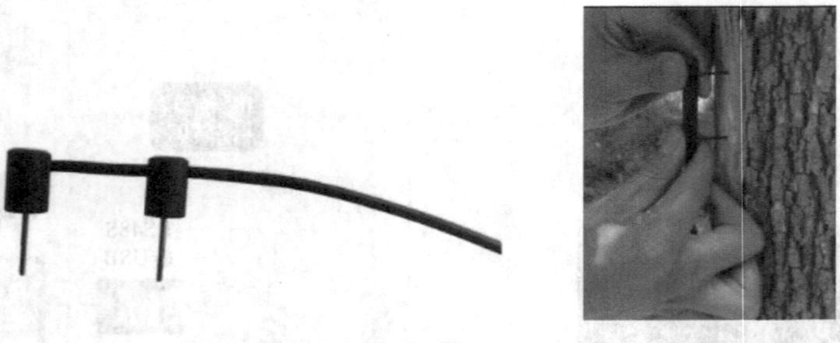

图 8-39　TDP 植物茎流传感器

### （二）果实茎秆传感器

果实茎秆传感器是一种高精度位移增量传感器，测量原理是利用茎秆成长传感器移动的距离，来测量植物果实或植物根茎的生长长度，记录完整的果实或根茎的生长尺寸（图 8-40）。PH-GS01 型果实茎秆传感器是高度精确的电子测量仪器，并且带有温度自动补偿功能。利用该仪器可以很容易地监测环境因子对植物果实、茎秆生长变化的影响。数据采集器或计算机通过测径器桥状张力探头的信号变化，实时测量植物的日生长与长期生长变化。

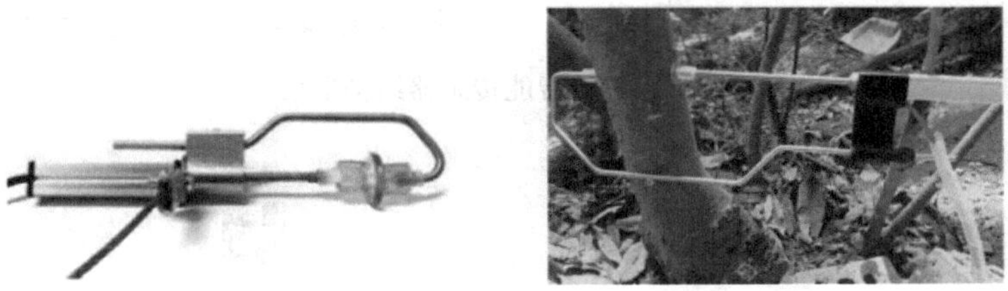

图 8-40　PH-GS01 型果实茎秆传感器

### （三）茎秆强度传感器

茎秆强度传感器属于力学传感器，主要用测量植株不同部位的厚度、角度、表面粗糙度，以及植株在机械作用方面的拉伸、压缩、垂直度，压力、应力、动力，以及构件的振动、速度、加速度等（图 8-41）。

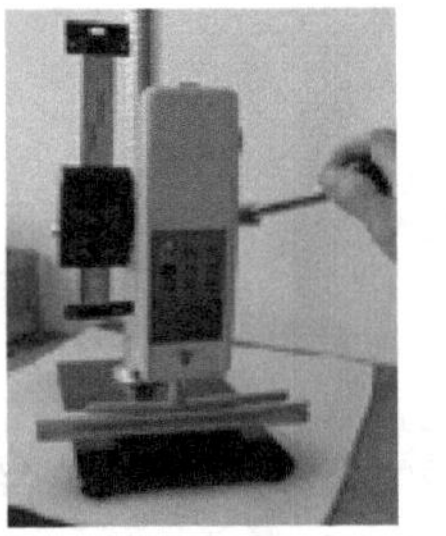

图 8-41　茎秆强度传感器

### （四）叶绿素测量仪

叶绿素是绿色植物进行光合作用的物质基础，是研究植物生长、生理代谢及营养状况的重要指标。测定叶绿素的常用传感器有分光光度法传感器、活体叶绿素仪叶绿素传感器、荧光传感器法、卫星遥感法等。SPAD-502 Plus 叶绿素测量仪（图 8-42）可快速检测出异常的数值。通过精确测量生长中作物叶子的叶绿素相对含量，进行有效的田间控制，并可依据测量的叶绿素相对含量（SPAD），决定什么时候追肥，确保作物在最佳化的营养条件下茁壮成长，从而达到优质高产的目的。SPAD-502 Plus 叶绿素测量仪通过测量叶片在两种波长下（650nm 和 940nm）光学浓度差的方式来确定叶片当前叶绿素的相对数量。此测量仪体积小，坚实、携带方便，具有防水设计，可在雨中测量，操作简单、快速，反应时间短。测量范围为 0.0～99.9SPAD，重复性为±0.3SPAD，精度为±1.0SPAD，测量面积为 2mm×3mm，操作温度为 0～50℃；储存温度为−20～55℃。

图 8-42　SPAD-502 Plus 叶绿素测量仪

## 四、智能传感器

智能传感器在常规传感器的基础上，通过调理电路对信号进行滤波、放大，并转换成数字信号送入微处理器，微处理器进一步对信号进行计算、存储与数据分析。根据处理结果，一方面通过反馈回路对传感器与信号调理电路进行调节，提高测量精度；另一方面按一定通信协议数字化输出感知数据，实现远程监控。智能传感器结构框架如图 8-43 所示。

智能传感器相对比常规传感器在功能和性能上有了极大的提高，尤其是通过智能化软件的补偿和校准解决了常规传感器在农业复杂恶劣环境下检测精度不高，校准不便等问题。图 8-44 为一种常用的智能温湿度传感器。

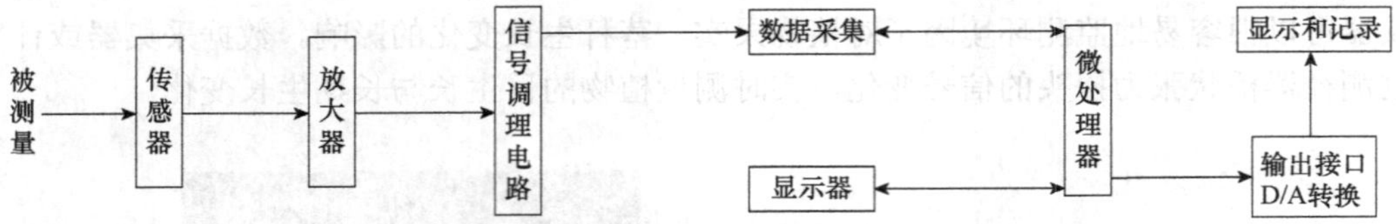


图 8-43　智能传感器结构框架

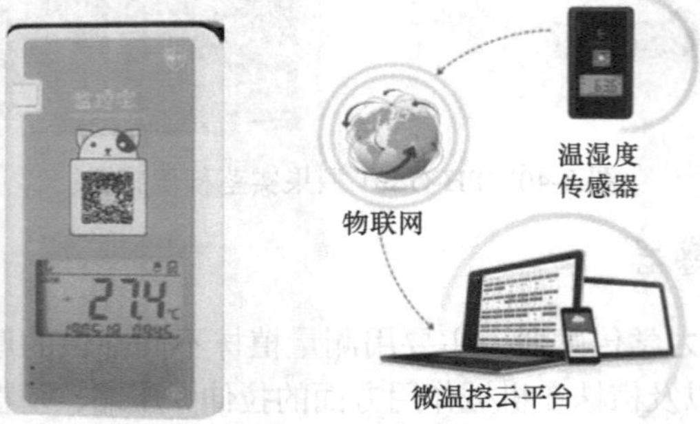


图 8-44　智能温湿度传感器

## 第三节　温室环境综合调控系统及控制方法

温室环境综合调控实质上是指以创造作物生长发育的最佳环境，以获取最大生产效益为目的，根据环境因子间的互作规律，利用传感器、计算机等控制元器件所进行的环境综合调控过程。

温室环境的调控较为复杂，主要是由于：①植物对环境的定量需求存在着不定性，植物对环境具有抗逆性、耐受性与顺应性，其机理极为复杂，涉及生命的内涵、本质，因此环境因素的目标值并非固定不变，而是随着作物与环境的互作而发生变化。②气象因素的变化具有随机性，室外日照、气温、风速（向）等气象因子变化无常，表现在设施内环境调控上就是干扰的随机性，其变化规律难以准确描述，势必影响调控精度。③环境因素间具有耦合性，如提高温室气温，空气相对湿度会相应降低，进而又会影响到地面蒸发与植株蒸腾强度，并且这些耦合规律也难以准确量化表达。④园艺设施结构呈现多样性，不仅不同设施几何尺寸千差万别，园艺设施的建筑材料与覆盖材料也相差很大，这些决定了传热特性各异，会影响到控制软件的通用性。诸如此类的“不定性”“随机性”“耦合性”“多样性”等，决定了设施园艺环境调控的极其复杂性。

因此，要像工业过程一样对设施园艺环境进行精确调控是非常困难的。当然，也正因为作物对环境具有适应性、耐受性等特点，在一般情况下并非要求将环境调控到“精确点”，而是调控到一个“合适”的范围。实际上，这样一个“合适”的范围是随着园艺设施装备水平而变化的，如从塑料大棚、日光温室的仅靠人工经验的环境管理，到现代化温室，再到人工气候室、植物工厂的环境调控，这一“合适”的范围则变得更“窄”或更加精确。近年来，中国正在实施“互联网＋”的战略，将智能控制、无线网络技术等应用到农业设施中已经在很多研究当中体现。硬件上从单片机控制发展到物联网控制，原来只能进行温度等单因子控制，现在可以多因子综合控制，控制目标也从简单达到某个控制参数值转移到节约能源等有利于可持续发展的需求上。

## 一、温室环境综合调控系统

作物的生长过程本质是作物受环境、营养、水分等外部因子作用，并对其进行转化的复杂动力学过程。设施内作物生长环境参数的空间分布性强、时空变异性大、多参数间相互影响，加上不同种类作物之间的差异，造成传统的栽培和环境调控方式很难适应不同种类、不同生育期的生长需要。而要获得高产优质的产品和高经济效益的回报，应具备先进适用的信息检测和环境控制手段。要为作物提供优化的生长环境，就必须从温室作物的生长状态、生长模型及其与环境的作用关系着手，将生物-环境-工程相结合，优化调控方法和控制系统，有效改善温室作物的生产条件，提高资源的利用效率，从而实现设施作物的高产、高效、优质生产。

**1. 基于 IPSO-BPNN 的温室环境监控系统**

（1）系统硬件结构　系统的硬件结构图如图 8-45 所示，硬件系统设计以 AVR 单片机为控制核心。AVR 单片机从性价比的角度，要优于其他系统的单片机。除了控制算法以外，系统还要解决好数据采集与输出控制的问题。在数据采集方面，主要用到温度传感器、湿度传感器、光照度传感器和国产的 MG811 型 $CO_2$ 气体传感器。

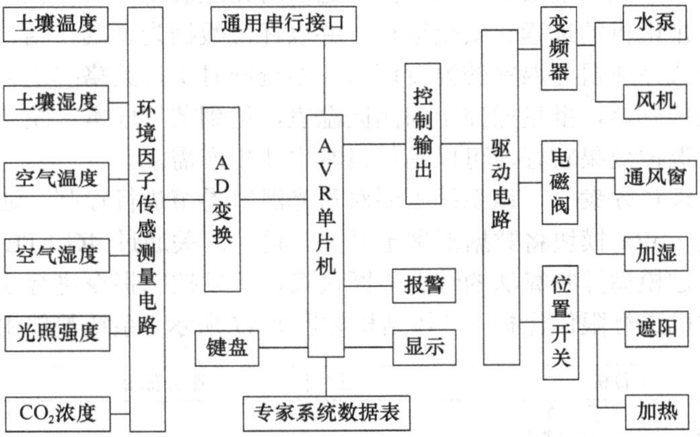


图 8-45　基于 IPSO-BPNN 的温室环境监控系统硬件结构图

控制输出部分如下。

1）加温系统。温室加温的方法包括热水加温、蒸汽加温、电热加温、烟道加温与光热加温等。

2）供水系统。供水系统由水源、管道及出水部分组成，加湿部分采用自动化程度高的自动喷雾装置。

3）光照系统。温室内若光照不足，需设灯，增加光照强度和延长光照时数，以维持植物的正常生长发育，提高其产量或品质。目前温室常用的光源为电光源，选择光源应使光源的光谱特性与花卉产生生物效应的光谱灵敏度尽量吻合，以最大限度地利用光源的辐射能量。比较常用的光源有白炽灯、日光灯、氖灯。

4）$CO_2$ 供应设备。采用罐装液化 $CO_2$，用电磁阀进行控制。

（2）控制方案设计　基于系统辨识的方法，本系统采用多因素综合控制。它将各种作物在不同生长发育阶段需要的适宜环境条件输入到控制程序，当某一环境因素发生改变时，其余因素自动做出相应修正或调整，使光照条件、土壤和空气温度、湿度和 $CO_2$ 浓度这几个主要环境因素随时处于最佳配合状态。例如，切花月季生长发育的适宜条件要求为阴天温度23℃、相对空气湿度70%、环境$CO_2$浓度400μmol/mol，晴天温度25～26℃、相对空气湿度65%、环境$CO_2$浓度800μmol/mol。在上述因素中某一因素发生改变时，能及时调整其余因素，以达到综合控制的目的。IPSO-BPNN神经网络将这几个主要变量联合作为输入变量，在神经网络学习运算过程中，就充分利用了各个输入变量之间的相关关系，不需要特别进行复杂的解耦分析，这也是利用神经网络的方法处理系统的优势之一。

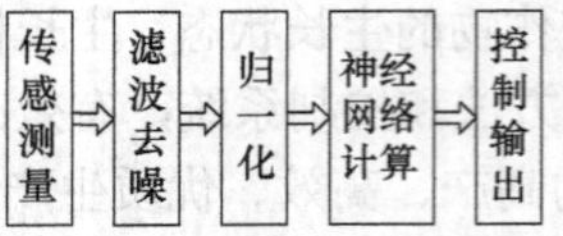


图8-46　基于IPSO-BPNN的温室环境监控系统软测量系统结构

本系统的软测量结构设计主要由3个部分组成：数据处理、神经网络计算和控制输出（图中前三个模块的功能主要是数据处理），如图8-46所示。

系统的输入为各个传感器测量到的信号经调理电路调理后，采样及AD（模拟-数字）变换得到数据，数据经滤波去噪和归一化送入神经网络进行计算，计算后直接控制输出。输出变量主要是开关量，如果是模拟量时，采用PWM（脉冲宽度调制技术）方式输出。

**2．基于LoRa与模糊控制的温室环境调控系统**　系统结合LoRa（长距离无线通信技术）和4G-LTE（第4代移动数据网络）技术通过对设施温室卷帘电机增加控制设备并配置限位保护，实现卷帘电机的远程、安全运行，并以环境数据为基础，结合模糊控制模型，使用卷帘压风口的方式完成日光温室的温度调节，系统同时支持策略绑定功能，在连片温室区域可以只部署少量传感器，批量操控全部园区温室，达到节省成本、统一操作的效果。通过试验对比，该系统调控效果较好，可以满足日常农业生产需求。

（1）系统总体设计方案　该系统主要对日光温室卷帘进行控制，通过传感器完成现场环境数据采集，由LoRa模块将数据汇聚至网关，再由网关通过4G-LTE模块将数据上传至服务器，服务器经过模糊控制算法的综合判断决策，下发控制指令进行设备控制，外部通过行程开关告知下位机进行限位保护，具体结构如图8-47所示。系统整体由下位机和服务器端

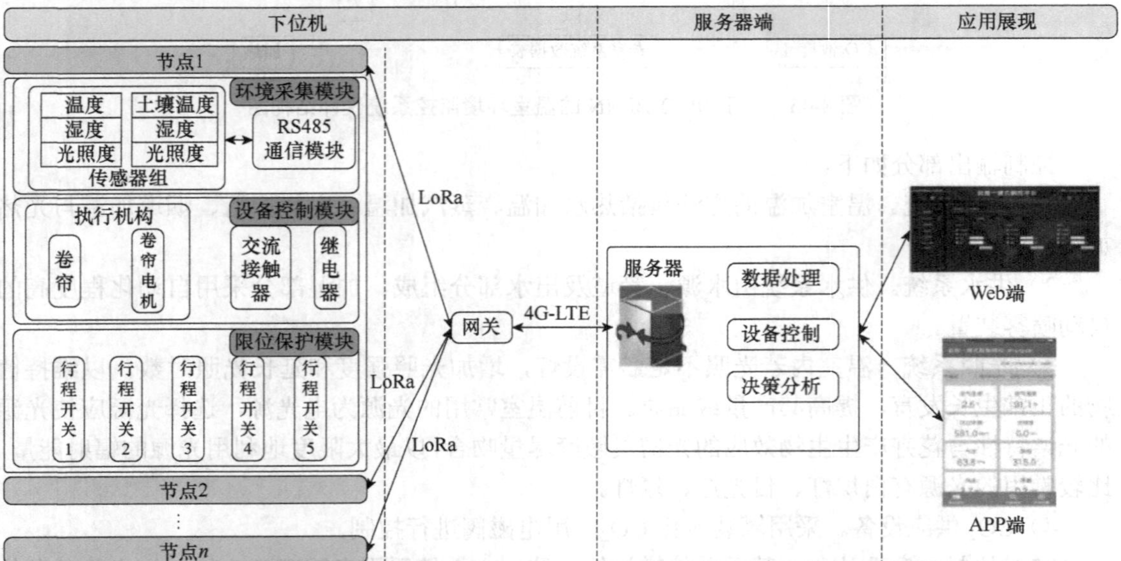


图8-47　基于LoRa与模糊控制的温室环境调控系统结构

两个部分组成。其中，下位机包括节点和网关，两者之间通过 LoRa 进行通信，主要由通信模块、环境采集模块、限位保护模块和设备控制模块组成，网关主要负责汇聚节点数据并连接服务器；服务器端包括数据处理、设备控制和决策分析 3 个模块。

（2）通信方式　节点采用 RS485 与传感器进行数据通信，通过继电器和交流接触器完成卷帘的控制和行程开关状态的信号接收，负责将采集到的多路传感器数据按照自定义规范形成文本数据并由 LoRa 发送给网关。网关通过 LoRa 汇聚多个节点的数据并使用 4G-LTE 将数据发送给服务器，同时接收服务器发回的控制指令，并告知节点进行设备控制。

服务器通过 TCP/IP 协议与下位机进行通信，对每一个请求建立连接，负责执行数据的收取和指令的下发。采集到的传感器数据存入数据库中，通过 Web 前台或 APP 进行实时数据查询和历史数据统计分析。

（3）决策模型　不同作物在不同生理期对温度的要求不同，以天津 1 月草莓田间生产为例，此阶段草莓茎叶生长和开花坐果同时进行，是温室草莓管理较为困难、关键的时期。白天控制温度为 18～25℃，相对湿度保持在 60%以下，降湿要以先保温为原则。早晨卷起卷帘后不急于放风，等温度逐步上升后再打开风口，一般温度超过 28℃时打开风口进行放风降温，下午降低到 20℃时要逐渐关闭风口。由于温度具有滞后性强、非线性的特征，难以确定准确的数学模型，所以采用模糊控制的方法。温度模糊控制流程如图 8-48 所示。

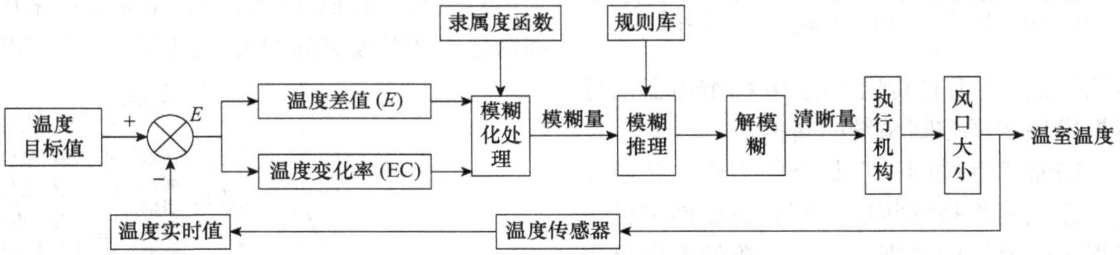


图 8-48　温度模糊控制流程

### 3. 基于无线网络的温室环境监控系统

（1）系统构成　鉴于温室环境的大惯性、大时滞性和耦合性特点，智能温室控制系统需要综合各种环境信息以便更好地对当前温室环境做出正确评估。进而采取相应的措施对其进行调控，智能温室控制可以对来自多个传感器的数据进行多级别、多层次的融合处理，即把多个传感器在空间或时间上的冗余或互补信息进行组合，以获得被测对象的一致性解释和描述。它的最终目标是利用多传感器共同或联合的操作优势来提高整个传感器系统的有效性，消除单个或少量传感器的局限性。基于无线网络的温室控制系统结构如图 8-49 所示，由感知层、传输层、服务层和应用层组成。感知层为系统的硬件系统，主要包括温室环境信息监测和控制设备，主要实现温室内外环境信息的采集和控制系统的执行；传输层是实现感知层与服务层信息的传输，在本系统中采用 GPRS 方式实现；服务层是提供信息的存储、处理、决策等服务功能，实现应用层和传输层之间的连接，包括数据服务、决策服务、Web 访问服务等；应用层为用户提供应用，是用户与系统的接口，可以提供基于 Web 的环境监控，用户通过 Web 浏览器实现温室环境信息的获取、温室环境调控、系统参数设置等。

采用基于 ZigBee 的温室环境信息采集节点，采集参数包括温室内空气温度、空气湿度、光照度、$CO_2$ 浓度、土壤湿度、土壤温度，以及温室外空气温度、空气湿度、光照度、$CO_2$ 浓度、风速风向、雨量等信息。利用 ZigBee 组网技术建立温室环境信息的实时采集系统，通

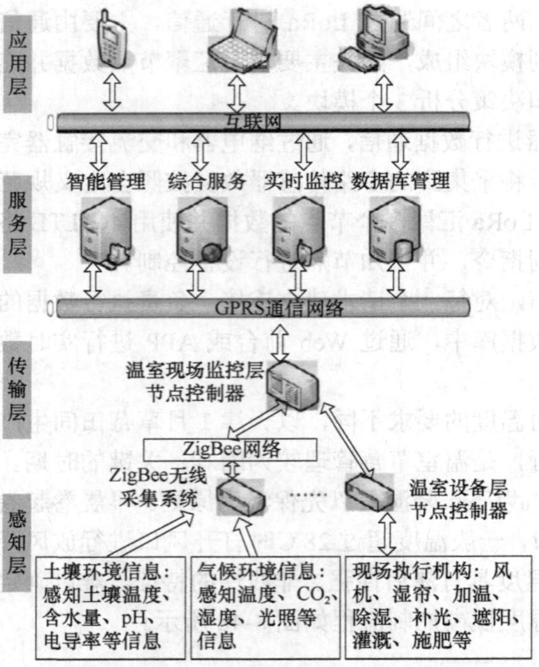

图 8-49 基于无线网络的温室控制系统结构

过设定 ZigBee 网络的无线频点、网络 ID 和节点的地址，实现在不同温室中的网络自主和识别。采用 GPRS 通信网络建立温室现场信息与服务器间传输系统，实现信息的发送和接收。基于 GPRS 通信网络对现场控制节点发送控制信号，利用继电器对温室各执行机构进行控制，实现温室环境的远程实时调控。系统采用网络服务器，采用主流浏览器进行数据信息的浏览，包括对 ZigBee 节点、GPRS 节点的管理，数据的采集、处理和存储，温室环境决策调控等。

（2）控制模块　图 8-50 为基于 GPRS 的温室环境控制系统结构，主要由 GPRS 传输节点、信号转换模块和执行机构组成。GPRS 传输节点通过 GPRS 网络接收服务器发送的控制信号，通过 485 总线传输至信号转换模块，信号转换模块将控制信号转换为 16 路继电器控制信号进行执行机构的控制。本系统中采用成都众山集团开发 ZSR1183 数传节点作为 GPRS 传输节点，采用与其配套的 16 路继电器信号转换模块实现控制系统的转换。

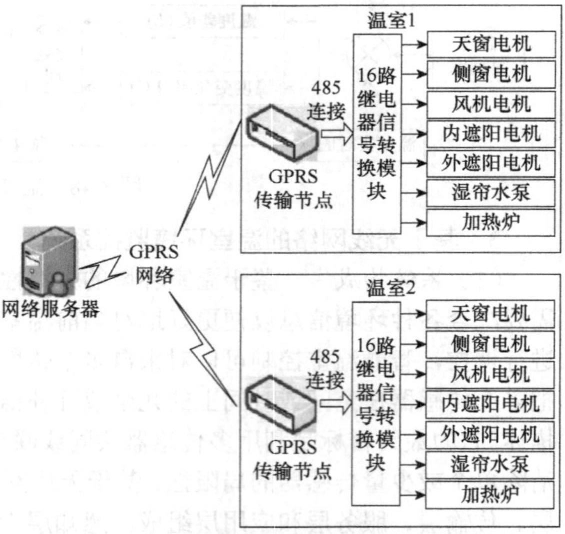

图 8-50 基于 GPRS 的温室环境控制系统结构

随着“互联网＋”战略的实施，智能控制、无线网络技术等应用到农业设施中已经在很多研究当中体现，由于能源的不可再生性，人们对作物的栽培和管理也越来越重视能源的节约和可持续发展性。如何有效控制温室的温湿度、光照度和 $CO_2$ 浓度等参数对作物产量的提高和能源的节约起着关键作用。对温室环境的控制从硬件上、控制方案、控制目标、控制方法多方面实现了新的突破和进展。

## 二、温室环境控制方法

先进适用的温室环境控制技术在现代设施农业生产中占重要的地位。自 20 世纪 60 年代欧洲学者开展温室生产及其环境控制研究以来，目前温室环境控制技术已经相当成熟，硬件上从分布式单机控制发展到当前的物联网控制，控制因素从单一的温度发展到温、光、水、肥等多因素协同控制，控制目标也转移到节能、节水、节肥等可持续性社会发展需求上。温室环境控制方法也具有多样化，不同的温室结构、设施装备、目标需求和地理位置都衍生出不同的控制方法。国外温室环境控制方法的发展，主要历经了单因子控制、综合环境控制、基于模型的决策控制、经济最优控制、作物信息反馈的优化控制等阶段；国内的发展历程与国外相似，虽然取得了长足进步，但是起步较晚，无论温室、作物的机理基础研究，还是温室应用技术手段，都与发达国家差距较大。传统的设定值等传统控制方法在温室环境控制领域中主要面临着模型精准性、强干扰（室外天气）、多变量控制等问题，且对能耗、经济价值等生产性指标问题未做考虑。与现代智能算法相结合，充分考虑多因子环境、多性能指标，是目前温室环境智能控制发展思路。

## （一）基于设定值的温室环境控制方法

基于设定值的温室环境控制方法是通过设定环境气候值或轨迹，再由控制软件（算法）决策出执行机构的动作时序，以使作物一直处于设定的生长环境中。图 8-51 是一种典型的二级设定值控制原理图，产生和实现设定值（控制器设计）是其两个核心要素。不同的温室需求、控制要求将决定设定值的产生和实现方式。

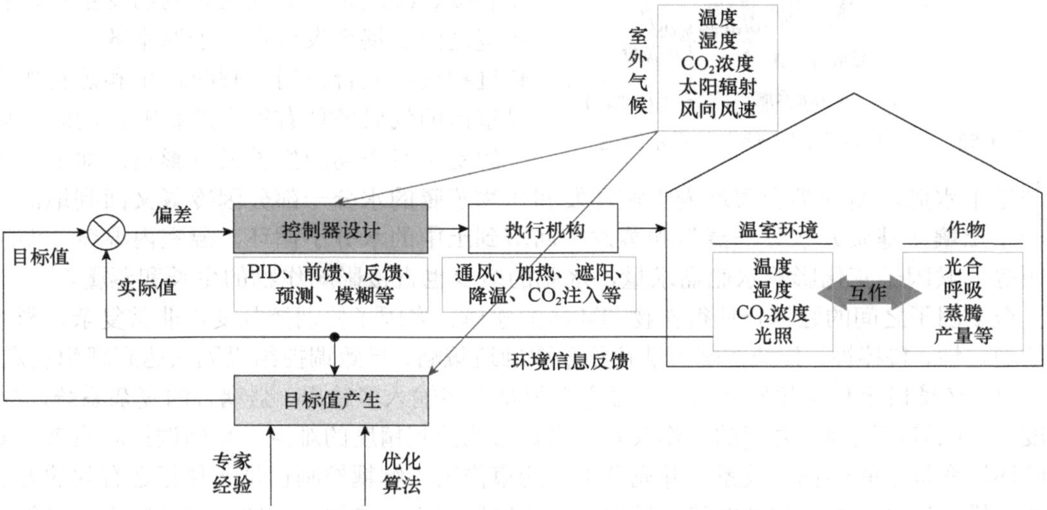

图 8-51　二级设定值控制原理图

## （二）多目标优化的温室环境控制方法

从结果上来看，温室作物生产主要关注作物的产量、品质及其经济效益，资源（电能、水、肥等）作为社会可持续性发展的关键要素，也是生产目标之一。随着近年来现代智能化温室的目标需求不断延伸，温室环境控制已成为一个多目标优化控制问题，按照最优目标的不同，分成以下几方面。

（1）最大输出量或节约能耗为优化目标的控制方法　以往的研究者大多专注于作物的产量最大化，不考虑成本。一般在整个生产期内设置一个环境值的“蓝图”，对作物按照预期成长轨迹进行预测计算和调控。但是由于作物生产是个长期的过程，产量容易受到许多干扰因素影响。另外，随着能耗越来越受到重视，完全不计成本的方法，已不符合当前社会发展趋势。与专家系统结合，兼顾作物产量和能耗需求，将是个可行的方法。

（2）经济效益最优为目标的控制方法　温室环境控制的目标不是仅仅追求产量，也不是节能，经济效益最大化才是应追求的目标。那么，经济效益最优的控制方法，就是在给定初始状态值条件下，满足一定的状态量和控制量的约束条件，寻求最优控制输入量，综合考虑作物和能耗市场价格等，以使温室性能指标最大化。

多目标优化控制问题中，品质、市场价格的不可预测性给多目标优化带来了不确定性；另外，优化算法计算时间一般较长，实时性较差，因此研究满足温室实时要求的多目标全局优化控制尤为重要。

## （三）多因子耦合环境控制方法

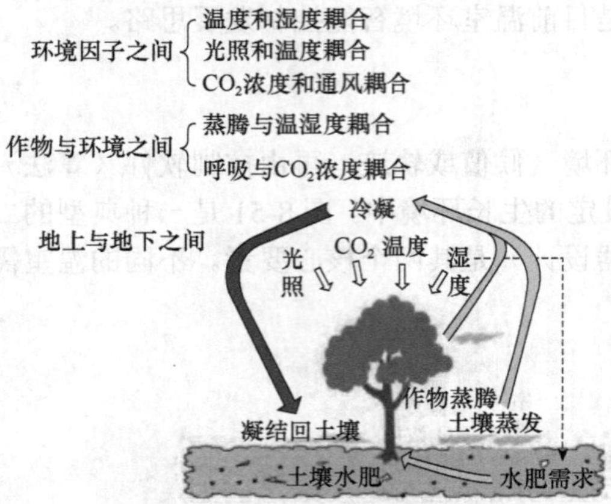

图 8-52　温室环境多因子耦合关系示意图

温室控制对象包括环境变量、水肥变量和作物参数。由于温室是一个相对封闭的结构，温度、光照、湿度、$CO_2$浓度、土壤含水率、施肥量等变量之间存在着显著的耦合和约束关系（图 8-52）。气候环境因子之间相互耦合表现在温度、湿度是一对互为影响的变量；作物与环境之间的耦合表现在由于温室效应，作物生长过程进行光合作用、呼吸作用和蒸腾作用对温室内的气候条件有很大的影响，同时气候条件的变化对作物的生长又有影响；地上气候环境与地下水肥环境的耦合表现为土壤蒸发和作物蒸腾的水分一部分因冷凝又回到地面，形成一个土壤（基质）水分—蒸腾和蒸发—回落到土中的水分小循环。温室内温度、湿度、光照等气候因子变化影响水肥需求量，水肥的多少也直接影响作物的生长和蒸腾。

众多因子之间的强耦合使得作物和环境的建模、多因子协调控制变得非常复杂，影响系统的稳定性、鲁棒性，传统控制方法往往采取回避策略，导致调控结果无法达到理想设定值。

*（1）环境因子耦合控制方法*　温室系统是个多输入多输出、强耦合的复杂系统，温度、湿度、光照等环境因子之间的互作关系一直是影响控制精度的难点，精确调控时应考虑如何解除环境变量之间的耦合关系，并充分考虑约束作用。解耦控制也是一种行之有效的方法。目前有模糊解耦控制、前馈补偿、反馈线性化等解耦方法应用在温室环境控制中。引入解耦方法，对多因子变量进行解耦，形成单变量控制，是一种常用的方法。但是增加变量因子，对其数学模型与解耦方法要求较高，控制难度大大增加。因此，目前主要关注于温湿度的解耦控制，且计算也较复杂，对其他复杂环境很少涉及。

*（2）水肥耦合控制方法*　粗放式的“粪大水勤”逐渐被“以肥调水”的精细灌溉模式取代。水与肥、不同营养元素之间的相互耦合关系会影响水和营养元素的吸收。目前对水肥耦合的研究主要针对如何获取最优水肥浇灌比例和浇灌量，以及水肥和不同营养元素耦合关系对作物产量、品质、水肥利用率及水土保持等诸多方面的影响，结论通常基于产量、水肥吸收率等给出单因素的最优水肥推荐值。由于建模和解耦的复杂性，目前缺乏通适的随环境和作物变化的水、营养元素与作物生长关系模型，未有综合环境和水肥解耦控制方面的报道。

## （四）基于作物生长信息的温室环境控制方法

作物生长实质是对所处的气候和水肥环境的动态响应，这种响应被称为“speaking plants”，即会说话的植物。以作物长势信息为自变量，环境水肥因子为因变量，建立两者之间的定量模型，实现按作物实际需求进行环境和水肥供给，将极大提高温室调控水平。作物生长是个长期过程，可以从整个生产期（上市期已定）、各生育期、每日等不同生产管理时间尺度上进行控制决策，以满足作物不同生长阶段的目标需求。构建包括作物氮素、水分，以及冠层面积、特定叶长、茎粗、植株和果实生长速率等生长信息的低成本检测系统，并按照光照、温度、湿度、$CO_2$浓度等因子状态变量和水肥、环境目标值，进行动态反馈来控制光、温、湿、肥、气执行机构。

（1）作物生长信息获取与解析　作物生长信息包括形态信息，如株高、茎粗、果实直径、冠幅投影面积等；生理信息，如光合速率、蒸腾速率、叶温、营养水平等；电特性信息，如阻抗、电容、电位等。作物信息获取手段丰富，但适用于温室控制的信息采集方法应是无损的、实时的。形态特征采集技术一般采用非接触式实时在线测量，图像处理、机器视觉、激光与视觉结合等技术是常用的方法，而阴影、遮挡、重叠等外界干扰情况是其中需要解决的关键问题，而对营养水平的诊断主要借助于光谱、计算机视觉、微电极等技术，特别是高光谱图像技术集光谱和图像信息于一体，为热点研究方法。不过，还需要借助于主成分分析、最小二乘回归等方法建立关联模型，普适性、准确率还有待提高；此外，生理信息的采集往往要通过现场手工测量，测量设备需进一步智能化才能适用于自动控制。

（2）基于作物信息的反馈控制　根据作物信息对作物需求进行评判，因评判对象不同，难易程度相差较大。相对来说，对水肥需求的判断较为方便、可靠，因此根据作物生长信息反馈控制的研究多针对水肥灌溉。温室中，环境和水肥变量及作物是一个完整系统，各变量相互依赖、相互影响。相对于控制需求来说，目前对作物和环境、水肥控制的相关研究还不够完善。主要表现在：缺少集环境变量、水肥变量、作物生长信息为一体的综合温室调控模型；生长、灌溉、施肥模型往往不是面向控制，难以直接应用；模型中某些参数尚未实现在线测量，甚至必须在实验室严格的试验条件下才能获得，在线测量手段的缺乏阻碍了温室控制技术的发展；现有的模型要么过于复杂，变量太多，控制系统难以实现，要么过于简单，忽略了环境、水肥、作物各变量间的相互作用。

因此，目前的通常做法仅仅依据检测温室的温、光、湿、气等环境因子进行设定值控制。无法感知植物是否需求这样的控制，控制效果好不好。没有按照植物真实的动态需求信息进行反馈控制，导致作物产量潜力没有被充分挖掘，不仅不能高产，还会增加生产成本、能耗，造成资源的浪费。与植物对话式的智能控制方式，是今后迫切需要解决的科学难题。

另外，受我国劳动力前期红利较大的影响，温室智能化技术一直是薄弱环节，只能对精准生产形成监控和指导，无法通过智能环境调控设备、智能生产作业设备全面提高生产效率，特别是劳动生产率。然而，荷兰、以色列等发达国家的温室管理智能化已成为技术创新与产业化开发的主要方向，可实现温室作物全天候、周年性的高效生产。

# 第九章　设施覆盖材料

## 第一节　设施透明覆盖材料

### 一、园艺作物对透明覆盖材料的要求

设施透明覆盖材料的种类很多，但均应满足园艺作物对透明覆盖材料的要求，包括良好的透光性、保温隔热性、密闭性、机械性能、耐候性，以及较低的成本和可操作性等。下面将从设施园艺生产的角度了解设施透明覆盖材料的基本特性。

#### （一）光学特性

设施内所获得的光能主要取决于透光覆盖材料的光学特性，在一定程度上决定着设施内的光照强度和光谱组成，从而影响作物生长发育过程。因此，作物对设施覆盖材料光学特性的要求是高透光性和适宜的光质配比。在光透过性方面，理想的透光覆盖材料应该在可见光区域的透光率高，在其他区域的透光率低。同时，太阳辐射透光率还与设施覆盖材料的特性及其污染、老化等密切相关。现有的设施透明覆盖材料的可见光透过率基本在 88%～95%，由于雾滴、污染、老化、结构遮光等影响，设施内的太阳辐射强度仅为室外的 40%～50%。另外，太阳辐射在云层、尘埃、覆盖材料影响下易将直射光转换为散射光，提高散射光比例可以增加设施内光照均匀性和下层作物叶片的光合作用。图 9-1 为设施透明覆盖材料理想的透光率。

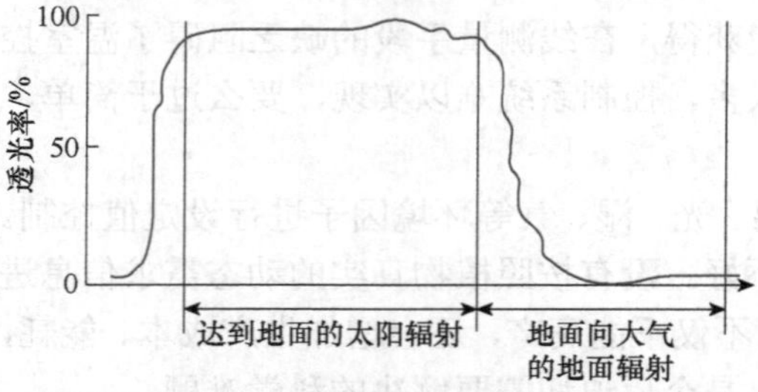

图 9-1　设施透明覆盖材料理想的透光率

在光谱组成方面，400～700nm 波段的光合有效辐射（PAR）区域透光率高，有利于光合产物的合成；760～3000nm 波段的近红外线区域的太阳辐射具有热效应，有利于作物的光合成和设施内增温；315～380nm 波段的近紫外线区域的太阳辐射有助于作物的形态建成、花青素合成、抑制昆虫生育和病原菌生长；波段在 315nm 以下的紫外线和 3000nm 以上的红外线均不利于作物的生长，降低该部分太阳辐射进入还可以延缓透明覆盖材料老化和设施失热。因此，设施覆盖材料多在树脂材料中添加紫外线吸收剂、红外线阻隔剂、转光剂、抗老化剂、防雾滴剂等助剂，以改善进入设施内的太阳光谱组成。

#### （二）热学特性

设施透明覆盖材料的热学特性包括设施内的保温性能和降温性能。设施作物生产要求透明覆盖材料具有较高的保温性能，一方面减少冬春季节加温温室作物生产的能源消耗，另一方面降低非加温温室的温度骤变，避免作物冻伤减产。保温性能是指秋冬季节设施内白天被室内作物、地面或后墙材料吸收的热量在夜间以红外辐射的形式释放出来，又被覆盖材料阻隔回来而留存在室内的热量，最大限度地减少热量的损失，减缓室内温度的下降幅度。不同

覆盖材料的保温性能不同，在实际生产中为提高覆盖材料的保温性能，常添加红外线阻隔剂，阻持热量由设施内向外界散失。除降低设施透明覆盖材料对室内红外辐射造成的热量损失外，生产上还普遍使用地膜覆盖、多层覆盖、二道幕保温等方式提高设施保温性能。

设施的降温是在夏秋高温季节将设施内的热量散失到室外的过程。常见的方式包括在透明覆盖材料中添加增白剂，增设顶、侧开窗，安装遮阳网等。在透明覆盖材料中添加一定比例的增白剂，所起的作用有限。常为保证作物的光合作用，将其安装在设施立面或特殊方位，适用于较强辐射气候和夏季较强西晒造成的作物偏向，常见的遮白率有 40%和 60%。设施覆盖材料的开窗方式较多，常见的有以檐梁为支轴沿脊梁启闭型（图 9-2A）、由檐梁部水平移动双屋面一侧开闭型（图 9-2B）、以脊梁为支轴由天沟向上启闭型（图 9-2C）、卷膜式启闭型（图 9-2D）、天幕折叠式启闭型（图 9-2E）等。开窗有助于室内外空气流动，降温效果明显。另外还有遮阳网和保温无纺布，可以起到遮挡或反射太阳辐射的作用，达到室内降温的目的。

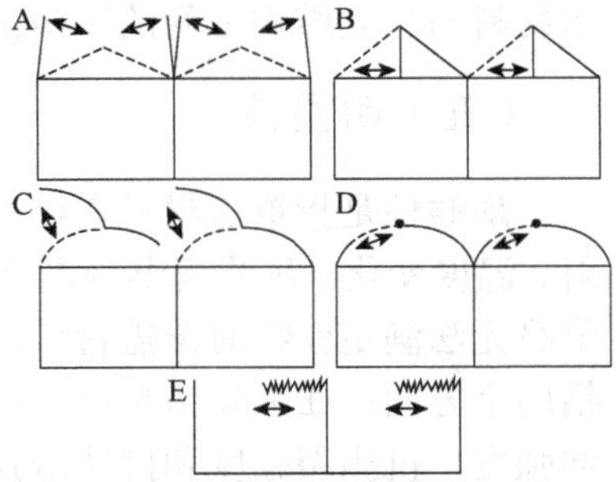

图 9-2　屋面开窗方式

## （三）防雾滴特性

由于保温的需要，设施常处于完全封闭中，造成设施成为一个高湿环境，当室内温度降到零点温度以下时，就可能在室内产生雾或在棚膜上结露。设施覆盖材料的透光率可降低 5%～10%，且易发生光线的反射和折射，进而影响作物的光合作用。同时，雾滴和露滴容易使作物出现“濡湿现象”和“烧心现象”，诱导病害发生和蔓延。为避免雾滴、露滴出现，有必要在设施覆盖材料中添加防雾滴剂或在表面喷涂亲水性的防雾滴剂，以降低表面张力，提高覆盖材料表面的流滴性，减少因无序的水滴散布于设施内产生严重湿气。防雾滴特性的增加，降低了病虫害的发生和传播，同时也增加了覆盖材料的透光性。

从设施生产的角度来看，要求覆盖材料的防雾滴功能持续时间长，且防雾与防滴相结合。近年来，已经出现大量防雾滴防尘长寿覆盖材料，尤其是采用了特殊型氟或硅高表面活性剂后取得了良好的效果。但流滴性能除了与覆盖材料的制膜原料和工艺有关外，还受到使用期间设施内土壤水分、空气湿度、有无地膜覆盖、外界气温、温室结构、作物种类等因素的影响，导致现有防雾滴覆盖材料存在防滴不防雾、防雾滴时间短等问题。因此，建议在南方冷凝水不严重的设施内选择不带流滴功能的覆盖材料；在双层膜覆盖的设施内，顶部或外层使用长寿膜，而在内层采用防雾滴膜，以提高透光性。

## （四）机械性能

覆盖材料作为设施围护结构的重要组成部分，长时间暴露于风吹、日晒、雨打、冰雹等压力下，易产生撕裂、拉伸和破碎等问题。因此，设施覆盖材料的机械性能须包括较强的抗拉伸强度、抗撕裂强度和抗冲击强度，同时还需有较轻的重量和良好的延展性。其抗拉伸强度主要是指覆盖材料在拉伸至断裂时所需要的力，与覆盖材料的安装有关，另外也与风载、雪载、雨载，以及骨架结构的磨损等有关。抗撕裂强度是指覆盖材料在意外破裂后，在相关方向继续被撕开所需要的强度，与覆盖材料的延展性和韧性有关。抗冲击强度是指在瞬间外力（冰雹、坠物、雨滴等）冲击作用后，覆盖材料发生破裂所需要的力。

提高覆盖材料的机械性能就需要增强其抗拉伸强度、抗撕裂强度和抗冲击强度。例如，塑料薄膜要求其具有一定的纵向和横向的拉伸强度、纵向和横向的断裂伸长率，硬质塑料板材要求有一定的抗冲击强度。为提高覆盖材料的机械性能，常在覆盖材料中添加增强机械性能的助剂，但要避免助剂的挥发、抽出和迁移；利用压膜线、卡条等固定覆盖材料，减少覆盖材料与骨架结构之间的摩擦；在不影响其他特性的基础上，增加覆盖材料的厚度。

### （五）耐候性

耐候性是指覆盖材料在经过长年累月使用之后所表现出的不易老化的性能。由于阳光照射、温度变化、风吹雨淋等影响，覆盖材料外观逐渐发暗褪色，透光率衰减，机械性能下降，最终无法满足作物对覆盖材料透光、保温、保湿、防雾滴等的要求。覆盖材料的老化主要包括两个方面：在强光和高温作用下，发生光氧化和热老化，导致覆盖材料变脆而引起的抗拉伸强度、抗撕裂强度和抗冲击强度下降；随着使用时间的延长，表面磨损、助剂析出、灰尘与微生物污染等影响，覆盖材料的透光率下降。

因此，覆盖材料的光温特性与耐候性需保持同步。为抑制覆盖材料的老化进程，设计开发结构更为优异的不易被光氧化或热老化降解的聚合物分子或选用耐候性较好的材质是延长温室透光覆盖材料耐候性的有效途径。目前常采用的方式是在现有材料中添加光稳定剂、热稳定剂、抗氧化剂和紫外线吸收剂等助剂，以延长了覆盖材料的使用寿命，且使其拉伸及抗撕裂强度增大，不易吸附灰尘，达到长久保持高透光率的效果。表 9-1 列出了不同设施与用途的覆盖材料须具有的光学特性、热学特性、湿度特性、机械性能和耐候性的要求。

表 9-1　不同设施与用途的覆盖材料特性要求（郭世荣等，2020）

| 用途 | | 光学特性 | | | | 热学特性 | | | 湿度特性 | | | 机械性能 | | | | 耐候性 |
|---|---|---|---|---|---|---|---|---|---|---|---|---|---|---|---|---|
| | | 透光性 | 遮光率 | 选择性 | 散射光 | 保温性 | 隔热性 | 透气性 | 防滴性 | 防雾性 | 透湿性 | 延展性 | 开闭性 | 伸缩性 | 强度 | |
| 外覆盖 | 温室 | ● | ◇ | ● | ○ | ● | ◇ | ◇ | ● | ◎ | ◇ | ● | ◎ | ○ | ● | ● |
| | 拱棚 | ● | ◇ | ◇ | ○ | ● | ◇ | ○ | ○ | ◇ | ◇ | ● | ● | ◇ | ● | ○ |
| | 防雨 | ● | ◇ | ◎ | ◇ | ◇ | ◇ | ◇ | ◇ | ◇ | ◇ | ◎ | ◇ | ◇ | ● | ● |
| 内覆盖 | 固定 | ● | ◇ | ● | ◇ | ● | ◇ | ◇ | ● | ◎ | ○ | ◎ | ◇ | ○ | ○ | ◎ |
| | 移动 | ◎ | ◇ | ○ | ◇ | ● | ◇ | ◎ | ● | ◎ | ◎ | ◎ | ● | ● | ○ | ◎ |
| 其他用途 | 地膜 | ◇ | ● | ◎ | ◇ | ● | ○ | ○ | ◇ | ◇ | ◇ | ◇ | ◇ | ◇ | ◇ | ○ |
| | 遮阳 | ◇ | ● | ◎ | ◇ | ◇ | ● | ◎ | ◎ | ◇ | ◇ | ◎ | ● | ● | ● | ● |
| | 近地面 | ● | ◎ | ◇ | ◇ | ◎ | ◎ | ● | ◇ | ◇ | ● | ◇ | ◇ | ◇ | ◎ | ◇ |

注：●必须特别考虑的特性；◎必须注意的特性；○可参考的特性；◇不必考虑的特性

此外，还要求覆盖材料具有防尘、耐磨、防静电、阻燃、耐腐蚀等特性，同时还要考虑覆盖材料的经济性和可操作性。不同类型或功能的覆盖材料的要求不同，需根据设施生产的实际需要，增强覆盖材料的各方面性能。

## 二、透明覆盖材料的种类

设施园艺产业的快速发展，促进了设施透明覆盖材料的大规模应用与升级，也催生了一个完整的设施透明覆盖材料的产业体系。目前，国内外已经开发出种类繁多的设施透明覆盖材料，可以满足不同地区、不同类型、不同用途的温室对透明覆盖材料的需求。表 9-2 列举了多种设施覆盖材料的种类与功能。

**表 9-2 设施透明覆盖材料的种类与功能**（张福墁，2010）

| 种类 | 功能 |
|---|---|
| **玻璃覆盖材料** | |
| 平板玻璃 | 温室采光、保温、耐腐蚀、使用寿命长 |
| 钢化玻璃 | 耐热、承重、安全 |
| 夹层玻璃 | 高强度、耐破坏、保温好 |
| 中空玻璃 | 保温、隔热、防噪声、高强度 |
| 多功能特殊玻璃 | 热反射、光转化、使用寿命长 |
| **塑料薄膜覆盖材料** | |
| 地膜 | 提高地温、保水、保肥、灭草、防病虫，改善光环境 |
| 普通棚膜 | 透光、保温、保湿 |
| 多功能棚膜 | 透光、保温、保湿、寿命长、光转化 |
| 包装膜 | 储存、保鲜 |
| **硬质塑料板材覆盖材料** | |
| 聚氯乙烯（PVC）板 | 高透光、高强度、机械性能好、耐腐蚀 |
| 玻璃纤维增强聚丙烯树脂（FRA）板 | 质轻、机械强度好、耐热性、耐蠕变性、耐腐蚀 |
| 聚丙烯树脂（MMA）板 | 高保温、高透光 |
| 聚碳酸酯树脂（PC）板 | 高透光、高强度、机械性能好 |
| 玻璃纤维增强聚酯树脂（FRP）板 | 轻质、阻燃、高强度、热伸缩性小、散射光佳、耐久性好 |
| **半遮光覆盖材料** | |
| 遮阳网 | 遮光、降温、保湿、抗风、避虫 |
| 防虫网 | 防虫、遮阳、抗风、防雹、保湿 |
| 无纺布 | 保温、遮光、透气、保湿、防护 |
| 防雨膜 | 防雨、防虫 |

## （一）玻璃覆盖材料

**1．玻璃的基本特性** 在塑料薄膜普及之前，玻璃是使用最多的设施覆盖材料，目前仍然是设施覆盖的重要选择。玻璃是以石英砂、纯碱、长石、石灰石等为主要原料，在1550～1600℃高温熔融时形成连续网格结构，冷却过程中黏度逐渐增大并硬化而不产生结晶的一种硅酸盐类非金属材料，主要成分为二氧化硅（$SiO_2$）。玻璃寿命长、耐候性好、耐高温、光透性强、化学稳定性好，具有较强的耐酸性和防尘性。同时，玻璃的可见光透光率为90%左右，可以阻隔波长在300nm以下的紫外线，对波长在300～380nm的近紫外线有80%左右的透过率，几乎可以吸收全部红外线。因此，玻璃是一种良好的设施覆盖材料。

普通玻璃呈透明状，抗压强度可达800～1200MPa，抗拉强度可达60～150MPa，因此玻璃属于易碎的脆性材料。玻璃的密度为2.6g/cm$^3$，洛氏硬度在5度（HRC）以上，弹性模量为（6.0～7.5）×10$^4$MPa，导热系数为0.756～0.818W/（m·K），热膨胀系数在5×10$^{-7}$/℃左右。因为玻璃的密度大、脆性强、成本高，极易破损，需要稳固的骨架支撑，增加了设施结构的承重。因此，在使用过程中玻璃逐渐被塑料薄膜或其他轻型硬质塑料板材替代。

**2．玻璃的基本分类**　目前应用到设施上的玻璃覆盖材料的种类很多。不同种类玻璃的性能差异明显，这主要取决于玻璃的化学组成。根据玻璃的化学组成不同，可以将玻璃分成钠钙玻璃、钾玻璃、铅钾玻璃、铝镁玻璃、硼硅玻璃、高硅氧玻璃。表 9-3 列出来了不同化学组成玻璃的主要特性与用途。

**表 9-3　不同化学组成玻璃的主要特性与用途**

| 种类 | 主要特性与用途 |
|---|---|
| 钠钙玻璃 | 力学性质、热性质、光学性质及热稳定性均较差，常用于制造普通玻璃 |
| 钾玻璃 | 硬度大、光泽好，力学性质、热性质、光学性质及热稳定性较钠钙玻璃显著提高，常用于制造化学仪器和高档玻璃制品 |
| 铅钾玻璃 | 透光性好、质地较软、易加工成型，对光的折射率和发射率较高，化学稳定性好，常用于制造光学仪器、高级器皿 |
| 铝镁玻璃 | 软化点低、析晶倾向弱，力学性质、光学性质和化学稳定性都显著提高，常用于制造高档建筑玻璃 |
| 硼硅玻璃 | 具有较好的光泽和透明性，力学性能较强，耐热性、绝缘性和化学稳定性好，常用于制造高级化学仪器和绝缘材料 |
| 高硅氧玻璃 | 具有很强的力学性质，热性质、光学性质、化学稳定性很好，并能透过紫外线，常用于制造高温仪器、灯具等特殊制品 |

根据设施覆盖材料的功能不同，可以将玻璃分为平板玻璃、钢化玻璃、夹层玻璃、中空玻璃和多功能特殊玻璃。

（1）平板玻璃　平板玻璃又称为净片玻璃或白片玻璃，主要成分是钠钙硅酸盐，是设施中最常用的玻璃。常用平板玻璃的厚度为 3mm、4mm 和 5mm，长度为 300～1200mm，宽度为 250～900mm。平板玻璃具有良好的透光性，其在 330～380nm 的紫外区域透光率可达 80%～90%，在 380～760nm 的可见光区域透光率高达 90%，在 760～4000nm 的近红外区域的透光率也超过了 80%。但是，平板玻璃对 330nm 以下的紫外线和 4000nm 以上的红外线区域的透光率极低。

由于平板玻璃透过较多的近中红外辐射，设施内的增温效应十分明显。同时，平板玻璃的耐候性较强，使用寿命在 40 年以上，且其透光性随时间的变化基本不发生变化，防尘性、亲水性、耐酸碱较好。但是平板玻璃质量过大，要求设施骨架结构负载过大，不耐冲击，破碎时容易伤人。

（2）钢化玻璃　钢化玻璃又称为强化玻璃或安全玻璃，是一种表面具有压应力的玻璃，其主要成分是钠钙硅酸盐。按照钢化度不同，钢化玻璃可分为普通钢化玻璃（钢化度为 2～4N/cm）、半钢化玻璃（钢化度为 2N/cm）和超强钢化玻璃（钢化度在 4N/cm 以上）。钢化玻璃是平板玻璃在加热至近软化点温度时，以迅速冷却或利用化学方法强化处理所形成的玻璃加工制品。其抗冲击能力得到极大提高，抗冲击强度是平板玻璃的 3～5 倍，受到外力破坏时产生网状裂纹或钝角碎片，不会对人体造成严重伤害。另外，钢化玻璃具有良好的热稳定性、弹性，但是不能再次进行切割或加工，易自爆破裂和老化。因此，钢化玻璃主要应用于特定场合下的温室中，如商业零售的小型温室等。

（3）夹层玻璃　夹层玻璃是由两片或多片玻璃之间夹有一层或多层透明的有机聚合物中间膜，经特殊的高温预压（或抽真空）及高温高压工艺处理后，黏合形成的复合玻璃制品。该类型玻璃可耐受较大的冲击和振动，受到破坏后会产生辐射状或同心圆型裂纹，碎片也会被黏在夹层薄膜上，不至于粉碎脱落。同时，夹层玻璃透光度高，破碎时也不影响透光性，不会产生折光现象，且可以有效阻隔紫外线（阻隔能力达 99%）。常用的原片为平板玻璃、浮法玻璃、钢化玻璃等，常用的夹层材料有聚乙烯醇缩丁醛（PVB）、聚氨酯（PU）、聚酯（PES）、丙烯酸酯类聚合物（PA）、聚乙酸乙烯酯（PVAc）及其共聚物或橡胶改性酚醛等。

（4）中空玻璃　中空玻璃又称为绝缘玻璃，由两片或多片平板玻璃构成，利用高强度高气密性复合黏合剂将玻璃和内含干燥剂或惰性气体的铝合金框、橡皮条黏结密封而成。该类型玻璃具有良好的绝热与抗冲击性能，可起到保温绝热、防结露等作用。常见中空玻璃包括浮法中空玻璃、钢化中空玻璃、镀膜中空玻璃、低辐射中空玻璃等。

（5）多功能特殊玻璃　近年来，荷兰、日本等国家相继开发了一些高强度的玻璃，减少设施骨架结构的负载。同时，国内外一些厂家还开发出多功能特殊玻璃，如热射线吸收玻璃、热射线反射玻璃、LOW-E 玻璃、热敏玻璃、光敏玻璃等。

1）热射线吸收玻璃。热射线吸收玻璃是在玻璃原料中添加铁和钾等金属氧化物或者在玻璃表面喷镀一层或多层金属氧化物薄膜，用于吸收太阳辐射中的近红外线。与平板玻璃相比，热射线吸收玻璃的热量透过量可下降30%以上，并能吸收一定量的紫外线。热射线吸收玻璃的热吸收特性与其颜色和厚度有关。目前，此类型玻璃大多为蓝、灰、棕等颜色，厚度多为 2mm、3mm、5mm 和 6mm。应用此类型玻璃的设施内可见光透光率会大大下降。

2）热射线反射玻璃。热射线反射玻璃又称为镀膜玻璃或镜面玻璃，是利用物理或化学方法在玻璃表面镀一层诸如铬、锡、钛或不锈钢等金属或其他化合物组成的薄膜。该类型玻璃对可见光有适当的透过率，对红外线有 40%以上的反射率，而且对紫外线有较高的吸收率。因此，应用热射线反射玻璃的温室，可将太阳辐射中的红外线隔绝在室外，降低了室内的温度。由于部分太阳辐射被反射或吸收，设施内光照强度较低，因此热射线反射玻璃在设施生产中应用较少。

3）LOW-E 玻璃。LOW-E 玻璃又称为低辐射玻璃，是在普通玻璃上镀一层或多层金属或化合物薄膜，可以实现可见光的高透过及对中远外红线的高反射。与普通玻璃相比，LOW-E 玻璃具有良好的隔热效果，可以降低设施内热量损失和能源消耗。另外，LOW-E 玻璃的可见光透光率可达 80%以上，而反射率比较低；远红外区域的反射率高。根据用途不同，LOW-E 玻璃一般分为高透型、遮阳型和双银型，各种类型的 LOW-E 玻璃适用的季节、地区不同。

4）热敏玻璃。热敏玻璃是在两层玻璃之间添加聚合物水溶液而制成的，可以随着温度的升降而改变颜色。温度较低时，聚合物伸长，玻璃呈无色透明状，太阳辐射可以透过玻璃进入设施内部，提高室内的温度；温度上升时，聚合物卷曲，玻璃变成白色，80%的太阳辐射被反射，太阳辐射无法进入设施内部，设施内的温度维持稳定。

5）光敏玻璃。光敏玻璃是一种在普通玻璃中添加铜、银或金等光敏化学试剂，经过短波辐射曝光后会出现可见有色影像的光色玻璃。该类型玻璃的折射率在紫外曝光并热处理后，具有在可见光和红外线区域损失小、热稳定好等特点。当太阳辐射达到一定强度后，该类型玻璃可以由无色转变成其他颜色，降低室内的光照强度，减少强光对植物的危害。

### （二）塑料薄膜覆盖材料

**1．塑料薄膜的基本特性**　塑料薄膜是 20 世纪 50 年代兴起的一种新型透明覆盖材料，是继化肥和农药之后的第三大农业生产资料。由于其具有质地轻柔、价格低廉、性能突出、易于改良、使用方便等优点，已经逐渐替代玻璃和硬质塑料板材，成为设施园艺生产中使用面积最大的覆盖材料。

**2．塑料薄膜的基本分类**　按照塑料薄膜的基础母料不同，常用的塑料薄膜有聚乙烯

（PE）薄膜、聚氯乙烯（PVC）薄膜、乙烯-乙酸乙烯（EVA）薄膜和聚烯烃（PO）薄膜。按照功能不同，有普通膜、防老化膜、防雾滴膜、长寿膜、光调节膜、温度调节膜、湿度调节膜、病虫害忌避膜等。按照材质硬度不同，有软质薄膜和硬质薄膜。在我国，软质塑料薄膜主要用于大小拱棚和地膜覆盖，使用寿命在1～2年；硬质塑料薄膜主要替代玻璃和硬质塑料板材，用于大型连栋温室覆盖，使用寿命在5～15年。按照覆盖位置不同，有地膜、棚膜、包装膜等。

（1）地膜　地膜是农业生产中专门用于地面覆盖的塑料薄膜。1978年，我国开始引进日本地膜覆盖技术，并在全国大面积推广。地膜覆盖可以有效调节土壤或基质温度、改善土壤理化性质、减少土壤或基质中水肥流失、抑制杂草和病虫害发生，以促进作物在低温季节的优质高效生产。目前，我国地膜的产量和覆盖面积均居于世界首位。采用地膜覆盖可使作物早熟10～15d，提高作物产量10%～40%。目前，国内常用的薄膜厚度为0.008～0.02mm。按树脂原料的不同，地膜可分为高压低密度聚乙烯地膜（LDPE，高压膜）、低压高密度聚乙烯地膜（HDPE，高密膜）和线型低密度聚乙烯地膜（LLDPE，线型膜）。按性质和功能不同，地膜可分为普通地膜、有色地膜和特殊功能地膜。

1）普通地膜。普通地膜即无色透明地膜，该类型地膜透光性好，可将土壤或基质温度提高2～4℃，能同时适用于我国北方地温寒冷地区和南方早春作物栽培。

**高压膜**：LDPE柔韧、透明、无毒、无臭，厚度一般在0.02～0.1mm，具有良好的耐水性、防潮性、耐旱性和化学稳定性，透气率大，热黏合性和低温热封性好。同时，该类型地膜透光性好，地温提高明显，但易与土壤粘连，适用于北方低温高寒地区。

**高密膜**：HDPE是一种韧性的半透明地膜，乳白色，表面光泽度较差。HDPE的抗冲击强度、防潮性、耐热性、耐油性和化学稳定性均优于LDPE，也可以热封合，但透明性不如LDPE。HDPE可制成厚度低于0.01mm的薄地膜，常用于经济价值较低的作物，其增温保水效果与LDPE基本相同，但透光性和耐候性较差。

**线型膜**：LLDPE比LDPE具有更高的抗拉伸强度、抗冲击强度、抗撕裂强度和耐穿刺性，但加工较困难，成本较高，一般都与LDPE一起制膜使用。LLDPE使用厚度为0.005～0.009mm，其抗拉伸强度比LDPE提高50%～70%，伸长率提高50%以上，耐候性、透明性较好，易与土壤粘连。

2）有色地膜。塑料地膜的品种多种多样，在生产地膜过程中加入不同颜料和助剂会产生不同功能的地膜。有色地膜即在聚乙烯树脂中添加有色物质，制成的具有不同颜色的地膜，如白色地膜、黑色地膜、绿色地膜、银灰色地膜等。不同颜色地膜具有不同的光学特性，对太阳辐射的吸收率、透光率和反射率不同，导致地膜对地温变化、杂草、病虫害、近地面光环境等的影响不同。

**黑色地膜**：在聚氯乙烯膜的基础母料中加入一定比例（2%～3%）的炭黑吹制而成，厚度为0.01～0.03mm。黑色地膜能阻隔太阳辐射，光透过率仅为10%，使得膜下杂草因无法进行光合作用而死亡。保墒性能优良，覆盖后的土壤或基质含水量提高4%～10%，有机质残留养分也明显高于透明地膜覆盖。因其热量不易下传而抑制土壤或基质增温，一般仅使土壤或基质表面温度上升2℃，且日变化幅度比较小。防老化性能好，能够延长地膜的使用寿命，降低成本。该类型地膜多应用于草害重，或对增温要求不高的地区或季节，可将作物产量提高10%以上。

**绿色地膜**：在基础母料中加入一定比例的植物纤维或颜料色素吹制而成，厚度为

0.015mm。绿色地膜可使光合有效辐射的透过量减少，特别是绿色作物光合作用吸收高峰红橙光的透过率极低，绿色作物光合作用吸收低谷绿光的透光率增加，因而具有除草和抑制土壤或基质增温的功能。绿色地膜的增温效果介于透明地膜和黑色地膜之间，可以替代黑色地膜用于春季除草，且作物素质好、草害轻，可以增产 7%～12%。该类型地膜以除草为主、增温为辅，但因绿色染料价格昂贵且易老化，所以仅限于经济价值比较高的作物上应用。

**银灰色地膜**：在基础母料中添加铝粉吹制而成，厚度为 0.015～0.02mm。银灰色地膜在实际应用过程中，具有抑制杂草生长，保温、增温、保墒、保肥、增产等功能。透光率在 15%左右，反光率高于 35%，能够有效反射紫外线，因而具有驱避蚜虫、象甲、黄守瓜等害虫和减轻作物病毒病的作用。该类型地膜的增温特性介于透明地膜和黑色地膜之间，适用于夏秋季节的蔬菜、瓜类等地膜覆盖栽培。

**黑白双面地膜**：由乳白色和黑色两种地膜复合而成，厚度为 0.025～0.4mm。覆盖时乳白色面朝上，黑色面朝下。向上的乳白色膜能增加近地面的反射光，提高作物下层叶片的光照强度，且能降低土壤或基质 1～2℃的温度；向下的黑色膜能够阻挡太阳辐射的透过，具有除草和保墒的功能。因此，该类型地膜白天降温效果优于黑色地膜，可以用于夏秋季节的降温除草和蔬菜、瓜类的抗热栽培。

**黑银双面地膜**：由银灰色和黑色两种地膜复合而成，厚度为 0.03～0.05mm。覆盖时银灰色面朝上，黑色面朝下。黑银双面地膜透光率低，不仅可以反射可见光，还能反射红外线和紫外线，导致土壤或基质的降温和保墒性能更强。驱避蚜虫、蓟马，抑制蔬菜徒长，防止病虫害入侵和杂草丛生，对花青素和维生素 C 的合成也有一定的促进作用。该类型地膜主要用于夏秋季节蔬菜、瓜类等经济价值较高的作物防病抗热栽培。

表 9-4～表 9-6 列出了透明地膜与有色地膜对太阳辐射的反射率、吸收率和透光率。无色透明地膜的透光率最高，对土壤或基质的增温效果最显著；黑色地膜、绿色地膜、黑白双面地膜和黑银双面地膜的透光率低，对土壤或基质的增温效果差。不同地膜覆盖的土层在 5～20cm 深度的日平均温度增加值为 0.4～3.8℃，其中透明地膜最高，其次是绿色地膜，银灰色地膜、黑色地膜、黑白双面地膜和黑银双面地膜的增温效果最差。另外，从不同地膜的太阳辐射反射特性来看，银灰色地膜、黑白双面地膜和黑银双面地膜的反光性能好，可以显著改善作物下层叶片的光照条件，同时可以降低作物下层的温度。黑银双面地膜、银灰色地膜对紫外线反射较强，可用于驱避蚜虫、蓟马，防止病虫害入侵。黑色地膜和绿色地膜的透光率极低，有利于消灭杂草。

**表 9-4 各种地膜对太阳辐射的反射率**（汪兴汉等，1986）

| 地膜种类 | 反射率/% | | |
|---|---|---|---|
| | 300～380nm | 390～760nm | 770～850nm |
| 透明地膜 | 10 | 9 | 8 |
| 黑色地膜 | 5 | 5 | 5 |
| 绿色地膜 | 5 | 5 | 6～11 |
| 银灰色地膜 | 45～51 | 36～46 | 35 |
| 黑白双面地膜 | — | 53～82 | — |
| 黑银双面地膜 | — | 45～52 | — |

注：—为数据未知或未统计

**表 9-5　各种地膜对太阳辐射的吸收率**（汪兴汉等，1986）

| 地膜种类 | 吸收率/% | | |
| --- | --- | --- | --- |
| | 300～380nm | 390～760nm | 770～850nm |
| 透明地膜 | 30～34 | 21～30 | 19～21 |
| 黑色地膜 | 93 | 86～94 | 84～87 |
| 绿色地膜 | 94 | 83～95 | 50～82 |
| 银灰色地膜 | 43～50 | 48～58 | 57～59 |
| 黑白双面地膜 | — | — | — |
| 黑银双面地膜 | — | — | — |

注：—为数据未知或未统计

**表 9-6　各种地膜对太阳辐射的透光率**（汪兴汉等，1986）

| 地膜种类 | 透光率/% | | |
| --- | --- | --- | --- |
| | 300～380nm | 390～760nm | 770～850nm |
| 透明地膜 | 55～61 | 61～71 | 70～73 |
| 黑色地膜 | 1～8 | 1～8 | 8～11 |
| 绿色地膜 | 1 | 1～11 | 11～40 |
| 银灰色地膜 | 5 | 6 | 6 |
| 黑白双面地膜 | — | — | — |
| 黑银双面地膜 | — | — | — |

注：—为数据未知或未统计

3）特殊功能地膜。随着设施栽培的快速发展和作物种类的增加，设施作物对农业薄膜的要求不断提高，也出现了许多特殊用途的功能性地膜。这些特殊功能地膜是通过在聚乙烯基础母料中添加一定比例的除草剂、耐老化剂、光敏剂等助剂，经过混合、挤出、吹塑等工艺，形成的特殊用途的除草地膜、长寿地膜、可降解地膜等。

**除草地膜**：厚度为 0.008mm，覆盖土壤或基质后，地膜中的化学除草剂会迁移析出并溶于地膜内表面的水滴之中，随着溶解有除草剂的水滴滴入土壤或基质中杀死杂草，除草效果可达 80%以上。除草地膜的使用，不仅能减少播前翻耕、喷药等作业程序，降低除草成本，还可以避免作物产生药害，免去因喷药带来的土壤或基质中药剂残留，延长灭草的有效期。因为不同除草剂适用于不同的杂草类型，使用前要注意地膜的适用范围。

**长寿地膜**：厚度为 0.015mm，寿命较普通薄膜延长 45d 以上。该膜具有强度高、耐老化等优点，适用于“一膜多用”的栽培方式。地膜使用后仍能长时间保持完整，便于废弃地膜的回收加工再利用。

**可降解地膜**：分为光降解地膜、生物降解地膜和光生可控双降解地膜。光降解地膜又称为自然崩坏膜，是在树脂原料中加入了光敏剂，经挤出吹塑而成。该地膜在自然光照射下会加速降解、老化崩裂，形成小碎片到粉末状物，最后被微生物分解利用。其优点在于节省回收废弃地膜的用工，防止旧膜污染土壤或基质；其缺点是该地膜只能在光照条件下降解，土壤或基质内的地膜不易被分解或粉末化。生物降解地膜是在树脂原料中添加高分子有机物（如淀粉、纤维素和甲壳素等）。该地膜需借助于土壤或基质中的微生物（细菌、真菌、放线菌等）将地膜彻底分解成 $CO_2$ 和水。其优点是不需要光照条件，土壤或基质内的废弃地膜就可完全被分解；其缺点是耐水性差、力学强度低，易造成环境污染。光生可控双降解地膜是兼具光降解地膜和生物降解地膜的双重功能。该地膜可以在自然光条件下自然崩裂成小碎片，再被微生物分解利用，其对作物和土壤或基质都没有不利影响。其缺点在于因气候等自然条件及作物多样性加大了可控降解地膜的可控难度。

用于设施作物栽培底面覆盖的薄膜厚度很小，使用后会残留在地面或土壤当中，回收困难，污染环境，破坏土壤的团粒结构和水分运动。由于可降解地膜的分解有一定的地力性，不同可降解地膜的降解时间和设施作物要求覆盖的时间都不相同，因此现有的可降解地膜还未进行规模化生产。但是，研发更优化的自然降解性地膜，进一步降低地膜的使用成本是今后努力的方向。

（2）棚膜　棚膜即温室用塑料薄膜，指覆盖于设施骨架结构上，起到透光保温作用的透明覆盖材料，厚度一般为0.08～0.15mm，其特点是质地轻柔、性能优良、价格较低、铺卷方便。根据棚膜所用的对象不同可分为大中拱棚用膜、小拱棚用膜、日光温室用膜、连栋温室用膜和特殊生产设施用膜等。根据基础母料不同可分为聚氯乙烯（PVC）膜、聚乙烯（PE）膜、聚乙烯-聚乙酸乙烯（EVA）膜、氟塑（ETFE）膜、聚对苯二甲酸乙二醇酯（PET）膜等。

1）聚氯乙烯（PVC）膜。普通PVC膜是由PVC树脂添加增塑剂等助剂，经过高温压延制成。用于塑料大棚的PVC膜厚度为0.10～0.15mm，用于塑料小拱棚的厚度为0.03～0.05mm。优点是强度较大，不仅具有较好的柔性、弹性，易造型，透明度高，且防雾滴效果持续时间长，耐酸碱，不易变性。太阳辐射初始透光率为65%～70%，紫外线区域透光率高，红外线区域透过率较小（约20%）。白天设施内空气温度可提高3～4℃，夜间可提高1～2℃。但使用4个月后的透光率下降至58%～65%，12个月后的透光率下降至30%，5～6个月后失去流滴性。另外，容易发生增塑剂的缓慢释放（尤其是在高温强光环境中），分解释放氯气或乙烯等有害有毒气体，且易静电吸尘，比重大，成本较高。该类型薄膜在20世纪80年代成为我国北方最普遍使用的透明覆盖材料之一，主要用于北方地区日光温室和大中小拱棚的冬春茬果菜类蔬菜栽培。为避免普通PVC膜的缺陷，常在PVC树脂中添加一定比例的光稳定剂、润滑剂、紫外线吸收剂等助剂或在表面附着一层有机涂料，形成了具有特殊功能的PVC膜，常见的有PVC防老化膜、PVC长寿无滴膜、PVC长寿无滴防尘膜、PVC光转换薄膜等。

**PVC防老化膜：**在PVC树脂原料中加入耐老化助剂经压延成膜，将使用期限延长2～4个月。该类型薄膜具有良好的透光性、保温性和耐候性，主要应用于大中小拱棚的春提早和秋延后栽培。

**PVC长寿无滴膜：**在PVC树脂原料中加入一定比例的增塑剂、受阻胺光稳定剂或紫外线吸收剂等防老化助剂和聚多元醇酯或氨类等复合型防雾滴助剂压延而成，不仅延长了薄膜的使用期限，还使薄膜具有无滴特性。薄膜厚度为0.12mm，使用期延长了2～4个月。透光率和保温性能虽不如普通PVC膜，但其透光率下降缓慢。4～6个月的防雾滴特性，将薄膜的透光率提高了30%左右，并减少了病虫害的发生。但由于透光率衰退的速度很快，经过高光强季节后，透光率下降至30%～50%，旧膜的耐热性差，易松弛。目前在节能型日光温室果菜类越冬生产上应用比较广泛。

**PVC长寿无滴防尘膜：**在PVC长寿无滴膜的基础上，增加一道表面涂敷防尘工艺，使薄膜外表面附着一层均匀的有机涂料，该层涂料的主要作用是阻止增塑剂和防雾滴剂向外表面析出。该类型薄膜既有PVC长寿无滴膜的优点，又可以减弱增塑剂的吸尘作用，透光率下降缓慢，无滴持效期延长。另外，在表面敷料中还可以加入抗氧化剂，进一步提高薄膜的防老化性能。目前，该类型薄膜主要应用于日光温室冬春栽培。

**PVC 光转换薄膜：**在 PVC 树脂母料中添加光转换助剂，把太阳辐射中的紫外线变成可见光，以促进植物的光合作用。该类型薄膜可作为高原地区设施透明覆盖材料，可以防止过强的紫外线对植物的伤害。

2）聚乙烯（PE）膜。PE 膜是由 LDPE 或 LLDPE 树脂吹制而成，厚度为 0.03～0.08mm。其中，厚度为 0.03～0.05mm 的 PE 膜主要应用于中小拱棚，而厚度为 0.05～0.08mm 的 PE 膜主要应用于长江中下游地区的塑料大棚。PE 膜具有密度低、铺卷方便、质地柔软、耐酸碱、价格低廉、寿命长等优点，同时受气温影响小，不易吸尘，无增塑剂释放，不产生有毒气体。普通 PE 膜的缺点是透湿性差、雾滴重、不耐高温日晒、弹性差。PE 膜的红外线透光率偏高，达到 87%～91%，白天保温性稍差，夜间保温性能好；对紫外线的吸收率较高，易引起聚合物的光氧化而加速老化。普通 PE 膜使用期较短，只能栽培一季作物，浪费能源，增加用工量，目前作为设施透明覆盖材料已经逐渐被淘汰。在聚乙烯树脂材料中加入不同助剂，形成了功能不同的特殊 PE 膜，主要有 PE 长寿膜、PE 长寿无滴膜、PE 紫光膜、PE 漫散射膜、PE 复合多功能膜。

**PE 长寿膜：**又名 PE 防老化膜，是在聚乙烯树脂中添加紫外线吸收剂、抗氧化剂等防老化助剂，用以克服普通 PE 膜不耐高温日晒、易老化等缺点。使用寿命可由 4～6 个月延长至 2 年以上。PE 长寿膜是我国北方高寒地区扣棚越冬透明覆盖比较理想的棚膜，但在使用时要注意减少膜面上积累灰尘，保持良好的透光性。

**PE 长寿无滴膜：**又名 PE 双防膜，是在聚乙烯树脂中按照一定比例添加防老化剂和防雾滴剂，可以将普通 PE 膜的寿命提高到 12～18 个月，无滴持效期可达到 5 个月以上，但均匀性较差。另外，还因薄膜具有流滴性提高了透光率，光透过率较普通 PE 膜提高 10%～20%。

**PE 紫光膜：**在聚乙烯树脂中添加紫颜色吹塑制成，可以把 380nm 以下的紫外线转化为 760nm 以上的红外线。该类型薄膜具备 PE 长寿无滴的特点，可使蔬菜水果着色好，采收期提前，产量增加。PE 紫光膜由于红外线透过率高，白天设施内空气升温快，但是降温也快，保温效果较差。图 9-3 显示了一些有色棚膜对太阳辐射的透光率。

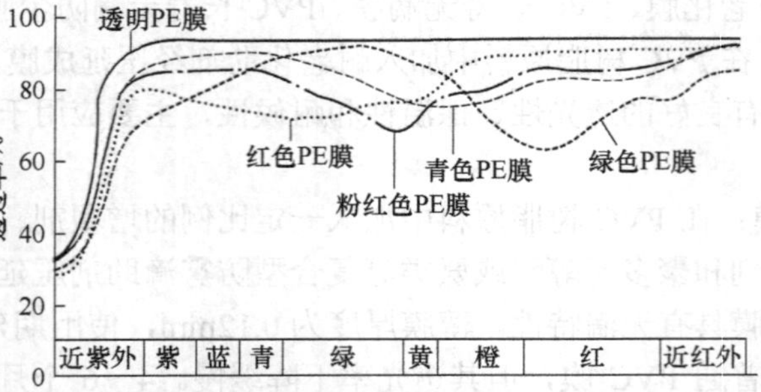


图 9-3　有色棚膜对太阳辐射的透光率（张福墁，2010）

**PE 漫散射膜：**在聚乙烯树脂中加入对太阳辐射透光率高、反射率低、化学性质稳定的漫反射晶核，使棚膜具有抑制直射光透过的作用，降低中午前后设施内的光照强度和温度的峰值，提高作物下层叶片的光环境条件，防止高温高光危害作物生长。同时，随着太阳高度角的降低，设施内太阳辐射的透过率相对增加，增加早上和晚上的太阳辐射入射量，提高温度。覆盖该类型薄膜的设施保温性能好，但应注意通风时间和通风强度。

**PE 复合多功能膜：**在聚乙烯树脂中加入多种特殊功能的助剂（光氧化与热氧化稳定剂、

流滴剂、紫外线阻隔剂、红外线阻隔剂等），经过三层共挤工艺，使薄膜成为具备多种功能的棚膜。该薄膜具有无滴、耐寒、保温、耐候、长寿等多种优点，设施生产中反应效果较好。添加光氧化与热氧化稳定剂能提高薄膜的耐老化性能；添加紫外线阻隔剂可以阻隔紫外线，抑制病害的发生与蔓延；添加红外线阻隔剂能提高薄膜的耐寒性与保温性；添加多用非离子型表面活性剂增强薄膜的流滴性能和消雾性能，提高设施内的透光度。据测试，PE 复合多功能膜透光率为 82%～85%，稍低于透光率为 91%的普通 PE 膜。但设施内散射光比例高达 54%，比普通 PE 膜提高 10%，且设施内作物受光均匀。在同样条件下，夜间保温性能比普通 PE 膜提高 1～2℃。

3）聚乙烯-聚乙酸乙烯（EVA）膜。EVA 膜是以乙烯-乙酸乙烯共聚物树脂为主要原料，添加紫外线吸收剂、保温剂和防雾滴助剂等制造而成的 3 层复合功能性薄膜。其厚度为 0.10～0.12mm，外层一般是 LLDPE、LDPE 或乙酸乙烯含量低的 EVA 树脂添加耐候、防尘助剂，机械性能良好，具有较强的耐候性，并能防止防雾滴剂渗出；在中层和内层以乙酸乙烯含量低的 EVA 树脂为主，添加保温和防雾滴剂，从而提高其保温性能和防雾滴性能，同时机械性能、加工性能优良，又有较高的保温和流滴特性（表 9-7）。所以，EVA 膜最大限度地结合了外层 PE 树脂的耐候性和内层 EVA 树脂的保温与防雾滴性的优势。另外，EVA 膜对红外线区域的透光率为 50%，低于 PE 膜而高于 PVC 膜，保温性显著高于 PE 膜，夜间比 PE 膜可提高温度 2～3℃；对可见光的透过率也高于 PE 膜和 PVC 膜；对 300nm 以下紫外线的透光率低于 PE 膜；由于添加了结晶改性剂，EVA 膜的雾度不高于 30%，初始透光率不低于 PVC 膜（表 9-8）。

**表 9-7　三种棚膜的强度指标**（张福墁，2010）

| 强度 | PVC 膜 | PE 膜 | EVA 膜 |
|---|---|---|---|
| 拉升强度/MPa | 19～23 | 17 以下 | 18～19 |
| 伸长率/% | 250～190 | 493～550 | 517～673 |
| 直角撕裂强度/（N/cm） | 810～877 | 312～615 | 301～432 |
| 冲击强度/（$N/cm^2$） | 14.5 | 7.0 | 10.5 |

**表 9-8　三种棚膜的初始透光率**（张福墁，2010）

| 项目 | PVC 膜 | PE 膜 | EVA 膜 |
|---|---|---|---|
| 厚度/mm | 0.10 | 0.10 | 0.09 |
| 透光率/% | 91 | 89 | 92 |

另外 EVA 膜具有质轻、使用寿命长（3～5 年）、防雾滴持效期长等特点，而且克服了 PE 膜无滴持效期短、保温性差和 PVC 膜相对密度大、易吸尘、耐候性差等缺点，是比较理想的 PVC 膜和 PE 膜更新换代的设施透明覆盖材料。

4）氟塑（ETFE）膜。ETFE 膜以四氟乙烯为基础母料，在其表面涂有离型剂。该膜表面光滑平整，具有物理机械性能优良、厚度公差小、热收缩率低、柔韧性好、耐温耐湿、防粘连，寿命长等优点。可见光区域的透光率在 90%以上，且透光率衰减缓慢，使用 10～15 年后的透光率仍在 90%以上，同时可抗静电和尘土影响。根据太阳辐射透过特性不同，可分为自然光透过型、紫外阻隔型、散射光型。但因工艺特殊、价格昂贵，目前应用有限。

5）聚对苯二甲酸乙二醇酯（PET）膜。PET 膜是对苯二甲酸乙二醇酯的缩聚物，又称涤纶，属于硬质聚酯膜。该膜厚度为0.15～0.18mm，采用双向拉伸工艺和防老化剂处理，使用年限可分为4～5年、6～7年和8～10年三个档次。具有较强的抗拉伸强度和拉伸的弹性模量，电绝缘性、耐化学性、耐蠕变性、耐湿热性和尺寸稳定性优良，燃烧时不会有有害气体产生。透光率较高，可达88%～91%。紫外线阻隔能力强，根据阻隔波段可分为315nm以下、350nm以下和380nm以下三个类型，雾度值可控制在0.4%以上。该膜因优良的材料特性和价格优势，在我国设施透明覆盖材料方面得到了快速应用，目前主要应用于日光温室、单栋温室和连栋温室的坡面或拱圆形屋面。

6）聚烯烃（PO）膜。PO膜是采用先进工艺，将PE和EVA多层复合而成的新型设施覆盖薄膜。该膜结合了PE膜和EVA膜的优点，抗拉伸和抗撕裂强度大、雾度低、寿命长，具有良好的流滴消雾性能，且在燃烧时也不会产生有害气体。透光率可达93%，且衰减率低，第二年的透光率仍可达到90%以上。红外线的穿透性强，早晨太阳辐射透过率高，散射率低，设施内空气升温迅速；夜间保温性能好，尤其在冬天或连续阴天条件下更加显著。该类型薄膜主要适用于北方寒冷地区的日光温室。

7）其他功能性薄膜。当前研制薄膜的方向主要是开发功能性薄膜，以适应不同作物对环境的要求。除以上介绍的部分功能性薄膜外，还有红光/远红光（R/Fr）转换膜、红外线反射膜、光敏膜、温敏膜、病虫害忌避膜、吸湿性膜、可降解膜等。例如，R/Fr转换膜是在薄膜中添加红色光和远红光吸收色素以调节设施内的红光与远红光比例，R/Fr值小可促进植株的伸长，R/Fr值大可进行植株矮化。再如，光敏膜和温敏膜是在薄膜中添加光敏剂和温敏剂，可以随着光照强度和温度变化使得薄膜呈现不同的颜色，从而调节设施内的光照和温度环境。

（3）包装膜　除地膜和棚膜以外，还有一类薄膜主要在设施农业中作为包装材料。由于塑料薄膜对水、气体的阻隔性及良好的机械强度，可以在果实的包装、食用菌的培育、果蔬的保鲜储藏、组培苗的覆膜包装等方面发挥重要作用。例如，茂金属线型低密度PE膜，厚度为0.06～0.08mm，透光率优异，雾度低，与EVA膜和PVC膜相近。同时，抗拉伸和抗穿刺强度高，寿命长，可用于设施内中型及重型果实的包装袋。

## （三）硬质塑料板材覆盖材料

**1. 硬质塑料板材的基本特性**　温室出现以后，玻璃一直是设施覆盖材料的唯一选择，直到硬质和软质塑料板材的出现，才给设施结构创新提供了更多选择。随着化学工业的快速发展，越来越多的硬质塑料板材应用到设施建筑结构中。一般在设施园艺生产中使用的硬质塑料板材的厚度在0.8mm左右，板材的结构形式包括平板、瓦楞板和多层中空板等。用于设施覆盖材料的硬质塑料板材主要有聚氯乙烯（PVC）板、玻璃纤维增强聚酯树脂（FRP）板、玻璃纤维增强聚丙烯树脂（FRA）板、聚丙烯树脂（MMA）板、聚碳酸酯树脂（PC）板。

硬质塑料板材可以显著改善设施结构的受力状况，承受更大的风、雪、雨等荷载，提高设施结构的安全性和抗冲击性。由于良好的抗弯曲强度和较轻的质量，能够适用于多种结构形式的设施。但是，硬质塑料板材的耐候性、阻燃性和亲水性不如玻璃，应在材料中添加阻燃剂和防雾滴剂。与玻璃相比，FRA板在紫外线区域的透光率最高，其次是MMA板，但FRP板基本不透过紫外线。FRA板、MMA板和FRP板在可见光区域的透光率达到90%以上，在红外线区域的透过率极低。硬质塑料板材的保温性能与玻璃相近，由于不透过红外线和导热性能低等原因，采用硬质塑料板材的设施可以节能30%～60%。同时，硬质塑料板材的散射性比较强，可以增加设施内的散射光比例，提高低层植物接收的太阳辐射能。

**2. 硬质塑料板材的基本分类**

（1）聚氯乙烯（PVC）板 PVC 板是国内产量最大的塑料板材之一，常见的类型包括 PVC 软板、PVC 硬板和 PVC 发泡板。过去生产的 PVC 硬板均不透光，不能用作设施覆盖材料。经过 PVC、苯乙烯共聚（甲基丙烯酸甲酯-丁二烯-苯乙烯）和 MS（甲基丙烯酸甲酯-苯乙烯）三元共混复合改性，产生了一种透明的硬质 PVC 板材。其中，MBS 可以增强 PVC 板材的抗冲击强度，但是抗拉伸强度下降；MS 可以使得 PVC 板材表面平整光洁，提高透光性。因此，该类型板材质地坚韧、寿命长、无毒、卫生，抗冲击性能和力学性能优良，易于再加工，耐酸碱和有机溶剂；但是易断裂，摩擦性一般，吸水率和透气性小，热稳定性十分差。常见的 PVC 透明板材厚度可达到 15mm，板材规格为 800mm×160mm 或 1200mm×2400mm。由于耐高温的性能较差，该类型板材只在早期的设施结构中使用。

（2）玻璃纤维增强聚酯树脂（FRP）板 FRP 板是 20 世纪 60 年代早期开发的塑料板材，其是由高性能玻璃纤维和不饱和聚酯、环氧树脂等材料根据一定比例混合，并经过一定工艺复合而成的一种复合材料，具有轻质、阻燃、高强度、热伸缩性小、散射光佳、耐久性好、不导电、耐腐蚀性好、可设计性强等优点。FRP 板厚度为 0.7～0.8mm，波幅 32mm，透光率与玻璃相近。随着使用时间延长，出现玻璃纤维析出而出现黄化污脏，缝隙中易滋生微生物和沉积污垢，最终导致透光率迅速下降。因此，FRP 板常采用氟素树脂涂层或有覆膜保护，提高板材的抗紫外线和抗静电性能，以抑制表面在阳光照射下发生龟裂，防止纤维剥落，使其使用寿命达到 20 年以上。由于价格昂贵，新型塑料板材的出现，FRP 板在设施结构中的应用越来越少。

（3）玻璃纤维增强聚丙烯树脂（FRA）板 FRA 板是以聚丙烯树脂为基础材料，加入玻璃纤维增强而成，具有无毒、质轻、厚度均匀、表面光滑平整、电绝缘等特性。经玻璃纤维增强改性的聚丙烯树脂，不仅保持了原有树脂的优良性能，还显著改进了机械强度、耐热性、耐蠕变性等。常见厚度为 0.7～1.0mm，波幅为 32mm。该类型板材具有良好的透光性和耐老化性，光透过率约为 90%，使用寿命可达 7～10 年。由于玻璃纤维具有良好的光扩射特性，FRA 板透过的散射光比例占到 23%左右。同时，FRA 板可以透过紫外线，吸收长波辐射，所以使用 FRA 板的设施保温性能良好，且不会影响到设施作物授粉和花青素着色。与 FRP 板相似，FRA 板中的玻璃纤维易分离引起板材白化，导致 1～2 年后的透光率快速下降，影响设施内的光环境。

（4）聚丙烯树脂（MMA）板 MMA 板是以聚丙烯树脂单体加工而成的塑料板材，常见的类型包括平板、波浪板和复层板等。该类型板材的厚度较厚，其中平板和波浪板厚度为 0.7～1.7mm，复层板厚度为 16mm。传统的 MMA 的抗冲击性能低，加入橡胶相后可以显著提高 MMA 板的抗冲击性能，但是透明性较差。单层 MMA 板的透光率为 92%，比 FRA 板高，且衰减缓慢；可以透过紫外线，但不能透过波长在 2500nm 的红外线，保温性强。寿命长，耐用 15～20 年，污染少。但是热膨胀系数大，耐热性能差，价格高。在设施覆盖材料安装或遭遇冰雹天气时容易破损，且热伸缩性也大。与 PVC 板、FRP 板和 FRA 板相同，目前 MMA 板在设施结构中的应用很少。

（5）聚碳酸酯树脂（PC）板 PC 板俗称“阳光板”，诞生于 1953 年，是一种分子链中含有碳酸酯基的高分子线型聚合物。因其无定型、无臭、无毒、高度透明等特性，成为五大通用工程塑料中唯一具有良好透明性的热塑性工程塑料。设施园艺生产中常用的 PC 板有双层中空平板和波纹板两类，双层中空平 PC 板常用厚度为 6～10mm，波纹板的厚度为 0.8～

1.1mm，波幅为 76mm，波宽为 18mm，是目前连栋温室最常用的覆盖材料之一。

PC 板具有良好的物理机械性能，其抗冲击能力、拉伸强度、弯曲强度、压缩强度和刚性都十分突出，抗撞击强度是普通玻璃的 250～300 倍，但质量却是普通玻璃的 1/8；耐蠕变性能强，收缩率小，尺寸精度高，透气性小；具有良好的耐热性、耐寒性和耐候性，在较宽的温度范围内具有稳定的力学性能、尺寸稳定性、电性能和阻燃性；耐油、耐酸，不耐强碱、氧化性酸和酮类等，易产生应力开裂，抗溶剂性差，耐磨性能差。

PC 板的透光率最高可达 89%，与玻璃相近。但在紫外线下，PC 板容易变黄并破碎，并且透光率衰减快速、易附着灰尘。若在 PC 板的一面镀有抗紫外线涂层可以延长 PC 板的寿命 15 年以上，减少阳光下的黄化和雾化；若在另一面增加抗冷凝处理，可以增加抗紫外线、保温隔热和防滴露能力。

## 第二节　设施半遮光覆盖材料

除透明的覆盖材料外，还有部分半遮光覆盖材料，如遮阳网、防虫网、无纺布、反光幕、铝箔反光遮阳保温膜和防雨膜等。该类覆盖材料除了可以调节设施内的光环境条件外，还具有其他特殊功能。关于遮阳网，可参照第四章第三节及第五章第二节的相关介绍。

### 一、防虫网

近年来，随着设施蔬菜栽培面积的不断扩大和病虫害抗药性的增强，蔬菜害虫呈逐年加重的趋势，造成设施作物减产 10%～30%，且作物商品率下降。防虫网覆盖可以减少病虫害的危害，防治效果可达 90%以上，提高生产效益。防虫网是以高密度 PE 为基础母料，经挤出拉丝编织而成。

#### （一）防虫网基本特性与分类

与遮阳网类似，防虫网具有较强的抗拉伸特性，且在添加防老化、抗紫外线等助剂后会具有抗紫外线、耐老化、耐热、耐水、耐酸碱等性质，不受地区、栽培方式、气候条件等因素限制。常用颜色为白色，也有黑色和银灰色等颜色，使用寿命在 5 年左右。常规幅宽为 1～2m，通常选用的目数是 10～40 目，其中 10～20 目一般用来阻止个体较大的棉铃虫、菜粉蝶等；20～30 目一般用来阻止蚜虫、白粉虱等；30～40 目一般用来阻止烟粉虱；60 目可用于阻止红蜘蛛。目数越多防虫效果越好，但遮光率和通风率越差。防虫网的防虫原理是以人工构建的网状隔离屏障，切断各种虫害入侵，减少病害的传染，同时防虫网的反射光和折射光对害虫也有一定的驱避作用。主要适用于夏秋季叶菜类蔬菜生产，减少化学农药施用，提高产品品质和产量。

#### （二）防虫网的作用

**1. 防虫防病**　夏季作物栽培易受菜青虫、小菜蛾、蚜虫等害虫影响，防虫网覆盖可以把大部分害虫清除。据测试，防虫网对蚜虫的防治效果高达 90%，斑潜蝇的防治效果达到 95%，小菜蛾的防治效果达到 94%。另外，害虫也是传播病毒或病菌的载体，防虫网可以预防虫媒引起病毒病蔓延，病毒病的防治效果可达 80%以上。

**2. 遮阳降温**　防虫网的遮光率一般在 25%～30%，遮光率会因颜色、网孔大小、厚度等不同而有差异。一般黑色防虫网遮光率高于银灰色，白色最低。同时，防虫网可以提高太阳辐射的均匀性，增加散射光比例（表 9-9）。夏季应用防虫网覆盖，设施内日平均温度较露地日平均气温增高 0.6～1.9℃，比无防虫网的设施内气温降低 2～4℃；地下 10cm 的土壤温度与露地的结果相近，仅增高 0.1℃。

**表 9-9　不同网孔大小防虫网的遮光与透风特性**（侯翠萍等，2007）

| 网孔大小/（mm×mm） | 透光率/% | | 通风降低率/% |
|---|---|---|---|
| | 直射光 | 散射光 | |
| 1.00×4.00 | 90 | 82 | 5 |
| 0.60×0.60 | 84 | 76 | 25 |
| 0.40×0.45 | 90 | 79 | 30 |
| 0.15×0.35 | 85 | 79 | 40 |
| 0.15×0.15 | 91 | 76 | 45 |

**3．防雨抗风**　夏季作物栽培常遇强风暴雨和台风影响，风力雨力较大会对作物植株造成机械损伤。防虫网网孔小，抗伸缩强度高，可以减弱风力的影响（表 9-10），并将雨水撞击成细雨，大大降低风力与雨力的直接冲击作用。构造稳固的防虫网可抵挡 7～8 级台风，25 目防虫网可降低风速 15%～20%，30 目可降低风速 20%～25%。

**表 9-10　不同防虫网在标准风速下的阻力系数**（侯翠萍等，2007）

| 风速/（m/s） | 阻力系数 | | |
|---|---|---|---|
| | 22 目 | 30 目 | 40 目 |
| 0.5 | 2.508 | 3.100 | 3.215 |
| 1.0 | 1.949 | 2.400 | 2.458 |
| 2.0 | 1.511 | 1.877 | 1.913 |
| 3.0 | 1.309 | 1.636 | 1.660 |
| 4.0 | 1.184 | 1.487 | 1.505 |
| 5.0 | 1.097 | 1.384 | 1.396 |

**4．防雹防霜**　霜冻一般出现在早期作物栽培中，由于防虫网的覆盖使设施内温度提高 1～3℃，有利于降低霜冻对作物生长的影响。另外，防虫网可以在表面结霜，阻挡冰雹入侵室内，防止作物表面结霜或受到冰雹侵袭，减少对作物的损伤。

**5．保墒增湿**　防虫网可降低太阳辐射透光率，减少土壤表面水分蒸发，提高了设施作物的保墒防旱作用。颜色越深、网孔越小的防虫网防旱效果越佳，连续高温天气条件下的保墒能力更好。另外，防虫网可以提高设施内的相对湿度，减少作物表面的蒸腾作用。

### （三）防虫网的覆盖方式

**1．水平覆盖**　在棚架上下距离不超过 1m 距离或利用水泥、竹条立架制成水平棚顶，覆盖防虫网后对暴雨和大风的侵袭具有较好的抵挡作用。

**2．浮面覆盖**　浮面覆盖又称为直接覆盖，是在作物播种或定植后将防虫网直接铺设在作物或种植面表面，与遮阳网一同使用的效果更佳。

**3．中小拱棚覆盖**　在小拱棚上直接覆盖防虫网，一侧可以用泥土、砖块固定，另一侧可自动揭开，因此，该方式成本投入低、揭盖管理方便，不需要额外搭建棚架结构，具有较好的防虫防灾作用，可用于小型植物或育苗栽培。

**4．大拱棚覆盖**　大拱棚覆盖包括全封闭式覆盖和两侧悬挂式覆盖。全封闭式覆盖应用较多，是将防虫网全部覆盖在整个大棚上方，上方利用卡条固定并利用压膜线压紧，下侧预留出口。该方式适用于夏季高温天气，可适度打开两侧的防虫网进行通风降温。两侧悬挂式覆盖是在大棚两侧悬挂宽度为 1.5m 的防虫网，上接棚膜，并用压膜线压紧。该方式通风透气性好，便于进行农事操作，与黄色粘虫板结合使用的防虫效果更好。

### （四）防虫网的应用

**1．夏季叶菜栽培**　夏季叶菜栽培具有生长快、周期短等特点，但也是虫害频发、农药污染严重的时期。使用防虫网覆盖可以实现夏季叶菜无污染、高产、优质、高效生产。据测试，夏季结球大白菜栽培期间覆盖防虫网，生育期可缩短 3d 以上，开展度显著增加，净菜率高出 3.3%，产量提升 29%。

**2．伏菜栽培**　伏萝卜、伏豇豆、早秋花椰菜等品种，在夏秋季节因虫害和突发性自然灾害影响，产量极不稳定，应用防虫网覆盖可以给夏秋季节作物栽培提供优质栽培环境。

**3．瓜果菜栽培**　茄果类和瓜类蔬菜在夏秋季节栽培时易受到病菌影响，如番茄灰霉病和黄瓜白粉病。覆盖防虫网可以切断蚜虫等害虫的传播途径，有利于减轻病菌的危害，延长采收期或越夏栽培。

**4．秋季育苗栽培**　秋冬蔬菜的育苗季节是病虫害、高温干旱、台风暴雨易发多发时期，育苗难度大，难以育成无病虫感染的壮苗。使用防虫网覆盖，可使幼苗免受暴雨和大风侵袭，减轻土壤板结和营养流失，提高幼苗出苗率、成苗率和壮苗率。

**5．制种繁育**　特殊作物育种期间，为防止因昆虫活动造成了品种间杂交，可在不同品种间采用防虫网隔绝，减少种子混杂退化。

防虫网的应用在我国已超过 20 年，也得到了较好的推广应用。由于不同地区的气候条件、使用目的不同，防虫网出现了不同功能的类型。例如，在南方，主要是以深颜色防虫网配套多种降温设施使用，而在北方以浅色防虫网搭配固定安装结构为主。可以预见，今后防虫网覆盖栽培会面向多功能模式转变，为我国设施作物低毒低残留栽培提供更加优越的环境。

## 二、无纺布

### （一）无纺布的种类

无纺布又称为不织布、丰收布，是以聚酯纤维为原料，经热压而成的新型高效覆盖材料，一般幅宽为 50～200cm，遮光率为 27%～90%。按照颜色分，有白色、黑色、黄色、绿色、银灰色等，通常以白色和黑色为主，白色用于作物畦面覆盖，黑色用于地膜避草覆盖。按照厚度分，有 0.09～0.17mm。按照每平方米重量分，有 15g、20g、30g、40g、60g、80g 等，最大为 200g，每平方米 20g 和 30g 主要用于浮面覆盖，每平方米 40～80g 主要用于设施外覆盖材料。按照材料分，有长纤维和短纤维无纺布，前者多以丙纶、涤纶为原料，适用于浮面覆盖，后者多以维尼纶为原料，适用于设施外覆盖或设施的二重幕。

### （二）无纺布的特性

无纺布具有质轻透气、耐水耐光、不易黏合、不易变形、耐腐蚀、操作方便，燃烧时不产生有毒气体的特性，同时拥有节能保温、防霜防冻、除湿防病、遮阴避草、防虫鸟等作用。其强度高，结实耐用，不易破损，使用年限可达3～4年。

**1. 保温**　因为无纺布对长波光线的透射率低于塑料薄膜，而夜间散热主要靠长波辐射，所以无纺布用作二道幕、三道幕时，能提高设施内气温和土壤温度。采用无纺布遮盖，白天可以起到降温的目的，夜间起到保温的目的。晴天时，白天地表温度平均可提高2℃左右，夜间保温效果较好，可提高2.6℃；阴天时，白天地表温度平均可提高1℃左右，夜间的保温效果仅有晴天时的一半。一般来说，浅土层的增温效果优于深土层。

**2. 遮光**　无纺布的厚度、网孔大小、材料、颜色不同，遮光率也不同（表9-11）。以每平方米20g和30g的透光率最好，分别达到87%和79%，与玻璃和PE膜的透光率近似；每平方米40g或每平方米25g（短纤维无纺布）透光率也分别达到72%或73%。在可见光区域（390～700nm），不同颜色的无纺布的透光率整体趋势为白色＞灰色＞蓝色＞黑色。

**表9-11　半透明覆盖材料的特性**

| 分类 | 透光率% | 重量/（g/m²） | 耐候性 | 强度 | 使用年限/年 | 结露 | 用途 |
|---|---|---|---|---|---|---|---|
| 长纤维无纺布 | 80～90 | 15～20 | 较差 | 较差 | 1～2 | 有 | 保温、防霜、防虫 |
| 短纤维无纺布 | 50～95 | 30～60 | 优良 | 优良 | 2～7 | 无 | 保温、防霜、防虫、遮阳、除湿 |
| 遮阳网 | 10～85 | 30～50 | 优良 | 优良 | 7～10 | 无 | 保温、防霜、遮阳、防风 |
| 防虫网 | 30～90 | 400～100 | 中等 | 中等 | 2～5 | 无 | 防虫、遮阳、防风 |

**3. 透气**　无纺布纤维之间存在网状缝隙可以用于透气。透气率的大小与无纺布的间隙大小、覆盖层内外温差、风速等有关，一般短纤维无纺布比长纤维无纺布的透气率高数倍至10倍；无风状态下每平方米20g的长纤维无纺布的透气率为5.5～7.5m³/（h·m²）。

**4. 保湿**　无纺布的孔隙大而多，松软，纤维间隙能透湿吸水，可以降低空气相对湿度5%～10%，中午甚至会降低20%以上。其保湿的原理是抑制土壤水分的蒸发和植物的蒸腾。土壤表面铺垫无纺布，可在一定范围的土壤深度中起到隔离和稳固的作用。据测试，经覆盖后测定的土壤含水量，以每平方米25g短纤维无纺布和每平方米40g长纤维无纺布保湿性最好，分别比露地增加51%和31%。最终，通过降低空气相对湿度，减少棚膜结露，减轻病害的发生。

**5. 防护**　防护特性主要是指无纺布的防虫、防病、防灾和保护植株的性能。无纺布作为设施内或露天作物浮面覆盖，网孔结构可以隔绝病虫，起到防护病虫害的作用。作物根系或果实覆盖无纺布，可以促进果实着色，减少日灼病的发生概率。同时，无纺布覆盖还可以防止晚霜寒害，促进作物越冬生产，并提高作物根系的生物量积累。

## （三）无纺布的覆盖方式

**1. 地面覆盖**　将无纺布铺设于设施内的地面上，可以起到保温增温的作用，同时还可以阻止杂草生长，保持透湿性和透气性，维持作物根系的水分、养分和空气环境。另外，将无纺布覆盖在日光温室的后墙上，利用铁丝固定，还可以减少后墙的热量散失、保护墙体。

**2. 浮面覆盖**　不需要支架，把柔软轻型无纺布直接覆盖在作物表面，不会影响到作物生长。覆盖时，无纺布四周用泥土或砖块压实，上方用压膜线压紧，常用的为每平方米15～20g的无纺布。冬季可用于设施内保温增温，夏季可用于遮光降温，并防止虫鸟入侵，还可以起到早熟、高产和改善品质的作用。

**3．小拱棚覆盖**　将无纺布覆盖在大棚、日光温室内的小拱棚上，一般选择每平方米重 30～40g 的无纺布。可用于早春或冬春季节的作物育苗或栽培前期夜间保温，也可用于春季露地小拱棚覆盖。

**4．二道幕覆盖**　将无纺布在大棚、现代化温室内做二道幕覆盖。一般是在作物定植前一周内挂幕，幕布在离棚膜 30～40cm 处的支架上面。二道幕使用无纺布可以起到保温和遮光的双重作用，同时可以降低设施内的空气湿度，防止成雾，减少病害发生率。覆盖时要求无纺布严密、开闭方便。常用的为每平方米 40g 左右的无纺布。

### （四）无纺布的应用

**1．水稻旱地育秧**　无纺布水稻育秧苗期立枯病发病率降低，苗齐苗壮，秧苗素质高，现已广泛替代由塑料薄膜覆盖的水稻育秧方式。水稻育秧专用无纺布具有良好的透气性、透水性和适度的透光率。无纺布育苗因其成本低、管理方便、幼苗质量高受到广泛重视。

**2．蔬菜种苗培育**　苗床由无纺布覆盖较塑料薄膜升温低，能给种子萌发提供适宜的温度条件，减少种子发芽的阻碍时间，促进蔬菜出苗率和整齐性。另外，无纺布育苗的干物质积累量高、白根多、无病害，对低温环境适应能力强，缓苗时间短。

**3．越夏栽培**　在夏季多发病虫害和台风暴雨，使用无纺布覆盖可以有效降低病虫害的发病率，减弱台风暴雨对果蔬生产的危害。另外，无纺布具有遮光、降温、除湿等特性，可以为越夏作物生产提供较好的生产环境。同时，无纺布价格低廉，降解速度快，环保性能优良，适合于设施内作物的越夏栽培。

**4．果实套袋**　果实套袋栽培是提高果实商品性和产量的重要方式。其优势在于隔绝了果实与病虫害，保护果实免受农药和环境污染，生产绿色产品。同时，果实表面光洁、着色好、无病斑。另外，无纺布还可应用于果蔬保鲜包装，因此具有广阔的应用前景。

## 三、其他材料

### （一）反光幕

反光幕主要有两种，一种是将铝镀在聚酯膜的一面，另一种是镀铝之后再复合一层聚乙烯，因此反光幕又称为镀铝聚酯膜。反光幕具有耐水、耐酸碱、反光率高、成本低、不脱铝等特点，使用寿命可达 3～5 年。当太阳辐射达到反光幕后，会被反射到 3m 以内的地面或作物表面，光照强度可增加 5000lx 以上。因此，反光幕主要用于改善冬春季节设施内温度低、光照不足等不良环境条件。

设施内张挂反光幕的方法主要有 4 种：单幅垂直悬挂法、单幅纵向黏结悬挂法、横幅黏结垂直悬挂法、后墙板条固定悬挂法。生产上都随着温室的走向而朝南铺设，东西延长。另外还有直接铺设在地面上的反光幕。

利用反光幕可以在设施内营造良好的光温小气候，减少作物病虫害的发生，并提高作物的产量和品质。这主要是因为反光幕具有良好的增光效应、增温效应、促产效应和社会效应。其中，增光效应是指靠近反光幕的作物和地面会随着与反光幕的距离减小逐渐增加（表 9-12），可在冬季光照不足的时期提高作物下层叶面的光照强度。张挂和地面覆盖反光幕，可使得地温、气温提高 2℃以上，晴天的增温效果优于阴天。因为光温条件的改善，设施内作物生长旺盛，节间紧缩，叶色浓绿，早熟丰产，大大降低越冬生产时的加温成本。

**表 9-12　日光温室后墙张挂反光幕的增光效应**（距离地面 60cm 处，lx）

| 处理 | 与反光幕的距离/m | | | |
|---|---|---|---|---|
| | 0 | 1 | 2 | 3 |
| 无反光幕 | 3.65 | 3.75 | 3.66 | 3.59 |
| 有反光幕 | 2.07 | 2.48 | 3.12 | 3.27 |
| 增光量 | 1.57 | 1.27 | 0.54 | 0.32 |
| 增光率 | 76.33 | 51.21 | 17.30 | 9.79 |

### （二）铝箔反光遮阳保温膜

与反光幕不同，铝箔反光遮阳保温材料是由铝箔条、5mm 宽的透明塑料条和合成丝线纺织而成。因为铝箔的反光作用，其降温性能更优于其他遮阳网。同时，也因为铝箔能有效阻止热辐射，所以在冬季具有良好的保温作用，减少冬季的加温能耗。另外，该类型遮阳保温膜还具有调节空气湿度、防雨和调节光照时间等功能，可分为室内遮阳膜和室外遮阳膜。单独使用铝箔条组成的遮阳保温膜的遮光率为 20%～35%，能源消耗可降低 20%～35%；采用铝箔和透明塑料条组成的遮阳保温膜的遮光率为 20%～80%，能源消耗可降低 45%～70%。

### （三）防雨膜

防雨膜多用于多雨的夏秋季和多雪的冬季。一般来说，大棚的棚膜是由两幅大棚膜和一幅小棚膜组成，其防风口的位置在大拱棚顶部，雨水会因棚顶排放不及时或缝隙进入设施内，造成室内湿度过大和病害传播。为防止雨水入侵，常在棚顶增设一幅防雨膜，其四周不扣膜或扣防虫网。该膜长度和拱棚一样长，宽度完全覆盖风口大小即可，宽度一般为 3m 左右。防雨膜宜在夏季果蔬的避雨栽培或育苗，晴好天气建议收起，以免影响设施通风。另外，防雨膜也可以用于冬季保温被覆盖，以防止保温被保温芯受潮或进水。

# 第三节　设施保温覆盖材料

## 一、园艺作物对保温覆盖材料的要求

必要的环境温度是设施作物赖以生存的基础，只有满足设施作物的温度要求，作物才能正常生产发育。温度调控的本质是调节设施内的热量，在低温季节尽可能将热量储存在室内或采用主动加热方式补充热量；高温季节尽可能减少室内的热量或采用主动降温方式排除热量。采用主动加热方式补充热量是低温季节最有效的温度调节方式，但是能源消耗过大且易造成环境污染。另外，设施栽培中常遇到寒流或连阴雨（雪）天，光照不足而失去热源和光源，导致作物遭遇低温胁迫。因此，减少设施内加热能耗，增加设施的蓄保温能力，才是提高设施园艺作物生产经济效益的最有效手段。

寒冷季节最重要的日常管理之一就是保温覆盖材料的卷放。卷起时间要根据设施作物栽培的季节、设施保温性能、作物耐受能力、天气状况等因素综合决定。寒冷季节要适当早盖晚揭，以提高设施内的温度。

## 二、保温覆盖材料的种类

透明覆盖材料的保温性能有限，导致大棚或中小拱棚无法在冬季寒冷季节使用，而连栋温室由于增加了环境调控设备，可以满足作物的越冬生产。而日光温室之所以能够在不加温或少加温的条件下在寒冬进行安全生产，得益于其夜间的覆盖保温功能。目前，用于日光温室和塑料大棚夜间保温的覆盖材料主要有蒲席、草帘、棉被、纸被、保温毯、保温被等。

### （一）保温被

**1．保温被的基本特性** 保温被是20世纪90年代研发出来的新型内外保温覆盖材料，用于替代蒲席、草帘、纸被和棉被等。其通常为多层复合构造材料，主要有内保温芯和面层等组成。其中，内保温芯多为保温性良好的纤维或多孔性蓬松材料，如针刺棉、腈纶棉、太空棉下脚料、废羊毛绒、发泡塑料、海绵等。面层主要有防雨绸、牛津布、塑料薄膜、喷胶薄型无纺布和镀铝反光膜等。

（1）保温性能 保温被最基本的性能。保温被作为温室的外保温覆盖材料，保温效果主要是靠芯材中柔质保温材料的绝热能力来实现的，所以保温被的传热系数越低，保温性能就越好。保温被在极端温度下能保证设施内温度高于 7℃以上，比双层加厚草苫的保温效果高出0～2℃。

（2）防水性能 保温被的防水性是表征材料阻止水渗入保温层内部能力的指标。当水进入材料空隙时，增加了材料之间的接触，使传热系数显著增加，降低保温被的保温效果。吸水后的保温被质量会增大，严重时保温被会结冰变硬，导致保温被无法卷起或放下。所以良好的防水性能也是保温被的衡量指标之一，目前主要采用面层防水。

（3）力学性能 由卷帘机对保温被的作用力方式可知，抗拉强度是保温被主要的力学性能参数。保温被在卷铺过程中会反复承受拉力作用，长此以往会导致表层材料变形、断裂、涂层脱落等。表层材料的抗拉强度直接影响保温芯材的储存和使用寿命。

（4）老化性能 当材料老化时，其物理性能（包括抗拉性能、断裂伸长率、低温弯曲和弯曲强度）和化学性能均会有所降低。保温材料的老化与其所处的环境、工作条件及其外保护层有关，一般寿命在5年左右。另外，还要防止保温被内保温芯吸水，影响保温被使用寿命。

除此之外，保温被还要方便安装、收放和拆卸，降低使用成本，提高性价比。同时保温被要具有一定的阻燃性和合理的重量。

**2．保温被的分类**

（1）根据保温被内保温芯不同分类 可分为复合保温被、针刺毡保温被、腈纶棉保温被、棉毡保温被、泡沫保温被等。

1）复合保温被。采用2mm厚蜂窝塑料薄膜2层，加2层无纺布，外加化纤布缝合制成。它具有重量轻、保温性好、适于机械卷放等优点，其缺点是里面的蜂窝塑料薄膜和无纺布经机械卷放碾压后易破碎。

2）针刺毡保温被。是用旧碎线、布、废毛等材料经一定处理后重新压制，一侧覆上化纤布，另一侧用镀铝薄膜与化纤布相间缝合作面料，采用缝合方法制成。这种保温被保温性好，自身重量较复合型保温被重，防风性能也好，资源利用效率高，制造成本低。最大缺点是易吸水，淋湿后保温性差，也变得笨重。保温被淋湿后，水分不容易排出，需要花人工晾晒干，否则会因潮湿造成病害滋生。

3）腈纶棉保温被。采用腈纶棉、太空棉作防寒的主料，用无纺布作面料缝合而成。其保温性很好，但无纺布经机械卷放碾压，会很快破损，耐用性很差。另外，无纺布缝合时的针眼无法保证防水性，雨水会从针眼渗入。

4）棉毡保温被。以棉毡作主要防寒材料，两面覆上防水牛皮纸。其保温性与防水性都不错。由于牛皮纸价格便宜，所以这种保温被销售价格相对较低，但其使用寿命较短。

5）泡沫保温被。采用聚乙烯微孔泡沫塑料作防寒主料，两面用化纤布作面料。主料具有质轻、柔软、保温、防水、耐腐蚀和耐老化的特性。经加工后的保温被导热系数为0.04～0.095W/（m·K），保温性好且使用寿命长，防水性也极好，容易保存。它的缺点是本身的重量太轻（密度为26～50kg/m$^3$），需要解决防风问题。

（2）根据保温材料覆盖的位置分类　可分为设施外保温被和内保温被。

1）外保温被。日光温室和塑料大棚一般采用外覆盖的方式，即保温被覆盖在设施塑料薄膜的外表面。这种覆盖方式安装简单，操作方便。这种方式被广泛使用的同时，也存在以下难以克服的问题。首先，由于受到室外天气条件的影响，保温被的保温性能和使用寿命会受到影响，如大风天气，保温被不易固定且有冷风直接侵入保温被；保温被表面易被雨雪淋湿，导致保温被的导热能力增大，保温性能降低。其次，保温被受潮时，夜间室外温度较低会使保温被表面或内部结冰，致使保温被早起无法卷起，直接影响温室白天采光和室内温度的提升。最后，常处在露天条件下，在太阳辐射（尤其是紫外线的照射）和温度（尤其是高低温极端温度）、风力作用下会加速保温被材料的老化或风蚀，缩短保温被的使用寿命，增加温室生产的成本。

2）内保温被。内保温被是将保温被安装在设施内部如同二道幕的一种保温方式。由于长期置身于室内，受围护结构的保护，保温被的存放和运行基本受风吹日晒的影响，也不存在结冰的现象。采用内保温覆盖能够大大提高设施的保温性能和保温被的使用寿命，是一种比较理想的保温方式。但内保温覆盖需要专门再增加一套保温被支撑支架，加大了设施的造价，也增加了设施内骨架形成的阴影。而且内保温覆盖对保温被的密封要求更高，任何形式的保温被密封缺陷都会直接造成保温性能的下降，甚至造成保温效果失效。此外，内保温系统由于室内空间较小，受墙体、屋面及骨架的制约，安装不太方便。

### （二）草帘

在保温被出现之前，我国西北和东北地区的农户主要以草帘作为主要保暖体。草帘是使用大量稻草编制而成稻草帘，也有蒲草、谷草、蒲草和芦苇及其他山草组成的蒲草帘等，是一种多孔性保温材料。稻草帘宽为1.5～1.7m，蒲草帘常用宽度为2.2～2.5m。稻草帘和蒲草帘长度比所覆盖屋面长1.5～2.0m，厚度为4～6cm，经绳在6道以上。其传热系数很小，厚度为20cm的稻草帘导热系数为2.05W/（m$^2$·℃），厚度为18cm的蒲草帘导热系数为1.78W/（m$^2$·℃），保温效果好，可使设施内夜间热损失减少60%，温度可上升5～6℃。草帘成本低、保温效果好、取材方便，尤其是蒲草帘强度大，卷放方便，仍然是现在使用量很大的保温覆盖材料。在晴天夜晚的室外气温较低，内外温差较大，传导失热量占温室总失热量的比重增大，草帘体现出来的增温能力随之增大，而在阴天夜间的室外气温较高，室内外温差较小，传导失热量对温室总失热量的影响减小，所以草苫体现出来的增温能力相比较晴天时的弱些。但是草帘使用寿命短，一般只有3年左右，易划破棚膜且编制费工。遇到雨雪天气，重量增大，人工无法顺利卷曲，卷帘机械的工作效率也会大大降低。同时，草帘的质量较差，保温性常因其厚度、致密性、干湿程度等不同而受到影响。

（三）纸被

在寒冷季节，为弥补草帘保温能力不足，常在草帘下加盖纸被。纸被的来源主要是旧水泥袋和牛皮纸，采用 4 层水泥袋纸或 4～6 层牛皮纸缝制而成的和草帘大小一致的保温覆盖材料。纸被铺设在草帘下方，可以防止草帘划破塑料薄膜，弥补草帘间的缝隙，减少缝隙散热，进一步提高覆盖材料的保温性能。据测试，在寒冷季节，采用纸被覆盖可以提升设施内气温 3～5℃，采用纸被和草帘双层覆盖可以提升设施内气温 16℃以上。纸被保温性好，多和草帘一同使用，适用于高寒地区的作物生产。但现在纸被来源减少，一次性投资大，易吸水发霉变重，寿命较短，不易操作，所以现在的应用较少。

（四）棉被

棉被是采用落花、旧棉絮及包装布缝制而成，宽度为 2～3m。表面的包装布需具有良好的防水、防渗能力，否则会因会吸潮结冰，其保暖性就会大大降低。其保温性能优于草帘和纸被，在高寒地区保温力可达 10℃以上。适用于亚寒带及寒带地区设施作物冬季保温，使用寿命可达 6～7 年。但存在造价高，一次性投资大，易发霉，吸湿后笨重、不易操作等缺点。

（五）保温毯

在国外设施栽培中，为了提高冬春季节的保温效果，在小棚上覆盖腈纶棉、尼龙丝等化纤下脚料纺织成的保温毯，保温效果好，使用时间长。

## 三、保温覆盖材料的卷放

### （一）外保温被的卷放系统

冬季保温被使用数量多、面积大，需要进行的卷放工作量巨大，劳动强度大，尤其是在雨雪天气的作业难度更大。因此，保温被卷放机构的应用普遍，已成为设施农业装备的重要组成部分。卷帘机构是对日光温室或大棚上面保温被进行机械卷放，白天卷起采光，夜晚铺放保温的装备。

**1．手动杠杆式**　将保温被的顶端固定在日光温室或大棚脊部，底端与卷放轴固紧。在卷放轴两端各安装两根相互垂直的杠杆，通过双手轮换摇动两个杠杆将保温被卷起，并达到温室脊部。该方式在卷放保温被时，需要由两人同时操作，并随着卷放轴的升降沿温室侧外檐上下行走。

该方式的优点是可实现日光温室或塑料大棚保温被卷放的半机械化，一次性整体卷放操作方便，结构简单，造价低。其缺点是转动时完全依靠人力，费工费力，安全性差。适合于质量较轻的保温被或轴向长度较短的温室类型。

**2．手动拉绳式**　在每副保温被下铺设一根麻绳，一端固定在日光温室或塑料大棚脊部或后屋面；另一端通过保温被的下表面从保温被的活动边绕到上表面，并一直延伸到温室脊部或后屋面后，临时固定在温室后屋面上。操作人员站在温室的屋脊或后屋面，手持拉绳的活动端并向上拉绳，即可将保温被卷起。保温被可在自身重力的作用下，在温室表面沿坡度自动打开并下落铺设。

该方式设备投入少，建设成本低，但拉起保温被时费时费力，如遇雨雪天气，保温被可能因浸水而使其自重显著增大。适用于保温被自重较重且温室采光前屋面坡度较大、保温被能够依靠自重自动打开的温室。

**3．电动拉绳式** 电动拉绳式卷帘机主要由电机、减速机、卷绳轴、拉绳等组成，其工作原理和手动拉绳卷被的原理基本相同。日光温室或塑料大棚脊部每隔 3m 设一个轴支座，以支撑卷带轴。在轴上每两支座之间有一根卷放带，以驱动卷帘轴，由多条卷放绳连接保温被与卷帘轴。卷放时，由减速电机转动卷带轴，模拟人工卷帘方式将所有保温被整体卷动，实现保温被的卷放。

该方式实现了自动化卷放，可以整体性卷放，动力更强，效率更高。但是卷放带工作时易出现变形，导致各保温被卷放速率不一致，且卷放轴易变形，影响棚膜和保温被寿命。如果保温被质量较轻，还容易出现滑转。

**4．电动转轴式** 电动转轴式卷帘机是将保温被的活动边首先缠绕并固定在卷被轴上，电机减速机直接驱动卷被轴转动，从而卷起或铺展保温被，实现保温被的卷放。这种卷帘机的基本组成包括卷被轴、电机、减速机及其支撑杆或架。其动力传输直接，附加设备少，造价低，得到了市场的广泛欢迎，是近 10 多年来重点推广和应用的机型。

电动转轴式卷帘机根据电机减速机在温室上所处的位置不同分为电动转轴侧置式和电动转轴中置式。侧置式是将电机减速机安装在温室山墙一侧，减速机单侧输出动力只在一侧连接卷被轴，适用于长度不超过 50m 的温室。中置式是将电机减速机安装在温室沿长度方向的中部，减速机两端输出动力，分别连接两侧的卷被轴，适用于长度在 60m 以上的温室。

电动转轴中置式卷帘机根据支撑电机减速机机体的方式不同，可分为摆臂式、滑臂式、滚筒式和二连杆式等。摆臂式卷帘机，也称为伸缩杆式卷帘机，只有一道支杆，一端固定在地面，另一端连接电机减速机，保温被沿着温室屋面随轴自转，通过摆杆自动伸缩调节长度，随同卷放轴同步运动，实现卷放作业。摆臂式卷帘机摆杆用材量少，且套管的连接可靠性较铰接点可靠，是温室长度在 60m 以下时的优选选择项。滑臂式卷帘机用了一根支杆支撑电机减速机，其一端连接电机减速机，另一端则直接放置在地面上，随着保温被的卷起和铺展，电机减速机支杆的地面着力点则沿着地面上一条直线往复运动。这种卷帘机由于采用了单根支杆，支架发生故障或破坏的概率大大减少，电缆线走线短，与支架不会发生任何干涉。滚筒式卷帘机则是用一个带支架的滚筒，滚筒可以利用移动式前支架在温室屋面上随电机减速机运动而滚动。支撑臂缩短可大大节约用材，并提高了设备运行的稳定性。二连杆式卷帘机采用中间铰接的 2 根支杆，一端固定在温室南侧室外地面，另一端则连接在电机减速机上，形成二连杆支撑电机减速机的方式。采用二连杆卷帘机时，跟随电机运动的动力电线可直接沿二连杆固定，外观整洁、安全，卷帘机的控制开关可就近安装在二连杆的旁边，操作方便，也便于观察，但要注意防水和人员操作安全。

电动转轴中置式卷帘机根据支撑电机减速机机体的方式不同，可分为行车式、二连杆式和滚筒式等。行车式卷帘机是安装在温室长度方向中部横跨温室跨度的桁架上，吊挂支撑电机减速机而形成的一套卷帘机。支撑桁架的两端支架，一端支撑在温室前屋面外地面上，另一端安装在温室的后墙或后墙外侧的地面上。桁架结构稳定性好，但加工成本较高。中置式二连杆式卷帘机和中置式滚筒卷帘机与侧置式工作原理和结构组成完全一致，唯一区别在于中置式有两个动力输出轴。

### （二）内保温被的卷放系统

内保温被安装首先需要在设施内安装一套保温被支撑机构，其骨架强度应同时满足作物吊重和保温被支撑双重需要，一般采用成本较低的单管支撑，而且支撑的间距也较屋面支撑骨架的间距更大。内保温被支撑骨架基本与屋面支撑骨架相同，只是前者骨架的弧度较后者更平缓，在温室前部基础处，两层骨架的间距较小，以 20～30cm 较宜，到达屋脊位置后有两种走向：一是与后屋面骨架平行（或与后屋面骨架的坡向相同，但坡度减缓），折弯后与温室后墙相交；二是与前屋面骨架坡向相同，继续保持保温被支撑骨架的弧度，不折弯直接通向温室后墙，并与温室后墙相交。前者与后屋面骨架平行部位保温被长期固定铺设，前部保温被卷放在屋脊部位；后者保温被可卷放到靠近温室的后墙，基本不影响温室后墙采光。

目前内保温的卷被方式基本采用和外保温被相同的卷被方式，但主要为伸缩杆摆臂式，有侧摆臂和中摆臂两种方式。与外保温被不同，摆臂式卷帘机需要在温室内再增设一至两道内墙，其形状和高低与内保温支撑骨架相同，并与内保温骨架的上表面齐平。

# 参考文献


阪井康人，安宅功一．1998．热辐射反射玻璃［M］．东京：日本板硝子株式会社．

鲍恩财，曹晏飞，邹志荣，等．2018．节能日光温室蓄热技术研究进展［J］．农业工程学报，34（6）：1-14．

鲍恩财，申婷婷，张勇，等．2018．装配式主动蓄热墙体日光温室热性能分析［J］．农业工程学报，34（10）：178-186．

鲍恩财，朱超，曹晏飞，等．2017．固化沙蓄热后墙日光温室热工性能试验［J］．农业工程学报，33（9）：187-194．

蔡峰．2007．温室遮阳系统及安装（上）［J］．农业工程技术，（1）：23-24．

蔡璇．2015．饮用水深度处理技术研究进展及应用现状［J］．净水技术，34（S1）：44-47．

曹妹文．2003．生物—化学一体化装置处理生活污水的研究［J］．工业水处理，23（6）：23-26．

曹瑞饪，顾国维，黄菊文，等．1997．组合式生活污水处理设备的发展和分析［J］．中国给水排水，13（4）：26-27．

曹玮．2021．设施农业装备化作业生产现状及发展建议［J］．农业开发与装备，（6）：31-32．

曹峥勇，张俊雄，耿长兴，等．2010．温室对靶喷雾机器人控制系统［J］．农业工程学报，26（增刊）：228-233．

常泽辉，贾柠泽，侯静，等．2017．聚光回热式太阳能土壤灭虫除菌装置光热性能［J］．农业工程学报，33（9）：211-217．

车密双．2013．设施农业耕作技术及装备的选用［J］．农机使用与维修，（5）：71．

陈超．2017．现代日光温室建筑热工设计理论与方法［M］．北京：科学出版社．

陈大华．2002．高压汞灯原理特性和应用［J］．灯与照明，（5）：13-15．

陈青云．2007．农业设施设计基础［M］．北京：中国农业出版社．

陈燕，张延龙，薄怀艳，等．2020．设施农业植保机械化装备技术推广探究［J］．江西农业，（12）：144-145．

陈永生，刘先才．2020．2019 中国蔬菜机械化发展报告［J］．中国农机化学报，41（3）：46-53．

陈元彩，肖锦，詹怀宇．2000．絮凝和生化一体化反应器处理纸浆漂白废水［J］．环境科学，21（3）：94-97．

范翀鸣，那蕴达．2015．风力发电设备结构性能与相关产业发展探究［J］．产业与科技论坛，14（16）：83-84．

房俊龙，甄景龙，马文川，等．2020．并联有源滤波器的改进重复控制策略研究［J］．电力系统及其自动化学报，32（2）：133-139．

高德，谷吉海，董静，等．2006．臭氧果蔬保鲜包装技术及试验［J］．农业机械学报，37（8）：190-193．

高辉松，朱思洪，史俊龙，等．2012．温室大棚用电动微耕机研制［J］．机械设计，29（11）：83-87．

辜松．2018．设施园艺装备化作业生产现状及发展建议［J］．农业工程技术， 38（4）：10-15．

郭长城，石慧娴，朱洪光．2011．太阳能-地源热泵联合功能系统研究现状［J］．农业工程学报，27（2）：356-362．

郭世荣，孙锦．2020．设施园艺学［M］．3 版．北京：中国农业出版社．

郭祥雨，薛新宇，路军灵，等．2020．我国植物工厂智能化装备研究现状与展望［J］．中国农机化学报，41（9）：163-169．

郭宇．2019．风能搅拌致热工质产热性能研究［D］．杨凌：西北农林科技大学硕士学位论文．

郝允志，陈建，薛荣生，等．2015．小型扭矩回差式两挡自动变速器［J］．中国机械工程，26（16）：2249-2253．

侯翠萍，马承伟．2007．温室用防虫网选用依据［J］．北方园艺，（3）：95-97．

胡瑶玫，李娇．2017．连栋温室通风系统的研究应用［J］．农业工程技术，2017，37（19）：49-51．

姬忠涛．2017．浓缩风能装置结构及选材优化设计［D］．北京：华北电力大学博士学位论文．

纪超，冯青春，袁挺，等．2011．室黄瓜采摘机器人系统研制及性能分析［J］．机器人，33（6）：726-730.
江小林，应启明，陈威．1999．餐厅污水快速预处理方法研究［J］．给水排水，25（3）：6-8.
克里斯·贝茨．2009．温室及设备管理［M］．齐飞译．北京：化学工业出版社．
李东星．2017．自适应升降喷杆施药系统的研发［J］．农机化研究，（8）：97-101.
李冬梅．2014．论设施农业装备发展中存在的问题及对策［J］．农机使用与维修，（10）：8.
李坚，刘云骥，王丹丹，等．2017．日光温室小型水肥一体灌溉机设计及其控制模型的建立［J］．节水灌溉，（4）：87-91.
李旺．2018．大型风电场储能装置容量规划及控制方法研究［D］．长沙：湖南大学硕士学位论文．
李文英．2015．混合储能系统平抑风电场功率波动研究［D］．长沙：湖南大学硕士学位论文．
李雅旻，张继业，张轶婷，等．2018．LED 补光灯在设施园艺中的应用［J］．农业工程技术，38（7）：10-16，25.
李彦君．2014．北京市昌平区草莓产业设施装备和农业机械发展调研报告［J］．农业工程技术（温室园艺），（7）：44-46.
李中华，张跃峰，丁小明．2016．全国设施农业装备发展重点研究［J］．中国农机化学报，37（11）：47-52.
林宗虎．2008．风能及其利用［J］．自然杂志，30（6）：309-314.
刘厚诚．2018．LED 植物照明产业的发展现状与趋势［J］．照明工程学报，29（4）：8-9.
刘湘伟．2017．大型现代化温室加温技术的应用及思考［J］．农业工程技术，37（34）：4.
刘星，常义，张征．2017．蔬菜遮阳网覆盖的作用、方式和栽培技术［J］．长江蔬菜，（19）：39-40.
刘永华，沈明霞，蒋小平，等．2015．水肥一体化灌溉施肥机吸肥器结构优化与性能试验［J］．农业机械学报，46（11）：48，76-81.
卢毅，杨福增，刘永成，等．2013．微型电动拖拉机的研究与设计［J］．机械设计，30（3）：82-85.
陆琳．2014．温室内部设备安装调试［J］．云南农业，（12）：67-68.
罗岳平，邱振华，李宁．1997．输配水管道附生生物膜的研究进展［J］．给水排水，8：56-59.
马承伟，姜宜琛，程杰宇，等．2016．日光温室钢管屋架管网水循环集放热系统的性能分析与试验［J］．农业工程学报，32（21）：209-216.
孟少春，万毅成，董加耕，2003．单坡温室设计与建造［M］．沈阳：辽宁科学技术出版社．
潘浩然，胡建平，骆佳明，等．2021．小麦双轴旋耕播深控制装置设计及试验研究［J］．农机化研究，43（6）：58-65.
蒲宝山，郑回勇，黄语燕，等．2019．我国温室农业设施装备技术发展现状及建议［J］．江苏农业科学，47（14）：13-18.
齐飞．2002．论温室产品的“低质一低价”趋向对温室行业的影响［C］// 2002 年中国农业工程学会设施园艺工程学术年会．北京：中国农业工程学会：13-15.
宋亚英，陆生海．2005．温室人工补光技术及光源特性与应用研究［J］．农村实用工程技术（温室园艺），（1）：28-29.
隋俊杰．2012．土壤电消毒灭虫机在设施农业中的应用［J］．农业工程，2（增刊 1）：35-38.
孙测，马新煜，戎雪利，等．2010．温室遮阳系统的设计应用［J］．现代农机，（2）：26-28.
孙兴祥，林红梅．2015．大棚不同覆盖物保温效果及对西瓜育苗的影响［J］．中国瓜菜，28（6）：39-43.
孙宜田，李青龙，孙永佳，等．2015．基于模糊控制的水肥药一体化系统研究［J］．农机化研究，37（8）：203-207.
唐书良．2020．风电场电气设备中风力发电机的运行维护［J］．通信电源技术，37（4）：220-221.
田丰果，贺莹，孙铁弓，等．2008．水源热泵在温室大棚温度调节中的应用［J］．北方园艺，（12）：3.
佟雪姣，孙周平，李天来，等．2016．温室太阳能水循环集热装置的蓄热性能研究［J］．沈阳农业大学学报，47（1）：92-96.
汪波，刘建，李波，等．2015．遮阳网在设施大棚中的应用研究进展［J］．上海蔬菜，（3）：81-82.
汪兴汉，章志强．1986．不同颜色地膜对光谱的透射反射与吸收性能［J］．江苏农业科学，（4）：31-33.

王斌飞．2021．设施农业气象装备技术问题与对策分析［J］．农业灾害研究，11（5）：82-83．
王国强．2017．日光温室环境调控设备研究与应用［M］．北京：中国农业科学技术出版社．
王凯军，许晓鸣，郑元景，等．1991．水解-好氧生物处理工程应用实例［J］．环境工程，9（4）：3-6．
王林海．2021．设施农业气象装备技术问题与对策分析［J］．农业技术与装备，（3）：126-127．
王启坤，朱泊旭，陈凌冲，等．2020．风能致热技术研究［J］．中国科技信息，（21）：74-75．
王双喜．2010．设施农业装备［M］．北京：中国农业大学出版社．
王元杰，刘永成，杨福增，等．2012．温室微型遥控电动拖拉机的研制与试验［J］．农业工程学报，28（22）：23-29．
魏忠彩，李学强，孙传祝，等．2017．马铃薯收获与清选分级机械化伤薯因素分析［J］．中国农业科技导报，19（8）：63-70．
吴松，杨春园，杨仁全，等．2008．智能施肥机系统的设计与实现［J］．上海交通大学学报（农业科学版），（5）：445-448．
吴霞，王世荣，王小虎，等．2015．枸杞育苗温室自动喷雾降温控制器设计与应用［J］．农业网络信息，（8）：67-70．
吴雄，王秀丽，李骏，等．2013．风电储能混合系统的联合调度模型及求解［J］．中国电机工程学报，33（13）：10-17．
武丽鸿，王海明，于琳琳．2014．温室类型与装备技术研究［J］．农业科技与装备，（10）：61-64．
武岳，王丛笑，王海林，等．2019．智能玻璃温室补光系统选型和设计经济性研究［J］．农业工程技术，39（19）：51-54．
肖创志，牟金舒，宋应肖．2021．植保机械装备及推广策略［J］．广东蚕业，55（1）：55-56．
胥芳，蔡彦文，陈教料，等．2015．湿帘一风机降温下的温室热/流场模拟及降温系统参数优化［J］．农业工程学报，31（9）：201-208．
徐法金．2020．设施农业机械化发展存在的问题与对策［J］．农机使用与维修，（11）：130-131．
徐鹏，吴玉月，刘勐．2016．我国果蔬气调保鲜技术及装备的现状及发展趋势［J］．包装与食品机械，34（6）：51-54．
许红军，曹晏飞，李彦荣，等．2019．基于 CFD 的日光温室墙体蓄热层厚度的确定［J］．农业工程学报，35（4）：183-192．
杨官奎．2016．水平轴风力机尾迹特性数值研究［D］．上海：上海电力学院硕士学位论文．
杨其长，徐志刚，陈弘达，等．2011．LED 光源在现代农业的应用原理与技术进展［J］．中国农业科技导报，13（5）：37-43．
杨秀山．1993．厌氧-缺氧-好氧处理城市废水［J］．环境科学，14（6）：38-42．
杨勇．2017-10-24．各类补光设备介绍及能效对比［N］．中国花卉报（008）．
于芃，赵瑜，周玮，等．2011．基于混合储能系统的平抑风电波动功率方法的研究［J］．电力系统保护与控制，39（24）：35-40．
袁洪波，李莉，王俊衡，等．2016．温室水肥一体化营养液调控装备设计与试验［J］．农业工程学报，32（8）：27-32．
岳鹏程．2022．提高风能利用水平的风电场群储能系统控制策略研究［D］．吉林：东北电力大学硕士学位论文．
翟国亮，吕谋超，王晖，等．1999．微灌系统的堵塞及防治措施［J］．农业工程学报，144-147．
曾晨，李兵，王小勇，等．2016．基于 NSGA-Ⅱ算法的微耕机变速箱多目标优化设计［J］．机械传动，40（7）：87-91．
张存娥．2009．基于压电材料的风能转换装置理论研究与创新设计［D］．西安：西安理工大学硕士学位论文．
张福墁．2010．设施园艺学［M］．2 版．北京：中国农业大学出版社．
张吉虎，周文，方志军．2021．设施农业装备技术发展探究［J］．广东蚕业，55（2）：80-81．

张洁，邹志荣，张勇，等．2016．新型砾石蓄热墙体日光温室性能初探［J］．北方园艺，（2）：46-50.

张石平，赵湛，陈书法．2015．振动气吸盘式穴盘育苗精密排种器无漏播吸嘴的设计与试验［J］．中国农机化学报，36（6）：22-26，57.

张书谦．2004．温室及配套设备的发展与创新［J］．农村实用工程技术，（7）：68-72.

张树阁，宋卫堂，滕光辉，等．2006．湿帘风机降温系统安装高度对降温效果的影响［J］．农业机械学报，37（3）：91-94.

张伟．2017．中国设施农业机械设备的现状及发展前景［J］．农村经济与科技，28（12）：173，201.

张艳红，秦贵，张岚，等．2019．设施温室智能化平台技术研究［J］．蔬菜，（4）：54-60.

张义，杨其长，方慧．2012．日光温室水幕帘蓄放热系统增温效应试验研究［J］．农业工程学报，28（4）：188-193.

张勇，许英杰，陈瑜，等．2021．新型相变材料蓄放热性能测试及在温室内的应用［J］．农业工程学报，4（7）：13-15.

张勇，邹志荣．2015．非耕地自主蓄热卵石后墙日光温室创新结构［J］．农业工程技术（温室园艺），（19）：28-30.

张跃峰．2020．新形势下设施农业及其机械化发展思考［J］．农机质量与监督，（8）：16-19，32.

张跃峰，张书谦．2003．现代温室遮阳系统的功能与组成［J］．农村实用工程技术（温室园艺），（3）：22-23.

赵根，吴伟丽，陈丽萍，等．2016．地源热泵在设施农业中的应用［J］．现代化农业，（11）：3.

赵丽平，刘春旭，张连萍，等．2011．寒冷地区现代温室加温系统［J］．农机化研究，33（10）：4.

赵雪，邹志荣，许红军，等．2013．光伏日光温室夏季光环境及其对番茄生长的影响［J］．西北农林科技大学学报（自然科学版），41（12）：93-99.

郑世光．2021．风力发电机组预测变桨距控制技术研究［D］．福州：福建工程学院硕士学位论文.

周金渭，宋心琦．1995．光敏玻璃原理及应用［J］．大学化学，（2）：27-30，36.

周长吉．2015．日光温室内保温被的两种卷被方式［J］．农业工程技术，（10）：20-22.

周长吉．2019a．日光温室卷帘机的创新与发展［J］．农业工程技术，39（25）：34-41.

周长吉．2019b．一种以喷胶棉轻质保温材料为墙体和后屋面的组装式日光温室［J］．温室工程实用创新技术集锦，2：54-64.

朱盘安，李建平，楼建忠，等．2016．便携式蔬菜穴盘自动播种机设计与试验［J］．农业机械学报，47（8）：7-13.

邹志荣，鲍恩财，申婷婷，等．2017．模块化组装式日光温室结构设计与实践［J］．农业工程技术，（31）：55-60.

Agers RS, Westcot DW. 1994. Water Quality for Agriculture, FAO Irrigation and Drainage Paper 29 [M]. Rome: Food and Agriculture Organization of the United Nations.

Bucks DA, Nakayam FS, Gillbert RG. 1979. Trickle irrigation water quality and preventive maintenance [J]. Agricultural Water Management, 2 (2): 149-162.

Cararo DC, Botrel TA, Hills DJ, et al. 2006. Analysis of clogging in drip emitters during wastewater irrigation [J]. Applied Engineering in Agriculture, 22 (2): 251-257.

Gilbert RG, Nalnyama FS, Bucks DA, et al. 1982. Trickle irrigation: predominant bacteria in treated Colorado River water and biologically clogged emitters [J]. Irrigation Science, 3: 12-132.

Kittas C, Boulard T, Papadakis G. 1997. Natural ventilation of a greenhouse with ridge and side openings: sensitivity to temperature and wind effects [J]. Trans ASAE, 40 (2): 415-425.

Kittas C, Draoui B, Boulard T. 1995. Quantification of the ventilation of a greenhouse with a roof opening [J]. Agricultural and Forest Meteorology, 77: 95-111.

Ravina EP, Sofer Z, Marcu A, et al. 1997. Control of clogging in drip irrigation with stored treated municipal sewage effluent [J]. Agricultural Water Management, 33 (2/3): 127-137.